HANDBUCH DER ANALYTISCHEN CHEMIE

HERAUSGEGEBEN

VON

W. FRESENIUS UND G. JANDER

WIESBADEN BERLIN

ZWEITER TEIL

QUALITATIVE NACHWEISVERFAHREN

BAND VII

ELEMENTE DER SIEBENTEN GRUPPE

Springer-Verlag Berlin Heidelberg GmbH

1953

ELEMENTE DER SIEBENTEN GRUPPE

FLUOR · CHLOR · BROM · JOD
MANGAN · TECHNETIUM · RHENIUM

BEARBEITET

VON

F. FEHÉR · H. HECHT · W. HERR

A. SCHNEIDER

MIT 51 ABBILDUNGEN

Springer-Verlag Berlin Heidelberg GmbH

1953

ISBN 978-3-540-01704-2 ISBN 978-3-662-30593-5 (eBook)
DOI 10.1007/978-3-662-30593-5

Ursprünglich erschienen bei Springer-Verlag OHG., Berlin/Göttingen/Heidelberg 1953.

Inhaltsverzeichnis.

Verzeichnis der Zeitschriften und ihrer Abkürzungen.

Abkürzung	Zeitschrift
A.	LIEBIGS Annalen der Chemie; bis **172** (1874): Annalen der Chemie und Pharmacie.
Acc. Sci. med. Ferrara	Accademia delle scienze mediche di Ferrara.
A. Ch.	Annales de Chimie; vor 1914: Annales de Chimie et de Physique.
Acta Comment. Univ. Tartu	Acta et Commentationes Universitatis Tartuensis (Dorpatensis).
Acta med. Scand.	Acta Medica Scandinavica.
Agricultura	Agricultura.
Am. Chem. J. (Am. Ch.)	American Chemical Journal; seit 1917 vereinigt mit Am. Soc.
Am. Fertilizer	The American Fertilizer.
Am. J. Physiol.	American Journal of Physiology.
Am. J. Sci.	American Journal of Science.
Am. Soc.	Journal of the American Chemical Society.
Am. Soc. Test. Mater. (Am. Soc. Testing Materials)	American Society of Testing Materials.
Anal. Chem.	Analytical Chemistry, früher Ind. Eng. Chem. Anal. Edit.
Anal. chim. Acta	Analytica chimica acta.
Analyst	The Analyst.
An. Argentina	Anales de la asociación química Argentina.
An. Españ.	Anales de la sociedad española de física y química; seit 1941: Anales de fisica y quimica (Madrid).
An. Farm. Bioquim.	Anales de farmacia y bioquímica (Buenos Aires).
Angew. Ch.	Angewandte Chemie, vor 1932: Zeitschrift für angewandte Chemie.
Ann. Acad. Sci. Fenn.	Annales academiae scientiarum fennicae.
Ann. agronom.	Annales agronomiques.
Ann. Chim. anal.	Annales de Chimie analytique et de Chimie appliquée.
Ann. Chim. appl(ic).	Annali di chimica applicata.
Ann. Falsific.	Annales des Falsifications et des Fraudes.
Ann. Office nat. Combustibles liquides	Annales de l'Office National des Combustibles Liquides.
Ann. Phys.	Annalen der Physik (GRÜNEISEN und PLANCK).
Ann. Sci. agronom. Franç.	Annales de la Science agronomique française et étrangère; nach 1930: Annales agronomiques.
Ann. Soc. Sci. Bruxelles	Annales de la société scientifique de Bruxelles, Série A: Sciences mathématiques; Série B: Sciences physiques et naturelles.
Anz. Akad. Wiss. Wien, math.-naturwiss. Kl.	Anzeiger der Akademie der Wissenschaften in Wien, Mathematische-Naturwissenschaftliche Klasse.
Anz. Krakau. Akad.	Anzeiger der Akademie der Wissenschaften, Krakau.
Apoth.-Z.	Apotheker-Zeitung.
Ar.	Archiv der Pharmazie.
Arch. Eisenhüttenw.	Archiv für das Eisenhüttenwesen.
Arch. exp. Pathol.	Archiv für experimentelle Pathologie und Pharmakologie (NAUNYN-SCHMIEDEBERG).
Arch. Math. Naturvidensk (Arch. F. Mathem. og Naturvid.)	Archiv for Mathematik og Naturvidenskab.
Arch. Néerland. Physiol.	Archives Néerlandaises de Physiologie de l'Homme et des Animaux.
Arch. Phys. biol.	Archives de Physique biologique et de Chimie-Physique des Corps organisés.
Arch. Physiol.	Archiv für die gesamte Physiologie des Menschen und der Tiere (PFLÜGER).
Arch. Sci. biol.	Archivio di scienze biologiche (Italy).
Arch. Sci. phys. nat. Genève	Archives des Sciences physiques et naturelles, Genève.

Abkürzung	Zeitschrift
Atti Accad. Lincei	Atti della Reale Accademia nazionale dei Lincei.
Atti Accad. Sci. Torino	Atti della Reale Accademia delle Scienze di Torino.
Atti Congr. naz. Chim. pura applic.	Atti del congresso nazionale di chimica pura ed applicata.
Atti X Congr. int. Chim., Roma (Atti Congr. int. Chim. Roma)	Atti del X Congresso Internazionale di Chimica (Roma).
Austr. J. exp. Biol. med. Sci.	Australian Journal of Experimental Biology and Medical Science.
B.	Berichte der Deutschen Chemischen Gesellschaft.
Ber. dtsch. keram. Ges.	Berichte der Deutschen Keramischen Gesellschaft.
Ber. dtsch. pharm. Ges.	Berichte der Deutschen Phamazeutischen Gesellschaft.
Ber. oberhess. Ges. Naturk.	Bericht der oberhessischen Gesellschaft für Natur- und Heilkunde.
Ber. Wien. Akad.	Sitzungsberichte der Akademie der Wissenschaften, Wien.
Betriebslab.	Betriebslaboratorium; russ.: Sawodskaja Laboratorija.
Biochem. J.	Biochemical Journal.
Biol. Bl.	Biological Bulletin of the Marine Biological Laboratory; seit 1930: Biological Bulletin.
Bio. Z.	Biochemische Zeitschrift.
Bl.	Bulletin de la Société chimique de France; vor 1907: Bulletin de la Société chimique de Paris.
Bl. Acad. Roum.	Bulletin de la section scientifique de l'Académie Roumaine.
Bl. Acad. Russie	Bulletin de l'Academie des Sciences de Russie; seit 1925: Bl. Acad. URSS.
Bl. Acad. Sci. Pétersb.	Bulletin de l'Académie impériale des Sciences, Pétersbourg; seit 1917: Bl. Acad. Russie.
Bl. Acad. URSS.	Bulletin de l'Académie des Sciences de l'U[nion des] R[épubliques] S[oviétiques] S[ocialistes].
Bl. Acad. URSS., Sér. chim.	Bulletin de l'Académie des Sciences de l'U[nion des] R[épubliques] S[oviétiques] S[ocialistes], Sér. chimique.
Bl. agric. chem. Soc. Japan	Bulletin of the Agricultural Chemical Society of Japan.
Bl. Am. phys. Soc.	Bulletin of the American Physical Society.
Bl. Assoc. techn. Fonderie (Bull. [Ass.] techn. Fonderie)	Bulletin de l'Association Technique de Fonderie.
Bl. Biol. pharm.	Bulletin des Biologistes pharmaciens.
Bl. Bur. Mines Washington	Bulletin, Bureau of Mines, Washington
Bl. chem. Soc. Japan	Bulletin of the Chemical Society of Japan.
Bl. Chim. pura apl. Bukarest (B. Chim. pura aplicata Bukarest)	Buletinul de Chimie Pură si Aplicată (al Societătii Române de Chimie) Bukarest.
Bl. Inst. physic. chem. Res. (Abstr.) Tôkyô	Bulletin of the Institute of Physical and Chemical Research, Abstracts, Tôkyô.
Bl. Sci. pharmacol.	Bulletin des Sciences pharmacologiques.
Bl. Soc. chim. Belg.	Bulletin de la Société chimique de Belgique.
Bl. Soc. Chim. biol.	Bulletin de la Société de Chimie biologique.
Bl. Soc. chim. Paris	Vgl. Bl.
Bl. Soc. Min.	Bulletin de la Société française de Minéralogie.
Bl. Soc. Mulhouse	Bulletin de la Société industrielle de Mulhouse.
Bl. Soc. Pharm. Bordeaux	Bulletin des Travaux de la Société de Pharmacie de Bordeaux.
Bl. Soc. România	Buletinul societatii de chimie din România.
Bodenkunde Pflanzenernähr.	Bodenkunde und Pflanzenernährung: 1. Folge (Band **1** bis **45**) heißt: Zeitschrift für Pflanzenernährung, Düngung und Bodenkunde.
Boll. chim. farm.	Bolletino chimico-farmaceutico.
Branntwein-Ind. (russ.)	Branntwein-Industrie (russisch).
Brit. chem. Abstr.	British Chemical Abstracts.
Bur. Stand. J. Res.	Bureau of Standards Journal of Research.
C.	Chemisches Zentralblatt.
Canad. Chem. Metallurgy (Can. Chem. Met.)	Canadian Chemistry and Metallurgy; ab Bd. **22** (1938): Canadian Chemistry and Process Industries.
Canadian J. Res.	Canadian Journal of Research.
Časopis českoslov. Lékárn.	Časopis československého, Lékárnictva.

Abkürzung	Zeitschrift
Cereal Chem.	Cereal Chemistry.
Chem. Abstr.	Chemical Abstracts.
Chem. Age	Chemical Age.
Chem. Apparatur	Chemische Apparatur.
Chem. eng. min. Rev.	Chemical Engineering and Mining Review.
Chem. Ind.	Chemistry and Industry.
Chemisat. soc. Agric. (Chemisat. socialist. Agr.) (russ.)	Chemisation of Socialistic Agriculture (russisch).
Chemist-Analyst	The Chemist-Analyst.
Chem. J. Ser. A	Chemisches Journal Serie A, Journal für allgemeine Chemie; russ.: Chimitscheski Shurnal Sser. A, Shurnal obschtschei Chimii.
Chem. J. Ser. B	Chemisches Journal Serie B, Journal für angewandte Chemie; russ.: Chimitscheski Shurnal Sser. B, Shurnal prikladnoi Chimii.
Chem. Listy	Chemické Listy pro vědu a průmysl.
Chem. Metallurg. Eng. (Chem. Met. Engin.)	Chemical and Metallurgical Engineering.
Chem. N.	Chemical News.
Chem. Obzor	Chemický Obzor.
Chem. Reviews	Chemical Reviews.
Chem. social. Agric.	Chemisation of socialistic Agriculture; russ.: Chimisazia ssozialistitscheskogo Semledelija.
Chem. Trade J. chem. Engr. (Chem. Trade J.)	Chemical Trade Journal and Chemical Engineer.
Chem. Weekbl.	Chemisch Weekblad.
Ch. Fabr.	Die chemische Fabrik.
Chim. e Ind. (Milano)	Chimica e Industria (Milano).
Chim. Ind.	Chimie & Industrie.
Chim. Ind. 17. Congr. Paris	Chimie & Industrie, 17. Congrès, Paris.
Ch. Ind.	Die chemische Industrie.
Ch. Z.	Chemiker-Zeitung.
Ch. Z. Chem. techn. Übersicht	Chemiker-Zeitung, Chemisch-technische Übersicht.
Ch. Z. Repert.	Chemiker-Zeitung, Repertorium.
Coll. Trav. chim. Tchécosl.	Collection des Travaux chimiques de Tchécoslovaquie.
C. r.	Comptes rendus de l'Académie des Sciences.
C. r. Acad. URSS.	Comptes rendus (Doklady) de l'académie des sciences de l'U[nion des] R[épubliques] S[oviétiques] S[ocialistes].
C. r. Carlsberg	Comptes rendus des Travaux du Laboratoire de Carlsberg.
C. r. Soc. Biol.	Comptes rendus de la Société de Biologie.
Current Sci.	Current Science.
Dansk Tidsskr. Farm.	Dansk Tidsskrift for Farmaci.
Dingl. J.	DINGLERS Polytechnisches Journal.
Dtsch. med. Wschr.	Deutsche medizinische Wochenschrift.
Dtsch. tierärztl. Wschr.	Deutsche tierärztliche Wochenschrift.
Eng. Min. Journ.	Engineering and Mining Journal.
E. P.	Englisches Patent.
Erzmetall	Zeitschrift für Erzbergbau und Metallhüttenwesen; neue Folge von „Metall und Erz".
Fenno-Chem.	Fenno-Chemica.
Finska Kemistsamfundets Medd.	Finska Kemistsamfundets Meddelanden; fortgesetzt unter der Bezeichnung: Fenno-Chemica.
Fortschr. Chem. Physik physik. Chem.	Fortschritte der Chemie, Physik und physikalischen Chemie.
Fr.	Zeitschrift für analytische Chemie (FRESENIUS).
G.	Gazzetta chimica italiana.
Gas- und Wasserfach	Das Gas- und Wasserfach; vor 1922: Journal für Gasbeleuchtung sowie für Wasserversorgung.
Gen. electr. Rev. (General Electric Rev.)	General Electric Review.
Giorn. Biol. appl. Ind. chim. aliment. (G. Biol. appl. Ind. chim.)	Giornale di Biologia Applicata alla Industria Chimica ed Alimentare; ab Bd. 5 (1935): Giornale di Biologia Industriale Agraria ed Alimentare.

Abkürzung	Zeitschrift
Giorn. Chim. ind. ed applic. (Giorn. Chim. ind. appl.)	Giornale di Chimica Industriale ed Applicata.
Glastechn. Ber.	Glastechnische Berichte.
Glückauf	Glückauf, berg- und hüttenmännische Zeitschrift.
H.	Zeitschrift für physiologische Chemie (HOPPE-SEYLER).
Helv.	Helvetica chimica acta.
Ind. Chemist (chem. Manufacturer) (Ind. Chemist a. Chemical Manufacturer)	Industrial Chemist and Chemical Manufacturer.
Ind. chimica	L'Industria chimica, mineraria e metallurgica.
Ind. eng. Chem.	Industrial and Engineering Chemistry.
Ind. eng. Chem. Anal. Edit.	Industrial and Engineering Chemistry, Analytical Edition.
Ing. Chimiste (Bruxelles)	Ingénieur Chimiste (Bruxelles).
Internat. Sugar J.	International Sugar Journal.
J. agric. Sci.	Journal of Agricultural Science.
J. Am. ceram. Soc.	Journal of the American Ceramic Society.
J. Am. Leather Chem.	Journal of the American Leather Chemists' Association.
J. Am. med. Assoc.	Journal of the American Medical Association.
J. Am. pharm. Assoc.	Journal of the American Pharmaceutical Association.
J. Am. Soc. Agron.	Journal of the American Society of Agronomy.
J. Am. Water Works Assoc.	Journal of the American Water Works Association.
J. anal. appl. Chem.	Journal of Analytical and Applied Chemistry.
J. Assoc. offic. agric. Chem.	Journal of the Association of Official Agricultural Chemists.
J. Biochem.	Journal of Biochemistry (Japan).
J. biol. Chem.	Journal of Biological Chemistry.
Jbr.	Jahresberichte über die Fortschritte der Chemie (LIEBIG und KOPP), 1847—1910.
Jb. Radioakt.	Jahrbuch der Radioaktivität und Elektronik.
J. chem. Educat.	Journal of Chemical Education.
J. chem. Ind.	Journal der chemischen Industrie; russ.: Shurnal Chimitscheskoi Promyschlennosti.
J. chem. Physics (J. chem. Phys.)	Journal of Chemical Physics.
J. chem. Soc.	Journal of the Chemical Society of London.
J. chem. Soc. Japan	Journal of the Chemical Society of Japan.
J. Chim. appl. (J. chem. applic.) (russ.)	Journal de Chimie Appliquée (russisch).
J. Chim. phys.	Journal de Chimie physique; seit 1931: ... et Revue générale des Colloides.
J. chos. med. Assoc.	Journal of the Chosen Medical Association (Japan).
Jernkont. Ann.	Jernkontorets Annaler.
J. ind. eng. Chem.	Journal of Industrial and Engineering Chemistry; seit 1923: Ind. eng. Chem.
J. Indian chem. Soc.	Journal of the Indian Chemical Society.
J. Indian Inst. Sci.	Journal of the Indian Institute of Science.
J. Inst. Brew.	Journal of the Institute of Brewing.
J. Inst. Petrol. Tech.	Journal of the Institution of Petroleum Technologists.
J. Iron Steel Inst.	Journal of the Iron and Steel Institute.
J. Labor clin. Med.	Journal of Laboratory and Clinical Medicine.
J. Landwirtsch.	Journal für Landwirtschaft.
J. of Hyg. (Brit.)	Journal of Hygiene (britisch).
J. opt. Soc. Am.	Journal of the Optical Society of America.
J. Pharm. Belg.	Journal de Pharmacie de Belgique.
J. Pharm. Chim.	Journal de Pharmacie et de Chimie.
J. pharm. Soc. Japan	Journal of the Pharmaceutical Society of Japan.
J. physic. Chem.	Journal of Physical Chemistry.
J. Physiol.	Journal of Physiology.
J. pr.	Journal für praktische Chemie.
J. Pr. Austr. chem. Inst.	Journal and Proceedings of the Australian Chemical Institute.
J. Res. Nat. Bureau of Standards	Journal of Research of the National Bureau of Standards, früher: Bur. Stand. J. Res.
J. Russ. phys.-chem. Ges.	Journal der russischen physikalisch-chemischen Gesellschaft.
J. S. African chem. Inst.	Journal of the South African Chemical Institute.

Abkürzung	Zeitschrift
J. Sci. Soil Manure	Journal of the Sciences of Soil and Manure (Japan).
J. Soc. chem. Ind.	Journal of the Society of Chemical Industrie (Chemistry and Industry).
J. Soc. chem. Ind. Japan (Suppl.)	Journal of the Society of Chemical Industry, Japan. Supplement.
J. Soc. Dyers Colourists	Journal of the Society of Dyers and Colourists.
J. Washington Acad. Sci.	Journal of the Washington Academy of Sciences.
J. Zucker-Ind.	Journal der Zuckerindustrie; russ.: Shurnal Sakharnoi Promyschlennosti.
Keem. Teated	Keemia Teated (Tartu).
Kem. Maanedsbl. nord. Handelsbl. kem. Ind.	Kemisk Maanedsblad og Nordisk Handelsblad for Kemisk Industri.
Klin. Wschr.	Klinische Wochenschrift.
Koks u. Chem. (russ.)	Koks und Chemie (russisch).
Kolloidchem. Beih.	Kolloidchemische Beihefte.
Kolloid-Z.	Kolloid-Zeitschrift.
Lantbruks-Akad. Handl. Tidskr.	Kungl. Lantbruks-Akademiens Handlingar och Tidskrift.
Lantbruks-Högskol. Ann.	Lantbruks-Högskolans Annaler.
L. V. St.	Landwirtschaftliche Versuchsstationen.
M.	Monatshefte für Chemie.
Magyar Chem. Folyóirat	Magyar Chemiai Folyóirat (Ungarische chemische Zeitschrift).
Malayan agric. J.	Malayan Agricultural Journal.
Medd. Centralanst. Försöksväs. jordbruks., landwirtsch.-chem. Abt.	Meddelande från Centralanstalten för Försöksväsendet på Jordbruksområdet, landbrukskemi.
Medd. Nobelinst.	Meddelanden från K. Vetenskapsakademiens Nobelinstitut.
Med. Doswiadczalna i Spoleczna	Medycyna Doswiadczalna i Spoleczna.
Mem. Sci. Kyoto Univ.	Memoirs of the College of Science, Kyoto Imperial University
Metal Ind. (London)	Metal Industry (London).
Metallurgia ital. (Metallurg. Ital.)	Metallurgia Italiana.
Metallwirtschaft (Metallwirtsch., Metallwiss., Metalltechn.)	Metallwirtschaft, Metallwissenschaft, Metalltechnik.
Met. Erz	Metall und Erz.
Mikrochemie (Mikrochem.)	Mikrochemie, vereinigt mit Mikrochimica acta.
Mikrochim. A.	Mikrochimica acta.
Milchw. Forsch.	Milchwirtschaftliche Forschungen.
Mitt. berg- u. hüttenmänn. Abt. kgl. ung. Palatin-Joseph-Universität Sopron	Mitteilungen der berg- und hüttenmännischen Abteilung der königlich ungarischen Palatin-Joseph-Universität, Sopron.
Mitt. Forsch.-Anst. G.H. Hütte (Gutehoffnungshütte-Konzerns)	Mitteilungen aus den Forschungsanstalten des Gutehoffnungshütte-Konzerns.
Mitt. Geb. Lebensmitteluntersuch. Hyg.	Mitteilungen auf dem Gebiet der Lebensmitteluntersuchung und Hygiene.
Mitt. Kali-Forsch.-Anst.	Mitteilungen der Kali-Forschungsanstalt.
Mitt. K.W.I. Eisenforschg. (Düsseldorf)	Mitteilungen aus dem Kaiser-Wilhelm-Institut für Eisenforschung zu Düsseldorf.
Nachr. Götting. Ges.	Nachrichten der Kgl. Gesellschaft der Wissenschaften, Göttingen; seit **1923** fällt „Kgl." fort.
Nature	Nature (London).
Naturwiss.	Naturwissenschaften.
Natuurwetensch. Tijdschr.	Natuurwetenschappelijk Tijdschrift.
Nederl. Tijdschr. Geneesk.	Nederlandsch Tijdschrift voor Geneeskunde.
Neues Jahrb. Mineral. Geol.	Neues Jahrbuch für Mineralogie, Geologie und Paläontologie.
New Zealand J. Sci. Tech.	New Zealand Journal of Science and Technology.
Öst. Ch. Z.	Österreichische Chemiker-Zeitung.
Onderstepoort J. Vet. Sci.	Onderstepoort Journal of Veterinary Science and Animal Industry.
P. C. H.	Pharmazeutische Zentralhalle.

Abkürzung	Zeitschrift
Ph. Ch.	Zeitschrift für physikalische Chemie.
Pharm. Weekbl.	Pharmaceutisch Weekblad.
Pharm. Z.	Pharmazeutische Zeitung.
Phil. Mag.	Philosophical Magazine and Journal of Science.
Phil. Trans.	Philosophical Transactions of the Royal Society of London.
Phys. Rev.	Physical Review.
Phys. Z.	Physikalische Zeitschrift.
Plant Physiol.	Plant Physiology.
Pogg. Ann.	Annalen der Physik und Chemie, herausgegeben von POGGENDORFF (1824—1877); dann Wied. Ann. (1877—1899); seit 1900: Ann. Phys.
Pr. Am. Acad.	Proceedings of the American Academy of Arts and Sciences, Boston.
Pr. Am. Soc. Test. Mater. (Pr. Am. Soc. for testing Materials)	Proceedings of the American Society for Testing Materials.
Pr. (chem. Soc.)	Proceedings of the Chemical Society (London).
Pr. Indian Acad. Sci.	Proceedings of the Indian Academy of Sciences.
Pr. internat. Soc. Soil Sci.	Proceedings of the International Society of Soil Science.
Pr. Leningrad Dept. Inst. Fert.	Proceedings of the Leningrad Departmental Institute of Fertilizers.
Pr. Roy. Soc. Edinburgh	Proceedings of the Royal Society of Edinburgh.
Pr. Roy. Soc. London Ser. A	Proceedings of the Royal Society (London). Serie A: Mathematical and Physical Sciences.
Pr. Roy. Soc. New South Wales	Proceedings of the Royal Society of New South Wales.
Pr. Soc. Cambridge	Proceedings of the Cambridge Philosophical Society.
Problems Nutrit.	Problems of Nutrition; russ.: Woprossy Pitanija.
Pr. Oklahoma Acad. Sci.	Proceedings of the Oklahoma Academy of Science.
Pr. Soc. exp. Biol. Med.	Proceedings of the Society for Experimental Biology and Medicine.
Pr. Utah Acad. Sci.	Proceedings of the Utah Academy of Sciences.
Przemysl Chem.	Przemysl Chemiczny.
Publ. Health Rep.	Public Health Reports.
R.	Recueil des Travaux chimiques des Pays-Bas.
Radium	Le Radium, seit 1920: Journal de Physique et Le Radium.
Rep. Connecticut agric. Exp. Stat.	Report of the Connecticut Agricultural Experiment Station.
Repert. anal. Chem.	Repertorium der analytischen Chemie (1881—1887).
Répert. Chim. appl.	Répertoire de Chimie pure et appliquée (von 1864 ab: Bulletin de la Société chimique de France).
Rep. Invest. (Rep. Investig.)	United States Department Interior, Bureau of Mines, Report of Investigation.
Rev. brasil. chim. (Revista brasileira de chimica)	Revista Brasileira de Chimica (São Paulo).
Rev. Centro Estud. Farm. Bioquim.	Revista del centro estudiantes de farmacia y bioquímica.
Rev. Mét.	Revue de Métallurgie.
Rev. univ. des Min.	Revue universelle des Mines.
Roczniki Chem.	Roczniki Chemji.
Schweiz. Apoth. Z.	Schweizerische Apotheker-Zeitung.
Schweiz. med. Wschr.	Schweizerische medizinische Wochenschrift.
Schw. J.	SCHWEIGGERS Journal für Chemie und Physik (Nürnberg, Berlin 1811—1833, 68 Bde.).
Science	Science (New York).
Sci. Pap. Inst. Tôkyô	Scientific Papers of the Institute of Physical and Chemical Research Tôkyô.
Sci. quart. nat. Univ. Peking	Science Quarterly of the National University of Peking.
Sci. Rep. Tôhoku (Imp. Univ.)	Science Reports of the Tôhoku Imperial University.
Skand. Arch. Physiol.	Skandinavisches Archiv für Physiologie.
Soc.	Journal of the Chemical Society of London

Abkürzung	Zeitschrift
Soc. chem. Ind. Victoria (Proc.)	Society of Chemical Industry of Viktoria, Proceedings.
Soil Sci.	Soil Science.
Spectrochim. Acta	Spectrochimica Acta.
Sprechsaal	Sprechsaal für Keramik-Glas-Email.
Stahl Eisen	Stahl und Eisen.
Svensk Tekn. Tidskr.	Svensk Teknisk Tidskrift.
Sv. V.A.H. (SvVAH, Sv. Vet. Akad. Handl.)	Svenska Vetenskaps-Akademiens-Handlingar.
Techn. Mitt. Krupp	Technische Mitteilungen KRUPP.
Tôhoku J. exp. Med.	Tôhoku Journal of Experimental Medicine.
Trans. Am. electrochem. Soc.	Transactions of the American Electrochemical Society.
Trans. Am. Inst. min. metalling. Eng. (Trans. Am. Inst. Min. Eng.)	Transactions of the American Institute of Mining and Metallurgical Engineers.
Trans. Butlerov Inst. chem. Technol. Kazan	Transactions of the BUTLEROV Institute; (seit 1935: KIROV Institute) for Chemical Technology of Kazan.
Trans. ceram. Soc. England	Transactions of the Ceramic Society, England; ab Bd. **38** (1939): Transactions of the British Ceramic Society.
Trans. Dublin Soc.	Scientific Transactions of the Royal Dublin Society.
Trans. Faraday Soc.	Transactions of the FARADAY Society.
Trans. Roy. Soc. Edinburgh	Transactions of the Royal Society of Edinburgh.
Trans. sci. Inst. Fert.	Transactions of the Scientific Institute of Fertilizers and Insectofungicides (USSR.).
Trans. Sci. Soc. China	Transactions of the Science Society of China.
Trav. Inst. Etat Radium (russ.)	Travaux de l'Institut d'Etat de Radium (russisch).
Trav. Lab. biogéochim. Acad. Sci. URSS.	Travaux du laboratoire biogéochimique de l'académie des sciences de l'U[nion des] R[épubliques] S[oviétiques] S[ocialistes].
Uchen. Zapiski Kazan. Gosud. Univ.	Uchenye Zapiski Kazanskogo Gosudarstvennogo Universiteta (USSR.).
Ukrain. chem. J.	Ukrainian Chemical Journal (Journal chimique de l'Ukraine).
Union pharm.	Union pharmaceutique.
Union S. Africa Dept. Agric.	Union of South Africa. Department of Agriculture.
Univ. Illinois Bl.	University of Illinois, Bulletin.
U.S. Dep. Commerce Bur. Mines Bl. (U.S. Bur. Min. B.)	U.S. Department of Commerce, Bureau of Mines, Bulletin.
U.S. Dep. Interior Bur. (U.S. Mines Bull.)	United States Department of the Interior, Bureau of Mines, Bulletin.
U.S. Dept. Agric. Bl.	United States Department of Agriculture, Bulletins.
U.S. Geol. Surv. Bl.	United States Geological Survey Bulletin.
Verh. phys. Ges.	Verhandlungen der Deutschen physikalischen Gesellschaft.
Vorratspflege u. Lebensmittelforsch.	Vorratspflege und Lebensmittelforschung.
Washington Acad. Science	Journal of the Washington Academy of Sciences.
Wschr. Brauerei	Wochenschrift für Brauerei.
Wied. Ann.	Annalen der Physik und Chemie, herausgegeben von WIEDEMANN; s. Pogg. Ann.
Wien. klin. Wschr.	Wiener klinische Wochenschrift.
Wien. med. Wschr.	Wiener medizinische Wochenschrift.
Wiss. Nachr. Zucker-Ind.	Wissenschaftliche Nachrichten der Zuckerindustrie (ukrain.).
Wiss. Veröffentl. Siemens-Konzern	Wissenschaftliche Veröffentlichungen aus dem SIEMENS-Konzern (seit 1935: aus den SIEMENS-Werken).
Z. anorg. Ch.	Zeitschrift für anorganische und allgemeine Chemie.
Zbl. Min. Geol. Paläont. Abt. A	Zentralblatt für Mineralogie, Geologie und Paläontologie, Abt. A: Mineralogie und Petrographie.
Z. Chem. Ind. Kolloide	Zeitschrift für Chemie und Industrie der Kolloide; seit 1913: Kolloid-Zeitschrift.
Z. Deutsch. Öl- u. Fettind.	Zeitschrift für Deutsche Öl- und Fettindustrie.
Z. El. Ch.	Zeitschrift für Elektrochemie.

Abkürzung	Zeitschrift
Zentr. wiss. Forsch.-Inst. Leder-Ind.	Zentrales wissenschaftliches Forschungsinstitut für die Lederindustrie; russ.: Zentralny nautschno-issledowatelski Institut koshewennoi Promyschlennosti, Sbornik Rabot.
Z. ges. Brauw.	Zeitschrift für das gesamte Brauwesen.
Z. ges. Kältetechnik (-Industrie)	Zeitschrift für die gesamte Kältetechnik (-Industrie).
Z. Hygiene	Zeitschrift für Hygiene und Infektionskrankheiten.
Z. klin. Med.	Zeitschrift für klinische Medizin.
Z. Krist.	Zeitschrift für Kristallographie und Mineralogie.
Z. landw. Vers.-Wes. Österr.	Zeitschrift für das landwirtschaftliche Versuchswesen in Deutsch-Österreich; 1925—1933 genannt: Fortschritte der Landwirtschaft.
Z. Lebensm.	Zeitschrift für Untersuchung der Lebensmittel; bis 1925: Zeitschrift für Untersuchung der Nahrungs- und Genußmittel sowie der Gebrauchsgegenstände.
Z. Metallkunde	Zeitschrift für Metallkunde.
Z. Naturforschg.	Zeitschrift für Naturforschung.
Z. Oberschl. Berg- u. Hüttenmänn. Verb.	Zeitschrift des Oberschlesischen Berg- und Hüttenmännischen Verbandes.
Z. öffentl. Ch.	Zeitschrift für öffentliche Chemie.
Z. Pflanzenernähr. Düng. Bodenkunde	Vgl. Bodenkunde Pflanzenernähr.
Z. Phys.	Zeitschrift für Physik.
Z. pr. Geol.	Zeitschrift für praktische Geologie.
Zprávy česk. keram. společnosti	Zprávy československé keramické společnosti.
Z. techn. Phys. (russ.)	Zeitschrift für technische Physik (russ.).
Z. VDI (Z. Ver. dtsch. Ing.)	Zeitschrift des Vereins Deutscher Ingenieure.

Abkürzungen oft benutzter Sammelwerke.

Abkürzung	Sammelwerk
Berl-Lunge	BERL-LUNGE: Chemisch-technische Untersuchungsmethoden, 8. Aufl. Berlin 1931—1934. Bis zur 7. Aufl. „LUNGE-BERL" genannt.
Gm.	GMELINS Handbuch der anorganischen Chemie, 8. Aufl. Berlin.
Handb. Pflanzenanal.	Handbuch der Pflanzenanalyse (KLEIN).
Lunge-Berl	Vgl. BERL-LUNGE.
Schiedsverfahren	Analyse der Metalle. Erster Band: Schiedsverfahren. 2. Aufl. Berlin-Göttingen-Heidelberg 1949.

Fluor.

F, Atomgewicht 19,00, Ordnungszahl 9.

Von **Franz Fehér**, Köln[1].

Mit 13 Abbildungen.

Inhaltsübersicht.

[1] Mitbearbeitet von E. Heuer, Göttingen.

Vorkommen. In elementarem Zustand kommt Fluor in der Natur in Form gasförmiger Einschlüsse im Fluorit von Wölsendorf, gelegentlich auch in anderen Flußspatarten und im Smaragd von Chanteloube vor.

In gebundenem Zustand tritt Fluor in einer Reihe von Mineralien vulkanischen Ursprungs auf. Das wichtigste von diesen ist der Flußspat CaF_2, der vielfach auch als Gangart, z. B. im Schwerspat, Bleiglanz oder Pyrit enthalten ist. Wichtig sind die Flußspatvorkommen in der Oberpfalz, im Schwarzwald, Thüringer Wald, Harz, Erzgebirge, in der Schweiz, in Frankreich, Italien, Spanien, Kentucky, Illinois und in China. Verwendung findet der Flußspat bei metallurgischen Prozessen als Flußmittel sowie in der optischen Industrie auf Grund seiner besonderen optischen Eigenschaften.

Weitere wichtige Fluormineralien sind der Kryolith Na_3AlF_6, dessen Lagerstätten in Grönland und am Pikes Peak (Colorado) zur Aluminiumgewinnung ausgebeutet werden, sowie der Fluorapatit $Ca_5(PO_4)_3(F)$, dessen Fluoratome auch teilweise oder ganz durch Chlor oder Hydroxylgruppen, und dessen Calciumatome durch Kationen, wie Lithium, Aluminium, Magnesium, Beryllium oder Mangan, ersetzt werden können. Verhältnismäßig fluorreich ist außerdem noch der Topas $Al_2(F, OH)_2SiO_4$. Fluormineralien von untergeordneter Bedeutung sind der Sellait MgF_2, Fluocerit CeF_3, Villiaumit NaF u. a. Geringe Mengen gebundenen Fluors enthalten auch die Glimmer und Skapolithe und häufig der Turmalin.

In den natürlichen Gewässern finden sich Fluorverbindungen in einer Konzentration bis zu etwa 6 mg/l; die Wasser vulkanischen Ursprungs sind besonders fluorreich.

Im tierischen und pflanzlichen Organismus tritt das Fluor in sehr kleinen Mengen als Begleiter des Phosphors auf.

Verwendung. Die aus Fluorverbindungen in Freiheit gesetzte Fluorwasserstoffsäure wird zur Ätzung von Glas und zur Entfernung von Kieselsäure sowohl in der analytischen Chemie als auch in der Technik verwendet. Die antiseptische Wirkung der Fluoride benützt man in der Spiritusbrennerei und der Bierbrauerei zur Bekämpfung wilder Heferassen. Auch bei der Konservierung von Hölzern und anatomischen Präparaten werden Fluoride verwendet. Auf die Verwendung des Flußspats und Kryoliths wurde oben schon hingewiesen.

Wertigkeit und Verhalten des Fluors in der Gruppe, Löslichkeit der Fluorverbindungen und Eignung derselben zum analytischen Nachweis. Als Spitzenelement der siebenten Gruppe nimmt das Fluor unter den Halogenen eine gewisse Sonderstellung ein. Es tritt in seinen Verbindungen nur einwertig auf und ist das elektronegativste aller Elemente. Diese Tatsache bestimmt das gesamte chemische Verhalten des Fluors. Es zeigt eine außerordentlich starke Neigung, sich mit anderen Elementen zu verbinden und jeweils deren höchste Wertigkeitsstufe zu realisieren.

Charakteristisch für das Fluorion ist seine Fähigkeit, komplexe Anionen zu bilden, z. B. $[AlF_6]^{---}$, $[SiF_6]^{--}$, $[FeF_6]^{---}$, $[ZrF_6]^{--}$, $[BF_4]^{-}$, $[TiF_6]^{--}$, $[SnF_6]^{--}$ u. a.

Die Flußsäure (Kp. 19,5° C) ist bis 40° C dimolekular. Sie ist eine in Wasser schwach ionisierte Säure von der Stärke der Citronensäure. Die käufliche Fluorwasserstoffsäure hat einen Gehalt von 40% HF. Sie gibt an der Luft stechend riechende Dämpfe ab, welche — wie die Flußsäurelösung selbst — die Haut stark ätzen und schmerzhafte Wunden erzeugen. Da die Flußsäure mit der Kieselsäure des Glases unter Bildung von Kieselfluorwasserstoffsäure reagiert, dienen zur Aufbewahrung Gefäße aus Platin, Blei, Guttapercha oder Hartparaffin.

Die neutralen Alkalifluoride sind mit Ausnahme des Lithiumfluorids, das den Übergang zu den Erdalkalifluoriden bildet, in Wasser leicht löslich, ebenso das Ammoniumfluorid. Die Löslichkeit nimmt vom Lithiumfluorid zum Caesiumfluorid zu. Infolge Hydrolyse reagieren die Alkalifluoride schwach alkalisch. Schon bei Anwesenheit von verdünnten Lösungen schwacher organischer Säuren, wie Weinsäure, Essigsäure, Benzoesäure oder Oxalsäure, bilden sich Solvate entsprechend der Gleichung

$$CH_3COOH + 2\,KF \longrightarrow KF \cdot HF + CH_3COOK,$$

die in der älteren Literatur als Hydrofluoride aufgefaßt werden (BORODIN, RICHARDS). Die wäßrige Lösung dieser Solvate reagiert sauer und greift das Glas an.

Die Erdalkalifluoride sind in Wasser schwer löslich; die Löslichkeit des Calciumfluorids ist am kleinsten. Berylliumfluorid ist im Gegensatz zu den Erdalkalifluoriden leicht löslich.

Die Fluoride der Seltenen Erden besitzen ebenfalls sowohl im Wasser als auch in verdünnten Säuren nur geringe Löslichkeit. Scandiumfluorid löst sich im Überschuß von Fluoridionen unter Bildung eines sehr stabilen Komplexes auf (MEYER). Am schwersten löslich und infolgedessen am besten zum analytischen Nachweis geeignet ist das Lanthanfluorid (MEYER und SCHULZ).

Zirkon- und Thoriumfluorid sind ebenfalls schwer löslich, bilden jedoch im Überschuß von Fluoridionen stabile Komplexe (ROSENHEIM, SAMTER und DAVIDSOHN; DUBOIN). Die bei Zimmertemperatur geringe Löslichkeit des Blei(II)-fluorids nimmt mit steigender Temperatur stark zu.

In Wasser leicht löslich sind: Thallium(I)-, Silber-, Zinn(II)-, Zinn(IV)-, Antimon(III)-, Titan(IV)-fluorid u. a.

Sowohl Bortrifluorid als auch Siliciumtetrafluorid sind bei normaler Temperatur Gase, die mit Wasser in Borsäure bzw. Kieselsäure und Tetrafluoborsäure bzw. Hexafluokieselsäure hydrolysieren. Auf der Bildung von Siliciumtetrafluorid und dem Nachweis der hieraus mit Wasser gebildeten Kieselsäure beruht die Tetrafluoridprobe.

Von den komplexen Fluoriden sind die Salze der Hexafluokieselsäure (H_2SiF_6) — einer Säure etwa von der Stärke der Schwefelsäure — am wichtigsten. Die Alkalifluosilicate sind, mit Ausnahme von Lithium- und Ammoniumfluosilicat, ziemlich schwer löslich. Noch unlöslicher ist das Bariumfluosilicat. Zum analytischen Nachweis wird außerdem noch das Bleifluosilicat verwendet.

Konzentrierte Schwefelsäure zersetzt fast alle Fluoride unter Bildung von Fluorwasserstoff, während Fluosilicate zu Siliciumtetrafluorid und Fluorwasserstoff reagieren. Beim Erwärmen mit Ammoniak hydrolysieren Fluosilicate unter Abscheidung gallertartiger Kieselsäure. Alkalihydroxyd und -carbonat bewirken diese Reaktion schon in der Kälte.

Die wichtigsten analytischen Nachweisreaktionen für Fluoridionen und Fluosilicationen beruhen auf dem Verhalten derselben gegen konzentrierte Schwefelsäure und dem Nachweis des dabei gebildeten Fluorwasserstoffs bzw. Siliciumtetrafluorids. In zweiter Linie werden Farbreaktionen und nur in untergeordnetem Maße Fällungsreaktionen zum Nachweis benützt.

Aufschlußverfahren für unlösliche Fluorverbindungen. Aus den meisten fluorhaltigen Verbindungen läßt sich das Fluor durch Behandeln mit konzentrierter Schwefelsäure oder durch Schmelzen mit Kaliumhydrogensulfat als Fluorwasserstoff austreiben. Kieselsäurehaltige Proben oder Fluosilicate geben bei dieser Behandlung Siliciumtetrafluorid. Schwer nachzuweisen ist das Fluor im wasserfreien Aluminiumfluorid, das mit Schwefelsäure nur äußerst schwer zu zersetzen ist. In diesem Fall schließt man am besten mit der 15fachen Menge Soda-Pottasche unter Zusatz von 4 Teilen Quarzpulver im Platintiegel bei niedriger Temperatur auf (SPECHT und HORNIG). Auch andere gegen konzentrierte Schwefelsäure resistente Fluorverbindungen können mit Erfolg in der gleichen Weise behandelt werden. Als weitere Aufschlußmittel werden Ätznatron bzw. Ätzkali sowie Borsäureanhydrid verwandt. Beim Schmelzen fluorhaltiger Substanzen mit Borsäureanhydrid entweicht Bortrifluorid, das zum Nachweis benützt werden kann. (Weiteres über diese Aufschlußmethoden s. u. „Nachweis in besonderen Fällen".)

Nachweismethoden.

§ 1. Nachweis auf spektralanalytischem Wege.

1. Spektrum des Fluoratoms.

Das Spektrum des Fluoratoms ist in der Flamme nicht anregbar. EXNER und HASCHEK gelang es, das Funkenspektrum durch Funken zwischen Gaskohlen zu erzeugen, auf welche Kaliumfluorid aufgebracht war. MORITZ empfiehlt zum Nachweis des Fluors in Mineralien, die nur geringe Mengen dieses Elementes enthalten, das Funkenspektrum in der Weise anzuregen, daß man das Untersuchungsmaterial mit einem Aufschlußmittel zusammen in einem als Kathode dienenden kleinen Platinlöffel erwärmt und zwischen diesem und einem als Anode dienenden zugespitzten Platindraht den Funken erzeugt.

Das Linienspektrum des Fluors wird am besten durch Anregung im Entladungsrohr erhalten, wobei der Umfang des Spektrums und die Intensität der verschiedenen Linien stark von den Versuchsbedingungen abhängen. Nach Messungen von GALE und MONK sind folgende Linien im roten und ultraroten Spektralbereich am intensivsten: 7037,48, 6856,01, 6413,6 und 6239,6 Å. Außerdem liegen einige starke Linien im blauen und violetten Gebiet: 4446,96, 4246,48, 3847,33 Å (PORLEZZA). Ähnliche Angaben werden von SMYTHE, GALE, LUNT, BOEGEMANN und von SCHARBACH gemacht.

2. Spektrum von Fluorverbindungen.

Die Bandenspektren von Erdalkalifluoriden können mit Hilfe eines Leuchtgas-Sauerstoffgebläses beobachtet werden. Zur Erzeugung der Banden feuchtet man z. B. Flußspat mit etwas Salzsäure an und bringt die Substanz am Platindraht in die Gebläseflamme (LIVEING, BECQUEREL). Genaue Messungen der CaF_2-Bandenkanten von FABRY und später von RÖSCH ergaben folgende Werte: 6301,39, 6285,78, 6087,36, 6064,61, 6054,30, 6051,03, 6037,15, 5889,31, 5848,14, 5293,08, 5291,23, 5146,60, 5145,59 Å. Bariumfluorid zeigt im Knallgasgebläse mehrere nach Rot abschattierte Banden, von denen insbesondere diejenigen mit den Kanten bei 5001 Å und 4950 Å charakteristisch sind. Strontiumfluorid gibt unter den gleichen Bedingungen ein charakteristisches Bandenspektrum, das — ebenso wie die Spektren der anderen Erdalkalifluoride — auch bei Anregung im Bogen erhalten werden kann (EDER und VALENTA).

Es kommt vor, daß bei der Herstellung der Spektren der Erdalkalifluoride im Kohlebogen die Temperatur so hoch ist, daß durch die Dissoziation der Molekeln die entsprechenden Atomspektren auftreten. Um dies zu vermeiden schlägt DATTA den Zusatz von Soda vor, weil dadurch die Temperatur niedrig gehalten werden kann.

Zur spektroskopischen Prüfung auf Fluor wird im allgemeinen das Auftreten der CaF_2-Bande bei 5291 Å benützt. Man geht nach PAPISCH, HOAG und SNEE am besten so vor, daß man die fluorhaltige Probe mit einem Calciumsalz mischt und das Gemisch in den Lichtbogen bringt. Bei einer Mindestkonzentration von 0,01 mg Fluorid in der wirksamen Zone soll die grüne Bande zu beobachten sein, doch sind praktisch kleinere Mengen als 0,02 mg Fluorid schwer erkennbar.

3. Besondere Nachweismethoden.

a) Indirekter Nachweis durch Überführung des Fluors in Siliciumtetrafluorid und Nachweis des Siliciums durch dessen Funkenspektrum. Nach PAUL stellt man sich zunächst aus Bleidioxyd unter Zusatz von Borsäureanhydrid kleine Becher mit dazu passenden Deckeln und Gaseinleitungsrohren her. In einen solchen Becher wird das aus der zu untersuchenden Substanz durch Erhitzen mit Schwefelsäure und Quarzsand entwickelte Siliciumtetrafluorid eingeleitet und durch einige Tropfen Kalilauge, die sich auf dem Boden des Gefäßes befinden, hydrolysiert. Becher,

Deckel und Einleitungsrohr werden anschließend getrocknet und im Platintiegel zusammengeschmolzen. Das Silicat verteilt sich homogen in der Schmelze, und man erhält nach dem Abkühlen ein gelbes, durchsichtiges Glas. Zur spektralanalytischen Untersuchung bringt man dasselbe in die Vertiefung eines am Ende etwas muldenförmig gebohrten Stückes starken Kupferdrahtes, der zuvor im Gebläse auf Rotglut erhitzt ist. Das Glas schmilzt sofort zusammen, breitet sich gleichmäßig aus, und man erhält nach dem Erkalten eine Elektrode, die das Silicat als festen Glasüberzug enthält. Mit dieser prüft man nach den Methoden der Emissionsspektralanalyse (Auftreten der letzten Linien) auf Silicium.

Es lassen sich auf diese Weise 40 bis 50 γ Silicium, entsprechend 110 bis 120 γ Fluor, feststellen.

b) Nachweis durch die Veränderung des Absorptionsspektrums des Methämoglobins. Die Beobachtung, daß das Absorptionsspektrum des Methämoglobins durch Fluorion in charakteristischer Weise verändert wird (Menzies), verwandten Ville und Derrien zu einem Nachweisverfahren für Fluor. Zur Herstellung der Reagenslösung versetzt man defibriniertes Blut mit dem 4fachen Volumen einer 1‰ Kaliumoxalatlösung, filtriert und methämoglobinisiert durch Zugabe von Kaliumcyanoferrat(II). Auf 25 cm^3 der zu prüfenden klaren ungefärbten Flüssigkeit verwendet man 1 bis 1,5 cm^3 Reagenslösung. Bei Anwesenheit von Fluorion wird die im Rot befindliche Bande $\lambda = 633$ mμ des Methämoglobins durch eine neue bei $\lambda = 612$ mμ ersetzt.

§ 2. Nachweis durch Vorproben.

1. Glühröhrchenprobe.

Liegt Fluor in Silicaten an schwache Basen gebunden vor und enthalten die Proben zugleich Wasser, so entweicht beim Erhitzen im Glühröhrchen Siliciumtetrafluorid, welches zu Kieselsäure hydrolysiert wird, die sich im oberen Teil des Röhrchens als weißer Ring absetzt. Der bei der Hydrolyse gleichzeitig gebildete Fluorwasserstoff kann durch einen in das Röhrchen geschobenen Streifen Zirkonalizarinpapier (s. S. 20) oder durch Fernambukpapier (s. S. 21) nachgewiesen werden (Kolbeck).

2. Ätzprobe.

Die Ätzprobe beruht auf der Bildung von Fluorwasserstoff beim Erhitzen von Fluoriden mit konzentrierter Schwefelsäure. Derselbe hat die Eigenschaft, Glas zu ätzen, wobei die Kieselsäure des Glases in flüchtiges Siliciumtetrafluorid verwandelt wird, entsprechend den Gleichungen:

$$CaF_2 + H_2SO_4 \longrightarrow CaSO_4 + 2\,HF,$$
$$4\,HF + SiO_2 \longrightarrow SiF_4 + 2\,H_2O.$$

Die Ätzprobe ist also nur anwendbar, wenn die Fluorverbindung durch konzentrierte Schwefelsäure zersetzt werden kann. Bei Anwesenheit von Borsäure und Kieselsäure im Überschuß kann die Ätzprobe nicht angewendet werden (Arnot, ter Meulen), da sich dann Bortrifluorid bzw. Siliciumtetrafluorid bildet, die nicht imstande sind, Glas zu ätzen.

Im allgemeinen wird die Probe so ausgeführt, daß man die Substanz in einem kleinen Platin- oder Bleitiegel mit konzentrierter Schwefelsäure übergießt, evtl. vorsichtig erwärmt und die entweichenden Gase auf ihre Fähigkeit, Glas zu ätzen, prüft. Die Probe wird in der Literatur in den verschiedensten Varianten beschrieben. Das Wesentliche dieser Vorschriften läßt sich in folgenden Punkten zusammenfassen:

a) Die Schwefelsäure. In den meisten Fällen wird konzentrierte Schwefelsäure verwendet. Gautier und Clausmann (a) führen die Reaktion mit etwa 90%iger Schwefelsäure durch, während Partridge für eine spezielle Versuchsanordnung

(s. u.) eine 25%ige Säure vorschlägt. Manche Autoren halten es für günstig, die Analysenprobe vor dem Schwefelsäurezusatz mit 1 bis 2 Tropfen Wasser zu durchfeuchten.

Zu berücksichtigen ist, daß Schwefelsäure gelegentlich fluorhaltig ist, weshalb stets eine Blindprobe ohne Zusatz der Substanz zu empfehlen ist. Fällt diese positiv aus, so entfernt man den Fluorgehalt des Reagenses, indem man die konzentrierte Säure mit dem gleichen Volumen Wasser verdünnt und in einer Platinschale auf dem Wasserbad bis zur früheren Konzentration eindampft (Fresenius).

b) Das Erhitzen. In vielen Fällen gelingt die Probe schon in der Kälte. Die meisten Autoren schlagen jedoch, um sicherere Ergebnisse zu erhalten, etwa halbstündiges Erwärmen auf etwa 80° C (Vandam) oder Erhitzen auf dem siedenden Wasserbad vor. Nach Caley und Ferrer ist die Probe bei Durchführung in einer besonderen Versuchsanordnung (s. u.) am empfindlichsten, wenn man eine halbe Stunde auf etwa 140 bis 150° C erhitzt. Gautier und Clausmann (a) empfehlen zum Nachweis besonders kleiner Fluormengen ($^1/_{100}$ bis $^1/_{1000}$ mg Fluor), zunächst 1 Stunde auf 80° zu erwärmen, abzukühlen und dann nochmals 1 Stunde auf 220° zu erhitzen.

c) Nachweis der Ätzung. Zum Nachweis der Ätzung bedeckt man den Tiegel mit einem Uhrglas oder Objektträger, dessen Unterseite mit einer Schicht Hartparaffin, Spirituslack oder Carnaubawachs überzogen ist, in die man, ohne das Glas selbst zu verletzen, Figuren einritzt. Man kann auch das Glas mit einer der oben angegebenen Schutzschichten in der Weise bestreichen, daß man von vornherein eine kleine Fläche (z. B. Kreisfläche) freiläßt. Um zu vermeiden, daß sich beim Erwärmen des Tiegels die Schutzschicht wieder auf den von ihr befreiten Stellen ausbreitet, empfiehlt es sich, die Glasplatte bzw. das Uhrglas mit Eis oder mit Hilfe einer besonderen Kühlvorrichtung zu kühlen [Woodmann und Talbot, Gautier und Clausmann (a)]. Nach Beendigung des Versuches wäscht man die das Glas bedeckende Schicht mit Äther, Alkohol oder Ligroin ab und erkennt, evtl. erst nach dem Anhauchen, eine deutliche Ätzung an den Stellen des Glases, die nicht von der Schutzschicht bedeckt waren.

Kreis schlägt vor, die Schutzschicht zu umgehen und den Reaktionstiegel mit einem dicht schließenden Bleideckel zu bedecken, welcher in der Mitte eine kreisrunde, etwa 0,5 bis 1 cm große Öffnung besitzt; auf diese soll dann eine gut gereinigte Glasplatte gelegt werden (vgl. auch Caley und Ferrer, s. u.).

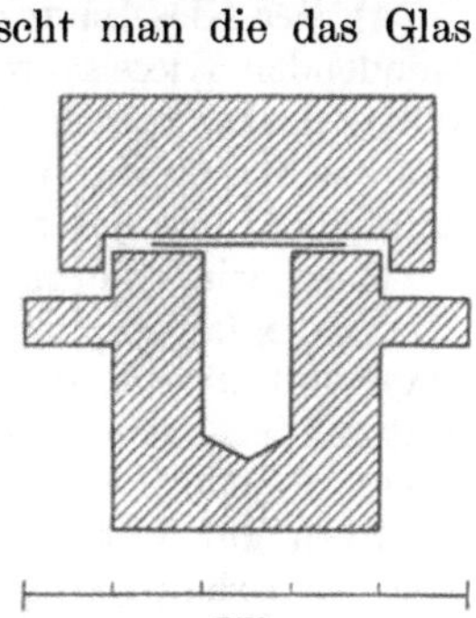

Abb. 1. [Aus Mikrochim. A. 1, 161 (1937), Abb. 1.]

d) Besondere Ausführungsformen. Zum mikrochemischen Nachweis besonders kleiner Fluormengen ist die von Caley und Ferrer vorgeschlagene Versuchsanordnung zu empfehlen. Der untere Teil des Apparates (s. Abb. 1) besteht aus einem zylindrischen Bleiblock, der mit einer Höhlung versehen und am oberen Ende plangeschliffen ist. In die Höhlung gibt man etwas Substanz und konzentrierte Schwefelsäure, bedeckt sie mit einem Deckglas und setzt den Bleideckel auf. Nun erhitzt man den Tiegel etwa 30 Min. im Ölbad auf 140 bis 150° und erkennt die Anwesenheit von Fluor an der Ätzung des Deckglases. Die Ausführung der Ätzprobe in dieser Versuchsanordnung hat den Vorteil, daß der Fluorwasserstoff nicht aus der Apparatur entweichen kann. Es lassen sich auf diese Weise noch 0,05 mg CaF_2 nachweisen.

Nach Partridge übergießt man zum Nachweis kleiner Fluormengen etwa 10 mg des Fluorids in einem Reagensglas mit 2 bis 3 cm³ 25%iger Schwefelsäure, gibt oben auf die Säure etwas Fett und erwärmt in einem Wasserbad 3 Stunden lang auf 80 bis 90° C. Nach dem Reinigen und Trocknen des Glases erkennt man bei Anwesenheit von Fluor an der Berührungsstelle von Säure und Fett deutlich einen geätzten Ring.

3. Tetrafluoridprobe.

Die Tetrafluoridprobe beruht auf der Umsetzung von Fluoriden mit Silicaten und konzentrierter Schwefelsäure zu Siliciumtetrafluorid, das durch seine Hydrolyse zu Kieselsäure gut nachgewiesen werden kann. Die Reaktion verläuft nach folgenden Gleichungen:

$$CaF_2 + H_2SO_4 \longrightarrow CaSO_4 + 2\,HF,$$
$$4\,HF + SiO_2 \longrightarrow SiF_4 + 2\,H_2O.$$

Das entweichende Gas wird nun mit Wasser in Berührung gebracht:

$$3\,SiF_4 + 2\,H_2O \longrightarrow SiO_2 + 2\,H_2SiF_6.$$

Die Reaktionen der neben der Kieselsäure entstehenden Hexafluokieselsäure können ebenfalls zum Nachweis des gebildeten Siliciumtetrafluorids herangezogen werden.

Die Siliciumtetrafluoridprobe läßt sich nur dann anwenden, wenn die fluorhaltige Substanz durch Schwefelsäure zersetzt werden kann. Der Nachweis wird praktisch allgemein so ausgeführt, daß man die auf Fluor zu prüfende Probe in einem Blei- oder Platintiegel mit etwa der 3fachen Menge feinstgepulverter Kieselsäure vermengt, mit Schwefelsäure übergießt und schwach erwärmt. Die entweichenden Gase werden mit Wasser in Berührung gebracht. Bei Anwesenheit von Fluor scheidet sich weiße gallertartige Kieselsäure ab, und der Wassertropfen gibt außerdem die Reaktionen der Hexafluokieselsäure. Das Wesentliche der in der Literatur beschriebenen verschiedenen Ausführungsformen der Tetrafluoridprobe läßt sich in folgenden Punkten zusammenfassen:

a) Der Kieselsäurezusatz. Über Art und Beschaffenheit der zweckmäßig zu verwendenden Kieselsäure bestehen in der Literatur widersprechende Angaben. Dies dürfte darauf zurückzuführen sein, daß die chemische Reaktionsfähigkeit der Kieselsäure sehr von der Vorgeschichte des Präparates abhängt. Es ist deshalb stets zu empfehlen, mit der zu verwendenden Kieselsäure eine Blindprobe durchzuführen.

Meist wird die Kieselsäure in Form von Seesand der Substanz beigemischt. Geilmann (a) empfiehlt feinsten Dörentruper Quarzsand, während Albrecht und Bast mit diesem Reagens nur unzuverlässige Ergebnisse erhalten. Die letzteren Autoren schlagen dagegen durch Glühen entwässerte, gefällte Kieselsäure vor. Diese ist jedoch nach Geilmann (a) nur dann brauchbar, wenn sie durch längeres Erhitzen auf 1100° ihre kolloiden Eigenschaften verloren hat. Die Verwendung von wasserhaltiger, gefällter Kieselsäure ist nach Daniel nicht zu empfehlen. Albrecht und Bast erhielten jedoch zufriedenstellende Ergebnisse, wenn sie einen nicht zu großen Überschuß zusetzten.

Hinsichtlich der Menge der beizumischenden Kieselsäure schlagen die meisten Autoren das Verhältnis $SiO_2 : CaF_2 \approx 3:1$ vor. Daraus ergibt sich, daß bei Analysenproben, die von sich aus Kieselsäure enthalten, vielfach der Kieselsäurezusatz ganz unterbleiben oder entsprechend kleiner gehalten werden kann. Albrecht und Bast warnen vor zu geringem Kieselsäurezusatz, da dann die in großer Konzentration vorhandene Fluorwasserstoffsäure die Abscheidung der durch Hydrolyse des Siliciumtetrafluorids entstehenden Kieselsäure infolge Bildung von Hexafluokieselsäure verhindert. In diesem Fall kann das Fluor im Wassertropfen als Bariumfluosilicat nachgewiesen werden (s. S. 11).

b) Der Schwefelsäurezusatz. Die Tetrafluoridprobe wird stets mit konzentrierter Schwefelsäure ausgeführt. Für 1 bis 2 Spatelspitzen Substanz-Kieselsäuregemisch verwendet man am besten 0,5 bis 1 cm^3 Säure. Bei größeren Säuremengen leidet die Empfindlichkeit des Nachweises (Daniel).

c) Das Erhitzen. Die Reaktion verläuft bei Anwesenheit größerer Fluormengen auch schon ohne Erwärmen; jedoch ist ein Erhitzen auf etwa 80° C in jedem Falle vorteilhaft. Nach BROWNING scheint die Empfindlichkeit der Probe durch Erwärmen der Schwefelsäure vor Zugabe zu dem Gemisch gesteigert zu werden.

d) Nachweis des gebildeten Siliciumtetrafluorids. Zum Nachweis des Siliciumtetrafluorids ist es üblich, den Tiegel mit einem dicht schließenden, in der Mitte durchbohrten Bleideckel zu bedecken. Der Wassertropfen, mit dem das entweichende Gas in Reaktion gebracht wird, befindet sich über dem Deckel in der Öse eines Platindrahtes oder an einem mit Asphalt- oder Siegellack überzogenen Glasstab oder auch an einem Hartgummistab. Die entstehende Kieselsäure wird durch die Trübung des Wassertropfens nachgewiesen. Einige Autoren empfehlen, unter Weglassen des Deckels den Wassertropfen auf die eben beschriebene Weise unmittelbar in den Dampfraum des Tiegels zu halten. Wartet man dabei so lange, bis der Wassertropfen vollständig verdampft ist, so kann nach RUPP neben der Kieselsäurebildung gleichzeitig die Ätzwirkung dadurch erkannt werden, daß die mit einem weißen Beschlag (SiO_2) überzogene Kuppe des Glasstabes nach dem Abwischen blind erscheint. Nach RUFF können auf diese Weise noch 0,25 mg Fluor nachgewiesen werden, während Versuche von SARTORI ergaben, daß nur bei relativ großen Fluormengen (über 1 mg) die Ätzwirkung neben der SiO_2-Abscheidung deutlich erkennbar ist (siehe auch RUPP und SARTORI).

REICH führt die Probe so aus, daß der Wassertropfen gleichmäßig an der Unterseite eines Uhrglases ausgebreitet ist, mit welchem der Tiegel bedeckt wird.

Besonders einfach und empfehlenswert ist es, auf den Tiegeldeckel eine Schicht feuchten, schwarzen Filtrierpapiers zu legen. Die Abscheidung der Kieselsäure ist dann durch einen weißen Fleck in der Form der Deckelöffnung sehr deutlich zu erkennen.

Nach EEGRIWE kann die durch Hydrolyse des Siliciumtetrafluorids gebildete Kieselsäure auch durch Reaktion mit Ammoniummolybdatlösung nachgewiesen werden. Man hängt einen Tropfen 20%iger Ammoniummolybdatlösung an einem Streifen geleimten Papiers in den Dampfraum des Tiegels hinein und beobachtet eine Gelbfärbung des Tropfens durch die entstehende Silicomolybdänsäure. Störend wirkt die Anwesenheit von Schwefelwasserstoff, der den Tropfen zunächst grün, dann blau färbt (vgl. auch S. 14).

Die Zersetzung des Siliciumtetrafluorids zu Kieselsäure kann nicht nur mit Wasser, sondern auch mit wäßrigen Lösungen durchgeführt werden (THEOPHILE). Weitere Nachweismethoden für das bei der Tetrafluoridprobe gebildete Siliciumtetrafluorid siehe unter „Reaktionen auf mikrochemischem Wege“ (S. 14).

e) Störungen. Bei Anwesenheit von Borverbindungen verflüchtigt sich unter Umständen alleine Bortrifluorid, bei dessen Hydrolyse Borsäure gebildet wird, welche häufig keine Trübung des Wassertropfens verursacht. Dadurch kann trotz Anwesenheit von Fluor die Probe negativ ausfallen. Das Vorliegen von Fluor wird andererseits durch gleichzeitige Anwesenheit von Sulfid und Sulfit in der Analysenprobe vorgetäuscht, da sich der Wassertropfen in diesem Fall infolge Schwefelabscheidung trübt.

f) Besondere Ausführungsformen. Nach DANIEL mischt man die Substanz mit der dreifachen Menge feinsten ausgeglühten Quarzpulvers, rührt in einem Reagensglas mit konzentrierter Schwefelsäure zu einem dünnen Brei an und verschließt das Glas mit einem einfach durchbohrten Kork mit seitlichem Ausschnitt. Durch die Bohrung führt ein unten verdickter und mit Asphalt bestrichener Glasstab, an dessen Ende ein Tropfen Wasser hängt. Der Glasstab ist so weit in die Röhre hineingeschoben, daß der Wassertropfen etwa um den 1- bis 2fachen Röhrendurchmesser vom Reaktionsgemisch entfernt ist. Bei gelindem Erwärmen bildet sich am Tropfen ein Kranz gallertartiger Kieselsäure. In Röhrchen von 1 cm Durchmesser und 4 cm Länge lassen sich Fluormengen, welche 1 mg Calciumfluorid entsprechen, nachweisen. Zur Prüfung auf kleinere Fluormengen (bis zu 0,1 mg CaF_2) empfiehlt DANIEL folgende etwas modifizierte Versuchsanordnung (s. Abb. 2a): Ein Röhrchen von 0,5 cm Durchmesser und 4 cm Länge ist am geschlossenen Ende schwach kugelförmig aufgeblasen. Der Glasstab, der fast den Durchmesser der lichten Weite des Röhrchens besitzt, trägt eine knöpfchenförmige Spitze, die mit Asphaltlack überzogen ist. Ein Gummiring verhindert das Herabgleiten des Stabes während des Versuches, der auf die gleiche Weise wie oben beschrieben durchgeführt wird. Die Pipette (b) oder der kleine Trichter (c) erleichtern das Einbringen der Schwefelsäure.

HOWARD beschreibt eine Versuchsanordnung, welche im Prinzip mit der von DANIEL übereinstimmt.

Nach OFFERMANN leitet man das durch Umsetzung der Analysensubstanz mit Kieselsäure und konzentrierter Schwefelsäure gebildete Siliciumtetrafluorid mit einem Strom trockener Luft durch ein enges Röhrchen in destilliertes Wasser. An der Eintrittsstelle des Gases scheidet sich auch bei kleinsten Fluormengen ein deutlich sichtbarer Ring von Kieselsäure aus.

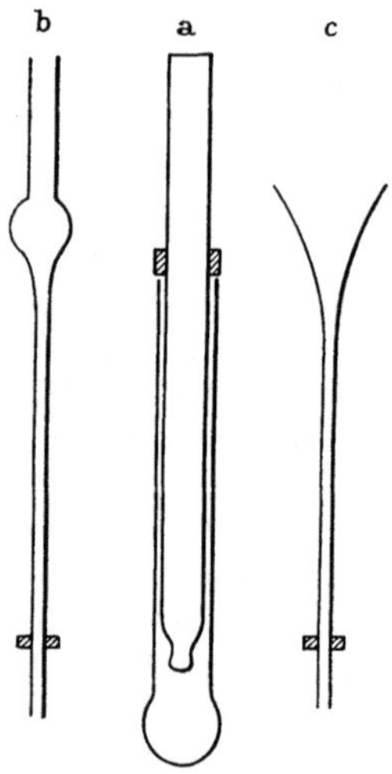

Abb. 2. Abbildung aus DANIEL: Z. anorg. Ch. **38**, 301 (1904).

Nach KNOP wird das Gemisch von Siliciumtetrafluorid und trockener Luft auf den Boden eines engen Glaszylinders geleitet, welcher zu $^1/_4$ mit einer Lösung von wenig farblosem Anilin in Äther-Alkohol (1 : 1) gefüllt ist. Je nach der Menge des vorhandenen Fluors bildet sich mehr oder weniger weißes Anilinfluosilicat. Setzt man der Flüssigkeit wenige Tropfen einer mäßig konzentrierten Lösung von Ätznatron in absolutem Alkohol zu, so verändert die kristallinisch flimmernde Trübung ihr Aussehen. Innerhalb 15 Min. schlägt sich eine Wolke von ausgeschiedenem Natriumfluosilicat nieder. Auf diese Weise läßt sich noch 1 mg Fluor gut erfassen.

Weitere Ausführungsformen der Tetrafluoridprobe siehe unter „Reaktionen auf mikrochemischem Wege“ (S. 14).

4. Öltröpfchenprobe.

Zur Ausführung der Öltröpfchenprobe übergießt man die Substanz in einem Reagensglas mit konzentrierter Schwefelsäure und erwärmt vorsichtig über kleiner Flamme oder im Wasserbad. Bei Anwesenheit von Fluorid entwickelt sich Fluorwasserstoff, der das Glas angreift und so verändert, daß die Schwefelsäure die Wandungen nicht mehr benetzt, sondern beim Umschütteln wie Öl in einzelnen Tröpfchen an der Glaswand herabfließt (FETKENHEUER).

Besondere Ausführungsformen. Nach HAGEN löst man in einem engen Reagensglas sehr wenig Kaliumdichromat in etwa 1 bis 1,5 cm^3 heißer konzentrierter Schwefelsäure. Mit der heißen Lösung befeuchtet man durch Umschütteln die Wandung des Reagensglases und läßt abfließen. Nun setzt man einige Stäubchen der Probe — bei Lösungen nur 1 Tropfen — zu und kocht auf. Hierbei zeigt sich eine deutliche Kondensationsgrenze der Säure. Bei Anwesenheit von Fluorid bilden sich oberhalb dieser Grenze größere oder kleinere Inseln. Es muß darauf geachtet werden, daß alles Dichromat vor Zugabe der Analysenprobe gelöst ist, da sonst evtl. Fluorid vorgetäuscht werden kann.

Die Erfassungsgrenze beträgt 0,5 γ Fluorid. In einem Tropfen einer fluosilicathaltigen Lösung, welche 1 γ Fluor enthält, kann man dieses ohne Schwierigkeit nachweisen. Die Reaktion wird gestört von größeren Mengen Borat und Silicat. Borat entfernt man am besten vor Ausführung der Probe als Borsäuremethylester. Bei

Anwesenheit von sehr viel Silicat wird empfohlen, das Fluor als Siliciumtetrafluorid überzudestillieren, in einer Vorlage aufzufangen und mit der so erhaltenen Lösung die Öltröpfchenprobe durchzuführen.

Eisen- und Molybdänverbindungen setzen die Empfindlichkeit der Probe etwas herab, während Halogene, Schwefelverbindungen, NO_3^-, PO_4^{---}, CO_3^{--}, Zr, U und V ohne Einfluß sind.

§ 3. Nachweis des Fluoridions auf nassem Wege.

A. Wichtige Fällungsreaktionen.

1. Fällung mit Calciumsalzen.

Lösliche Calciumsalze fällen aus neutralen oder essigsauren Fluoridlösungen einen weißen, schleimigen, schwer filtrierbaren Niederschlag von Calciumfluorid, der sowohl in einem Überschuß heißer konzentrierter Mineralsäuren als auch bei Gegenwart einer größeren Ammoniumsalzkonzentration löslich ist. Fällt man die neutrale Fluoridlösung mit einer 1 n Calciumchloridlösung, so ist es nach Karaoglanov möglich, noch 0,408 mg Fluorid in 10 cm³ Probelösung nachzuweisen.

Störungen werden durch die Anwesenheit von Phosphat-, Arsenat- und Oxalationen verursacht. Um das Fluor in phosphat- oder arsenathaltigen Lösungen als Calciumfluorid nachzuweisen, fällt man mit Calciumchlorid aus saurer, mit Ammoniumacetat versetzter Lösung, da unter diesen Bedingungen Calciumphosphat und -arsenat nicht ausfallen (Chapman). Bei Anwesenheit von Oxalat kann nicht auf Fluor geprüft werden. Es ist deshalb stets ratsam, den mit Calciumsalzen erhaltenen Niederschlag durch eine der Vorproben auf Fluor zu untersuchen (siehe auch Treadwell und Koch).

2. Fällung mit Bariumsalzen.

Lösliche Bariumsalze fällen aus neutralen oder schwach sauren fluoridhaltigen Lösungen einen weißen, voluminösen Niederschlag von Bariumfluorid, der in einem Überschuß sowohl von Mineralsäuren als auch von Ammoniumsalzen löslich ist.

Die Empfindlichkeit des Fluornachweises mit Bariumsalzen ist geringer als diejenige mit Calciumsalzen. Nach Karaoglanov lassen sich beim Ausfällen des Fluorids mit einer 0,5 n Bariumchloridlösung noch 7,70 mg Fluorid in 10 cm³ Probelösung nachweisen.

Phosphat-, Arsenat-, Sulfat-, Chromat- und Oxalationen stören die Bariumfluoridfällung. Sie kann daher bei Anwesenheit dieser Ionen nicht zur Identifizierung von Fluorid angewendet werden. Jedoch benützt man die Fällung bei Gegenwart von Sulfationen zur quantitativen Abscheidung geringer Fluoridmengen, da das Bariumsulfat die Eigenschaft hat, Bariumfluorid einzuschließen und so aus der Lösung niederzuschlagen. Der Bariumsulfat-Bariumfluorid-Niederschlag wird dann mit Hilfe einer der Vorproben auf Fluor untersucht (vgl. S. 6ff.).

3. Fällung mit Lanthansalzen.

Lösliche Lanthansalze, vorzugsweise Lanthanacetat, fällen aus schwach sauren oder neutralen fluoridhaltigen Lösungen in der Hitze weißes Lanthanfluorid bzw. basische Salze. Das LaF_3 ist in verdünnten Säuren unlöslich, wird aber von stärkeren Mineralsäuren langsam gelöst. Der Niederschlag entsteht auch noch bei großer Verdünnung der Fluoridlösung.

Nach Meyer und Schulz versetzt man die Probelösung mit überschüssiger Lanthanacetatlösung, säuert mit Essigsäure stark an und kocht unter Zusatz von festem Ammoniumacetat auf. Der zunächst entstehende flockige Niederschlag, eine Adsorptionsverbindung von Lanthanfluorid und Lanthanacetat, wird beim Stehen, oder schneller beim Erwärmen, feinkörnig.

Auf diese Weise ist es möglich, noch 0,01 mg Fluor in 10 cm³ Lösung nachzuweisen.

Nach FISCHER führt man die Reaktion folgendermaßen aus: Zu 1 cm³ Probelösung gibt man nacheinander Essigsäure, 0,5 cm³ gesättigte Natriumacetatlösung, 1 Tropfen 0,2%ige Eosinlösung und 0,5 cm³ 1%ige schwach essigsaure Lanthanacetatlösung. Nach kurzem Aufkochen, Abkühlen und Zentrifugieren erhält man in Gegenwart von Fluoriden einen roten Niederschlag. Es können auf diese Weise noch 2 γ Fluor nachgewiesen werden. Eine hohe Fremdsalzkonzentration setzt die Empfindlichkeit der Reaktion etwas herab.

Die Reaktion wird gestört durch PO_4^{---}, $C_2O_4^{--}$, MoO_4^{--}, SO_3^{--}, während SO_4^{--}, $Cr_2O_7^{--}$, SiO_3^{--}, Cl^-, NO_3^-, NO_2^-, ClO_3^-, ClO_4^- keinen störenden Einfluß zeigen.

4. Fällung mit Thoriumsalzen.

Aus schwach sauren fluoridhaltigen Lösungen bildet sich mit löslichen Thoriumsalzen ein weißer, stark voluminöser Niederschlag von Thoriumfluorid, der im Überschuß des Fällungsmittels etwas löslich ist.

Die Empfindlichkeit der Reaktion beträgt nach PISANY 0,01 g Fluor in 100 cm³ Lösung. TREADWELL und KÖHL halten jedoch diese Angabe für überschätzt.

In Gegenwart von $C_2O_4^{--}$ und $P_2O_6^{----}$ kann die Reaktion nicht ausgeführt werden, da diese Ionen gleichfalls weiße, schwerlösliche Th-Salze bilden.

5. Fällung mit Benzidin- und Quecksilbersalz.

Benzidinacetat fällt in Gegenwart von Quecksilbersalzen aus essigsauren oder schwach salzsauren Fluoridlösungen einen gelben Niederschlag von komplexem Benzidin-Quecksilberfluorid.

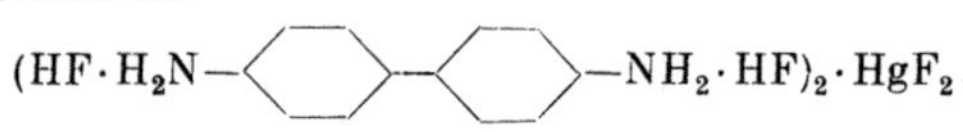

Nach MILLER wird der Nachweis folgendermaßen durchgeführt: Zur Bereitung des Reagenses werden 1,84 g Benzidin in 500 cm³ Eisessig gelöst und 500 cm³ 0,02 n Quecksilbersuccinimidlösung zugegeben. Die Probelösung wird mit Natronlauge neutralisiert, mit Eisessig schwach angesäuert und dann bei 50° mit einem Überschuß der Reagenslösung versetzt. Anschließend erwärmt man das Reaktionsgemisch noch 20 Min. auf dem Wasserbad.

Es lassen sich auf diese Weise bis zu 0,04 mg Fluorid in 10 cm³ Lösung nachweisen.

Nach PERTUSI kann die Reaktion auch in der Kälte durchgeführt werden.

Der Nachweis wird gestört durch Anwesenheit oxydierender Substanzen sowie durch Phosphat- und Sulfationen.

B. Weitere Fällungsreaktionen.

1. Fällung mit Bleichlorid.

Eine nahezu gesättigte Lösung von Bleichlorid fällt aus einer neutralen Fluoridlösung einen weißen, kristallinen Niederschlag von Bleichlorofluorid (PbFCl) (STARK), der in Essigsäure und Salzsäure mäßig, in H_2O stark löslich ist.

2. Fällung mit Bleiacetat.

Eine Lösung von Bleiacetat fällt aus einer neutralen fluoridhaltigen Lösung einen weißen Niederschlag von Bleifluorid, der in Mineralsäuren sehr leicht, in Essigsäure schwerer löslich ist.

3. Fällung mit Triphenylzinnchlorid.

In alkoholischer, neutraler oder schwach alkalischer Fluoridlösung wird mit Triphenylzinnchlorid ein weißer Niederschlag von Triphenylzinnfluorid gebildet (ALLEN und FURMAN). Die Reaktion wird von den Autoren hauptsächlich für die quantitative Bestimmung des Fluors vorgeschlagen. Praktisch wird sie so durchgeführt, daß man zu der 60 bis 70 Vol.-% Alkohol enthaltenden Fluoridlösung, deren p_H zwischen 7 und 9 liegt, eine 2%ige alkoholische Lösung von Triphenylzinnchlorid zugibt.

§ 4. Nachweis des Hexafluosilications (SiF_6^{--}).

Allgemein ist bei Prüfung auf Hexafluosilication eine alkalische Reaktion der zu analysierenden Lösung zu vermeiden, da Fluosilicate mit OH^--Ionen entsprechend der Gleichung

$$SiF_6^{--} + 4\,OH^- \longrightarrow Si(OH)_4 + 6\,F^-$$

zu Kieselsäure reagieren.

1. Fällung mit Bariumsalzen.

Lösliche Bariumsalze fällen aus schwach saurer fluosilicathaltiger Lösung einen weißen, kristallinen Niederschlag von Bariumhexafluosilicat ($BaSiF_6$), der in Wasser sowie in verdünnter Salzsäure oder Salpetersäure schwer löslich ist (100 g Wasser lösen bei 17,5° C 0,0268 g $BaSiF_6$).

Eine Störung verursacht die Anwesenheit von Sulfationen.

Die Reaktion eignet sich besonders für den mikrochemischen Fluornachweis (vgl. S. 17).

2. Fällung mit Kaliumsalzen.

Kaliumsalze geben mit Hexafluosilication einen weißen Niederschlag von Kaliumhexafluosilicat (K_2SiF_6), der sehr feinkristallin ist, so daß er sich nur langsam zu Boden setzt. Die Löslichkeit beträgt bei 17,5° C 0,120 g K_2SiF_6 in 100 g Wasser. Sie kann durch Zusatz von Alkohol wesentlich herabgesetzt werden, wodurch gleichzeitig das Absitzen des Niederschlages beschleunigt wird. In verdünnten Säuren ist K_2SiF_6 schwer löslich.

3. Fällung mit Natriumsalzen.

Aus konzentrierten Hexafluosilicatlösungen fällt mit konzentrierter Natriumchloridlösung ein ganz schwach rosa gefärbter Niederschlag von Natriumfluosilicat (Na_2SiF_6) aus, der sich nach Zugabe von Wasser löst, da die Löslichkeit bei Zimmertemperatur 7,3 g in 1000 cm^3 Wasser beträgt. Durch Zusatz von Alkohol kann sie erheblich herabgesetzt werden.

Die Reaktion dient vor allem zum mikrochemischen Nachweis des Fluosilicats (vgl. S. 17).

4. Fällung mit Bleiacetat.

Konzentrierte Bleiacetatlösung erzeugt in hexafluosilicathaltigen Lösungen eine weiße, kristalline Fällung von Bleihexafluosilicat ($PbSiF_6$). Der Niederschlag ist in verdünnter Salpetersäure merklich löslich.

Bei Anwesenheit von Sulfat-, Jodid-, Bromid-, Chlorid-, Chromat- und Sulfidionen kann die Reaktion nicht zur Identifizierung des Hexafluosilications verwendet werden.

5. Fällung mit Thoriumnitrat.

Nach Pisany können Hexafluosilicate in schwach salzsaurer Lösung quantitativ mit Thoriumnitrat ausgefällt werden.

§ 5. Nachweis auf mikrochemischem Wege.

1. Die Tetrafluoridprobe.

Allgemeines über die Tetrafluoridprobe s. S. 8.

a) Ausführung der Tetrafluoridprobe auf mikrochemischem Wege. In einem Mikroplatin- oder -bleitiegel mischt man die Substanz bzw. den Trockenrückstand der flüssigen Probelösung mit etwas feingepulverter Kieselsäure (über die Beschaffenheit derselben s. S. 8) und feuchtet mit einigen Tropfen konzentrierter Schwefelsäure gut an. Dann bedeckt man den Tiegel mit einem kleinen Uhrglas, an dessen Unterseite ein Wassertropfen hängt, und erwärmt einige Zeit. Die in dem Wassertropfen gebildete Kieselsäure bzw. Hexafluokieselsäure kann mit Hilfe der Molybdat-Benzidin-Reaktion (s. u.) bzw. einer der auf S. 9 u. 17ff. beschriebenen Reaktionen mikrochemisch nachgewiesen werden.

Neben dieser allgemeinen Ausführungsform werden noch einige spezielle Arbeitsverfahren vorgeschlagen:

Nach Behrens-Kley führt man die Probe in einem kleinen Platinlöffel durch (s. Abb. 3). In diesen gibt man zunächst die Substanzprobe, füllt darauf den Löffel bis zur Hälfte mit feingepulverter Kieselsäure und fügt 2 Tropfen konzentrierter Schwefelsäure zu. Das Ganze wird mit einem Objektträger bedeckt, dessen untere Seite mit einer Kollodium-Äther-Schicht überzogen ist, an welcher ein Tropfen verdünnter, mit einem Körnchen Kochsalz versetzter Salzsäure hängt. Das Löffelchen wird über dem Mikrobrenner bis zur beginnenden Dampfentwicklung (120°) erwärmt und anschließend etwa 15 Sek. sich selbst überlassen. In dem Tropfen bilden sich bei Gegenwart von Fluorid deutlich zu erkennende Blättchen von Natriumfluosilicat Na_2SiF_6 (Beschreibung des Niederschlages s. S. 17).

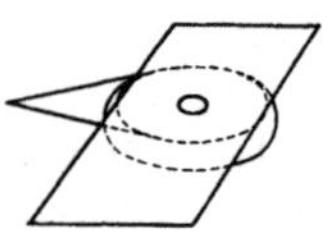

Abb. 3. Platinlöffel, gew. Größe. (Aus Behrens-Kley, S. 177.)

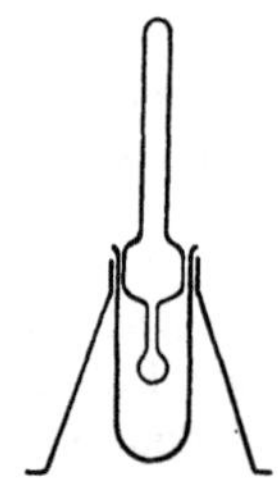

Abb. 4. Zersetzungsapparat nach Feigl (a), S. 139, Abb. 13.

Feigl (a) verwendet folgende Anordnung (Abb. 4). Der Zersetzungsapparat besteht aus einer kleinen, etwa 1 cm³ fassenden Glashülse, die mit einem eingeschliffenen Aufsatzstück verschlossen ist. Am unteren Ende desselben befindet sich ein Glasknopf, an welchem der Wassertropfen hängt.

Die Reaktion wird so durchgeführt, daß man die mit Quarzsand gemischte Probe bzw. den Trockenrückstand der mit Kieselsäure eingedunsteten Analysenlösung in die Hülse des Apparates einfüllt. Dann wird mit 1 bis 2 Tropfen konzentrierter Schwefelsäure durchfeuchtet und das Verschlußstück mit dem daran hängenden Wassertropfen aufgesetzt. Anschließend erwärmt man etwa 1 Min. vorsichtig und läßt nach Entfernen der Flamme noch 3 bis 5 Min. stehen. In dem Wassertropfen wird die gebildete Kieselsäure durch die Ammoniummolybdat-Benzidin-Reaktion, wie im folgenden beschrieben, nachgewiesen.

b) Nachweis der gebildeten Kieselsäure mit Molybdat-Benzidin. Die Anwesenheit von Kieselsäure im Wassertropfen kann durch Zugabe von Ammoniummolybdatlösung und Benzidin sichtbar gemacht werden, da die sich bildende gelbe Silicomolybdänsäure im Gegensatz zur freien Molybdänsäure die Eigenschaft hat, Benzidin zu Benzidinblau zu oxydieren. Die komplex gebundene Molybdänsäure wird dabei gleichzeitig zu Molybdänblau reduziert.

Ausführung. Der durch die Tetrafluoridprobe erhaltene kieselsäurehaltige Wassertropfen wird in einen Mikrotiegel gespült. Man gibt 1 bis 2 Tropfen Ammoniummolybdatlösung (15 g Ammoniummolybdat in 300 cm³ Salpetersäure [D 1,2]) zu und erwärmt bis zum beginnenden Blasenwerfen. Nach völligem Erkalten werden 1 Tropfen Benzidin (1%ige Lösung in 10%iger Essigsäure) und einige Tropfen einer gesättigten Natriumacetatlösung zugefügt. Die entstehende Blaufärbung zeigt die

Anwesenheit von Kieselsäure im Wassertropfen, d. h. das Vorliegen von Fluor in der Analysenprobe, an.

c) Störungen. Störend auf die mikrochemische Ausführung der Tetrafluoridprobe wirken Carbonate und Sulfite, da sich dieselben beim Übergießen mit Säure unter starker Gasentwicklung zersetzen. Man entfernt sie deshalb zweckmäßig vor der Probe durch Ausglühen der Substanz. Jodide und Bromide, die mit konzentrierter Schwefelsäure freies Jod bzw. Brom entwickeln, sowie größere Menge von Chloriden, die eine zu starke Salzsäureentwicklung hervorrufen, müssen — evtl. nach vorhergehendem Aufschluß der festen Probe — mit Silbersulfat ausgefällt werden. Größere Mengen von Nitraten stören dadurch, daß sich beim Übergießen mit konzentrierter Schwefelsäure Stickoxyde entwickeln, die das Benzidin unter Gelbfärbung zersetzen. Man entfernt Nitrate deshalb durch Ausglühen der festen Probe. Bei gleichzeitiger Anwesenheit von Germaniumsalzen und Chloriden in der Analyse kann eine Täuschung dadurch hervorgerufen werden, daß sich unter den Bedingungen der Tetrafluoridprobe Germaniumtetrachlorid bildet, das eine komplexe Germaniummolybdänsäure erzeugt, die ebenfalls Benzidin unter Blaufärbung oxydiert.

d) Erfassungsgrenze. Für die nach FEIGL (a) ausgeführte Tetrafluoridprobe mit anschließendem Nachweis der gebildeten Kieselsäure durch die Molybdat-Benzidin-Reaktion beträgt die Erfassungsgrenze 5 γ Fluor (FEIGL und KRUMHOLZ).

2. Mikrochemischer Nachweis des Fluoridions durch Kristallreaktionen.

Die zu einem mikrochemischen Nachweis des Fluoridions beschriebenen Kristallreaktionen sind nicht sehr spezifisch und können daher nur in Einzelfällen herangezogen werden.

a) Fällung mit Hexamminkobalt(III)-chlorid. Das Reagens, welches am besten nach BILTZ, HALL und BLANCHARD hergestellt wird, gibt nach HYNES und YANOWSKI (a) mit Fluoridionen charakteristische Kristallisationsprodukte, über deren Zusammensetzung keine näheren Angaben vorliegen.

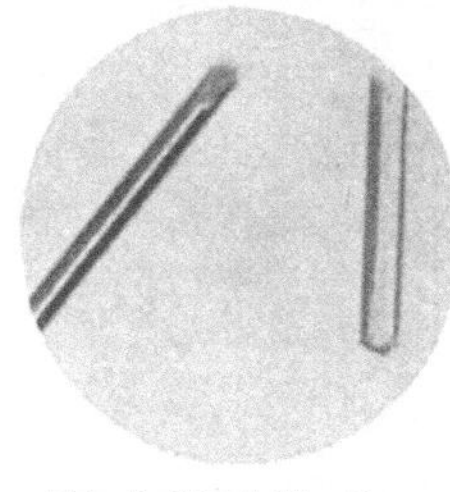

Abb. 5. Kristallisationsprodukt aus einer 0,15 m $[Co(NH_3)_6]Cl_3$-Lösung und einer bezüglich des Anions 1%ig. Lösung von KF·HF. [Aus HYNES u. YANOWSKI (a): Mikrochem. **23**, 1 (1937), Abb. 2.]

Bringt man einen Tropfen einer 0,15 m wäßrigen Lösung von $[Co(NH_3)_6]Cl_3$ zu einem Tropfen einer bezüglich des Anions 1%igen Lösung von KF · HF (20 mg KF · HF/cm^3), so erhält man Kristalle von dicken Stäbchen mit meißelförmigen Enden, die nach 8 Min. ausgebildet sind.

Störungen werden verursacht durch folgende Ionen, welche mit dem Reagens ebenfalls kristalline Niederschläge geben: J^-, HSO_4^-, HSO_3^-, CrO_4^{--}, $[Co(NO_2)_6]^{---}$, $Cr_2O_7^{--}$, $S_2O_6^{--}$, $[Fe(CN)_6]^{---}$, $[Fe(CN)_6]^{----}$, SiF_6^{--}, JO_3^-, VO_3^-, $[Fe(CN)_5NO]^{--}$, VO_4^{---}, MnO_4^-, $S_2O_8^{--}$, $P_2O_7^{----}$, SO_4^{--}, TeO_3^{--}, $S_2O_3^{--}$, Phosphormolybdat, Phosphorwolframat, Sulfosalicylat, Tartrat. Die in der Analysensubstanz vorhandenen Kationen üben keinen Einfluß auf die Kristallform des Reaktionsproduktes aus, ebenso wie die Anwesenheit anderer Anionen.

b) Fällung mit 1,6-Dinitrotetramminkobalt(III)-chlorid. Über die Herstellung des Reagenses s. BILTZ, HALL und BLANCHARD.

Einen Tropfen der gesättigten wäßrigen Lösung des Reagenses bringt man auf einem Objektträger mit einem Tropfen einer bezüglich des Anions 1%igen Lösung von KF · HF (20 mg KF · HF/cm^3) zusammen. Es bilden sich augenblicklich Plättchen, die langsam zu charakteristischen Sechsecken (s. Abb. 6) weiterwachsen (YANOWSKI und HYNES). Wenn die Lösung nur 0,2%ig in bezug auf das Anion ist, erscheinen zunächst irreguläre längliche Plättchen, die erst nach 15 Min. Sechseckform annehmen. Über die Zusammensetzung der Kristallisationsprodukte liegen keine Angaben vor.

Das Reagens bildet außer mit Fluoridionen noch mit folgenden anderen Anionen kristalline Reaktionsprodukte: CrO_4^{--}, $Cr_2O_7^{--}$, $C_2O_4^{--}$, VO_4^{---}, SO_3^{--}, Br^-, HCO_3^-, CO_3^{--}, J^-, NO_3^-, AsO_4^{---}, $P_2O_7^{----}$, SCN^-, $S_2O_3^{--}$, H_3BO_3, $S_2O_6^{--}$, HSO_3^-, JO_3^-, $S_2O_8^{--}$.

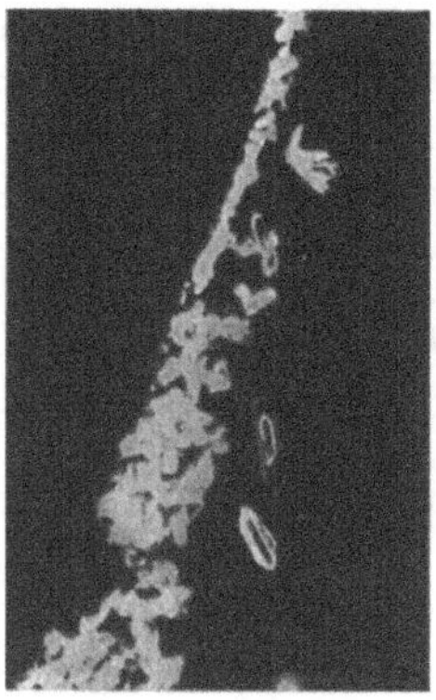

Abb. 6. Kristallisationsprodukt aus einer gesättigten Lösung von $[Co(NO_2)_2(NH_3)_4]Cl$ und einer bezüglich des Anions 1%igen Lösung von KF·HF. [Aus YANOWSKI u. HYNES: Mikrochem. **23**, 143 (1937), Abb. 7.]

Die Erfassungsgrenze liegt bei 40 γ F · HF^--Ion/Tropfen.

c) Fällung mit Nitropentamminkobalt(III)-chlorid. Über die Herstellung des Reagenses vgl. JOERGENSEN (a).

Die gesättigte Lösung des Komplexsalzes bildet nach HYNES und YANOWSKI (b) mit einer bezüglich des Anions 1%igen Lösung von KF · HF (20 mg KF · HF/cm³) runde hexagonale Plättchen, deren stöchiometrische Zusammensetzung nicht angegeben ist. Bei Verwendung einer 0,1%igen Lösung des Anions erscheinen die Kristalle erst nach 4 Min. Liegt das Anion in 0,05%iger Lösung vor, so läßt sich der Nachweis nicht mehr einwandfrei durchführen.

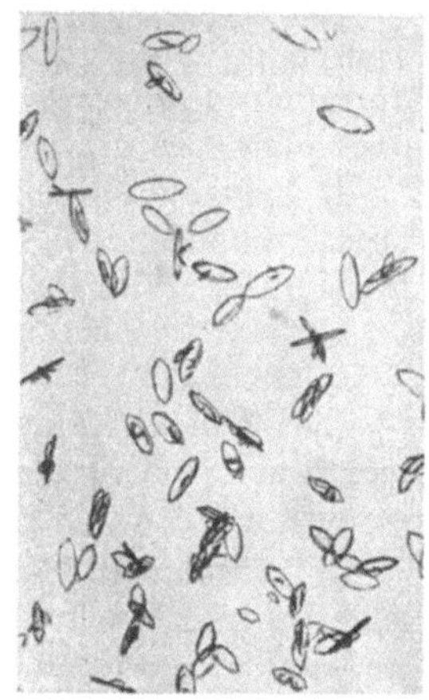

Abb. 7. Kristallisationsprodukt aus einer gesättigten $[Co(NO_2)(NH_3)_5]Cl_2$-Lösung und einer bezüglich des Anions 1%igen KF·HF-Lösung. [Aus HYNES u. YANOWSKI: Mikrochem. **25**, 57 (1938), Abb. 7.]

Kristalline Reaktionsprodukte werden von dem gleichen Reagens außerdem noch mit folgenden anderen Anionen gebildet: CrO_4^{--}, $S_2O_6^{--}$, $C_2O_4^{--}$, $S_2O_3^{--}$, Phosphormolybdat und Tartrat.

Die Erfassungsgrenze liegt bei 20 γ F · HF^--Ion/Tropfen.

d) Fällung mit Carbonatotetramminkobalt(III)-nitrat. Eine annähernd 1%ige Lösung des Anions F · HF^- (20 mg KF · HF/cm³) bildet mit einer gesättigten Lösung des Reagenses [Herstellung s. JOERGENSEN (b)] in etwa 7 Min. dünne flache Täfelchen [HYNES und YANOWSKI (c)], über deren stöchiometrische Zusammensetzung keine Angaben vorliegen.

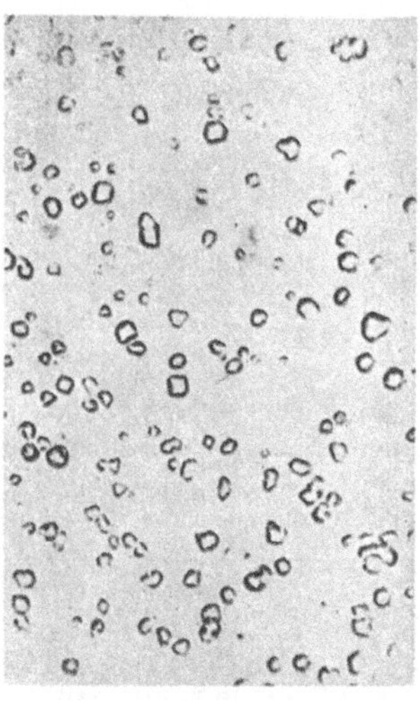

Abb. 8. Kristallisationsprodukt aus einer gesättigten Lösung von $[Co(NH_3)_4(CO_3)]NO_3$ und einer bezüglich des Anions 1%igen Lösung von KF · HF. [Aus HYNES u. YANOWSKI: Mikrochem. **26**, 245 (1939), Abb. 2.]

Die Erfassungsgrenze liegt bei 0,2 mg F · HF^--Ion/Tropfen.

Bromat liefert mit dem Reagens unter den gleichen Bedingungen ebenfalls ein kristallines Reaktionsprodukt, während alle anderen Anionen keine Störungen verursachen.

e) Fällung mit Quecksilber(I)-nitrat. Mengen unter 1 mg eines Fluorids oder des Eindampfrückstandes einer F′-Lösung geben beim Vermischen mit 1 Tropfen $Hg_2(NO_3)_2$-Lösung [10 g $Hg_2(NO_3)_2$ gelöst in 10 cm³ HNO_3 und 100 cm³ H_2O] auf dem Objektträger innerhalb 10 Sek. bei 100- bis 150facher Vergrößerung charakteristische längliche Oktaeder von Quecksilber(I)-fluorid. Aus NaF erhält man besonders charakteristische, glatte, häufig stark lichtbrechende Oktaeder mit quadratischer Basis (DENIGÈS).

Nach ROSENTHALER (a) gibt dagegen eine gesättigte Quecksilber(I)-nitratlösung mit Fluoridionen einen gelblichen, amorph bleibenden Niederschlag.

Eine große Anzahl anderer Anionen erzeugen mit dem gleichen Reagens ebenfalls Niederschläge.

3. Mikrochemischer Nachweis des Hexafluosilications durch Kristallreaktionen.

I. Wichtige Reaktionen. **a) Fällung mit Natriumchlorid.** Zu dem schwach sauren hexafluosilicathaltigen Probetropfen gibt man ein Körnchen Kochsalz. Das gebildete

Abb. 9. Natriumfluosilicat. (Aus GEILMANN: Bilder zur qualitativen Mikroanalyse, Bild **35**, 6.)

Abb. 10. Natriumfluosilicat. (Aus GEILMANN: Bilder zur qualitativen Mikroanalyse, Bild **36**, 2.)

Natriumhexafluosilicat (Na_2SiF_6) scheidet sich gewöhnlich in sechseckigen Täfelchen aus, welche stark gezogene Umrisse und eine charakteristische blaßrote Farbe haben (RUFF). In konzentrierten Lösungen bilden sich oft sechsstrahlige Sterne mit Rosetten als Skelettformen (s. Abb. 9 u. 10).

Nach BEHRENS ist es mit Hilfe dieser Reaktion möglich, noch 0,04 γ Fluor, entsprechend 3,4 γ Fluosilicat, nachzuweisen.

b) Fällung mit Bariumsalzen. Zu dem schwach essigsauren, heißen fluosilicathaltigen Tropfen fügt man wenig heiße Bariumacetat- oder Bariumchloridlösung. Das Bariumfluosilicat scheidet sich aus konzentrierten Lösungen in Nadeln von 12 bis 20 μ Länge ab. Beim Umkristallisieren werden Stäbchen von 40 bis 70 μ Länge erhalten, welche gerade Auslöschung und schwach positive Doppelbrechung zeigen. Sie sind oft zu Büscheln, Sternen und Stachelkugeln gruppiert (RUFF; BEHRENS-KLEY).

Abb. 11. Bariumfluosilicat. (Aus GEILMANN: Bilder zur qualitativen Mikroanalyse, Bild **35**, 5.)

Da die Kristalle eine der Lösung sehr ähnliche Lichtbrechung besitzen, ist ihre Auffindung im Mikroskop schwierig. Sie gelingt am leichtesten bei schiefer Beleuchtung zwischen gekreuzten Nicols [GEILMANN (a)] (s. Abb. 11).

Die Erfassungsgrenze beträgt nach BEHRENS 0,015 γ Fluor, entsprechend 1,3 γ Fluosilicat.

Störenden Einfluß auf den Nachweis hat die Anwesenheit von Schwefelsäure, da das gleichzeitig ausfallende Bariumsulfat die Erkennung des Bariumfluosilicats erschwert und bei größeren Sulfatmengen unmöglich macht. Auch durch die Gegenwart eines mehr als 5fachen Überschusses von Strontium- oder Calciumionen wird die Reaktion erheblich gestört.

II. Weitere Reaktionen. **a) Fällung mit Hexamminkobalt(III)-chlorid.** Ein Tropfen 0,15 m-Reagenslösung gibt mit einem Tropfen einer gesättigten Natriumfluosilicatlösung nach 2 Min. eine charakteristische Kristallabscheidung (s. Abb. 12). Diese ist auch noch bei 5 γ Fluosilicat 15 Min. nach dem Zusammengeben der Tropfen deutlich zu erkennen [HYNES und YANOWSKI (a)].

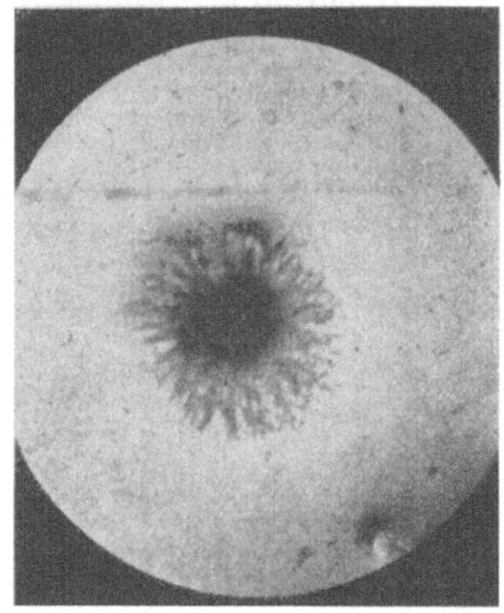

Abb. 13. Kristallisationsprodukt aus festem Pantokain und Fluosilicat. [Aus ROSENTHALER (b).]

Eine Reihe von anderen Anionen geben mit dem Reagens ebenfalls kristallisierte Niederschläge (s. S. 15).

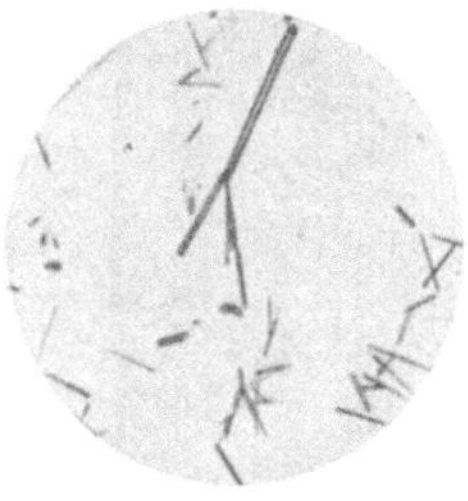

Abb. 12. Kristallisationsprodukt aus einer 0,15 m $[Co(NH_3)_6]Cl_3$-Lösung und einer gesättigten Na_2SiF_6-Lösung. [Aus HYNES u. YANOWSKI: Mikrochem. **23**, 1 (1937), Abb. 3.]

b) Fällung mit Pantokain. Bringt man auf einem Objektträger etwas festes Pantokain (Chlorhydrat des 4-Butylamino-1-benzoesäuredimethylaminoäthanolesters, $CH_3 \cdot CH_2 \cdot CH_2 \cdot NH \cdot C_6H_4 \cdot CO \cdot O \cdot CH_2 \cdot CH_2 \cdot N(CH_3)_2$) mit Fluosilication zusammen, so bilden sich Kristalle, welche anfangs die Form von Federn oder Spießen besitzen, sich dann aber langsam in mehreckige Tafeln mit meist unregelmäßigen Umrissen verwandeln.

Nach ROSENTHALER (b) läßt sich auf diese Weise Fluosilication noch in einer Verdünnung von 1 : 1000 nachweisen.

Über Störungen der Reaktion liegen keine Angaben vor.

§ 6. Nachweis durch Farbreaktionen.

A. Wichtige Reaktionen.

1. Mit Zirkon-Alizarin.

Zirkon(IV)-ion bildet mit Alizarinsulfonsäure oder Alizarin einen roten Zirkon-Alizarin-Lack, der auch in starker Salzsäure beständig ist. Bei Anwesenheit von Fluoridion wird der Lack jedoch sofort zerstört unter Bildung des sehr beständigen Hexafluozirkonatkomplexes $[ZrF_6]^{--}$. Die Alizarinsulfonsäure bzw. das Alizarin wird dadurch in Freiheit gesetzt und ein Farbumschlag der Lösung von Rot nach Gelb hervorgerufen.

Herstellung der Reagenslösung. Nach DE BOER werden 2 cm³ einer 1%igen Zirkonsalzlösung mit 5 cm³ 0,3%iger Alizarinsulfonsäurelösung und 60 cm³ konzentrierter Salzsäure versetzt.

Nach STONE löst man unter Erwärmen 0,5 g Alizarin in 200 cm³ Alkohol und fügt 1,5 g Zirkon(IV)-chlorid hinzu, das in 75 cm³ Alkohol gelöst wurde. Nach dem Absitzen des Farblackes wird abfiltriert, zweimal mit Alkohol gewaschen und der feuchte Niederschlag mit Alkohol zu 25 cm³ aufgefüllt. Zur Herstellung des Reagenses werden 5 cm³ dieser Suspension mit 100 cm³ Wasser geschüttelt.

Zur Durchführung der Reaktion verwendet man 0,5 cm³ Reagenslösung auf je 2,5 cm³ der zu prüfenden neutralen oder schwach sauren Lösung, welche mit dem gleichen Volumen konzentrierter Salzsäure angesäuert wird.

Die Reaktion ist auch auf feste, unlösliche Fluoride anwendbar. Gibt man zu dem Reagens z. B. festes Calciumfluorid, Aluminiumfluorid oder Fluosilicate, so färbt sich die Lösung nach kurzer Zeit deutlich gelb [FEIGL (a; b)].

Die Versuche von THOMPSON und TAYLER, ROBERTSON, KOLTHOFF und STANSBY, WILLARD und WINTER, SMITH und DUTCHER, SANCHIS bringen nichts wesentlich Neues und sind deshalb hier nicht extra berücksichtigt worden. Vgl. ferner „Nachweis durch Tüpfelreaktionen“.

Die Empfindlichkeit des Nachweises hängt wesentlich von den Versuchsbedingungen ab. Sie steigt innerhalb gewisser Grenzen mit Erhöhung der Salzsäurekonzentration an (ELVOVE); jedoch darf nicht zu sauer gearbeitet werden, da sonst unter Umständen eine Gelbfärbung auch in Abwesenheit von Fluorid auftreten kann (CHARONNAT).

Bei Anwendung der STONEschen Reagenslösung liegt die Grenze der Nachweismöglichkeit bei 0,03 mg Fluorid in 2,5 cm^3 Probelösung. Der Umschlag nach Gelb ist hier nach 15 Sek. noch deutlich beobachtbar, während 0,3 mg Fluorid in dem gleichen Lösungsvolumen einen sofortigen Farbumschlag bewirken.

Störungen des Nachweises werden durch Anionen verursacht, die mit Zirkonsalz entweder komplexe Ionen oder unlösliche Niederschläge liefern, wie Sulfat, Thiosulfat, Oxalat, Phosphat und Arsenat.

Bei Anwesenheit von Thiosulfat, Phosphat und Arsenat fällt man zweckmäßig diese Ionen zusammen mit dem Fluorid in alkalischer Lösung als Calciumsalze aus, filtriert den Niederschlag ab, digeriert ihn mit verdünnter Salzsäure und prüft den Rückstand auf Fluor.

Oxalat kann durch Ausglühen der festen Analysensubstanz bzw. des Eindampfrückstandes entfernt werden.

Bei Anwesenheit von Sulfat führt man am besten die auf S. 20 angegebene Tüpfelreaktion mit Benzidinsalz und Zirkon-Alizarin-Papier aus.

2. Mit Titansalzen.

Fluoride reagieren mit Titan(IV)-salzen unter Bildung des sehr stabilen $[TiF_6]^{--}$-Komplexes. Sie sind deshalb imstande, die aus Titansalzen mit Wasserstoffperoxyd gebildete gelbe Peroxydverbindung zu zerstören.

Fügt man zu einer mit Wasserstoffperoxyd versetzten, sauren Titansulfatlösung einen Tropfen der fluorhaltigen Probelösung, so tritt Entfärbung ein (STEIGER).

Die Reaktion gelingt auch mit Fluosilicaten, da Lösungen derselben stets geringe Mengen Fluoridionen enthalten, die bei der Reaktion ständig nachgebildet werden.

Störend wirkt ein großer Säureüberschuß, da dieser die gebleichte Färbung wieder intensiver macht; außerdem beeinträchtigen größere Mengen von Alkalisulfaten die Empfindlichkeit der Reaktion (MERWIN, WEBER).

3. Mit Eisenchlorid und Rhodanid.

Fluoridionen reagieren mit Eisenrhodanid unter Entfärbung der roten Reagenslösung infolge Bildung des sehr stabilen $[FeF_6]^{---}$-Komplexes.

Die neutralisierte Probelösung wird mit etwas Natriumrhodanid und einigen Tropfen Eisen(III)-chloridlösung versetzt. Bei Anwesenheit von Fluoriden verschwindet die zunächst entstehende rote Farbe von Eisen(III)-rhodanid beim Umschütteln.

Unlösliche Fluoride lassen sich so nachweisen, daß man die feste Substanz nach Zugabe von Rhodanid und einigen Tropfen Eisen(III)-chloridlösung im Mörser kräftig verreibt (SMIT).

Bei Durchführung der Reaktion im quantitativen Maßstab können nach SMIT noch Fluorgehalte von 0,005 bis 0,0005% ermittelt werden.

Auch GREEF hat mit Hilfe dieser Reaktion eine Methode zur quantitativen Bestimmung des Fluors durch Titration ausgearbeitet.

B. Weitere Reaktionen.

1. Mit Dioxymaleinsäure.

Dioxymaleinsäure gibt mit Titan(IV)-salzen eine intensiv rötlich-braune Farbe, die gegen kalte konzentrierte Säure beständig ist, aber durch Fluorwasserstoff zerstört wird (FENTON).

2. Mit Ferron-Eisenreagens.

Nach FAHEY nimmt die grüne Farbe des Ferron-Eisenreagenses [zu 90 cm³ einer gesättigten wäßrigen Lösung von Ferron fügt man 10 cm³ einer wäßrigen Lösung, die 2 n an Salzsäure und 0,1 n an Eisen(III)-chlorid ist, und 100 cm³ Wasser] bei Gegenwart von Fluorid einen gelblichen Ton an.

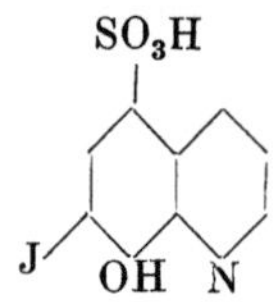

Ferron

Die Reaktion ist von FAHEY speziell für quantitative Fluorbestimmungen ausgearbeitet worden.

3. Mit Aluminon.

Fluorverbindungen haben die Eigenschaft, die bei der Reaktion von Aluminium mit Aluminon (Ammoniumsalz der Tricarboxylsäure des Aurins) entstehende gefärbte Verbindung zu entfärben. Auf diese Weise kann das Fluor nach OSCHEROWITSCH quantitativ bestimmt werden.

4. Mit Eisen(III)-acetylaceton.

Nach ARMSTRONG wird eine Lösung von Eisen(III)-acetylaceton durch Fluorid entfärbt.

5. Mit Zirkon-Alizarincyanin.

Fluoridionen reagieren mit dem Zirkonlack des Alizarincyanins (1,2,4,5,8-Pentaoxyanthrachinon) unter Farbänderung von Blau nach Violett (SCHWEDOW).

§ 7. Nachweis durch Tüpfelreaktionen.

1. Mit Zirkon-Alizarin.

Über die Grundlagen der Reaktion s. S. 18.

Ein Streifen quantitativen Filtrierpapiers wird mit Zirkon-Alizarin-Lösung imprägniert, getrocknet und mit 50%iger Essigsäure befeuchtet. Auf das feuchte rote Papier gibt man einen Tropfen der neutralen Probelösung. Bei Anwesenheit von Fluoriden entsteht ein gelber Fleck. Bei kleinen Fluormengen empfiehlt es sich, die Reaktion durch Erwärmen des Papiers im Wasserdampf zu beschleunigen [FEIGL (a)]. Eine ähnliche Vorschrift hat auch PAVELKA gegeben.

Herstellung des Reagenspapiers. Man löst Zirkonoxyd in verdünnter Salzsäure auf (1 cm³ Lösung soll etwa 0,5 mg Zr enthalten) und setzt einen geringen Überschuß einer alkoholischen Alizarinlösung zu. Dann wird 10 Min. auf dem Wasserbad erwärmt und anschließend mit der warmen Lösung das Filtrierpapier imprägniert [FEIGL (a)].

Die Erfassungsgrenze beträgt 1 γ Fluor und die Grenzkonzentration 1 : 50000.

Oxalate müssen vor Ausführung der Probe durch Ausglühen entfernt werden. Bei Anwesenheit von Sulfat gibt man zu der Probelösung etwas Benzidinchlorhydrat.

Ein Tropfen der benzidinsulfathaltigen Suspension zeigt bei Gegenwart von Fluorid auf der Rückseite des Reagenspapiers eine deutliche Gelbfärbung [FEIGL (a)].

2. Mit Zirkonazoarsinat.

Das bei der Umsetzung von Zirkonsalzen mit p-Dimethylamino-azophenylarsinsäure (I) entstehende braune unlösliche Zirkonazoarsinat (II)

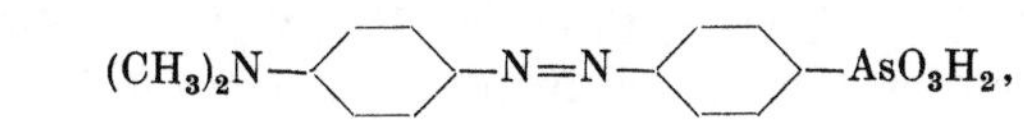

I

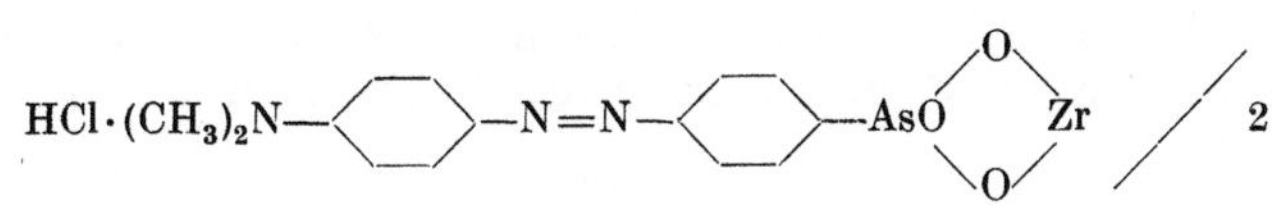

II

liefert mit Fluoriden farbloses Hexafluozirkonat-Ion und freie rote Azophenylarsinsäure [FEIGL (a); FEIGL und RAJMANN].

Ausführung. Drei Tropfen der neutralen oder alkalischen Probelösung werden auf einer Tüpfelplatte oder in einem kleinen Porzellantiegel mit einem Tropfen 2 n Salzsäure angesäuert. Einen Tropfen dieser Lösung bringt man dann auf das hellbraune Reagenspapier. Bei Anwesenheit von Fluorid entsteht in der Mitte des Tüpfelfleckes eine farblose Stelle, um die der entbundene Azofarbstoff in einem scharf begrenzten roten Kreis angeschwemmt wird.

Herstellung des Reagenspapiers. Man legt ein Filtrierpapier (Schleicher & Schüll Nr. 589) einige Minuten lang in eine 0,025%ige Lösung von p-Dimethylaminoazophenylarsinsäure in alkoholischer Salzsäure (9 Teile Alkohol und 1 Teil konzentrierte Salzsäure). Nach dem Trocknen an der Luft bringt man das hellrote Papier für 10 Min. in eine 1 n salzsaure 0,01%ige Zirkonoxychloridlösung, wobei es sich sofort braun färbt. Anschließend wird es je 5 Min. mit kalter und warmer (50° C) 2 n Salzsäure, mit Wasser, Alkohol und Äther abgespült und im Vakuum getrocknet.

Die Erfassungsgrenze beträgt 0,25 γ Fluor und die Grenzkonzentration 1:200000.

Störend wirken die gleichen Anionen wie bei der Zirkon-Alizarin-Reaktion (s. S. 18). Doch ist die Beeinträchtigung der Empfindlichkeit durch Sulfationen wesentlich geringer.

3. Mit Fernambukpapier.

Der in einem wäßrigen Auszug von Fernambukholz enthaltene rötlich-gelbe Farbstoff, das Brasilin, wird durch Fluorwasserstoff citronengelb gefärbt.

Herstellung des Reagenspapiers. 200 g Fernambukholz läßt man 10 Tage in 300 g kaltem Wasser liegen. Dann färbt man mit dem Extrakt Filtrierpapierstreifen, welche nach dem Trocknen im Dunkeln aufbewahrt werden müssen (TUSINI). FEIGL (a) verwendet eine Abkochung von Fernambukholz zum Imprägnieren des Papiers.

4. Mit Berliner Blau.

KUHLBERG benützt zum Fluornachweis die Eigenschaft des Fluoridions, eine Lösung von Berliner Blau intensiver zu färben, oder die getrocknete Ausfällung von Berliner Blau (graugrüner Niederschlag) in Blau zu überführen.

Ausführung. Ein Tropfen der mit Kalilauge neutralisierten und gegen Methylrot bis zur Rosafärbung wieder angesäuerten Probelösung erzeugt auf Filtrierpapier, das mit Berliner Blau imprägniert ist, bei Anwesenheit von Fluorid eine blaue Farbe.

Herstellung des Reagenspapiers. Auf ein Blatt Filtrierpapier gibt man einen Tropfen einer Lösung von 0,025 g Eisen(III)-ammoniumsulfat und 1 g Ammoniumrhodanid in 2 cm³ Wasser und danach die gleiche Menge einer gesättigten Kaliumcyanoferrat(II)-lösung. Das imprägnierte Papier wird anschließend über einer Spiritusflamme vorsichtig getrocknet.

Es lassen sich auf diese Weise noch $3{,}3 \cdot 10^{-8}$ g Fluorid im Mikrotropfen nachweisen. Die Grenzkonzentration beträgt 1 : 50000.

Die Anionen NO_2^-, S^{--}, $S_2O_3^{--}$, CO_3^{--}, CN^- wirken störend und müssen vor Ausführung der Probe durch Erwärmen mit Salpetersäure zerstört werden. Die Säurereste $C_2O_4^{--}$, $C_4H_4O_4^{--}$, CrO_4^{--}, $Cr_2O_7^{--}$, $[Fe(CN)_6]^{---}$, welche den Nachweis ebenfalls verhindern, entfernt man, indem man zur neutralisierten Lösung 3 bis 4 Kristalle Natriumacetat zugibt und unter Erwärmen tropfenweise mit Silbernitratlösung fällt. Der Überschuß an Silbernitrat wird anschließend mit Natriumchlorid ausgefällt. Nach Filtration kann der Nachweis wie oben beschrieben ausgeführt werden.

§ 8. Nachweis in besonderen Fällen.

1. Nachweis in Mineralien, Gesteinen und im Glas.

Entwickeln die zu analysierenden Stoffe beim Erwärmen mit konzentrierter Schwefelsäure Fluorwasserstoff bzw. Siliciumtetrafluorid, so kann das Fluor mit Hilfe einer der auf S. 6 angegebenen Vorprobenreaktionen nachgewiesen werden. Liegen jedoch durch Schwefelsäure nicht zersetzbare Fluoride vor, so sind folgende Arbeitsverfahren einzuschlagen:

a) Nachweis nach Aufschluß mit Alkalicarbonat. Die fluoridhaltige Probe wird mit der etwa 6fachen Menge Soda oder Pottasche geschmolzen und die Schmelze mit siedendem Wasser aufgenommen. Bei dieser Behandlung geht alles Fluor als Alkalifluorid in Lösung, während Calcium als $CaCO_3$ im Rückstand bleibt. Nach Filtration fällt man das Fluor als CaF_2 und prüft den getrockneten Niederschlag mit Hilfe einer der Vorproben auf Fluor.

Nach GAUTIER und CLAUSMANN (b) ist es empfehlenswert, die Fällung des Fluorids aus der filtrierten Lösung unter Zufügen von Sulfationen mit Bariumsalzen vorzunehmen. Durch die gleichzeitige Abscheidung von $BaSO_4$ und BaF_2 wird eine vollständige Ausfällung des Fluorids erreicht. Eine ähnliche Vorschrift wird von FRESENIUS und BERL-LUNGE gegeben.

b) Nachweis nach Aufschluß mit Ätzalkalien. GEILMANN (a) gibt folgende Aufschlußvorschrift für Glas an, die entsprechend auch auf silicathaltige Mineralien übertragen werden kann: 10 bis 30 mg der fein gepulverten Substanz werden mit einem Stückchen Ätznatron oder Ätzkalium (etwa 50 bis 200 mg) in einem kleinen Nickellöffel bzw. Nickeltiegel über kleiner Flamme durchgeschmolzen. Nach dem Erkalten wird der grob zerstoßene Schmelzkuchen mit Sand gemischt, in einen Platintiegel überführt und wie auf S. 8 beschrieben mit Hilfe der Tetrafluoridprobe auf Fluor untersucht.

c) Nachweis nach Aufschluß mit Natriumperoxyd. Für den Nachweis des Fluors in sulfidischen Erzen, insbesondere in Pyriten, wird von TREADWELL der Aufschluß mit Natriumperoxyd vorgeschlagen. Das Reagens hat den Vorteil, daß es beim Schmelzen den sulfidisch gebundenen Schwefel in Sulfat überführt. Der Aufschluß wird folgendermaßen durchgeführt: Man mischt 2 g fein gepulverten Pyrit mit 12 g Natriumperoxyd und 1 g Soda, bringt das Gemisch in einen Nickeltiegel, bedeckt mit 2 g Natriumperoxyd und erhitzt im geschlossenen Tiegel über sehr kleiner Flamme. Sobald die erste heftige Reaktion vorüber ist und die Masse ruhig schmilzt, läßt man erkalten, nimmt mit Wasser auf und filtriert. Alles Fluor befindet sich als Natriumfluorid im Filtrat und kann dort als CaF_2 abgeschieden und mit Hilfe einer der Vorproben nachgewiesen werden.

d) Nachweis durch die Borsäureschmelze. Zum Fluornachweis in Gläsern und silicathaltigen Mineralien ist die Borsäureschmelze besonders geeignet. Nach JAN-

NASCH und WEBER wird beim Schmelzen fluorhaltiger Silicate mit Borsäure alles Fluor als Bortrifluorid verflüchtigt, das mit Zirkon-Alizarin-Papier nachgewiesen werden kann (s. S. 20). Nach der von GEILMANN (a) verbesserten ALIMARINschen Vorschrift führt man die Probe folgendermaßen aus: 20 bis 50 mg der fein gepulverten Substanz werden mit der 3- bis 5fachen Menge entwässerter Borsäure verrieben und in ein Glühröhrchen aus schwer schmelzbarem Glas überführt. Dasselbe hat eine Länge von 75 bis 90 mm bei einer lichten Weite von 5 bis 6 mm und ist am Ende zu einer dickwandigen Kugel von 12 bis 15 mm Durchmesser aufgeblasen. In das Glührohr wird ein etwa 50 mm langer und 5 mm breiter Zirkon-Alizarin-Papierstreifen (Herstellung s. S. 20) 3 bis 4 cm tief eingeschoben, der mit einigen Tropfen 1 n Salzsäure befeuchtet ist. Die Probe wird vorsichtig erhitzt, zuletzt 3 bis 5 Min. vor dem Gebläse, bis alles zu einem klaren Glase geschmolzen ist und das Glasrohr zusammenfällt. Das als Bortrifluorid ausgetriebene Fluor reagiert mit dem feuchten Papier unter Gelbfärbung. Sollte beim Erhitzen ein Wasserbeschlag entstanden sein, der häufig die Hauptmenge des Bortrifluorids gelöst enthält, so saugt man denselben durch Verschieben des Reagenspapieres auf. Die Stärke der Gelbfärbung ist ein ungefähres Maß für den Fluorgehalt.

Bei Verwendung von 20 bis 25 mg Substanz können noch 0,05% Fluor sicher nachgewiesen werden.

Bei der Prüfung auf äußerst geringe Mengen Fluor können Phosphate und Sulfate stören, da sie ebenfalls eine schwache Gelbfärbung der Reagenspapierränder (im Höchstfall 2 bis 3 mm) hervorrufen können.

e) Nachweis durch Schmelzen mit Phosphorsalz. Die mit Phosphorsalz gemischte Probe wird auf einem zusammengerollten Platinblech erhitzt, das in eine beiderseits offene Glasröhre eingeschoben ist. Der entweichende Fluorwasserstoff bzw. das Siliciumtetrafluorid färbt ein in das Glasrohr eingeführtes feuchtes Fernambukpapier (Herstellung s. S. 21) gelb [FRESENIUS, KOLBECK, FEIGL (a)].

f) Nachweis durch die Bisulfatschmelze. Die Substanz wird in einem Platintiegel mit Kaliumhydrogensulfat geschmolzen und das entweichende Gas mit Zirkon-Alizarin-Papier auf Fluor geprüft (s. S. 20).

2. Nachweis in Wässern.

Da der Fluorgehalt der natürlichen Wässer sehr klein ist, können zum Nachweis nur besonders empfindliche Reaktionen verwandt werden, z. B. die Zirkon-Alizarin-Probe (s. S. 20) oder die Umsetzung mit Ammoniumrhodanid und Eisen(III)-chlorid (s. S. 19). In jedem Fall sind Parallelversuche mit fluorfreiem Wasser durchzuführen.

Zuverlässiger ist der Nachweis der im Trockenrückstand eines Wassers angereicherten Fluoride:

Nach GIL dampft man 500 cm³ Wasser mit etwas $BaCl_2$ und Glaspulver ein und säuert das Konzentrat zur Vertreibung der Kohlensäure mit Essigsäure an. Der Rückstand wird mit destilliertem Wasser ausgewaschen und mit Hilfe der Tetrafluoridprobe auf Fluor untersucht.

PODA setzt dem zu analysierenden Wasser an Stelle von $BaCl_2$ Ca-Acetat zu und verfährt im übrigen wie oben.

GAUTIER und CLAUSMANN (b) schlagen vor, die Ausfällung des Fluorids als Bariumsalz zusammen mit $BaSO_4$ oder als Calciumsalz zusammen mit Calciumphosphat vorzunehmen. Die Niederschläge sind dann mit Hilfe der Ätzprobe auf Fluor zu prüfen.

Den spektroskopischen Nachweis des Fluorids im Glührückstand des Wassers empfiehlt PETREY.

3. Nachweis in organischen Substanzen.

Die meisten Autoren empfehlen, die Analysenprobe vor der Prüfung auf Fluor zu veraschen, was unter gewissen Vorsichtsmaßregeln geschehen muß, um Fluorverluste zu vermeiden.

Nach RECKENDORFER formt man die gepulverte lufttrockene Substanz in einer kleinen Schraubenpresse zu Pastillen und verascht in einer Calorimeterbombe unter einem Sauerstoffdruck von 25 at.

BRÜNING und QUAST empfehlen, das zerkleinerte Material mit Kalkmilch gut durchzukneten, mit so viel $CuSO_4$-Lösung zu versetzen, daß noch Calciumhydroxyd im Überschuß vorhanden ist, und nach dem Eindampfen zur Trockne vorsichtig zu veraschen.

GAUTIER und CLAUSMANN (b) veraschen die mit 1 bis 1,5% Kalk versetzte Probe im Muffelofen bei 550 bis 600° C.

Der Fluorgehalt der Asche kann dann durch eine der Vorproben (s. S. 6) oder mit Hilfe der Zirkon-Alizarin-Reaktion nachgewiesen werden.

Für den Nachweis des Fluors in sehr kleinen Mengen organischer Substanz ist besonders das von FEIGL (a) bzw. von FEIGL und BADIAN angegebene, sehr rasch durchführbare Verfahren zu empfehlen: In ein kleines Glührohr werden einige Milligramm der zu untersuchenden Probe gebracht, oder man dampft darin einen Tropfen der Analysenlösung zur Trockne. Zu der festen Substanz gibt man ein kleines Stück metallisches Kalium (Durchmesser etwa 1 mm) und erwärmt zunächst schwach und dann etwa 1 Minute stark. Nach dem Abkühlen fügt man 0,5 cm^3 Wasser zu und anschließend — ohne vorher von den Kohlenstoffteilchen abzufiltrieren — einige Tropfen einer stark salzsauren Zirkon-Alizarin-Lösung. Bei Anwesenheit von Fluor schlägt die rote Farbe der Reagenslösung nach gelb um.

Es können auf diese Weise in 100 bis 200 γ organischer Substanz noch 1,3 bis 4% Fluor nachgewiesen werden.

4. Nachweis von Fluorwasserstoff in der Luft.

Mit Zirkon-Alizarin-Lack getränktes Reagenspapier (Herstellung s. S. 20) wird an fluorwasserstoffhaltiger Luft rasch gelb gefärbt (KORENMAN).

Es können noch 0,002 mg HF/l Luft sicher erkannt werden.

Störungen werden durch größere Mengen Chlor verursacht, die das Reagenspapier bleichen, während Bromdämpfe nur eine vorübergehende Gelbfärbung bewirken. Schwefelsäure- und Salzsäuredämpfe, Stickoxyde, Schwefeldioxyd und Schwefelwasserstoff stören den Nachweis nicht (KORENMAN).

5. Nachweis in Nahrungs- und Genußmitteln.

a) Nachweis in Fetten. Nach LEYS wird auf Fluoride im Schmelzwasser der Fette nach Ausfällen der Eiweißkörper mit Pikrinsäure durch Zugabe von Calciumsalzlösung (Niederschlag von CaF_2) geprüft.

b) Nachweis in Fleisch- und Wurstwaren. Nach FROIDEVAUX führt man den Nachweis im wäßrigen Auszug der mit Soda veraschten Substanz mit Hilfe der CaF_2-Fällung durch.

Für den Nachweis des Fluors in Fleisch- und Wurstwaren dürfte auch das von LEMBERSKI für die gerichtschemische Analyse vorgeschlagene Verfahren geeignet sein: Das zu untersuchende Material wird zerkleinert, mit etwa 20%iger Kalilauge übergossen und so lange erhitzt, bis keine Biuretreaktion mehr nachweisbar ist. Dann gibt man zu dem Hydrolysat gesättigte $CaCl_2$-Lösung und säuert mit Salzsäure schwach an. Der CaF_2-haltige Niederschlag wird mit Hilfe der Tetrafluoridprobe auf Fluor untersucht.

Für den Nachweis in Fleisch- und Wurstwaren können außerdem alle unter 3. (S. 11) angegebenen Verfahren angewendet werden.

c) Nachweis in Knochen. Die Knochen werden verascht. 1,5 g der Knochenasche mischt man mit 0,1 bis 0,2 g Silbersulfat und etwa der Hälfte des Volumens dieser Stoffe an Glaspulver und führt zur Prüfung auf Fluor die Tetrafluoridprobe (s. S. 8) aus (J. CASARES und R. CASARES).

d) Nachweis in Weinen, Bieren und Fruchtsäften. Die Prüfung auf Fluoride kann entweder durch Ausfällen des Fluors als BaF_2 bzw. CaF_2 oder durch Untersuchung des veraschten Trockenextraktes durchgeführt werden (PARIS, SESTINI).

Nach VANDAM versetzt man 200 cm³ Wein mit einigen Tropfen Na_2SO_4-Lösung (20:100) und fügt in der Kälte 10 cm³ Bariumacetatlösung (1:10) hinzu. Der Niederschlag wird nach dem Absitzen abfiltriert, gewaschen, bei 110° getrocknet, anschließend im Platintiegel verascht und mit Hilfe der Ätzprobe auf Fluor untersucht. Es lassen sich nach diesem Verfahren noch 10 mg NH_4F/l Wein nachweisen.

Ähnliche Vorschriften werden angegeben von BALAVOINE, BLAREZ, KICKTON und BEHNCKE, LEGRAND, PARIS.

Literatur.

ALBRECHT, R., u. H. BAST: Fr. **125**, 321 (1943). — ALIMARIN, I. P.: Fr. **81**, 12 (1930). — ALLEN, N., u. N. H. FURMAN: Am. Soc. **54**, 4625 (1932). — ARMSTRONG, W. D.: Ind. eng. Chem. Anal. Edit. **5**, 300 (1933). — ARNOT, W.: Chem. N. **1845** (Nr 270), 49; C. **1865**, 718.

BALAVOINE, P.: Mitt. Geb. Lebensmitteluntersuch. Hyg. **24**, 180 (1933). — BEHRENS, H.: Fr. **30**, 172 (1891). — BEHRENS-KLEY: Mikrochemische Analyse (1915) S. 177ff. — BERL-LUNGE, 8. Aufl., Bd. 3, S. 518. — BECQUEREL, H.: C. r. **146**, 153 (1908). — BILTZ, W., W. T. HALL u. A. A. BLANCHARD: Laboratory Methods of Inorganic Chemistry 2nd. Ed., S. 172. New York 1928. — BLAREZ, CH.: Chem. N. **91**, 39 (1905). — BOEGEMANN: Beiträge zur Kenntnis der Spektren der Halogene. Diss. Münster 1918. — DE BOER, J. H.: Chem. Weekbl. **21**, 404 (1924). — BORODIN, A.: C. r. **55**, 553 (1862). — BROWNING, P. E.: Z. anorg. Ch. **74**, 86 (1912). — BRÜNING, A., u. H. QUAST: Angew. Ch. **44**, 656 (1931).

CALEY, E. R., u. J. M. FERRER: Mikrochim. A. **1**, 160 (1937). — CASARES, J., u. R. CASARES: An. Españ. **28**, 910 (1930). — CHAPMAN, A.: Chem. N. **54**, 287 (1886). — CHARONNAT, R.: C. r. **199**, 1620 (1934).

DANIEL, K.: Z. anorg. Ch. **38**, 299 (1904). — DATTA, S.: Pr. Roy. Soc. London Ser. A **99**, 436 (1921). — DENIGÈS, G.: Bl. Soc. Pharm. Bordeaux **81**, 29 (1943). — DUBOIN, A.: C. r. **146**, 489 (1908).

EDER, J. M., u. E. VALENTA: Atlas typischer Spektren. Wien 1924. — EEGRIWE, E.: Fr. **65**, 182 (1924/25). — ELVOVE, E.: Publ. Health Rep. **48**, 1219 (1933). — EXNER, F., u. E. HASCHEK: Die Spektren der Elemente bei normalem Druck, 2. Aufl., Bd. 3. Berlin 1912.

FABRY, CH.: C. r. **138**, 1581 (1904). — FAHEY, J. J.: Ind. eng. Chem. Anal. Edit. **11**, 362 (1939). — FEIGL, F.: (a) Tüpfelreaktionen, 2. Aufl., S. 283ff., 356; (b) Mikrochem. **7**, 10 (1929). — FEIGL, F., u. L. BADIAN: Fr. **106**, 112 (1936). — FEIGL, F., u. P. KRUMHOLZ: B. **62**, 1138 (1929). — FEIGL, F., u. E. RAJMANN: Mikrochem. **12**, 133 (1932). — FENTON, H. J.: Soc. **93**, 1064 (1908). — FETKENHEUER, B.: Wiss. Veröffentl. Siemens-Konzern **I**, 177 (1921). — FISCHER, J.: Fr. **104**, 344 (1936). — FRESENIUS: Qualitative Analyse (1919) S. 383, 385. — FROIDEVAUX, J.: Pharm. Chim. [6] **20**, 11 (1904).

GALE, H. G.: Phys. Rev. **21**, 711 (1923). — GALE, H. G., u. G. S. MONK: Astrophys. J. **59**, 125 (1924). — GAUTIER, A., u. P. CLAUSMANN: (a) C. r. **154**, 1753, 1670 (1912); (b) **154**, 1469 (1912). — GEILMANN, W.: (a) Glastechn. Ber. **9**, 274 (1931); (b) Bilder zur qualitativ. Mikroanalyse anorg. Stoffe. Leipzig 1934. — GIL, C. J.: An. Españ. **27**, 141 (1929). — GREEF, A.: B. **46**, 2511 (1913).

HAGEN, K. S.: Mikrochem. **15**, 313 (1934). — HOWARD, C. D.: Am. Soc. **28**, 1238 (1906). — HYNES, W. A., u. L. K. YANOWSKI: (a) Mikrochem. **23**, 1 (1937); (b) **25**, 57 (1938); (c) **26**, 245 (1939).

JANNASCH, P., u. H. WEBER: B. **32**, 1670 (1889). — JÖRGENSEN, S. M.: (a) Z. anorg. Ch. **17**, 463 (1898); (b) Z. anorg. Ch. **2**, 281 (1892).

KARAOGLANOV, Z.: Fr. **115**, 305 (1939). — KICKTON, A., u. W. BEHNCKE: Fr. **55**, 168 (1911). — KNOP, W.: Fr. **22**, 564 (1883). — KOLBECK, F.: Plattners Probierkunst mit dem Lötrohr, S. 366. Leipzig 1927. — KOLTHOFF, I. M., u. M. E. STANSBY: Ind. eng. Chem. Anal. Edit. **6**, 118 (1934). — KORENMAN, J. M.: Z. anorg. Ch. **216**, 33 (1934). — KREIS, H.: Fr. **43**, 46 (1904). — KUHLBERG, L.: Chem. J. Ser. A **4** (66), 1440 (1934).

LEGRAND, M.: J. Pharm. Belg. **11**, 75 (1929). — LEMBERSKI, J. S.: Pharm. J. **12** (Nr 4) 24 (1939) (russ.). — LEYS, A.: Pharm. Chim. [6] **19**, 238 (1904). — LIVEING, G. D.: Pr. Soc. Cambridge **3**, 96 (1880). — LUNT, I.: Pr. Roy. Soc. London Ser. A **76**, 125 (1905).

MENZIES: J. Physiol. Cambridge **17**, 402 (1895). — MERWIN, H. E.: Am. J. Sci. **28**, 119 (1909). — MEYER, R. J.: Z. anorg. Ch. **86**, 274 (1914). — MEYER, R. J., u. W. SCHULZ: Angew. Ch. **38**, 203 (1925). — MILLER, C. F.: Chemist-Analyst **26** (Nr 2), 35 (1937). — MORITZ, H.: C. **1929, II**, 606; Met. Erz **26**, 247 (1929). — OFFERMANN, H., u. HAUFFE: Angew. Ch. **3**, 615 (1890). — OSCHEROWITSCH, R. J.: Betriebslab. **7**, 934 (1938).

PAPISCH, J. L., E. HOAG u. W. E. SNEE: Ind. eng. Chem. Anal. Edit. **2**, 263 (1930). — PARIS, G.: L'Orosi **23**, 1 (1900); C. **1900, II**, 143. — PARTRIDGE, W.: Analyst **44**, 234 (1909). — PAUL, W.: Angew. Ch. **49**, 901 (1936); P. C. H. **79**, 332 (1938). — PAVELKA, F.: Mikrochem. **6**, 149 (1928). — PERTUSI, C.: Atti Congr. naz. Chim. pura applic. **1929**, 573. — PETREY, A. W.: Ind. eng. Chem. Anal. Edit. **6**, 343 (1934). — PISANY, F.: C. r. **162**, 791 (1916). — PODA, E.: Ann. Chim. appl. **25**, 225 (1935). — PORLEZZA, C.: G. **42, II**, 42 (1912).

RECKENDORFER, P.: Mikrochem. **9**, 126 (1931). — REICH, F. A.: Ch. Z. **20**, 985 (1896). — RICHARDS, P. A. E.: Analyst **39**, 248 (1914). — ROBERTSON, M. E., R. H. MARRIOTT u. F. E. HUMPHREYS: J. Soc. chem. Ind. **53**, T. 83 (1934). — RÖSCH, J.: Untersuchungen über die Struktur der Banden im Spektrum der Effektkohlen sowie des BaF_2. Diss. Bonn 1906. — ROSENHEIM, A., V. SAMTER u. I. DAVIDSOHN: Z. anorg. Ch. **35**, 432 (1903). — ROSENTHALER, L.: (a) Mikrochem. **12**, 98 (1932); (b) **14**, 363 (1934). — RUFF, O.: Die Chemie des Fluors, S. 79, 80. Berlin 1920. — RUPP, E.: Z. Unters. Nahrungs- u. Genußmittel **22**, 496 (1911). — RUPP, E., u. A. SARTORI: Ch. Z. **36**, 498 (1912).

SANCHIS, J. M.: Ind. eng. Chem. Anal. Edit. **6**, 134 (1934). — SARTORI, A.: Ch. Z. **36**, 229 (1912). — SCHARBACH, J.: Z. wiss. Photogr. **12**, 194 (1913). — SCHWEDOW, W. P.: Lab.-Prax. **14** (Nr 2/3), 22 (1939). — SESTINI, Q.: L'Orosi **19**, 253 (1896). — SMIT, N. K.: Chem. Trade J. **71**, 325 (1922). — SMITH, O. M., u. H. A. DUTCHER: Ind. eng. Chem. Anal. Edit. **6**, 61 (1934). — SMYTHE, W. R.: Astrophys. J. **54**, 133 (1921). — SPECHT, F. R., u. A. HORNIG: Fr. **125**, 161 (1943). — STARK, G.: Z. anorg. Ch. **70**, 173 (1911). — STEIGER, G.: Am. Soc. **30**, 219 (1908). — STONE, I.: J. chem. Educat. **8**, 347 (1931).

TER MEULEN, H.: Chem. Weekbl. **20**, 59 (1923). — THEOPHILE, B.: Bl. Fédération Ind. Chim. Belg. **1922**, 281. — THOMPSON, T. G., u. H. I. TAYLER: Ind. eng. Chem. Anal. Edit. **5**, 87 (1933). — TREADWELL, F. P.: Lehrbuch der analytischen Chemie (1943) I, S. 425. — TREADWELL, F. P., u. KOCH: Fr. **43**, 481 (1904). — TREADWELL, F. P., u. A. KÖHL: Helv. **9**, 475 (1926). — TUSINI, F.: Staz. sperim. agrar. ital. **35**, 654 (1902).

VANDAM, L.: Ann. Chim. anal. **12**, 466 (1907). — VILLE, J., u. E. DERRIEN: Bl. [3] **35**, 239 (1906).

WEBER, H.: Fr. **55**, 398 (1916). — WILLARD, H. H., u. O. B. WINTER: Ind. eng. Chem. Anal. Edit. **5**, 7 (1933). — WOODMAN, A. G., u. H. P. TALBOT: Am. Soc. **28**, 1437 (1906).

YANOWSKI, L. K., u. W. A. HYNES: Mikrochem. **23**, 143 (1937).

Chlor.

Cl, Atomgewicht 35,457, Ordnungszahl 17.

Von F. FEHÉR, Köln[1].

Mit 7 Abbildungen.

Inhaltsübersicht.

---

[1] Mitbearbeitet von E. HEUER, Göttingen.

Vorkommen. In elementarem Zustand findet sich Chlor gelegentlich in vulkanischen Exhalationen. Die Hauptmenge des in der Natur vorhandenen Chlors liegt in Form von Chloriden an Alkali- und Erdalkalimetalle gebunden vor. Der Chloridgehalt der Hydrosphäre beträgt etwa 2%, derjenige der Lithosphäre etwa 0,05%. Die Hauptvorkommen der Chloride sind die Salzlagerstätten, welche durch Eindunsten vorzeitlicher Meeresteile entstanden sind. Sie enthalten als Hauptbestandteile das Steinsalz bzw. den Halit (NaCl), den Sylvin (KCl), den Carnallit ($MgCl_2 \cdot KCl \cdot 6\,H_2O$) und den Kainit ($KCl \cdot MgSO_4 \cdot 3\,H_2O$). Außer diesen Salzen sind noch einige in der Natur verstreut vorkommende Sulfat-, Phosphat-, Borat- und Silicatmineralien chloridhaltig.

Verwendung. Elementares Chlor findet infolge seiner stark oxydierenden Eigenschaften, die vor allem auf der Umsetzung mit Wasser zu unterchloriger Säure

$$Cl_2 + H_2O \rightleftarrows HCl + HClO$$

beruhen, ausgedehnte Verwendung in der Bleicherei sowie zur Desinfektion von Trink- und Abwässern. Ferner dient es zur Herstellung zahlreicher organischer Chlorderivate, die als Lösungsmittel für die Lack-, Farben- und Kunststoffindustrie von Bedeutung sind. In der Metallindustrie wird Chlor zur Entzinnung von Weißblechabfällen verwendet. Die Synthese des Chlorwasserstoffs aus Chlor und Wasserstoff gewinnt zunehmend an technischer Bedeutung.

In Form von Chlorwasserstoff und dessen wäßriger Lösung, der Salzsäure, findet das Chlor in der Industrie ausgedehnte Verwendung, z. B. bei der Herstellung von Metallchloriden, zur Gewinnung von Ammoniumchlorid, zur Darstellung von Estern, als Lösungs- und Fällungsmittel usw. Im Laboratorium gehört die Salzsäure zu den meist gebrauchten Reagenzien.

Die Salze der Chlorwasserstoffsäure, die Chloride, sind für die Industrie ebenfalls von großer Bedeutung. Das Steinsalz bildet z. B. die Grundlage der Salzsäure- und Sulfatindustrie und ist ferner der Ausgangsstoff bei der Soda-, Chlor- und Ätznatronherstellung. Außerdem verwendet man es zum Abscheiden von Seifen, zum chlorierenden Rösten bei metallurgischen Prozessen und zur Herstellung von Kältemischungen. Das Kaliumchlorid hat weitverbreitete Anwendung als Düngemittel gefunden. Aluminiumchlorid ist ein wichtiges Reagens in der synthetischen organischen Chemie.

Von den Salzen der unterchlorigen Säure, den Hypochloriten, wird der Chlorkalk als bequem zu handhabendes Oxydationsmittel zum Bleichen von Zellstoff, Papier und Textilien sowie zur Desinfektion verwendet.

Die Salze der Chlorsäure, die Chlorate, haben Bedeutung in der Zündholzindustrie und der Feuerwerkerei als Sauerstoffüberträger. Außerdem dienen sie als Ausgangsstoffe für die Herstellung von Perchloraten. Zur oxydativen Zerstörung organischer Stoffe in der Analyse zum Zwecke des Nachweises anorganischer Bestandteile wird Euchlorin verwendet, ein aus Chlor und Chlordioxyd bestehendes Gasgemisch, das aus Alkalichloraten mit rauchender Salzsäure hergestellt wird.

In Form von Salzen der Perchlorsäure findet das Chlor in den Erdalkaliperchloraten in der Feuerwerkerei Verwendung.

Wertigkeit und analytisches Verhalten des Chlors in den verschiedenen Verbindungen. Chlor ist ein außerordentlich reaktionsfähiges Element. Gegenüber Wasserstoff und den Metallen tritt es 1wertig negativ auf. In den sauerstoffhaltigen Verbindungen ist es positiv 1-, 3-, 5- und 7wertig, außerdem in dem sehr instabilen Chlordioxyd formal 4wertig.

Elementares Chlor (Cl_2) ist ein grüngelbes, erstickend riechendes Gas, das sich mäßig in Wasser löst. 1 Volumenteil Wasser nimmt bei 10° C und 1 at 3,1 Volumenteile Chlorgas auf. Das dabei entstehende sog. Chlorwasser zeigt Farbe und Geruch des freien Chlors und besitzt kräftig oxydierende Eigenschaften. Das Chlor setzt sich mit dem Wasser unter Bildung von unterchloriger Säure um:

$$Cl_2 + H_2O \rightleftarrows HOCl + HCl,$$

das Gleichgewicht dieser Reaktion liegt jedoch weitgehend auf der linken Seite.

Die unterchlorige Säure gibt sehr leicht Sauerstoff ab und vermag dadurch andere Stoffe zu oxydieren:

$$HOCl \longrightarrow HCl + \tfrac{1}{2}\,O_2.$$

Chlorwasser oxydiert z. B. Bromide und Jodide zu den Elementen, blauen Indigo zu gelbem Isatin, Ammoniak zu Stickstoff, schweflige Säure zu Schwefelsäure und zahlreiche Metalle zu den positiven Metallionen. Auf dieser oxydierenden Wirkung beruhen auch die wichtigsten analytischen Nachweismethoden für freies Chlor.

Chlorwasserstoff (HCl) ist ein farbloses Gas von stechendem Geruch und stark saurem Geschmack. Es wird von Wasser unter Bildung von Salzsäure heftig, in größeren Mengen sogar unter starker Wärmeentwicklung absorbiert. Bei 15° C und 1 at nimmt Wasser bis zu 42,7% Chlorwasserstoff auf. Beim Erhitzen derartig konzentrierter Lösungen entweicht zunächst bevorzugt Chlorwasserstoff, bis bei 1 at und 110° C eine Salzsäurelösung konstanter Zusammensetzung mit einem Gehalt von 20,2% Chlorwasserstoff übergeht. Die konzentrierte Salzsäure des Laboratoriums ist etwa 35%ig. Verdünnte Lösungen besitzen alle Eigenschaften von starken Elektrolyten. Die Salze der Säure, die Chloride, sind in der Mehrzahl in Wasser leicht löslich. Schwer löslich sind die 1 wertigen Verbindungen von Cu, Ag, Au, Hg und Tl sowie die 2 wertigen Chloride von Pt und Pb. Das Bleichlorid besitzt jedoch die charakteristische Eigenschaft, in heißem Wasser in beträchtlicher Menge löslich zu sein. Wäßrige Lösungen von Alkali- und Erdalkalichloriden reagieren neutral, während die der übrigen Metallchloride mehr oder weniger stark sauer reagieren. Zum Nachweis des Chloridions dient vor allem die Chromylchloridreaktion, d. h. die Bildung von braunem, gasförmigem Chromylchlorid beim Erhitzen eines Chlorids mit Kaliumdichromat und konzentrierter Schwefelsäure. Daneben werden einige Fällungsreaktionen sowie die Oxydation zu elementarem Chlor durch Permanganat, Braunstein oder rauchende Salpetersäure zur Identifizierung benützt.

Die unterchlorige Säure (HClO) ist auf Grund der schon erwähnten Umsetzung (s. S. 30) im Chlorwasser neben Salzsäure enthalten. Ihre wäßrige Lösung erhält man frei von Chloridionen durch Schütteln von Chlorwasser mit gelbem Quecksilberoxyd:

$$2\,HgO + 2\,Cl_2 + H_2O \longrightarrow \begin{matrix} Hg{-}Cl \\ \rangle O \\ Hg{-}Cl \end{matrix} + 2\,HOCl.$$

Die unterchlorige Säure ist verhältnismäßig unbeständig und zerfällt leicht, insbesondere im Licht, in Chlorwasserstoff und Sauerstoff, wobei teilweise eine Oxydation zu Chlorsäure eintritt:

$$3\,HClO \longrightarrow HClO_3 + 2\,HCl.$$

Die Salze der unterchlorigen Säure entstehen neben Chloriden beim Einleiten von Chlor in wäßrige Alkali- oder Erdalkalihydroxydlösungen:

$$2\,NaOH + Cl_2 \longrightarrow NaOCl + NaCl + H_2O.$$

Sie sind alle in Wasser leicht löslich, und ihre Lösungen reagieren alkalisch, da die unterchlorige Säure eine sehr schwache Säure ist. Die Hypochlorite besitzen stark oxydierende Eigenschaften, auf denen auch ihre analytischen Nachweisreaktionen beruhen.

Die chlorige Säure ($HClO_2$) bildet sich als Zwischenprodukt bei der Hydrolyse des Chlordioxyds:

$$2\,ClO_2 + H_2O \longrightarrow HClO_2 + HClO_3.$$

Sie ist jedoch sehr unbeständig. Haltbarer sind ihre Salze, die Chlorite, welche bei der Umsetzung von Chlordioxyd mit Natronlauge entstehen. In Umkehrung dieser Reaktion geben Chloritlösungen beim schwachen Ansäuern und Erwärmen Chlordioxyd. Chloritìon bildet in neutraler Lösung schwerlösliches Silber- und Bleichlorit, aus konzentrierten Lösungen fällt auch rotes Quecksilber(II)-chlorit aus. Es ist ein etwas schwächeres Oxydationsmittel als Hypochloritìon. So wird z. B. Ammoniak durch Chlorit nicht angegriffen, Hydrazin jedoch schon in verdünnter siedender Lösung zu Stickstoff umgesetzt. Nitrit wird in verdünnter Lösung zu Nitrat, arsenige Säure schon in bicarbonathaltiger Lösung zu Arsensäure, Schwefelwasserstoff in neutraler Lösung zu Schwefelsäure, Jodid in saurer Lösung zu Jod und Mangansalz zu Mangandioxyd oxydiert.

Die Chlorsäure ($HClO_3$), deren wäßrige Lösung aus Bariumchlorat und Schwefelsäure erhalten wird, ist wenig beständig. Konzentriertere Lösungen disproportionieren in Chlordioxyd und Perchlorsäure, und das gebildete ClO_2 zerfällt weiter in Chlor und Sauerstoff:

$$3\,HClO_3 \longrightarrow 2\,ClO_2 + HClO_4 + H_2O\,,$$
$$2\,ClO_2 \longrightarrow Cl_2 + 2\,O_2\,.$$

Auf dieser Umsetzung beruht die außerordentlich stark oxydierende Wirkung der Chlorsäure, insbesondere gegenüber organischen Substanzen. Im Gegensatz zur freien Säure sind die Salze, die Chlorate, sehr beständig. Da sie in Wasser alle leicht löslich sind, werden zum analytischen Nachweis vor allem ihre oxydierenden Eigenschaften benützt. Daneben sind auch einige Fällungsreaktionen mit organischen Basen bekannt.

Die Perchlorsäure ($HClO_4$), die aus Bariumperchlorat und Schwefelsäure dargestellt wird, ist in wäßriger Lösung sehr beständig. Sie ist die stärkste aller bekannten Säuren. Ihre Salze, die Perchlorate, sind mit Ausnahme des Ammonium-, Kalium-, Rubidium- und Caesiumsalzes sowie einiger Hexamminkomplexe von 2wertigen Schwermetallen (Mn, Fe, Co, Ni, Zn, Cd) in Wasser leicht löslich. Infolge der großen Beständigkeit des Perchlorations gelingt dessen Reduktion nur mit wenigen Reagenzien. Vollständig läßt sie sich allein mit Titan(III)-salz in saurer und mit Eisen(II)-sulfat in neutraler Lösung durchführen.

Nachweismethoden.

§ 1. Nachweis auf spektralanalytischem Wege.

1. Spektrum des Chloratoms.

Das Linienspektrum des Chlors wird in der Flamme des Bunsenbrenners nicht angeregt. Auch im Bogen zwischen Gaskohlen, welche Chloride enthalten, sind keine Chlorlinien zu beobachten (Exner und Haschek, de Gramont). Beim Überspringen eines elektrischen Funkens in Chlorgas von höherem Druck sowie in einer mit Chlor gefüllten Geisslerschen Röhre kann das Funkenspektrum erhalten werden mit den Linien: 545,8, 544,4, 542,5, 539,3, 522,0, 521,7, 510,3, 509,9, 507,8, 491,8, 490,5, 489,8, 482,0, 481,0, 479,5 $\mu\mu$ (Formanek). Nach Pfeilsticker können mit Hilfe des Linienspektrums bei Verwendung eines besonderen Entladungsrohres und unter Einhaltung bestimmter elektrischer Bedingungen 5 bis 20 γ Chlor in 2 g Substanz nachgewiesen werden.

2. Spektrum von Chlorverbindungen.

Glüht man eine chlorhaltige Verbindung in Gegenwart eines Kupfersalzes in der Bunsenflamme, so färbt diese sich blaugrün infolge Bildung von flüchtigem Kupferchlorid. Brom- und jodhaltige Verbindungen geben unter den gleichen Bedingungen ebenfalls ähnliche Flammenfärbungen (s. die Abschnitte „Brom“ und „Jod“; Mitcherlich, Beilstein, Panaotovic, Kunz-Krause, A. Hahn, Piccard und de Montmollin, Stamm). Die intensivsten Banden des Kupferchloridspektrums liegen nach Eder und Valenta bei: 5490, 5400, 5270, 4982, 4946, 4882, 4847,

4787, 4758, 4710, 4663, 4651, 4580, 4525, 4493, 4434, 4412, 4355, 4333, 4282, 4259, 4217, 4190, 4125, 4063, 4007, 3962, 3900 Å.

Geeigneter zum Nachweis des Chlors ist das Spektrum des Bariumchlorids. Dieses erhält man nach DE BOISBAUDRAN auf die Weise, daß man an der Öse eines Platindrahtes 1 bis 2 mg reines Bariumcarbonat bei Weißglut zum Schmelzen bringt, mit einem Tropfen der zu untersuchenden Flüssigkeit befeuchtet und nach deren Eintrocknen wiederum schmilzt. Dem ersten Platindraht wird dann auf 1 bis 1,5 mm ein zweiter genähert; man läßt einen elektrischen Funken überspringen und beobachtet diesen im Spektroskop. Es sollen mit dieser Anordnung noch $^1/_{5000}$ mg Chlor nachweisbar sein. Nach FRIEDLÄNDER wird das Bariumchloridspektrum ganz analog wie das Bariumbromid- bzw. Bariumjodidspektrum erzeugt (s. die Abschnitte „Brom" und „Jod"). Das Spektrum des Bariumchlorids zeigt folgende deutlich erkennbare scharfe Linien: 5300, 5239, 5200, 5175, 5130, 5066 Å (FRIEDLÄNDER).

§ 2. Nachweis von freiem Chlor.

Freies Chlor läßt sich durch die grüngelbe Farbe und den charakteristischen, stechenden Geruch sehr leicht erkennen.

A. Farb- und Tüpfelreaktionen.

1. Mit Kaliumjodid und Stärke.

Chlor scheidet sowohl aus saurer als auch aus bicarbonathaltiger Kaliumjodidlösung Jod aus, das durch die Blaufärbung mit Stärke nachgewiesen werden kann.

Praktisch verwendet man für die Reaktion meistens Kaliumjodid-Stärke-Reagenspapier, das durch Tränken von Filtrierpapier mit Stärkekleister, dem etwas Kaliumjodid zugesetzt ist, hergestellt wird.

Nach OLSZEWSKI lassen sich noch 0,1 mg Chlor/l Wasser nachweisen [vgl. auch ELMS und HAUSER (a)].

Andere Oxydationsmittel, wie Brom, Ozon, einige Oxyde des Stickstoffs usw., geben die gleiche Reaktion. Bei Anwesenheit großer Mengen Chlor kann eine Täuschung dadurch entstehen, daß das ausgeschiedene Jod zu Jodsäure weiter oxydiert wird.

2. Mit o-Tolidin.

Die Diphenylbase o-Tolidin

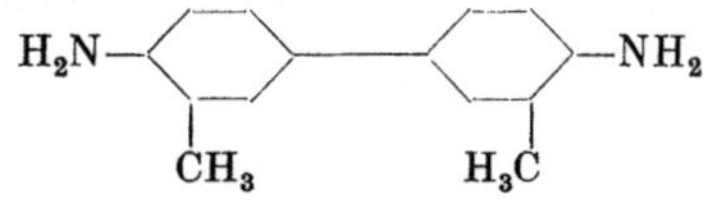

bildet mit elementarem Chlor ein gelb bis grün gefärbtes Reaktionsprodukt.

Man versetzt die neutrale Probelösung mit etwas o-Tolidinlösung (0,1%ige Lösung in 10%iger Salzsäure) und beobachtet bei Anwesenheit von Chlor das Auftreten einer gelben bis grünen Färbung.

Die Reaktion ist äußerst empfindlich und eignet sich daher besonders zum Chlornachweis in Trinkwasser. Es kann damit noch Chlor in einer Konzentration von $1:10^9$ nachgewiesen werden [ELMS und HAUSER (a)].

Täuschend ähnliche Färbungen werden hervorgerufen durch Eisen(III)-salze (Konzentration $1:10^6$), Nitrite [Konzentration $1:10^7$; ELMS und HAUSER (b)], Mangan(II)-ionen (0,3 mg/l; FORSBERG) sowie durch eine zu hohe Säurekonzentration. Über diese Reaktion finden sich auch Angaben bei HOWARD, HARRY und RUDGE, TIEDEMANN, BROWN.

3. Mit Anilin.

Eine wäßrige Lösung von Anilin bildet mit Chlorwasser ein je nach den Konzentrationsverhältnissen schwarz bis rotviolett gefärbtes Reaktionsprodukt.

Als Reagenslösung verwendet man eine Mischung von 400 cm³ gesättigter, wäßriger, farbloser Anilinlösung und 100 cm³ Eisessig [VILLIERS und FAYOLLE, DENIGÈS (a)].

Nach GANASSINI eignet sich für den Chlornachweis auch ein mit Anilinlösung (1 cm³ Anilin in 4 cm³ Salzsäure und 20 cm³ Wasser) befeuchteter Filtrierpapierstreifen, der sich in chlorhaltiger Atmosphäre zunächst weinrot und bei nachträglichem Luftzutritt blau färbt (eine ähnliche Vorschrift gibt auch HOFMANN).

Eine besonders deutliche Blaufärbung erhalten VILLIERS und FAYOLLE mit einem Reagensgemisch von 3 cm³ Anilin und 1 cm³ o-Toluidin in 60 cm³ Eisessig und 240 cm³ Wasser (ähnliches findet sich bei GUTZEIT).

Nach den gleichen Autoren lassen sich noch 0,1 mg Chlor nachweisen.

Chlordioxyd gibt unter den gleichen Bedingungen ebenfalls eine Blaufärbung. Jod stört die Reaktion nicht, während bei Anwesenheit von Brom ein weißes, unlösliches Substitutionsprodukt entsteht. N_2O bewirkt eine Verfärbung des Reagenspapiers nach gelbbraun. bei Luftzutritt grünblau (GANASSINI).

4. Mit Anilinphenol.

Eine Lösung von Anilinphenol, hergestellt durch Auflösen von 8 g Phenol und 1 cm³ Anilin in 200 cm³ Wasser, färbt sich durch Einwirkung einer alkalischen, elementares Chlor enthaltende Lösung intensiv blau [GUTZEIT, DENIGÈS (b)].

5. Mit Hexamethyl-p-triamino-triphenylmethan-chlorhydrat.

Das Reagens erzeugt mit freiem Chlor eine rotviolette Färbung, deren Intensität durch Zusatz von etwas Natriumchlorid verstärkt werden kann [LE ROY (b)].

Zur Herstellung des Reagenses löst man 1 Teil Hexamethyl-p-triamino-triphenylmethan in 10 Teilen Salzsäure (1:1) und verdünnt die Lösung auf 100 Teile. Sollte die Probelösung durch das Reagens opalescierend getrübt werden, so säuert man die Reagenslösung mit Ameisensäure oder Essigsäure an.

Die Reaktion ist außerordentlich empfindlich und dient deshalb hauptsächlich zum Nachweis des Chlors in Wasser. Chlor kann damit noch in einer Verdünnung von $3:10^8$ nachgewiesen werden.

Das Reagens wirkt in Mengen von 1‰ sofort bzw. in wenigen Minuten. Eine in lufthaltigem Wasser erst nach 10 Std. auftretende schwache Färbung ist zu vernachlässigen. Geringe Mengen von Nitrit stören die Reaktion wenig, Spuren von Peroxyd überhaupt nicht, während größere Mengen dieser Verbindungen Täuschungen hervorrufen können.

6. Mit Benzidin.

Benzidin, das mit einer größeren Zahl von Oxydationsmitteln eine sehr empfindliche Blaufärbung gibt, läßt sich auch zum Nachweis von elementarem Chlor verwenden.

Die Reagenslösung stellt man nach OLSZEWSKI durch Auflösen von 40 g Benzidin in 950 cm³ Wasser und 50 cm³ konzentrierter Salzsäure her.

Vor der Prüfung von Wasser auf Chlor müssen Carbonate mit Salzsäure zersetzt und feinverteilter Braunsteinschlamm durch Fällung mit Bariumchlorid und Aluminiumsulfat entfernt werden.

7. Mit 2,7-Diaminofluoren.

Eine 1%ige wäßrige Lösung von 2,7-Diaminofluoren-hydrochlorid gibt mit schwach chlorhaltigem Wasser eine deutliche Blaufärbung. Konzentriertere Lösungen erzeugen Grün- oder Gelbfärbungen.

Es lassen sich noch 0,17 γ Chlor/cm³ Wasser nachweisen.

Andere starke Oxydationsmittel, wie Brom und Persulfat, geben die gleiche Blaufärbung (SCHMIDT und HINDERER).

8. Mit Fuchsin und Kaliumbromid.

Chlor scheidet aus sauren Bromidlösungen Brom aus, das mit Fuchsin-Reagens nachgewiesen werden kann.

Zu etwa 50 cm³ der schwach sauren Probelösung gibt man 1 Kristall Kaliumbromid, sodann 1 cm³ Eisessig und 1 cm³ Fuchsin-Reagens [nach DENIGÈS und CHELLE hergestellt aus 10 cm³ 1‰ wäßriger Fuchsinlösung und 100 cm³ Schwefelsäure (1:20)]. Bei Anwesenheit von Chlor tritt eine — auch gegen organische Substanzen sehr beständige — Violettfärbung auf (LEROUX).

Störend wirken alle Substanzen, die aus Kaliumbromid ebenfalls Brom in Freiheit setzen, z. B. Nitrit, Dichromat, Permanganat.

9. Mit Fluorescein und Kaliumbromid.

Das aus Bromidlösungen durch Chlor in Freiheit gesetzte Brom kann auch durch Fluorescein nachgewiesen werden.

Das Reagenspapier stellt man durch Tränken eines Filtrierpapierstreifens mit einer Lösung von 0,1 g Fluorescein und 0,5 bis 0,8 g Kaliumbromid in 100 cm³ verdünnter Lauge her. Bei Gegenwart von Chlorgas wird es augenblicklich rosarot gefärbt, weil das aus dem Bromid in Freiheit gesetzte Brom mit Fluorescein zu Eosin reagiert (FREHDEN und HUANG, GANASSINI).

Elementares Brom und Jod stören die Reaktion, ebenso alle Oxydationsmittel, die aus Bromiden Brom in Freiheit setzen.

10. Mit Resorufin.

Das Reagens gibt mit freiem Chlor eine Blaufärbung.

Man versetzt die Probelösung mit etwas Soda oder Natriumhydrogencarbonat und gibt anschließend einige Tropfen einer Lösung von 0,1 g Resorufin und 1,5 g Soda in 100 cm³ Wasser zu.

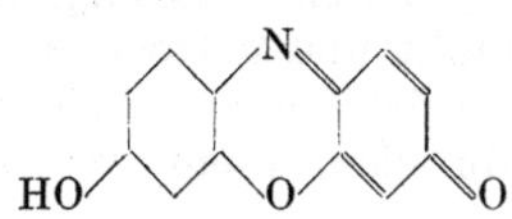

Brom gibt die gleiche Reaktion [EICHLER (a); s. a. im Abschnitt „Brom"].

11. Mit organischen Farbindicatoren.

Eine größere Zahl organischer Farbstoffe wird durch elementares Chlor bei Gegenwart von Wasser oxydativ zerstört, z. B. Lackmus, Curcuma, Methylrot, Methylorange, Indigo u. a.

Zum Nachweis des Chlors im Trinkwasser benützt man als Reagens eine Lösung von 0,1 g Methylrot in 10 cm³ 0,1 n Natronlauge und 990 cm³ Wasser.

Nach L. W. WINKLER lassen sich noch 0,02 mg Chlor/l Wasser nachweisen. Um die Farbänderung deutlicher zu machen, wird empfohlen, die Probelösung mit einigen Tropfen Salzsäure anzusäuern.

Die Reaktion ist nicht spezifisch und wird auch von anderen Oxydationsmitteln, wie Brom, Ozon, Hypojodit u. a., gegeben.

12. Mit Fuchsin.

Rote oder durch Schwefelsäure entfärbte Fuchsinlösung wird von elementarem Chlor gelb gefärbt.

Die Reagenslösung wird nach DENIGÈS und CHELLE folgendermaßen bereitet: 10 cm³ einer 1‰ Fuchsinlösung gibt man in 100 cm³ 5%ige Schwefelsäure und läßt etwa 1 Std. stehen. Dann mischt man 25 cm³ dieser Lösung mit 25 cm³ Eisessig und 1 cm³ Schwefelsäure. Von dieser Reagenslösung werden jeweils 5 cm³ auf wenige Tropfen der zu untersuchenden Lösung verwendet. Bei Anwesenheit von Chlor entsteht eine gelbe Färbung, die bei Mengen von über 0,05 mg Cl_2 in Chloroform ausgeschüttelt werden kann.

Nach EEGRIWE eignet sich als Reagens auch ein mit einer wäßrigen Lösung von Säurefuchsin [z. B. Säurefuchsin S (A)] getränkter Filtrierpapierstreifen, dessen rote Farbe ebenfalls in gelb übergeht.

Es können noch 0,03 mg Chlor nachgewiesen werden.

Störend wirkt Brom, das mit Fuchsin ein die Chlorfärbung überdeckendes rotviolettes Reaktionsprodukt gibt. Täuschungen können außerdem durch konzentrierte Salpetersäure oder Stickoxyde hervorgerufen werden.

13. Mit p-Amino-dimethylanilin.

Das Reagens gibt mit neutralen oder schwach sauren, chlorhaltigen Lösungen zunächst eine Rosafärbung, die bei weiterer Zugabe von Halogen oder beim Vorliegen stärker konzentrierter Lösungen über purpur, grün und braun in gelb übergeht. Diese Farbänderung wird vermutlich durch fortschreitende Halogenierung des Benzolkerns und der Seitenkette verursacht.

Die Reagenslösung stellt man durch Auflösen von 5 g p-Aminodimethylanilin, das aus dem technischen Produkt durch Destillation gereinigt ist, in 100 cm³ abs. Alkohol her. Zur Probe werden 2 bis 3 Tropfen Reagenslösung in 5 cm³ Wasser gegeben und dann die zu prüfende Lösung langsam zugefügt. Es soll nur so viel zugesetzt werden, daß eine reine rosa Farbe entsteht.

Die Reaktion ist sehr empfindlich und eignet sich besonders zum Nachweis von freiem Chlor im Trinkwasser [TREMAIN, KOLTHOFF (c), ALFTHAN, KLUT]. Es kann darin noch in einer Verdünnung von $1 : 6{,}5 \cdot 10^4$ nachgewiesen werden. Die Probe ist etwas unempfindlicher, wenn an Stelle der Reagenslösung Filtrierpapierstreifen verwendet werden, die mit einer Lösung von 10 g p-Amino-dimethylanilin in 100 cm³ abs. Alkohol getränkt und getrocknet wurden.

Da das Reagens durch Einwirkung von Licht zersetzt wird, muß die Lösung ebenso wie das Papier in dunklen, dicht verschlossenen Flaschen aufbewahrt werden.

Die Reaktion wird gestört durch Gegenwart größerer Mengen freier Säure, welche die durch Chlor hervorgerufene Färbung zerstört. Auch freies Alkali darf nicht zugegen sein, da von diesem das Halogen gebunden wird. Brom und Jod geben ähnliche Farbreaktionen, die von der durch Chlor hervorgerufenen nur schwer unterscheidbar sind.

14. Mit Kaliumcyanoferrat(II) und Phthalin.

Chlorhaltige Lösungen geben mit Kaliumcyanoferrat(II) und Phthalin eine Rosafärbung, die auf der Bildung von Cyanoferrat(III) und anschließender Oxydation des Phthalins zu Phenolphthalein beruht (TSOUMERKA).

Man gibt zu der zu untersuchenden Lösung etwas Kaliumcyanoferrat(II) und eine alkalische Lösung von Phthalin.

15. Mit Tetramethylbase.

Eine Lösung von Tetramethylbase gibt mit Chlor charakteristische Farbänderungen von blau über grün und gelb nach farblos (MASTERMAN).

Ozon reagiert ähnlich.

16. Mit Diphenylamin.

Salzsaure chlorhaltige Lösungen rufen mit Diphenylamin eine Blaufärbung hervor.

Die gleiche Reaktion wird auch von anderen Oxydationsmitteln gegeben. Sie eignet sich nach LE ROY (a) besonders zum Nachweis von elementarem Chlor in der Salzsäure.

17. Mit Azocarmin oder Rosindulin.

Azocarmin B (B) oder Rosindulin 2 B [bläulich (K)] werden durch Einwirkung von Chlor gelb gefärbt.

Man führt den Nachweis mit Reagenspapier aus, das durch Tränken von Filtrierpapierstreifen mit der wäßrigen Farbstofflösung hergestellt wird. Zweckmäßig unterbricht man die Einwirkung von Chlorgas, wenn ein Teil des roten Streifens eben gelb geworden ist. Das Papier wird dann über einer Gasflamme getrocknet und einen Augenblick in den Hals einer Flasche mit konzentrierter Salzsäure gehalten. Die anfangs gelb gefärbten Stellen ändern dann ihre Farbe in violett bis blau.

Es lassen sich noch 0,002 mg Chlor aus 0,0033 mg Natriumchlorid erfassen.

Die Reaktion wird durch Brom gestört (EEGRIWE).

18. Mit Tetramethyl-diamido-diphenylmethan.

Ein mit dem Reagens getränkter Streifen Filtrierpapier wird durch elementares Chlor dunkelblau gefärbt [VAN ECK (a)].

Brom gibt die gleiche Reaktion, während Ozon eine Violettfärbung und Stickstoffdioxyd eine Gelbfärbung hervorrufen.

19. Mit metallischem Kupfer.

Metallisches Kupfer wird durch elementares Chlor zu Kupferchlorid oxydiert, das durch seine grüne Farbe oder mit Hilfe des Kupfertetramminkomplexes nachgewiesen werden kann.

Die zu untersuchende salzsaure Probelösung darf außer dem nachzuweisenden Chlor kein weiteres Oxydationsmittel enthalten. Man gibt unter Luftabschluß ein blankes Kupferstück hinein, läßt dasselbe einige Zeit einwirken und prüft anschließend auf die Bildung von Cu^{++}-Ionen.

Die Reaktion eignet sich besonders zum Nachweis von Chlor in Salzsäure (KUPFFERSCHLÄGER).

20. Mit Kobaltnitrat.

Ein mit Kobaltnitratlösung getränktes feuchtes Filtrierpapier bläut sich in chlorhaltiger Atmosphäre.

Brom und Jod geben ebenfalls einen Farbumschlag (GUTZEIT).

B. Fällungsreaktionen.

1. Mit metallischem Quecksilber.

Chlorhaltige Lösungen geben beim Schütteln mit metallischem Quecksilber einen weißen Niederschlag von Quecksilber(I)-chlorid. Bei gleichzeitiger Anwesenheit von Salzsäure kann diese nach dem Schütteln mit Quecksilber in der Lösung getrennt nachgewiesen werden, da Chlorwasserstoff mit Quecksilber nicht reagiert [TREADWELL (a), SALZER].

2. Mit Urotropin.

Aus Urotropinlösungen fällt mit Chlor ein weißes, kristallines Chlorderivat des Urotropins aus (GUTZEIT).

Man bringt 1 Tropfen der Reagenslösung (0,50 g Urotropin und 1,25 g $NaCH_3COO$ gelöst in einer Mischung von 20 cm^3 H_2O und 2 cm^3 Eisessig) an das

Ende eines Glasstabes über die zu prüfende Substanz. Bei Gegenwart von Chlor tritt eine Trübung infolge Bildung eines nadelförmig kristallisierten Niederschlages auf.

Angaben über die Empfindlichkeit der Reaktion und über Störungen sind nicht vorhanden.

3. Mit Naphthol.

Naphthol gibt mit Chlor einen zuerst weißen, nach kurzer Zeit grünlich werdenden Niederschlag.

Man überschichtet die zu prüfende Flüssigkeit mit einer 1%igen Lösung von Naphthol in Alkohol und läßt kurze Zeit stehen. Bei Anwesenheit von Chlor entsteht an der Berührungsfläche beider Schichten ein weißer Niederschlag, der beim Umschütteln in der ganzen Flüssigkeit eine dauernde Opalescenz hervorruft.

Die Reaktion ist sehr empfindlich und dient zum Nachweis von Spuren elementaren Chlors.

Brom stört, da es unter den gleichen Bedingungen einen weißen, nach kurzer Zeit gelblich werdenden Niederschlag bildet. Gegen Jod zeigt sich das Reagens indifferent [H. HAGER (a)].

4. Mit 1,2,5-Toluylendiamin.

Chlor bildet mit einer Lösung des Reagenses (1%ig in verdünnter Schwefelsäure) zuerst Tropfen und dann Nadeln, die schließlich zu Kristallaggregaten aus mehr oder weniger zahlreichen Individuen zusammentreten.

Die Reaktion wird am besten auf einem Deckglas oder Objektträger ausgeführt [ROSENTHALER (a)].

Brom gibt unter den gleichen Bedingungen kein erkennbares Reaktionsprodukt.

C. Reduktionsreaktionen.

Durch Einwirkung verschiedener Reduktionsmittel kann elementares Chlor in Chloridion überführt werden, das anschließend mit Hilfe einer der in § 3 angegebenen Reaktionen nachgewiesen wird. Es werden in der Literatur folgende Reduktionsmöglichkeiten angegeben:

1. Mit Wasserstoffperoxyd.

Chlor reagiert mit einer alkalischen Wasserstoffperoxydlösung quantitativ nach folgender Gleichung:

$$Cl_2 + 2\,NaOH + H_2O_2 \longrightarrow 2\,NaCl + O_2 + 2\,H_2O$$

(RUPP, WEGNER und MAISS).

Man versetzt die chlorhaltige Probe mit einem Überschuß einer alkalischen Wasserstoffperoxydlösung und kocht einige Zeit, um das überschüssige Reduktionsmittel zu zerstören. Nach dem Ansäuern mit Salpetersäure kann dann mit Silbernitrat auf Chloridion geprüft werden.

Brom und Jod reagieren in analoger Weise.

2. Mit Ammoniak.

Chlorhaltige wäßrige Lösungen geben mit Ammoniak beim Aufkochen quantitativ Chlorid nach folgender Gleichung:

$$8\,NH_3 + 3\,Cl_2 \longrightarrow 6\,NH_4Cl + N_2.$$

3. Mit schwefliger Säure.

Chlorhaltige Lösungen reagieren mit einem Überschuß von schwefliger Säure oder Alkalisulfit unter Bildung von Chlorid entsprechend der Gleichung:

$$Cl_2 + 2\,H_2O + SO_2 \longrightarrow 4\,H^+ + 2\,Cl^- + SO_4^{--}.$$

Die Probe wird so durchgeführt, daß man im Anschluß an die Reduktion einen Überschuß von Salpetersäure zugibt und aufkocht, um die unverbrauchte schweflige Säure zu entfernen. Anschließend kann dann mit Silbernitrat auf Chloridion geprüft werden.

4. Mit Thiosulfat.

Chlor reagiert mit Natriumthiosulfat unter Reduktion nach folgender Gleichung:

$$4\,Cl_2 + 5\,H_2O + Na_2S_2O_3 \longrightarrow 2\,NaHSO_4 + 8\,HCl.$$

Man versetzt die chlorhaltige wäßrige Probe mit einer Lösung von Natriumthiosulfat und kocht anschließend mit konzentrierter Salpetersäure so lange, bis der zunächst abgeschiedene elementare Schwefel sich zusammengeballt hat. Darauf kann mit Silbernitrat auf Chloridion geprüft werden.

Nach Pinkhof wird die Reaktion mit Thiosulfat mit Vorteil zum Nachweis sehr kleiner Mengen Chlor ($^1/_8$ bis 2%) in Jod verwandt. In diesem Fall weist man das Chlor indirekt über die mit Thiosulfat gebildeten Sulfationen als Bariumsulfat nach, da Jod keine analoge Oxydation zu Sulfat bewirkt.

5. Mit nascierendem Wasserstoff.

Chlor wird durch nascierenden Wasserstoff glatt zu Chlorid reduziert.

Man versetzt die zu prüfende Lösung mit verdünnter Schwefelsäure und etwas Zinkstaub oder Dewardascher Legierung oder auch mit Aluminiumpulver. Nach beendeter Reaktion wird aufgekocht und mit Silbernitrat auf Chloridion geprüft.

§ 3. Nachweis des Chloridions (Cl^-).

Nachweis auf trockenem Wege.

1. Verhalten auf der Kohle.

Viele Metallchloride sind auf der Kohle vor dem Lötrohr flüchtig und geben einen weißen Beschlag, der besonders stark bei denjenigen Verbindungen in Erscheinung tritt, die vor der Verflüchtigung schmelzen und dabei tiefer in die Kohle eindringen, wie z. B. die Alkalichloride, Zink-, Blei-, Wismut-, Zinn- und Kupferchlorid. Letzteres färbt die Flamme auch in charakteristischer Weise intensiv blaugrün. Ohne zu schmelzen, verflüchtigen sich Ammoniumchlorid, Quecksilberchlorid und Antimonchlorid. Die Chloride der Edelmetalle Gold, Platin und Silber werden auf der Kohle zum Metall reduziert (Kolbeck).

Die Bildung weißer Beschläge auf der Kohle ist nicht spezifisch und wird auch von einer Reihe anderer Stoffe, z. B. Arsenoxyd und Zinkoxyd, gegeben. Sie kann daher nur zur groben Orientierung dienen.

2. Verhalten gegen konzentrierte Schwefelsäure.

Feste Chloride entwickeln beim Übergießen mit konzentrierter Schwefelsäure und Erwärmen Chlorwasserstoffgas, das an seinem stechenden, zum Husten reizenden Geruch, durch Rötung von feuchtem Lackmuspapier oder durch Nebelbildung mit Ammoniak nachgewiesen werden kann.

Silber- und Quecksilber(II)-chlorid werden durch konzentrierte Schwefelsäure kaum angegriffen. Quecksilber(I)-chlorid zerfällt dagegen in Quecksilber(II)-chlorid und metallisches Quecksilber, das sich unter SO_2-Entwicklung zu Quecksilber(II)-sulfat löst.

3. Verhalten beim Schmelzen mit Kaliumhydrogensulfat.

Beim Schmelzen von Chloriden mit Kaliumhydrogensulfat im Glühröhrchen entsteht ebenfalls Chlorwasserstoffgas, das wie unter 2. angegeben nachgewiesen werden kann.

4. Verhalten beim Erhitzen mit Schwefelsäure und Braunstein.

Eine große Zahl von Chloriden entwickelt beim Erhitzen mit Braunstein und konzentrierter Schwefelsäure Chlor, das an seiner grünlich-gelben Farbe und dem charakteristischen Geruch nachgewiesen wird:

$$4\,NaCl + 2\,H_2SO_4 + MnO_2 \longrightarrow MnCl_2 + Cl_2 + 2\,Na_2SO_4 + 2\,H_2O.$$

Einige Chloride geben die Reaktion erst nach vorhergehendem Aufschluß mit Soda, weshalb die Probe zweckmäßig immer wie folgt durchgeführt wird:

Man schmilzt die zu untersuchende Substanz einige Zeit mit Soda im Platinlöffel. Dann pulverisiert man die Schmelze, vermengt sie mit Braunstein und erhitzt mit einigen Tropfen konzentrierter Schwefelsäure.

5. Verhalten beim Erhitzen mit Kaliumdichromat und konzentrierter Schwefelsäure.

Feste Chloride geben beim Erhitzen mit Kaliumdichromat und konzentrierter Schwefelsäure flüchtiges Chromylchlorid, dessen Dämpfe in Lauge absorbiert oder unterhalb 116° C zu einer braunroten Flüssigkeit kondensiert werden können:

$$K_2Cr_2O_7 + 4\,KCl + 3\,H_2SO_4 \longrightarrow 3\,H_2O + 3\,K_2SO_4 + 2\,CrO_2Cl_2.$$

Der Nachweis von Chrom im Destillat läßt somit auf das Vorhandensein von Chlorid in der Analysenprobe schließen.

Für die Chromylchlorid-Reaktion sind in der Literatur eine größere Zahl verschiedener *Ausführungsformen* beschrieben worden, von denen im folgenden die wichtigsten kurz zusammengestellt sind:

Nach W. Böttger (a) gibt man das im Mörser sorgfältig verriebene Gemisch (Substanz : $K_2Cr_2O_7 = 2:1$) in ein trockenes Fraktionierkölbchen und fügt so viel konzentrierte Schwefelsäure hinzu, daß ein dicker Brei entsteht. Dann bringt man in den Kolbenhals unterhalb des seitlichen Ansatzrohres einen Pfropfen Glaswolle, um eventuelles Überspritzen beim Erhitzen zu vermeiden, und verschließt oben mit einem Stopfen. Nun wird vorsichtig erwärmt, während die entweichenden Gase in einem über das seitliche Ansatzrohr gestülpten Reagensglas, das mit etwas Natronlauge, Kalilauge oder Ammoniaklösung gefüllt ist, absorbiert werden. Um ein Zurücksteigen der alkalischen Absorptionsflüssigkeit in die Chromschwefelsäure zu vermeiden, läßt man das Ansatzrohr nicht in die Flüssigkeit eintauchen.

Nach Wiley steckt man 2 Bechergläser derart ineinander, daß zwischen den beiden Böden ein Raum von 3 bis 4 cm bleibt. Die mit Schwefelsäure und Kaliumdichromat versetzte Analysenprobe befindet sich im unteren, größeren Glase, während das gebildete Chromylchlorid sich in Flüssigkeitstropfen am Boden des oberen, mit Eismischung gefüllten Gefäßes kondensiert.

Pisany schlägt vor, die mit Dichromat gemischte Substanz in ein Reagensglas zu geben, mit konzentrierter Schwefelsäure zu übergießen und zur Kondensation des gebildeten Chromylchlorids ein mehrfach gebogenes Kugelröhrchen aufzusetzen. Die gleiche Versuchsanordnung wird auch von Gooch und Brooks empfohlen, welche die Probe nur insofern etwas anders ausführen, als sie das Kugelröhrchen mit geringen Mengen Wasser beschicken.

Nach Nichols ist es am einfachsten, die Chromylchlorid-Reaktion in einem Reagensglas vorzunehmen und das entweichende Gas in einem mit Sodalösung getränkten Filtrierpapier aufzunehmen. Durch die Boraxperle läßt sich in der Asche des Papiers die Gegenwart von Chrom leicht nachweisen.

Biltz verwendet als Entwicklungsgefäß ein Reagensglas, das mit einem durchbohrten Stopfen verschlossen ist. Durch diesen führt ein im spitzen Winkel gebogenes Glasrohr, dessen anderer Schenkel in ein zweites, mit der Absorptionsflüssigkeit (Natronlauge oder Ammoniak) beschicktes Reagensglas eintaucht.

Nach TREADWELL (b) führt man die Probe ebenfalls im Reagensglas aus und fängt das gebildete Chromylchlorid mit einem Tropfen Natronlauge, der an einem Glasstab hineingehalten wird, auf.

Zum *Nachweis des Chromylchlorids* und damit von Chlor in der Analysenprobe säuert man die alkalischen Absorptionsflüssigkeiten, welche infolge Hydrolyse

$$CrO_2Cl_2 + 4\,OH^- \longrightarrow CrO_4^{--} + 2\,Cl^- + 2\,H_2O$$

Chromation enthalten, mit verdünnter Schwefelsäure an, fügt Äther und Wasserstoffperoxyd hinzu und erkennt das Chrom an der Bildung von blauem Chromperoxyd, das in die ätherische Schicht übergeht.

GOTTSCHALK und DRECHSEL schlagen vor, das in einer Kugelröhre (s. z. B. die Anordnung von PISANI) kondensierte, nicht hydrolysierte Chromylchlorid durch einen Luftstrom aus der Röhre auszutreiben und die Dämpfe eine Bunsenflamme passieren zu lassen. Das im Spektralapparat beobachtete Spektrum zeigt dann 3 violette, 8 grüne, 1 gelbe, 3 orange und 2 rote Linien.

Störungen der Chromylchlorid-Reaktion werden durch die Anwesenheit stark oxydierender Substanzen verursacht, welche den zunächst gebildeten Chlorwasserstoff zu Chlor oxydieren, z. B. größere Mengen von Nitrit und Nitrat [W. BÖTTGER (a)]. In Gegenwart von Chloraten darf die Probe wegen Bildung des stark explosiblen Chlordioxyds nicht ausgeführt werden. Eine Täuschung kann durch die Anwesenheit von Fluoridion hervorgerufen werden, das mit Kaliumdichromat und Schwefelsäure flüchtiges Chromylfluorid bildet. Es ist deshalb stets ratsam, bei positivem Ausfall der Probe die Vorlage durch Zufügen von Essigsäure und Calciumchlorid auf Abwesenheit von Fluorid zu prüfen (MARTINI).

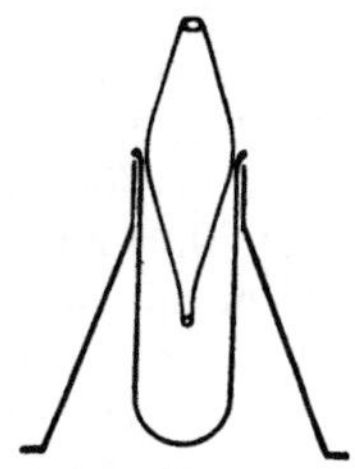

Abb. 1. Entwicklungsgefäß. (Aus FEIGL: Tüpfelreaktionen, S. 140, Abb. 16.)

Die Chromylchlorid-Reaktion versagt bei Quecksilber(I)-chlorid, Quecksilber(II)-chlorid und Silberchlorid.

Für *mikrochemische* Zwecke eignet sich besonders die Ausführung der Chromylchlorid-Probe nach FEIGL (a): Als Entwicklungsgefäß dient eine kleine Glashülse, die durch ein locker aufsitzendes, beiderseits verjüngtes Glasrohr verschlossen wird (s. Abb. 1). In die Glashülse gibt man einige Körnchen der festen Probe bzw. verdampft darin 1 Tropfen Probelösung. Dann setzt man wenig Kaliumdichromat und 1 Tropfen konzentrierter Schwefelsäure zu und verschließt mit dem Capillaraufsatz, dessen verjüngtes Ende eine etwa 1 mm lange Flüssigkeitssäule einer 1%igen alkoholischen Lösung von Diphenylcarbazid enthält. Es wird wenige Minuten erhitzt. Bei Anwesenheit von Chloridion bewirkt das entweichende Chromylchlorid eine Umfärbung der Reagenslösung nach violett.

Störend wirken außer den schon oben angegebenen Substanzen größere Mengen Brom und Jod, da sie mit dem Diphenylcarbazid reagieren und Jod außerdem die Capillare verstopft. Brom kann jedoch durch Zusatz von Phenol zur Diphenylcarbazidlösung unter Bildung von Tribromphenol abgefangen werden, ohne daß die Empfindlichkeit der Reaktion dadurch beeinflußt wird.

Die Erfassungsgrenze für die Chromylchlorid-Reaktion in der Ausführungsform nach FEIGL (a) beträgt 1,5 γ Chlor und die Grenzkonzentration 1:33000.

Nachweis auf nassem Wege.

A. Fällungsreaktionen.

1. Fällung mit Silbernitrat.

Salpetersaure chloridhaltige Lösungen geben mit Silbernitratlösung einen weißen, käsigen Niederschlag von Silberchlorid (AgCl), der in einer Reihe von Reagenzien unter Bildung von komplexen Silbersalzen löslich ist. Mit Ammoniak und Ammoniumcarbonat entsteht das Silberdiamminion $[Ag(NH_3)_2]^+$, mit Alkalicyanid $[Ag(CN)_2]^-$, mit Alkalirhodanid $[Ag(SCN)_2]^-$ und in konzentrierten Nitritlösungen $[Ag(NO_2)_2]^-$. Auch in Natriumthiosulfat löst sich Silberchlorid zu $[Ag(S_2O_3)_2]^{---}$, das jedoch schon beim Kochen unter Abscheidung von schwarzem Silbersulfid zerfällt. Merklich löslich ist Silberchlorid außerdem in einem großen Überschuß von konzentrierter Salzsäure, sowie in konzentrierten Lösungen von Alkalisulfit, Chloralkalien und Silbernitrat. In geringem Maß löst es sich auch in konzentrierter Salpetersäure [TREADWELL (c)].

Bromide und Jodide geben mit Silbernitrat Silbersalze, welche ebenfalls in verdünnten Säuren unlöslich sind. Für den Nachweis der Silberhalogenide nebeneinander sind deren Löslichkeitsunterschiede in Ammoniak von Bedeutung. Während Silberchlorid schon mit einer n/250 Ammoniaklösung weitgehend unter Bildung des löslichen Diamminkomplexes reagiert, lösen sich Silberbromid und Silberjodid erst merklich in n/32 bzw. n/2 Ammoniaklösung (BABKIN). Digeriert man also einen Silberhalogenidniederschlag mit n/250 Ammoniaklösung, filtriert und säuert das Filtrat mit Salpetersäure an, so ist bei Entstehen eines Niederschlages (evtl. nur Trübung) ein eindeutiges Kriterium für das Vorliegen von Chlorid in der Analysenprobe gegeben.

Man kann den Silberhalogenidniederschlag zur Extraktion des Silberchlorids auch mit frisch gesättigter oder nach HAGER (b) mit 15- bis 17%iger Ammoniumcarbonatlösung behandeln. FAURHOLT gibt für den gleichen Zweck eine Lösung von 0,01 Mol Silbernitrat, 0,25 Mol Kaliumnitrat und 0,25 Mol Ammoniak pro Liter an. Nach Abfiltrieren des unlöslichen Silberbromids und Silberjodids fällt beim Ansäuern aller dieser Lösungen Silberchlorid wieder aus.

Zur Trennung des Silberchlorids von Silberjodid allein kann nach VANINO und HAUSER auch die leichtere Reduzierbarkeit des Chlorids verwendet werden. Eine Mischung von 25 cm^3 50%iger Kaliumcarbonatlösung und 5 cm^3 42%iger Formaldehydlösung reduziert Silberchlorid zum Metall, während Silberjodid nicht angegriffen wird.

Für die weitere *Identifizierung* des Silberchlorids, das entweder im Gang der Analyse ausgefällt oder von vornherein in der Substanzmischung enthalten ist, sind noch folgende Reaktionen von Wichtigkeit:

Zink reduziert in schwefelsaurer Lösung Silberchlorid zu metallischem Silber entsprechend der Gleichung:

$$2\,AgCl + Zn \longrightarrow 2\,Ag + Zn^{++} + 2\,Cl^-.$$

Man suspendiert den gut ausgewaschenen Silberchloridniederschlag in verdünnter Schwefelsäure, setzt ein Stückchen Zink hinzu und gießt nach einiger Zeit von dem gebildeten metallischen Silber ab. In der Lösung können dann die Chlorionen entweder wieder mit Silbernitrat oder durch eine der Oxydationsreaktionen (s. S. 44) oder mit Hilfe einer Mikroreaktion (s. S. 46) nachgewiesen werden.

Zur Reduktion des Silberchlorids eignet sich nach TREADWELL (b) auch eine Schmelze mit Soda: Man vermischt den Niederschlag mit der etwa 5fachen Menge Soda und schmilzt in einem Porzellantiegel gut durch. Die Schmelze wird zerkleinert, mit Wasser sorgfältig ausgelaugt und filtriert. Im Filtrat kann dann das Chlorid wie oben angegeben nachgewiesen werden.

Beim Erwärmen mit Kaliumdichromat und konzentrierter Schwefelsäure setzt sich Silberchlorid in Silbersulfat und freies Chlor um (Silberbromid bildet ebenfalls Silbersulfat und freies Brom, während Silberjodid zu Silberjodat oxydiert wird) (MACNAIR).

SCHROER und BALANDIN verwandeln das Silberchlorid zur weiteren Identifizierung in Zinnchlorid und weisen letzteres durch die Leuchtprobe nach: Man hüllt den gut ausgewaschenen und getrockneten Silberchloridniederschlag in eine Zinnfolie ein und erhitzt diese im Glühröhrchen zum Schmelzen. Danach wird mit Wasser ausgelaugt und in die Lösung ein mit kaltem Wasser gefülltes Reagensglas eingetaucht, das anschließend in den heißen Teil der entleuchteten Bunsenflamme gebracht wird. Ein intensives, beständiges, blaues Leuchten zeigt Chlorid an. Es sei erwähnt, daß Silberbromid und Silberjodid bei gleicher Behandlung ein grünes bzw. gelbes Leuchten geben. Ist das Leuchten erst blau und anschließend grün, so ist Chlorid neben Bromid vorhanden. — Cyanide und Rhodanide stören die Reaktion, da sie bei der Umsetzung mit Zinn verkohlen.

Die *Empfindlichkeit* der einfachen Fällung von Chloridion mit Silbernitrat beträgt nach Z. KARAOGLANOV 0,96 γ Cl^-/10 cm³. Ein Zusatz von Ammoniumnitrat zur Reagenslösung erhöht die Empfindlichkeit auf 0,48 γ/10 cm³. MICHALTSCHISCHIN gibt an, daß nach Kochen einer Lösung von Silberchlorid in Ammoniumcarbonat und anschließendem Ansäuern des Filtrates mit konzentrierter Salpetersäure noch $0{,}21 \cdot 10^{-3}$ bis $0{,}35 \cdot 10^{-3}$ g Chlorid/cm³ nachgewiesen werden können. Nach LAMB, CARLETON und MELDRUM liegt die Nachweisgrenze des Chlorids mit Silbernitrat bei anschließender Reduktion des Silberchlorids mit Zink und Schwefelsäure zwischen 4 und $300 \cdot 10^{-6}$ Mol Chloridion/l.

Störungen. Der Nachweis des Chloridions mit Silbernitrat wird gestört durch eine Reihe von Ionen, die mit dem Reagens ebenfalls Fällungen geben, wie Bromid, Jodid, Cyanid, Cyanoferrat(II), Cyanoferrat(III), Hypochlorit, Rhodanid, Bromat, Jodat und Sulfid. Auch Reduktionsmittel, wie Eisen(II)-salze und Titan(III)-verbindungen, stören, da sie das Silberchlorid zum Metall reduzieren.

Für den Nachweis von Chloridion neben Bromid und Jodid sind weiter oben (s. S. 42) bereits Verfahren angegeben. Einfache Cyanide entfernt man am besten durch Erhitzen mit 2 n Schwefelsäure. Komplexe Cyanide werden durch Behandeln mit heißer Schwefelsäure und Quecksilberoxyd zerstört [W. BÖTTGER (a)], während Rhodanide mit Natriumperoxyd in schwefelsaurer Lösung oxydiert werden [KOLTHOFF (a)]. Zum Nachweis von Chlorid neben Bromid, Jodid, Jodat, Sulfid und Hypochlorit führt man vorteilhaft einen Trennungsgang durch, der auf der unterschiedlichen Löslichkeit der verschiedenen Silbersalze in Kaliumcyanid, Ammoniak, Ammoniumcarbonat usw. beruht. Näheres siehe im Abschnitt ,,Trennungen und Analysengänge".

Die Fällung des Silberchlorids ist unvollständig aus Lösungen von Chrom(III)-chlorid, Quecksilber(II)-chlorid sowie nach HAIRS aus Chloridlösungen, die gleichzeitig Quecksilber(II)-oxycyanid enthalten. Nicht fällbar ist Silberchlorid aus schwefelsaurer Lösung des Molybdänchlorids MoO_2Cl_2. Mit Gold(III)-chloridlösung gibt Silbernitrat eine ockergelbe, Silber, Gold und Chlor enthaltende Doppelverbindung. Zur Prüfung auf Chloridion mit Silbernitrat ist es daher stets ratsam [C. R. FRESENIUS (a)], den mit Salpetersäure angesäuerten Sodaauszug zu verwenden.

2. Fällung mit Bleisalzen.

Lösliche Bleisalze fällen aus schwach sauren chloridhaltigen Lösungen einen weißen kristallinen Niederschlag von Bleichlorid ($PbCl_2$), der in heißem Wasser merklich löslich ist (Löslichkeit von $PbCl_2$ in 100 cm³ Wasser bei 20° C: 0,970 g; bei 100° C: 3,31 g). Beim Abkühlen heißer Lösungen scheidet sich das Bleichlorid in Form von glänzenden Nadeln oder Blättchen wieder aus.

Störungen werden durch Ionen verursacht, die mit Bleisalzen ebenfalls Fällungen geben, wie Bromide, Jodide, Perchlorate, Sulfate und Sulfide. Der Nachweis wird außerdem verhindert durch Tartrat, das komplexe Bleisalze bildet, welche mit Chloridion keine Fällung von Bleichlorid geben.

3. Fällung mit Quecksilber(I)-salzen.

Quecksilber(I)-nitratlösung fällt aus schwach salpetersauren Chloridlösungen weißes Quecksilber(I)-chlorid (Hg_2Cl_2) aus, das in Wasser und verdünnten Säuren nur sehr wenig löslich ist (1 l Wasser löst bei Zimmertemperatur 2,3 mg Hg_2Cl_2). In konzentrierter Salpetersäure und in Königswasser findet Auflösung unter Oxydation zum Quecksilber(II)-salz statt. Mit heißer konzentrierter Alkalichloridlösung bildet sich entsprechend der Gleichung

$$Hg_2Cl_2 + 2\,Cl^- \longrightarrow [HgCl_4]^{--} + Hg$$

ein sehr stabiler Komplex unter gleichzeitiger Abscheidung von metallischem Quecksilber.

Quecksilber(I)-chlorid kann durch die charakteristische Schwarzfärbung mit Ammoniak identifiziert werden. Es bildet sich bei dieser Reaktion fein verteiltes metallisches Quecksilber und weißes Quecksilber(II)-amidochlorid:

$$Hg_2Cl_2 + 2\,NH_3 \longrightarrow Hg + Hg\langle{}^{NH_2}_{Cl} + NH_4Cl\,.$$

4. Fällung mit Thallium(I)-nitrat.

Thallium(I)-nitratlösung reagiert mit Chloridion unter Fällung eines weißen, schweren, käsigen Niederschlages von Thallium(I)-chlorid (TlCl). Dieser ist in kaltem Wasser nur sehr wenig, in heißem Wasser jedoch merklich löslich (Löslichkeit von TlCl in 100 cm^3 Wasser bei 20° C: 0,32 g; bei 100° C: 2,38 g). Beim Abkühlen heißer Lösungen scheidet sich das Thallium(I)-chlorid in würfelförmigen Kristallen wieder aus (s. S. 47 unter „Nachweis auf mikrochemischem Wege"). Thallium(I)-chlorid wird durch Säuren, verdünntes Ammoniak und Kaliumcyanid nicht gelöst, jedoch von Thiosulfat- und auch Ammoniumsulfatlösungen (JANNASCH und ASCHOFF).

Störungen verursachen Anionen, die ebenfalls schwerlösliche Thalliumsalze bilden, wie Jodid, Bromid und Chromat. Außerdem wirkt die Anwesenheit starker Oxydationsmittel, wie z. B. Permanganat oder Cyanoferrat(III), störend, da hierdurch das Thallium(I)-salz zum Thallium(III)-salz oxydiert wird.

5. Fällung mit Kupfersulfat und konzentrierter Schwefelsäure.

Chloridhaltige Lösungen geben mit Kupfersulfat bei Gegenwart eines Überschusses von konzentrierter Schwefelsäure einen gelben Niederschlag von wasserfreiem Kupfer(II)-chlorid ($CuCl_2$).

Nach VIARD (vgl. auch GUTZEIT) verwendet man als Reagens eine Mischung von 1 Teil 10%iger Kupfersulfatlösung mit 10 Teilen konzentrierter Schwefelsäure.

VITALI (a) gibt folgende Ausführungsform der Probe an: Man dampft die zu untersuchende Lösung zur Trockne und fügt 1 bis 2 Tropfen konzentrierte Schwefelsäure, die etwas Kupfersulfat gelöst enthält, zu. Bei Anwesenheit von Chlorid entsteht eine gelbe Färbung, bei Gegenwart von Bromid eine schwarzviolette. Beide Färbungen verschwinden bei Zusatz von Wasser.

Nach VIARD kann mit Hilfe der Reaktion Chloridion noch bis zu einer Konzentration von 1:100 nachgewiesen werden.

Die Probe wird gestört durch Zink-, Cadmium- und Quecksilbersalze, welche mit dem Reagens weiße Niederschläge erzeugen. Bei Gegenwart größerer Mengen von Nitrat erscheint die Kupfer(II)-chlorid-Fällung entweder überhaupt nicht oder verschwindet sofort wieder.

B. Oxydationsreaktionen.

Da die Affinität des Chlors zum Wasserstoff und zu den Metallen verhältnismäßig groß ist, läßt sich Chlorwasserstoff bzw. Chloridion nur durch verhältnismäßig starke Oxydationsmittel zu freiem Chlor oxydieren. Diese Eigenschaft ist in der analytischen Chemie insofern von Bedeutung, als Bromide und Jodide wesentlich leichter in den elementaren Zustand überführbar sind und es daher durch geeignete Wahl der oxydierenden Agenzien möglich ist, Chloride neben den anderen Halogenionen nachzuweisen. Man entfernt zu diesem Zweck zunächst bei milderen Oxydationsbedingungen Bromid und Jodid aus der Lösung und setzt anschließend durch Zugabe eines starken Oxydationsmittels Chlor in Freiheit, das dann mit Hilfe einer der unter „Nachweis von freiem Chlor" beschriebenen Reaktionen identifiziert wird. Da die Oxydationsreaktionen des Chloridions meist nicht quantitativ verlaufen, sind die darauf beruhenden Nachweisreaktionen nicht sehr empfindlich.

1. Oxydation mit Kaliumpermanganat.

Kaliumpermanganat oxydiert in stark schwefelsaurer Lösung Chloridion nach folgender Gleichung:

$$2\,KMnO_4 + 16\,HCl \longrightarrow 2\,MnCl_2 + 2\,KCl + 5\,Cl_2 + 8\,H_2O.$$

Man verwendet zweckmäßig eine etwa 10%ige $KMnO_4$-Lösung. Die Chlorentwicklung erfolgt evtl. erst beim Erwärmen.

2. Oxydation mit Braunstein oder Bleidioxyd.

Braunstein oder Bleidioxyd oxydieren in schwefelsaurer Lösung Chloridion zu Chlor entsprechend den Gleichungen:

$$MnO_2 + 4\,HCl \longrightarrow MnCl_2 + Cl_2 + 2\,H_2O,$$
$$PbO_2 + 4\,HCl \longrightarrow PbCl_2 + Cl_2 + 2\,H_2O.$$

Man gibt zu der mit Schwefelsäure stark angesäuerten Probelösung etwa 1 bis 2 Spatelspitzen Braunstein oder Bleidioxyd und erwärmt.

3. Oxydation mit Kaliumbichromat.

Kaliumbichromat entwickelt aus schwefelsauren Chloridlösungen Chlor entsprechend der Umsetzung:

$$K_2Cr_2O_7 + 14\,HCl \longrightarrow 2\,CrCl_3 + 2\,KCl + 3\,Cl_2 + 7\,H_2O.$$

Man versetzt die mit Schwefelsäure stark angesäuerte Probelösung mit einer konzentrierten Lösung von Kaliumbichromat und erwärmt.

4. Oxydation mit Ammoniumpersulfat.

Ammoniumpersulfat oxydiert in saurer Lösung Chloridion zu Chlor.

Man erwärmt nach Dittrich und Bollenbach die zu prüfende, feste Substanz mit einer schwach salpetersauren Ammoniumpersulfatlösung. Das entweichende Chlor wird in einer Vorlage aufgefangen und dort nachgewiesen.

5. Oxydation mit Wasserstoffperoxyd.

Chloridion wird in stark saurer Lösung durch Wasserstoffperoxyd zu Chlor oxydiert.

Man säuert die zu untersuchende, chloridhaltige Lösung mit konzentrierter Schwefelsäure an, gibt eine konzentrierte Wasserstoffperoxydlösung (30- oder höherprozentig) zu und erwärmt.

Die Reaktion ist nicht sehr empfindlich, da nach Maass und Hiebert Chlorentwicklung nur dann eintritt, wenn die Lösung an Wasserstoffperoxyd mindestens 4,9%ig und an Salzsäure 14,8%ig ist. Bei einem niedrigeren Salzsäuregehalt muß die Konzentration des Wasserstoffperoxyds entsprechend höher sein, z. B. bei einer 8%igen HCl-Lösung mindestens 33%. Die Chlorentwicklung hört auf, sobald die Konzentrationen beider Stoffe unter diese kritischen Werte sinken.

6. Nachweis von Chlorid neben anderen Halogenid- bzw. Pseudohalogenidionen.

Zum Nachweis von Chlorid neben Bromid, Jodid, Cyanid und Rhodanid ist nach Dimitroff folgendes Verfahren geeignet: Man oxydiert die gelöste Substanz mit

10%iger Chromsäure- oder 4- bis 5%iger Permanganatlösung und treibt die danach in elementarem Zustand vorliegenden Halogene durch einen Luftstrom in eine Lösung von 3 bis 4 cm^3 Wasser und 0,5 cm^3 Kaliumbromid (0,5%ig) über. Bei Gegenwart von Chlor, d. h. von Chlorid in der Analysenprobe, entsteht dabei freies Brom und Kaliumchlorid. Das Brom und evtl. vorhandenes Jod werden durch Kochen im Luftstrom entfernt. Anschließend oxydiert man das nicht umgesetzte Kaliumbromid mit 6 cm^3 2%iger Natriumbromatlösung und 6 cm^3 5 n H_2SO_4 und vertreibt das erneut entstandene Brom. Danach kann das Chlorid durch Fällung mit Silbernitrat nachgewiesen werden.

C. Mikroreaktionen.

Wichtige Reaktionen.

1. Fällung mit Silbernitrat als Silberchlorid.

1 Tropfen der zu prüfenden Lösung wird auf einem Objektträger mit je 1 Tropfen konzentriertem Ammoniak und n/10 bis n/100 Silbernitratlösung versetzt. Beim Eindunsten an der Luft oder auf dem Wasserbad scheiden sich reguläre, graue, meist undurchsichtige, im auffallenden Licht schwach fettglänzende Kristalle von Silberchlorid ab. Diese haben die Form von Hexaedern oder Oktaedern, oft beide in Kombination, seltener von Rhombendodekaedern. Sie sind im Unterschied zu denen des Silberbromids meist räumlich allseitig gleichmäßig ausgebildet [W. BÖTTGER (a), HAUSHOFER (a), D. W. WILSON und C. L. WILSON, DENIGÈS (c)].

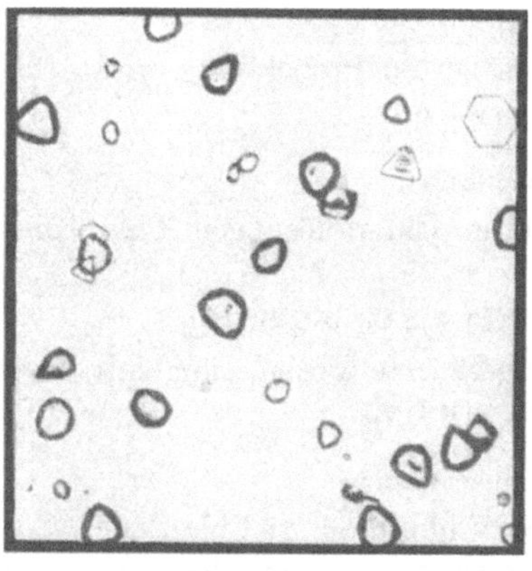

Abb. 2. Silberchlorid, durch Umkristallisation in Ammoniak erhalten. Vergr. 125fach. (GEILMANN 6, 3.)

BEHRENS-KLEY (a) empfiehlt, das Silberchlorid zunächst auszufällen, einmal mit Wasser auszuziehen und dann mit konzentriertem Ammoniak zu behandeln (s. Abb. 2).

Nach BEHRENS (a) kann man den Niederschlag auch nach Lösen in heißer konzentrierter Salzsäure kristallisiert erhalten.

Empfindlichkeit: 0,05 γ Chlorid [BEHRENS-KLEY (b)].

Zur Trennung des Silberchlorids vom Silberbromid empfiehlt SCHERINGA (a), den gewaschenen Silberhalogenidniederschlag mit 5%iger Kaliumrhodanidlösung zu behandeln, von der Silberbromid bevorzugt gelöst wird.

Besondere Ausführungsform. Nach HALLA und RITTER bringt man 1 Tropfen Probelösung in das FEIGLsche Zersetzungsgefäß (s. Abschn. Fluor, Abb. 4), fügt 2 bis 3 Tropfen rauchende Salpetersäure zu und setzt den mit angesäuerter Silbernitratlösung benetzten Glasknopf des eingeschliffenen Ansatzstückes auf. Bei vorsichtigem Erhitzen des Röhrcheninhaltes bildet sich Halogen bzw. Halogenwasserstoff oder Nitrosylchlorid, die mit Silbernitrat reagieren. Der Silberchloridniederschlag wird deutlich sichtbar, wenn man den Tropfen auf einer schwarzen Glasplatte oder einer mit schwarzem Papier unterlegten Klarglasplatte abstreift.

Erfassungsgrenze: unter 1 γ Chlorid.

Die Reaktion wird in gleicher Weise von Bromid und Jodid gegeben. Die bei Anwesenheit mehrerer Halogene entstehenden Niederschläge müssen dann durch ihr verschiedenes Verhalten gegen Ammoniak (s. S. 42) identifiziert werden.

2. Fällung mit Thallium(I)-salz als Thallium(I)-chlorid.

Bringt man auf einem Objektträger 1 Tropfen chloridhaltige Probelösung mit 1 Tropfen Thallium(I)-salzlösung, z. B. Thalliumnitrat, zusammen, so bilden sich Kristalle von Thallium(I)-chlorid, die infolge ihrer starken Lichtbrechung fast schwarz erscheinen. Aus verdünnten Lösungen erhält man farblose Würfel (10 bis 15 μ), die auch beim Umkristallisieren aus heißem Wasser entstehen. Bei Vereinigung sehr verdünnter Lösungen bilden sich charakteristische kleeblattförmige Kristallaggregate, dolchförmige Durchkreuzungsbildungen und Formen wie vierblättrige Blumenkronen [HAUSHOFER (b), BEHRENS-KLEY (c)].

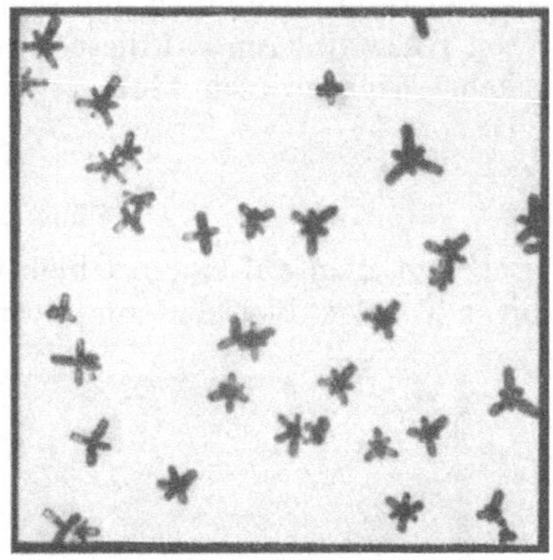

Abb. 3. Thallium(I)-chlorid. Vergr. 125 fach. (GEILMANN **19**, 5.)

Thallium(I)-chlorid löst sich in verdünnter Schwefelsäure und Salpetersäure leichter als in Wasser. Bei Anwesenheit dieser Säuren empfiehlt es sich daher, mit Natriumacetat zu puffern.

Erfassungsgrenze: 0,1 γ Chlorid [BEHRENS-KLEY (b)].

Bromid und Jodid geben mit Thallium(I)-salzlösung sehr ähnliche Kristalle, die allerdings meist etwas kleiner ausfallen. Bei gleichzeitiger Anwesenheit dieser Ionen ist die Erkennung des Chlorids sehr erschwert.

3. Fällung mit Thallium(I)-sulfat und Platin(IV)-sulfat als Thallium(I)-hexachloroplatinat(IV).

Man versetzt den auf einem Objektträger befindlichen chloridhaltigen Probetropfen mit etwas Thallium(I)-sulfat- und 1 Tropfen sehr verdünnter Platin(IV)-sulfatlösung. Es bilden sich kleine, hellgelbe, scharf ausgebildete Oktaeder (1 bis 1,5 μ) von $Tl_2[PtCl_6]$, die wegen ihrer Kleinheit am besten bei 400facher Vergrößerung beobachtet werden. Die Fällung erfolgt auch aus Lösungen, die größere Mengen freier Säure enthalten.

Erfassungsgrenze: etwa 0,01 γ Chlorid [BEHRENS-KLEY (b)].

Die Erkennung des Chlorids ist bei Anwesenheit von Bromid sehr erschwert, da dieses die gleichen Kristalle bildet.

Abb. 4. Kaliumhexachloroplatinat. Vergr. 142 fach. (GEILMANN **3**, 2.)

4. Fällung mit Platin(IV)-sulfat und Kaliumsulfat als Kaliumhexachloroplatinat(IV).

1 Tropfen Untersuchungslösung, die evtl. vorher mit etwas n/2 Schwefelsäure angesäuert ist, bringt man auf einem Objektträger mit etwas 1 %iger Kaliumsulfatlösung und 1 Tropfen Platin(IV)-sulfatlösung (1:1000 bis 1:10000) zusammen. Dann läßt man langsam auf dem Wasserbad oder bei Zimmertemperatur bis zur beginnenden Kristallisation eindunsten. Es bilden sich große, citronengelbe Oktaeder von Kaliumchloroplatinat. Bei rascherem Eindunsten entstehen Wachstumsformen in Gestalt von Kreuzen oder dreistrahligen Sternen [W. BÖTTGER (a), BEHRENS-KLEY (b)] (s. Abb. 4).

Erfassungsgrenze: 0,7 γ Chlorid.

Bromid gibt unter den gleichen Bedingungen orangefarbene Kristalle derselben äußeren Form, während Jodid vor allem in schwach ammoniakalischer Lösung charakteristische, blättchenförmige, braunschwarze Kristalle von Jodoplatinat bildet. Die Reaktion eignet sich sehr gut zum Nachweis von Chlorid, Bromid und Jodid nebeneinander. Zu diesem Zweck räuchert man den Probetropfen über einer offenen Ammoniakflasche kurz an und gibt anschließend 1 Körnchen Kaliumsulfat und die Platinsalzlösung zu. Es erscheinen zuerst am Rand des Tropfens die blättchenförmigen, dunklen Jodoplatinatkristalle, erst dann die orangefarbenen Oktaeder der Bromverbindung und schließlich die hellgelben Kristalle des Chloroplatinats. Nach KRAMER kann auf diese Weise noch 1% Chlorid neben 99% Bromid und umgekehrt nachgewiesen werden.

Weitere Reaktionen.

1. Fällung mit Bleisalzen als Bleichlorid.

Bringt man auf einem Objektträger 1 Tropfen der chloridhaltigen Probelösung mit 1 Tropfen Bleisalzlösung zusammen, so bilden sich Kristalle von Bleichlorid,

Abb. 5. $PbCl_2$ aus heißem Wasser umkristallisiert. Vergr. 90fach. (GEILMANN **23**, 1.)

Abb. 6. $PbCl_2$ aus starker Salzsäure umkristallisiert. Vergr. 90fach. (GEILMANN **23**, 2.)

die nach dem Umkristallisieren aus heißem Wasser die Form von rhombischen Nadeln und Prismen haben (s. Abb. 5). Auch beim Umkristallisieren aus heißer Salzsäure werden charakteristische Kristallformen (s. Abb. 6) erhalten.

Erfassungsgrenze: 0,002 g KCl/cm^3 oder 100 γ Chlorid/Tropfen [CHAMOT und MASON (a)].

Störend wirkt die Anwesenheit fremder Kationen, da hierdurch leicht komplexe Bleichloride von abweichender Kristallform gebildet werden. So entstehen z. B. aus Bleisalzlösung und Kaliumchlorid fadenförmige, gebündelte Kristalle, während mit den Chloriden von Zinn, Antimon und Wismut unlösliche amorphe Verbindungen gebildet werden [BEHRENS-KLEY (c)]. Die Anwesenheit von Bromid und Jodid stört die Bleichloridreaktion ebenfalls.

2. Fällung mit Quecksilber(I)-nitrat als Quecksilber(I)-chlorid.

Bringt man auf einem Objektträger 1 Tropfen gesättigte Quecksilber(I)-nitratlösung mit 1 Körnchen festem Chlorid zusammen, so scheidet sich weißes Quecksilber(I)-chlorid aus, das vorwiegend amorph ist. Am Rande des Tropfens kristallisiert es jedoch in charakteristischen langen, radialen Fäden und Nadeln, neben einzelnen Rauten, Kreuzen und gekreuzten Stäbchen. Führt man die Reaktion mit gelöstem Chlorid durch, so entsteht allein die amorphe Form des Niederschlages.

Störend wirkt die Anwesenheit anderer Anionen, welche mit dem Reagens ebenfalls Niederschläge bilden, z. B. F^-, Br^-, BrO_3^-, J^-, JO_3^-, SCN^-, $S_2O_3^{--}$,

SO_3^{--}, SO_4^{--}, SeO_3^{--}, NO_2^-, $H_2PO_2^-$, PO_4^{---}, AsO_3^{---}, AsO_4^{---}, $HCOO^-$, CH_3COO^- und andere organische Säuren [ROSENTHALER (b)].

3. Fällung mit Quecksilber(II)-sulfat.

Die Reagenslösung wird durch Auflösen von 5 g rotem Quecksilber(II)-oxyd in einer noch warmen Mischung von 100 cm³ Wasser und 20 cm³ konzentrierter Schwefelsäure hergestellt. Zur Ausführung der Probe versetzt man einen kleinen Teil der Lösung mit dem gleichen Volumen Ammoniak und gibt zu 1 Tropfen der so erhaltenen trüben Flüssigkeit eine geringe Menge der Analysensubstanz (höchstens Zehntelmilligramme an Chlorid). Bei Anwesenheit von Chlorid sieht man unter einem Deckglas bei 130- bis 150facher Vergrößerung eine mehr oder weniger verfilzte Masse farnkrautförmiger Kristalle, an deren Rand sich kranz- oder sternförmige, gefiederte Einzelkristalle befinden.

Bromide erzeugen einen sehr ähnlichen Niederschlag, während Jodide und Perjodate kleinere Einzelkriställchen bilden. Außerdem stört noch Bromat [DENIGÈS (d)].

4. Fällung mit Berberinacetat.

Berberinacetat ($C_{22}H_{23}NO_7 \cdot$ Hac.) gibt mit Chloridion eine gelbweiße Fällung. Bei Ausführung der Reaktion unter dem Mikroskop beträgt die **Erfassungsgrenze** 0,01 γ Chlorid.

Nitration stört, da es mit dem Reagens einen braunen Niederschlag bildet (ARNAUD).

D. Farb- und Tüpfelreaktionen.

1. Mit Silbernitrat, Kaliumcyanoferrat(II) und konzentrierter Salpetersäure.

Nach TANANAEFF und SCHAPOWALENKO wird die Probe so durchgeführt, daß man auf dieselbe Stelle eines Filtrierpapiers nacheinander je 1 Tropfen Silbernitratlösung, chloridhaltige Probelösung und danach wieder Silbernitratlösung bringt. Anschließend wird mit Wasser gut ausgewaschen und darauf etwas Kaliumcyanoferrat(II)-lösung zugefügt, wodurch entsprechend der Gleichung

$$4\,AgCl + K_4[Fe(CN)_6] \longrightarrow Ag_4[Fe(CN)_6] + 4\,KCl$$

Silbercyanoferrat(II) gebildet wird. Nach etwa ½ Min. befeuchtet man dann den Niederschlag mit 1 Tropfen konzentrierter Salpetersäure, die das Silbercyanoferrat(II) zu braunrotem Silbercyanoferrat(III) oxydiert.

$$3\,Ag_4[Fe(CN)_6] + 4\,HNO_3 \longrightarrow 3\,AgNO_3 + NO + 3\,Ag_3[Fe(CN)_6] + 2\,H_2O.$$

Bei Anwesenheit von Chlorid entsteht demnach auf dem Filtrierpapier ein rotbrauner Fleck.

Bei gleichzeitigem Vorliegen von Bromid und Jodid fällt man zunächst alle Halogenionen als Silbersalze zusammen aus und behandelt den Niederschlag mit einer gesättigten Lösung von Ammoniumcarbonat. Die dabei erhaltene Lösung wird wie oben angegeben geprüft.

2. Mit Silbernitrat und Kaliumchromat.

Ein mit Silberchromat getränkter, roter Filtrierpapierstreifen färbt sich beim Eintauchen in chloridhaltige Lösungen infolge Bildung von Silberchlorid weiß.

Das Reagenspapier wird wie folgt hergestellt: Man fällt aus einer Silbernitratlösung mit Kaliumchromat einen Niederschlag von Silberchromat, der mit etwas Ammoniak gelöst wird. In diese Lösung taucht man Filtrierpapierstreifen, die anschließend noch feucht durch verdünnte Salpetersäure gezogen und danach getrocknet werden.

Es lassen sich noch 0,03% Chlorid mit Sicherheit nachweisen (HOOGOLIET).

3. Mit Silbersalz, Kaliumcyanoferrat(II) und Eisen(II)-sulfat.

Ein mit Silbercyanoferrat(II) und Eisen(II)-sulfat getränktes Papier wird durch chloridhaltige Lösungen blau gefärbt, da sich das nach der Gleichung

$$Ag_4[Fe(CN)_6] + 4\,Cl^- + 2\,Fe^{++} \longrightarrow Fe_2[Fe(CN)_6] + 4\,AgCl$$

zunächst entstehende Eisen(II)-cyanoferrat(II) durch den Luftsauerstoff zu Berliner Blau oxydiert.

Das Reagenspapier wird nach DUVAL und MAZARS folgendermaßen hergestellt: Photographisches Silbercitratpapier (der Silbercitratgehalt kann gegenüber dem -halogenidgehalt besonders hoch sein) taucht man 5 Min. lang in eine wäßrige Lösung von Kaliumcyanoferrat(II) (10 g/l). Anschließend wird mit destilliertem Wasser gewaschen und zur Bindung von überschüssigem Cyanoferrat mit stark verdünnter Silbernitratlösung behandelt. Danach wäscht man das Papier wieder, taucht es in eine wäßrige Lösung von Eisen(II)-sulfat (1:10) und trocknet schließlich, ohne abzuspülen. Das Reagenspapier bleibt weiß, wenn es in einem geschlossenen Gefäß unter Lichtabschluß aufbewahrt wird.

Es kann noch 0,1 γ Chlorid nachgewiesen werden.

Störungen werden verursacht durch Bromid und Jodid, welche die gleiche Reaktion geben, außerdem durch Chlorat, Bromat und Jodat, welche unter den Versuchsbedingungen zu den entsprechenden Halogeniden reduziert werden. Außerdem stören Phosphormolybdat- und Thiosulfation.

§ 4. Nachweis von Hypochlorition (ClO^-).

Wäßrige Lösungen von freier unterchloriger Säure und Hypochloriten enthalten auf Grund der S. 31 angegebenen Eigenschaften (Bildungsreaktion, Zerfallsreaktion, Disproportionierung) neben Hypochlorition ClO^- meist noch Cl^-- und ClO_3^--Ionen sowie elementares Chlor. Andererseits bildet freies Chlor in wäßriger Lösung stets ClO^--Ionen. Dadurch wird die analytische Chemie der unterchlorigen Säure sehr kompliziert. Zum Nachweis von Hypochlorition können allgemein die in § 2 angegebenen Reaktionen verwendet werden. Im folgenden sind in Ergänzung dazu noch einige speziell für das Hypochlorition angegebene Nachweismethoden zusammengestellt:

1. Reaktion mit verdünnter Schwefelsäure.

Aus hypochlorithaltigen Lösungen wird mit verdünnter Schwefelsäure zunächst unterchlorige Säure in Freiheit gesetzt, die an ihrem eigentümlichen, süßlichen Geruch erkannt werden kann. Beim Stehen ist nach einiger Zeit auch Chlorentwicklung zu beobachten.

2. Reaktion mit Salzsäure.

Hypochlorithaltige Lösungen reagieren mit Salzsäure entsprechend der Gleichung

$$OCl^- + 2\,HCl \longrightarrow Cl_2 + H_2O + Cl^-$$

unter Chlorentwicklung. Das entweichende Chlor kann mit Hilfe einer der in § 2 beschriebenen Reaktionen nachgewiesen werden.

3. Verhalten gegenüber Metallsalzen.

Bleinitrat gibt mit neutralen oder alkalischen Hypochloritlösungen zunächst eine weiße Fällung (hauptsächlich Bleichlorid), die sich beim Erwärmen unter Bildung von Bleidioxyd bräunt. Mangan(II)-verbindungen werden unter den gleichen Bedingungen zu braunschwarzem Mangandioxydhydrat oxydiert, während Eisen(II)-salze braunes Eisen(III)-hydroxyd geben. Mit 2wertigen Nickel- und Kobaltverbindungen werden die entsprechenden 3wertigen Hydroxyde erhalten (vgl. DUNSTAN und RANSOM, MILLON, HABER und GRINBERG).

4. Verhalten gegen Silbernitrat.

Freie unterchlorige Säure bildet mit Silbernitrat eine Trübung, dann einen immer stärker werdenden Niederschlag von Silberchlorid. Hypochloritlösungen geben mit dem Reagens ebenfalls Silberchlorid, da das zunächst gebildete Silberhypochlorit in Silberchlorid und lösliches Silberchlorat disproportioniert:

$$3\,AgClO \longrightarrow AgClO_3 + 2\,AgCl.$$

5. Verhalten gegen metallisches Quecksilber.

Freie unterchlorige Säure gibt beim Schütteln mit metallischem Quecksilber gelbbraunes Quecksilber(II)-oxychlorid Hg_2OCl_2 (Wolters) im Unterschied zu elementarem Chlor, das weißes Quecksilber(I)-chlorid bildet. Bei Anwesenheit von wenig unterchloriger Säure neben viel Chlor läßt sich die Farbe des Oxychloridniederschlages oft nicht sicher erkennen. Man behandelt dann zweckmäßig den nach längerem Schütteln erhaltenen Niederschlag mit Salzsäure, die das Oxychlorid löst, das Quecksilber(I)-chlorid aber nicht angreift. Nach Filtration kann durch Nachweis von Quecksilber(II)-chlorid im Filtrat auf das Vorhandensein von unterchloriger Säure in der Analysenlösung geschlossen werden (Kock).

Hypochloritlösungen geben mit metallischem Quecksilber zunächst gelbes, beim Stehen allmählich rot werdendes Quecksilber(II)-oxyd [C. R. Fresenius (b)].

6. Verhalten gegen Kaliumjodid.

Hypochlorithaltige Lösungen scheiden aus Kaliumjodidlösung momentan Jod ab, das durch eine Gelb- bis Braunfärbung der Lösung oder mit Hilfe der Stärkereaktion nachgewiesen werden kann. Die Reaktion geht sowohl in saurer als auch in bicarbonathaltiger Lösung glatt vonstatten. Hierdurch kann Hypochloritíon von anderen Anionen unterschieden werden, die Jodid nur in saurem Medium zu Jod oxydieren, wie z. B. Chromat, Nitrit, Nitrat, Chlorat und Jodat.

7. Verhalten gegen Ammoniak.

Ammoniak entwickelt mit konzentrierten Hypochloritlösungen Stickstoff nach folgender Gleichung:

$$2\,NH_3 + 3\,NaOCl \longrightarrow N_2 + 3\,NaCl + 3\,H_2O.$$

Hypobromit gibt die gleiche Reaktion, während Hypojodit unter Jodstickstoffbildung reagiert.

Bei Einwirkung von Ammoniak auf verdünnte Hypochloritlösungen entsteht dagegen Chloramin:

$$NaOCl + NH_3 \longrightarrow NH_2Cl + NaOH$$

[Raschig (a)]. Dieses ist an seinem stechenden Geruch leicht erkennbar. Zur weiteren Identifizierung kann man es mit Hilfe eines Luftstromes aus der Lösung austreiben, in Kaliumjodid absorbieren und das ausgeschiedene Jod wie üblich nachweisen.

8. Verhalten gegenüber organischen Farbstoffen.

Organische Farbstoffe, wie Lackmus, Indigo, Methylrot, Methylorange u. a., werden durch freie unterchlorige Säure bzw. angesäuerte Hypochloritlösungen unter oxydativer Zerstörung gebleicht. Im Unterschied zur chlorigen Säure tritt mit Indigo bei Anwesenheit eines Überschusses von arseniger Säure keine Entfärbung ein.

Da die unterchlorige Säure leicht flüchtig ist, kann der Nachweis nach G. Karaoglanov folgendermaßen durchgeführt werden: Man mischt die Probelösung in einem Kölbchen mit 2 n Essigsäure und treibt die unterchlorige Säure mit einem indifferenten Gas in vorgelegte Indigolösung über, die entfärbt wird.

Unterchlorige Säure kann auf diese Weise auch bei Gegenwart von Chlorat und Nitrat nachgewiesen werden. Bei Anwesenheit von Chlordioxyd ist die Reaktion nicht eindeutig.

9. Reaktion mit Anilin.

Beim Einfließenlassen einer Hypochloritlösung in konzentrierte Schwefelsäure, die mit einer verdünnten, wäßrigen Lösung von Anilinsulfat überschichtet ist, entsteht an der Berührungsfläche der Anilinlösung mit der konzentrierten Schwefelsäure eine blaue Färbung (Braun). Dieselbe erscheint nach Raschig (b) auch schon bei Zugabe einer Anilinlösung zu schwach alkalischen Hypochloritlösungen.

Als Variation der Probe schlägt Denigès (a) einen Zusatz von Phenol zur Reagenslösung vor, wodurch mit Hypochlorition ebenfalls eine Blaufärbung hervorgerufen wird.

Ammoniak und Ammoniumsalze stören, da sie mit Hypochlorition zu Chloramin reagieren [Raschig (c), Tollens und Fischmann, Denigès (a)].

10. Reaktion mit Diphenylamin.

Beim Unterschichten einer Hypochloritlösung mit einer Lösung von Diphenylamin in konzentrierter Schwefelsäure entsteht an der Berührungsfläche ein schöner blauer Ring, und die Flüssigkeit färbt sich beim Umschütteln intensiv blau.

Die gleiche Reaktion geben auch andere Oxydationsmittel, z. B. Nitrate, Chlorate, Bromate, Jodate, Chromate, Permanganate, Eisen(III)-salze, Vanadinsäure, Peroxyde und Nitrite.

11. Reaktion mit Brucin.

Brucin färbt Hypochloritlösungen in der Kälte gelblich, beim Kochen kirschrot.

Zur Durchführung der Reaktion gibt man 0,05 g Brucinchlorhydrat zu 5 cm^3 der etwa 0,5%igen Hypochloritlösung und säuert mit verdünnter Salzsäure an. Die beim Kochen erhaltene kirschrote Farbe der Lösung bleibt nach Zugabe von weiteren 10 cm^3 Salzsäure erhalten (Unterschied zum Chlorat) (Wischo).

12. Reaktion mit Opiumalkaloiden.

Morphin, Apomorphin, Kodein, Dionin, Heroin und Suprarenin geben mit Hypochloritlösungen intensive, orangerote bis rote Färbungen (Pesez).

Man erhitzt die alkoholische Lösung des Alkaloids auf dem siedenden Wasserbad mit dem 3fachen Volumen konzentrierter Schwefelsäure. Nach dem Abkühlen und vorsichtigen Verdünnen wird dann die hypochlorithaltige Probelösung zugefügt.

Bromwasser, Nitrite und evtl. noch andere Oxydationsmittel, über die jedoch keine näheren Angaben vorliegen, geben die gleiche Reaktion.

13. Reaktion mit Resorufin.

Nach Eichler (b) oxydieren Hypochlorite in schwefelsaurer Lösung Resorufin bereits in der Kälte.

Als Reagenslösung verwendet man eine Lösung von 0,2 g Resorufin und 0,2 g Soda in 100 cm^3 luftfreiem Wasser. Der Nachweis ist dann positiv, wenn das ursprünglich gelbrot fluorescierende Reagens nach Versetzen mit Natronlauge bis zur alkalischen Reaktion keine Fluorescenz mehr zeigt.

Dichromat (in der Hitze) und Permanganat geben die gleiche Reaktion (s. a. S. 35).

14. Reaktion mit Azocarmin oder Rosindulin.

Rote Lösungen von Azocarmin oder Rosindulin werden durch Hypochlorition gelb gefärbt. Beim anschließenden Ansäuern mit Salzsäure tritt eine Violettfärbung auf.

Man versetzt die wäßrige Lösung des Farbstoffes mit etwas Natriumhydrogencarbonat und gibt tropfenweise die hypochlorithaltige Probelösung bis zum Erscheinen einer rötlich-gelben Färbung zu. Anschließend wird mit Salzsäure angesäuert, wobei Farbumschlag nach violett eintritt.

Chlor, Brom und Hypobromit geben die gleiche Reaktion (Eegriwe).

15. Weitere Reaktionen.

Zum Nachweis von Hypochloritition können außerdem die Thalleochinreaktion sowie die Reaktionen mit Indigocarminlösung, mit reduzierter Indigocarminlösung und mit Guajaktinktur verwendet werden (VAN URK).

§ 5. Nachweis von Chlorition (ClO_2^-).

1. Verhalten beim Ansäuern.

Chloritlösungen werden beim Ansäuern goldgelb gefärbt infolge Bildung von Chlordioxyd (s. S. 31), das beim Erwärmen entweicht und an Farbe und Geruch leicht erkennbar ist. Beim Übergießen von festen Chloriten mit konzentrierter Schwefelsäure bildet sich Chlordioxyd explosionsartig unter starker Wärmeentwicklung.

2. Verhalten gegen organische Farbstoffe.

Lösungen organischer Farbstoffe, z. B. Indigo, Lackmus, Methylrot und andere Azofarbstoffe, werden durch Chlorition in schwach saurer Lösung infolge oxydativer Zerstörung gebleicht [KOLTHOFF (b)]. Im Unterschied zum Hypochlorition wird Indigolösung auch bei Anwesenheit eines großen Überschusses an Arsentrioxyd entfärbt (KOLB).

3. Verhalten gegen Kaliumjodidstärke.

Schwach saure Chloritlösungen färben Kaliumjodidstärkelösung unter Ausscheidung von Jod blau.

Der Farbumschlag tritt noch bei 0,001%igen Chloritlösungen sofort ein, bei 0,0001%igen Lösungen erst nach einigen Sekunden (CARLSON und GELHAAR).

Im Unterschied zum Hypochlorition geben neutrale oder bicarbonathaltige Chloritlösungen keine Jodabscheidung bzw. Blaufärbung.

4. Verhalten gegenüber Metallsalzlösungen.

a) Silbernitrat. Neutrale chlorithaltige Lösungen geben mit Silbernitratlösung einen Niederschlag von gelbem, kristallinem Silberchlorit ($AgClO_2$), das in siedendem Wasser und in heißem konzentriertem Ammoniak löslich ist. Aus letzterem kristallisiert in der Kälte eine hellgelbe Anlagerungsverbindung $AgClO_2 \cdot NH_3$ aus (BRUNI und LEVI).

b) Bleiacetat. Bleiacetatlösung fällt aus neutralen oder ganz schwach sauren chlorithaltigen Lösungen weißes Bleichlorit [$Pb(ClO_2)_2$] aus, das in starken Mineralsäuren unter Chlordioxydentwicklung und Bildung von Bleichlorid löslich ist [CHAMOT und MASON (c)].

c) Quecksilber(II)-nitrat. Quecksilber(II)-nitratlösung gibt mit neutralen, nicht zu verdünnten Chloritlösungen eine Fällung von rotem, kristallinem Quecksilber(II)-chlorit [$Hg(ClO_2)_2$]. Der Niederschlag kann nicht umkristallisiert werden. Quecksilber(II)-chloridlösung erzeugt mit Chlorition keine Fällung (BRUNI und LEVI).

d) Quecksilber(I)-nitrat. Quecksilber(I)-nitratlösung fällt aus neutralen chlorithaltigen Lösungen gelbes Quecksilber(I)-chlorit ($HgClO_2$) aus, das mit überschüssiger Reagenslösung cremefarbig wird unter Bildung der Anlagerungsverbindung $2\,HgClO_2 \cdot Hg_2O \cdot 5\,H_2O$. An der Luft wird Quecksilber(I)-chlorit gerötet, und beim Trocknen findet Zersetzung statt (BRUNI und LEVI).

e) Kobaltnitrat, Mangan(II)-sulfat, basisches Bleiacetat. Wäßrige Lösungen von Alkalichloriten reagieren mit diesen Salzen unter Oxydation zu den entsprechenden höheren Oxyden (BRUNI und LEVI).

f) Eisen(II)-salz. Eisen(II)-verbindungen werden durch Chlorition zu Eisen(III)-salzen oxydiert.

Man versetzt die verdünnte, angesäuerte chlorithaltige Probelösung mit einer schwach sauren Eisen(II)-salzlösung. Die Mischung färbt sich bei Betrachtung im durchfallenden Licht zunächst hell amethystfarbig. Nach wenigen Sekunden entsteht jedoch die gelbe Farbe des Eisen(III)-salzes (LENSSEN).

5. Reduktionsreaktionen.

Durch Einwirkung verschiedener Reduktionsmittel kann Chlorition in Chlorid überführt werden, das anschließend mit Hilfe einer der in § 3 angegebenen Reaktionen nachgewiesen wird. Die Wirkung der Reduktionsmittel ist jedoch im allgemeinen nicht spezifisch, d. h. sie greifen in gleicher Weise auch elementares Chlor, Hypochlorit- und Chloration an.

a) Mit Wasserstoffperoxyd. Beim Erhitzen chlorithaltiger Lösungen mit Wasserstoffperoxyd entsteht Chlorid auf Grund der Umsetzung:

$$NaClO_2 + 2\,H_2O_2 \longrightarrow NaCl + 2\,O_2 + 2\,H_2O.$$

Nach vollständigem Verkochen des Wasserstoffperoxyds und Ansäuern mit Salpetersäure kann das Chlorid mit Silbernitrat nachgewiesen werden.

b) Mit Schwefelwasserstoff. Neutrale, alkalische oder saure Chloritlösungen reagieren mit Schwefelwasserstoffwasser unter Bildung von Chlorid und Schwefelsäure.

c) Mit schwefliger Säure. Schweflige Säure reduziert angesäuerte Chloritlösungen nach folgender Gleichung:

$$NaClO_2 + 2\,H_2SO_3 \longrightarrow NaCl + 2\,H_2SO_4.$$

d) Mit nascierendem Wasserstoff. Chlorithaltige Lösungen geben beim Versetzen mit Zinkstaub und verdünnter Schwefelsäure Chloridion, das nach Beendigung der Reaktion in der filtrierten Lösung nachgewiesen werden kann.

6. Nachweis von Hypochlorit und Chlorit neben Chlorat.

Hypochlorit und Chlorit können einzeln neben Chlorat durch die Jod-Stärke-Reaktion nachgewiesen werden. Bei gleichzeitiger Anwesenheit aller drei Ionen läßt sich der Nachweis nur auf dem Wege einer quantitativen Trennung durchführen:

Zur Prüfung auf Hypochlorit oder Chlorit neben Chlorat versetzt man nach CARLSON und GELHAAR die gelöste Substanz mit je etwas Kaliumjodid- und Stärkelösung. Bei Anwesenheit von Hypochlorit tritt die bekannte Blaufärbung auf. Fällt der Hypochloritnachweis negativ aus, so kann anschließend durch Ansäuern der gleichen Lösung (etwa 0,2 cm³ n/10 Schwefelsäure auf 10 cm³ Lösung) auf Chlorition geprüft werden, das durch eine erst jetzt auftretende Blaufärbung erkannt wird. Es lassen sich auf diese Weise z. B. noch 0,000002% Hypochlorit oder Chlorit im Kaliumchlorat nachweisen.

Bei gleichzeitiger Anwesenheit von Hypochlorit und Chlorit versetzt man einen Teil der zu untersuchenden Lösung mit einem Überschuß von eingestellter Arsenigsäurelösung und titriert das überschüssige Arsen zurück. Die arsenige Säure reagiert allein mit dem Hypochlorition, so daß aus dem Verbrauch der Hypochloritgehalt der Lösung entnommen werden kann. Zu einem zweiten Teil der Probelösung gibt man dann die dem Hypochloritgehalt genau äquivalente Menge arseniger Säure zu, säuert mit Schwefelsäure schwach an und titriert anschließend den Chloritgehalt mit Indigolösung.

§ 6. Nachweis von Chloration (ClO_3^-).

Vorproben.

1. Verhalten beim Erhitzen.

Chlorate entwickeln beim kräftigen und anhaltenden Erhitzen im Glühröhrchen Sauerstoff, der mit einem glimmenden Span nachgewiesen werden kann. Es hinterbleiben die entsprechenden Chloride, die nach dem Lösen des Rückstandes in Wasser und Ansäuern mit Salpetersäure durch Fällung mit Silbernitrat identifiziert werden können.

Bei vorsichtigem Erhitzen von Alkalichloraten findet Disproportionierung unter Bildung von Perchlorat statt, das mikrochemisch, z. B. mit Rubidiumchlorid und Permanganat (s. S. 64), nachgewiesen werden kann:

$$4\,KClO_3 \longrightarrow KCl + 3\,KClO_4.$$

Beim Erhitzen auf der Kohle detonieren Chlorate sehr heftig.

Bromate und Jodate zerfallen beim Erhitzen ebenfalls in Sauerstoff und Halogenid.

2. Reaktion mit konzentrierter Schwefelsäure.

Chlorate geben beim Übergießen mit konzentrierter Schwefelsäure Chlordioxyd nach folgender Gleichung:

$$3\,KClO_3 + 3\,H_2SO_4 \longrightarrow 3\,KHSO_4 + HClO_4 + 2\,ClO_2 + H_2O.$$

Dieses hochexplosible, gelbe Gas kann dadurch nachgewiesen werden, daß man es durch vorsichtiges Erwärmen des Reagensglases (am besten des oberen Teiles) zur Explosion bringt, wobei Chlor und Sauerstoff entstehen. Ferner kann es zur Identifizierung in eine verdünnte Kaliumpermanganatlösung eingeleitet werden, mit der es unter Abscheidung von Braunstein reagiert.

Außer den Chloraten bilden auch Permanganate beim Übergießen mit konzentrierter Schwefelsäure ein explosibles Gas, das braune Manganheptoxyd (Mn_2O_7).

Auf nassem Wege.

A. Reduktionsreaktionen.

Chlorat kann durch eine größere Zahl von Reduktionsmitteln in Chlorid überführt werden, das anschließend mit Hilfe einer der in § 3 angegebenen Reaktionen nachgewiesen wird. Die meisten dieser Reduktionsreaktionen sind jedoch nicht spezifisch und werden in gleicher Weise auch von elementarem Chlor, Hypochlorit und Chlorit gegeben. Auf Chlorat kann daher mit Hilfe einer der im folgenden angegebenen Reaktionen nur bei Abwesenheit dieser Ionen geprüft werden. Elementares Chlor und Hypochlorit werden durch Schütteln mit metallischem Quecksilber entfernt (s. S. 37, 51), während Chlorid- und Chloritionen anschließend mit Silbersulfat in neutraler Lösung ausgefällt werden. Im Filtrat kann dann auf Chlorat wie folgt geprüft werden:

1. Mit nascierendem Wasserstoff.

Chlorathaltige Lösungen geben beim Zusatz von etwas Schwefelsäure und Zinkstaub Chlorid, das nach kurzem Stehen und Aufkochen mit etwas konzentrierter Salpetersäure als Silberchlorid nachgewiesen werden kann.

Unter den gleichen Bedingungen werden reduziert: Elementares Chlor, Hypochlorit, Chlorit, Brom, Bromat, Jod und Jodat.

Zum Nachweis von Chlorat neben Bromat und Jodat wird die Tatsache benützt, daß es unter gewissen Bedingungen möglich ist, Chlorat zu Chloridion zu reduzieren, während gleichzeitig Bromat und Jodat nur in den elementaren Zustand übergeführt werden.

Nach DIMITROFF arbeitet man wie folgt: 40 bis 50 cm³ 2 n Schwefelsäure werden zum Sieden erhitzt. Dann gibt man einige Zinkkörnchen und 5 bis 6 cm³ der zu prüfenden Lösung zu und hält bis zur vollständigen Reduktion des Jodats (s. im Abschnitt „Jod") im Sieden. Anschließend wird das Zink entfernt und das gebildete Brom und Jod durch weiteres Sieden verflüchtigt. In der abgekühlten Lösung kann dann mit Silbernitrat auf Chloridion geprüft werden.

SCHARRER führt die Reduktion mit Magnesium in salpetersaurer Lösung folgendermaßen durch: 10 g der zu untersuchenden Probe, die nicht mehr als 0,8 g Chlorat enthalten darf, werden in einem ERLEMEYER-Kolben in etwa 200 cm³ Wasser gelöst. Dann werden 50 cm³ 10%ige Salpetersäure und anschließend portionsweise 5 g gepulvertes Magnesium zugegeben. Zur Vertreibung der freien Halogene hält man das Reaktionsgemisch dann einige Zeit im Sieden und kann in der abgekühlten Lösung das gebildete Chloridion wie üblich mit Silbernitrat nachweisen.

2. Mit schwefliger Säure bzw. Natriumsulfit.

Chloration wird in saurer Lösung durch schweflige Säure oder Sulfitlösungen zu Chloridion reduziert.

Man säuert die zu untersuchende Lösung mit Schwefelsäure an und versetzt tropfenweise mit Schwefligsäure- oder Natriumsulfitlösung. Die Reduktion tritt augenblicklich ein.

Die Durchführung der Probe in salpetersaurer Lösung schlägt VOLLHASE vor: Man versetzt die gelöste Substanz mit 10%iger Natriumsulfitlösung und konzentrierter Salpetersäure. Darauf wird zum Sieden erhitzt und das gebildete Chlorid nach dem Abkühlen wie üblich nachgewiesen.

Hypochlorit, Chlorit, Hypobromit, Bromat, Hypojodit, Jodat geben die gleiche Reaktion.

3. Mit Eisen(II)-salzen.

Eisen(II)-salze reagieren mit chlorathaltigen Lösungen unter Bildung von Chlorid.

Man säuert die zu untersuchende Lösung mit verdünnter Schwefelsäure an und gibt tropfenweise Eisen(II)-sulfatlösung und anschließend Silbernitrat zu. Bei Anwesenheit von Chlorat entsteht ein Niederschlag von Silberchlorid.

Hypochlorit und Chlorit werden unter den gleichen Bedingungen ebenfalls zu Chlorid reduziert, während Jodat und Bromat mit Eisen(II)-salz zu elementarem Brom bzw. Jod reagieren.

4. Mit Formaldehyd.

Formaldehyd reduziert in salpetersaurer Lösung Chloration zu Chlorid.

Man versetzt nach GRÜTZNER die zu prüfende Lösung mit Formaldehydlösung (z. B. Formalin = 35%ige wäßrige Formaldehydlösung), Silbernitrat und Salpetersäure. Die Reaktionsmischung wird einige Zeit erwärmt. Bei Anwesenheit von Chlorat scheidet sich Silberchlorid aus.

Chlorit und Hypochlorit werden unter den gleichen Bedingungen ebenfalls reduziert.

Die Reaktion ist in ihrer mikrochemischen Ausführungsform besonders für den Nachweis sehr kleiner Chloratmengen geeignet: Man bringt auf einen Objektträger nacheinander 1 Tropfen der zu untersuchenden Lösung und 1 Tropfen einer Mischung von 4 cm³ n/2 Salpetersäure, 2 cm³ Formaldehyd und 1 cm³ n/10 Silbernitratlösung. Dann wird über dem Mikrobrenner vorsichtig eingedampft. Die Anwesenheit von Chlorat erkennt man an der Abscheidung von amorphem Silberchlorid. Nach völligem Eindampfen (Vertreibung des Formaldehyds und der Salpetersäure) identifiziert man dasselbe durch Auflösen in Ammoniak und Weiterbehandlung wie auf S. 41ff. beschrieben [W. BÖTTGER (c)].

Chlorat kann noch in einer Konzentration von 30 bis 50 γ/Tropfen nachgewiesen werden. Lösungen, die weniger als 25 γ Chlorat/Tropfen enthalten, werden vor Durchführung der Probe zweckmäßig konzentriert.

5. Mit Wasserstoffperoxyd und Salpetersäure.

Die Reduktion des Chlorations mit Wasserstoffperoxyd in salpetersaurer Lösung wird nach JANNASCH und JAHN folgendermaßen durchgeführt:

50 cm^3 der zu untersuchenden Lösung, die etwa 0,2 bis 0,3 g Chlorat enthalten soll, versetzt man mit etwas konzentrierter Salpetersäure und 10 cm^3 30%igem Wasserstoffperoxyd. Die Reaktionsmischung wird $^1/_4$ Std. gekocht. In der abgekühlten Lösung kann das gebildete Chloridion dann wie üblich mit Silbernitrat nachgewiesen werden. Die Reduktion des Chlorations verläuft unter den angegebenen Bedingungen nicht ganz quantitativ zum Chlorid; in geringem Maße findet auch Chlorentwicklung statt.

Bromat und Jodat werden durch Wasserstoffperoxyd ebenfalls zu den Halogeniden reduziert.

6. Mit Schwefelwasserstoff.

Schwefelwasserstoff reduziert chlorathaltige Lösungen und wird dabei selbst zu elementarem Schwefel oxydiert.

Nach RAIKOWA-KOWATSCHEWA führt man die Probe folgendermaßen durch: 1 bis 3 cm^3 Probelösung werden mit etwa 5 cm^3 einer frisch bereiteten, gesättigten Schwefelwasserstofflösung geschüttelt und anschließend stehengelassen. Bei Anwesenheit von Chlorat entsteht nach kurzer Zeit eine Opalescenz von ausgeschiedenem Schwefel, die zunehmend in eine deutlich sichtbare Trübung übergeht.

Die gleiche Reaktion wird auch von einer großen Zahl anderer Oxydationsmittel gegeben. Sie dient in der Hauptsache zum Nachweis von Chlorat in Perchlorat, da dieses mit Schwefelwasserstoff nicht reagiert.

B. Farbreaktionen.

1. Mit Kaliumjodid und Stärke.

Chloration setzt in saurer Lösung aus Kaliumjodid Jod in Freiheit, das durch die bekannte Stärkereaktion nachgewiesen werden kann.

Man säuert die zu untersuchende Lösung mit verdünnter Schwefelsäure an und prüft mit Kaliumjodid-Stärke-Papier auf das Auftreten einer Blaufärbung. Da die Reaktion in der Kälte sehr langsam verläuft, ist es günstiger, an Stelle des Papiers eine Lösung des Reagenses (Stärkelösung, der etwas Kaliumjodid zugesetzt ist) zu verwenden und zu erwärmen.

Zum Ansäuern kann an Stelle von verdünnter Schwefelsäure auch konzentrierte Salzsäure verwendet werden (HABER und GRINBERG).

Die gleiche Reaktion wird auch von einer großen Zahl anderer Oxydationsmittel gegeben.

2. Mit Kaliumbromid.

Angesäuerte Chloratlösungen geben mit Kaliumbromid freies Brom, das in Chloroform mit brauner Farbe löslich ist.

Eine große Zahl anderer Oxydationsmittel gibt die gleiche Reaktion; Nitrate stören nicht.

3. Mit Mangan(II)-salz.

a) Eine 0,36%ige Lösung von Mangan(II)-chlorid ($MnCl_2 \cdot 4\,H_2O$) in konzentrierter Salzsäure wird von Chlorat beim Kochen dunkelgrünschwarz gefärbt infolge Bildung von Mangan(IV)-chlorid.

Andere Oxydationsmittel, wie Nitrate, Hypochlorite, Chromate und Bleidioxyd, geben die gleiche Reaktion [DE KONINCK, VITALI (c)].

b) Nach FEIGL und BALLABAN kann die Umsetzung von Chloration mit phosphorsaurer Mangan(II)-salzlösung, die nach der Gleichung

$$ClO_3^- + 6\,Mn^{++} + 12\,PO_4^{---} + 6\,H^+ \longrightarrow 6\,[Mn(PO_4)_2]^{---} + Cl^- + 3\,H_2O.$$

unter Bildung von violett gefärbtem, komplexem Mangan(III)-phosphat verläuft, vorzüglich zum Tüpfelnachweis auf Chlorat verwendet werden.

Man versetzt 1 Tropfen Probelösung mit 1 Tropfen gesättigter Mangan(II)-sulfatlösung, die vorher mit sirupöser Phosphorsäure im Verhältnis 1:1 vermischt wurde. Dann erwärmt man kurz in einem Porzellanschälchen über dem Mikrobrenner. Das Auftreten einer Violettfärbung zeigt die Anwesenheit von Chlorat an. Schwache Färbungen können durch Zugabe von 1 Tropfen 1%iger alkoholischer Diphenylcarbazidlösung verstärkt werden. Die dabei entstehende deutlichere Violettfärbung beruht auf der Bildung eines Oxydationsproduktes des Diphenylcarbazids.

Erfassungsgrenze: 0,05 γ Chlorat/Tropfen. Die Grenzkonzentration beträgt $1:10^6$.

4. Mit Ammoniumrhodanid.

Chlorathaltige Lösungen erzeugen mit Ammoniumrhodanid auf Filtrierpapier eine Gelbfärbung, die aus verschiedenen Oxydationsprodukten, z. B. Kanarin $H_6C_8N_8S_7O$, Pseudo-thiocyansäure u. a. besteht.

Zur Durchführung der Probe tränkt man ein Stück Filtrierpapier mit 3 n Ammoniumrhodanidlösung und trocknet es. Anschließend wird dasselbe mit einigen Tropfen der schwach sauren oder neutralen Untersuchungslösung befeuchtet und danach wieder bei 95 bis 105° C getrocknet. Ein in der Hitze sichtbarer gelber Fleck zeigt die Anwesenheit von Chlorat an.

Die **Erfassungsgrenze** liegt bei 0,01 mg Chlorat/cm³.

Freie Halogene, Hypochlorit, Hypobromit, Hypojodit, Bromat, Jodat und Persulfat geben ähnliche Gelbfärbungen (OFFORD; vgl. auch POCH).

5. Mit Anilin.

Anilinlösungen werden bei Gegenwart von Säure durch Chloration blau gefärbt.

Die Probe kann mit einer Lösung von Anilinsulfat in Schwefelsäure durchgeführt werden (R. BÖTTGER, BRAUN).

Nach PIERAERTS ist es vorteilhafter, statt in schwefelsaurer in stark salzsaurer Lösung zu arbeiten: Man gibt zu 1 cm³ der chlorathaltigen Probelösung (die etwa 1%ig sein muß) 5 cm³ einer 2,5%igen wäßrigen Anilinlösung und 6 cm³ rauchende Salzsäure. Es entsteht eine rotviolette, rasch in blau übergehende Färbung, die nach etwa 2 Min. blauschwarz wird. Im Laufe von 15 Min. färbt sich die Flüssigkeit dann weinrot, und es scheiden sich grüne Flocken ab.

Die Empfindlichkeitsgrenze liegt nach PIERAERTS bei 1:1000. Sie kann durch Verwendung einer alkoholischen Anilinlösung auf 1:2000 gesteigert werden. Nach J. VIRGILI lassen sich noch 0,02 bis 0,007 mg Kaliumchlorat in etwa 5 cm³ Probelösung erkennen.

Die Reaktion wird auch von anderen Oxydationsmitteln, z. B. Bromaten, Jodaten und Hypohalogeniten, gegeben.

Für diese Reaktion geben auch KORENMAN (a), POZZI-ESCOT Vorschriften.

6. Mit Indigoschwefelsäure.

Indigoschwefelsäure wird in Gegenwart von schwefliger Säure durch Chloration entfärbt, während bei Abwesenheit von schwefliger Säure keine Entfärbung eintritt.

Nach HABER und GRINBERG gibt man zu der chlorathaltigen, mit Salzsäure angesäuerten Probelösung etwas schweflige Säure und fügt dann tropfenweise eine schwefelsaure Indigolösung zu. Bei Anwesenheit von Chlorat tritt Entfärbung ein. Weitere Vorschriften bei FRAMBERT, ERDMANN, GAY-LUSSAC, SCHÖNBEIN.

Zum Nachweis von Chlorat im Chlorkalk entfernt man zunächst Chlorid und Hypochlorit durch Fällung mit Bleiacetat. Das überschüssige Bleisalz wird dann durch Zugabe von Schwefelsäure abgeschieden. In der filtrierten, schwefelsauren Lösung kann anschließend durch tropfenweise Zugabe von schwefliger Säure und Indigolösung wie oben beschrieben auf Chlorat geprüft werden (R. FRESENIUS).

Zahlreiche Oxydationsmittel entfärben Indigo unter den gleichen Bedingungen.

7. Mit Indigocarmin.

Wesentlich empfindlicher als die Reaktion von Chloration mit Indigo (s. u. 6) ist die entsprechende Umsetzung mit Indigocarmin, bei welcher ebenfalls eine Entfärbung unter oxydativer Umwandlung des Farbstoffes stattfindet.

Die Probe wird nach KORENMAN (b) folgendermaßen durchgeführt: Zu 2 cm^3 der neutralen oder sauren Probelösung gibt man 0,5 cm^3 gesättigte Natriumsulfitlösung, 3 bis 4 Tropfen 0,02%ige wäßrige Indigocarminlösung und 1 cm^3 3 n Salzsäure. Bei Anwesenheit von Chlorat verschwindet die blaue Farbe der Indigocarminlösung augenblicklich.

Die Empfindlichkeit der Reaktion beträgt 0,4 γ $KClO_3$/2 cm^3; die Grenzkonzentration ist $1 : (5 \cdot 10^6)$.

Bromat, Dichromat, Permanganat und Hypochlorit entfärben die Farbstofflösung ebenfalls. Jodat und Cyanoferrat(III) bewirken unter den Versuchsbedingungen einen Farbumschlag der blauen Indigocarminlösung nach grün. Ihre Gegenwart stört jedoch die Empfindlichkeit der Probe nur unerheblich, so daß es möglich ist, noch 0,02 mg Kaliumchlorat in Gegenwart von 10 mg Kaliumjodat nachzuweisen.

Die Reaktion kann auch als Tüpfelreaktion ausgeführt werden [KORENMAN (b)]. Sie eignet sich zum Nachweis von Chloratspuren im Boden, auf Ernteprodukten und pflanzlichen Geweben sowie zum Nachweis von Chlorat neben Hypochlorit in der Milch (HUNT).

8. Mit Benzidin.

Chlorathaltige Lösungen, die mit einigen Tropfen Benzidinsulfatlösung versetzt sind, geben beim Unterschichten mit konzentrierter Schwefelsäure an der Berührungsfläche beider Schichten einen orangegelben Ring.

Chlorat kann mit Hilfe dieser Reaktion noch in einer Konzentration von 0,005 mg Natriumchlorat/cm^3 nachgewiesen werden.

Nitrat und Jodat geben die gleiche Reaktion (POZZI-ESCOT; vgl. auch VAGI).

9. Mit Diphenylamin.

Beim Überschichten von 10 cm^3 einer Diphenylaminlösung in konzentrierter Schwefelsäure mit 1 cm^3 einer chlorathaltigen, wäßrigen Lösung entsteht an der Grenzzone beider Schichten ein blauer Ring; beim Umschütteln färbt die ganze Flüssigkeit sich blau. Die Reaktion kann auch im mikrochemischen Maßstab auf einem Uhrglas ausgeführt werden.

Es lassen sich noch 0,001 mg Chlorat/cm^3 nachweisen.

Andere Oxydationsmittel, wie Bromsäure, unterchlorige Säure, Jodsäure, Nitrite, Nitrate, Permanganate, Chromate, Eisen(III)-salze, Vanadinsäure und Peroxyde, geben die gleiche Reaktion (LAAR).

ALVAREZ empfiehlt als Reagens eine schwefelsaure Lösung von 0,1 g Diphenylamin und 0,1 g β-Naphthol. 5 bis 6 Tropfen dieser Lösung geben mit etwa 0,001 g Chlorat eine trübe Grünfärbung, die mit der Zeit — insbesondere nach Zusatz von Alkohol — tiefgrau bis schwarz wird.

10. Mit Strychnin.

Chloration gibt mit salpetersauren Strychninlösungen eine Rotfärbung.

Zur Durchführung der Probe versetzt man eine Lösung von 0,81 g Strychnin in 24 cm³ Salpetersäure (D 1,334) und verwendet 1 cm³ des Reagenses auf 1 bis 2 Tropfen Chloratlösung.

Bromate geben die gleiche Reaktion, während Jodate und Perchlorate nicht stören. Das Auftreten der Rotfärbung wird verhindert durch gleichzeitige Anwesenheit von Brom, Hypochloriten, Chlor, Salzsäure, Nitriten und größeren Mengen von Chloriden (FAGES).

11. Mit Brucin.

Brucin färbt chlorathaltige Lösungen beim Kochen zuerst gelblich und nach einigem Stehen kirschrot.

Zur Durchführung der Probe versetzt man 5 cm³ Untersuchungslösung mit 0,05 g Brucinchlorhydrat und 5 Tropfen verdünnter Salzsäure. Die Mischung bleibt in der Kälte farblos, färbt sich aber bei Gegenwart von Chlorat nach kurzem Erhitzen gelb und nach einiger Zeit kirschrot. Im Unterschied zum Hypochlorit, das mit dem Reagens eine analoge Reaktion gibt, verschwindet die Färbung wieder, wenn erneut mit 10 cm³ verdünnter Salzsäure versetzt und nochmals aufgekocht wird.

Es können noch 0,02 g Kaliumchlorat/10 cm³ Probelösung nachgewiesen werden (WISCHO).

12. Mit Kupfer und Schwefelsäure.

Chlorathaltige Lösungen bilden mit metallischem Kupfer bei Gegenwart von etwas Schwefelsäure Kupferchlorid, das die Lösung grün färbt (FOURMONT).

13. Weitere Farbreaktionen.

Chlorat gibt in stark schwefelsaurer Lösung außerdem folgende Farbreaktionen:

Mit Phenyl-β-naphthylamin: Lösung färbt sich rot. Andere Anionen verursachen folgende Färbungen: NO_3^- grünlich, NO_2^- smaragdgrün, CrO_4^{--} hell violett (SÁ).

Mit Di-β-naphthylamin: Lösung färbt sich violett. Folgende Anionen geben ebenfalls Färbungen: NO_3^- gelbgrün, NO_2^- olivgrün, CrO_4^{--} gelb-violett (SÁ).

Mit Phenyl-dihydro-dibenzo-acridin: Lösung färbt sich rot. NO_2^- verursacht eine grünliche Färbung; NO_3^- reagiert nicht (SÁ).

Mit	Phenol:	Lösung	färbt	sich	rotgelb	(WOODRUFF, LINDO).
,,	Hydrochinon:	,,	,,	,,	gelbbraun	(WOODRUFF).
,,	Pyrogallol:	,,	,,	,,	dunkelbraun	,,
,,	Kresol:	,,	,,	,,	braungelb	,,
,,	Orcinol:	,,	,,	,,	grün	,,
,,	Salicylsäure:	,,	,,	,,	dunkel-gelbbraun	,,
,,	Gallussäure:	,,	,,	,,	gelb	,,
,,	α-Naphthol:	,,	,,	,,	braungelb	,,
,,	Alizarin:	,,	,,	,,	gelb	,,
,,	Acetanilid:	,,	,,	,,	rotbraun	,,
,,	o-Toluidin:	,,	,,	,,	stark blau	,,
,,	p-Toluidin:	,,	,,	,,	intensiv braun	,,
,,	Amidol:	,,	,,	,,	rot	,,
,,	Methol:	,,	,,	,,	gelb	,,
,,	α-Naphthylamin:	,,	,,	,,	gelbrot	,,
,,	Resorcin:	,,	,,	,,	grün	(PINERNA).

C. Fällungsreaktionen.

1. Mit Methylenblau.

1 Tropfen einer wäßrigen 1%igen Lösung von Methylenblau erzeugt auf einem Objektträger mit 1 Tropfen einer etwa 1%igen Chloratlösung schöne rote, dichroitische Prismen, die stark doppelbrechend sind (Kristallgröße etwa 200 μ). Durch Aussalzen mit anderen Salzen werden gleichzeitig auch breite, dünne Prismen, die längsgestreift und durch Wachstum in der Längsrichtung entstanden sind, erhalten.

Bromide geben ähnlich aussehende Kristalle, jedoch nie längsgestreifte Prismen (AMELINK).

2. Mit Nitron.

Eine Lösung von 10 g Nitron in 90 g 5%iger Essigsäure fällt Chloration in verdünnter schwefelsaurer Lösung noch bis zu einer Verdünnung von 1:4000 als Nitronchlorat aus (BUSCH).

Eine Reihe anderer Anionen gibt unter den gleichen Bedingungen ebenfalls Fällungen, so daß der Nachweis nicht sehr spezifisch ist: ClO_4^-, NO_3^-, Br^-, J^-, NO_2^-, CrO_4^{--}, SCN^-, $[Fe(CN)_6]^{---}$, $[Fe(CN)_6]^{----}$, Oxalat, Pikrat.

3. Mit Strychnin oder Brucin.

Strychnin oder Brucin erzeugen mit essigsauren, chlorathaltigen Lösungen charakteristische Kristallfällungen [DENIGÈS (f)].

§ 7. Nachweis von Perchloration (ClO_4^-).

Die S. 32 angegebenen Eigenschaften des Perchlorations (Beständigkeit in wäßriger Lösung, schwere Reduzierbarkeit) erleichtern den analytischen Nachweis desselben in Gegenwart anderer Halogensauerstoffsäuren ganz erheblich. Durch Wahl geeigneter Reduktionsmittel ist es möglich, letztere quantitativ in Halogenid zu überführen und durch Fällung mit Silbernitrat aus der Lösung zu entfernen, während Perchloration nicht angegriffen wird. Dieses kann dann in der filtrierten Lösung mit Hilfe einer der im folgenden beschriebenen Fällungen, von denen die Mikroreaktionen bei weitem am charakteristischsten sind, oder durch anschließende, unter extremen Bedingungen vorgenommene Reduktion zu Chlorid nachgewiesen werden.

Vorproben.

1. Verhalten beim Erhitzen.

Perchlorate geben beim Schmelzen im Glühröhrchen Sauerstoff ab und hinterlassen Chlorid. Beide Reaktionsprodukte können wie üblich nachgewiesen werden.

Da Chlorate in der gleichen Weise reagieren und eine Reihe anderer Salze beim Erhitzen ebenfalls Sauerstoff entwickelt, kann das Verhalten nur zur groben Orientierung dienen.

2. Verhalten beim Erhitzen mit Chloriden.

Feste Chloride werden in der Hitze durch Perchlorate zu elementarem Chlor oxydiert, das durch die Jod-Stärke-Reaktion nachgewiesen werden kann.

Zur Durchführung der Probe mischt man die perchlorathaltige Substanz mit geschmolzenem Zinkchlorid und erhitzt im Reagensglas auf hohe Temperatur. Etwa gebildetes Chlor wird durch Blaufärbung einer über das Reagensglas gestülpten, mit Kaliumjodidlösung befeuchteten Kappe sichtbar.

Chlorate und Nitrate stören den Nachweis und werden deshalb vor Ausführung der Probe entfernt: Chlorate durch Abrauchen mit konzentrierter Salzsäure; Nitrate durch zweimaliges Abdampfen mit einer konzentrierten Lösung von Manganchlorid in rauchender Salzsäure und anschließende Ausfällung des Manganüberschusses mit Soda.

Es können noch bis zu $5 \cdot 10^{-5}$ g $KClO_4$ nachgewiesen werden. In einem Gemisch von 0,1 g $KClO_3$ und 0,1 g KNO_3 gelingt der Nachweis von Perchlorat noch bis zu einer Konzentration von $1 \cdot 10^{-4}$ g (GOOCH und KREIDER).

Auf nassem Wege.

A. Fällungsreaktionen.

1. Fällung mit Kaliumsalzen.

Lösliche Kaliumsalze fällen aus neutralen, sauren oder alkalischen Perchloratlösungen einen weißen, kristallinen Niederschlag von Kaliumperchlorat ($KClO_4$). Dieser ist in kaltem Wasser wenig löslich, in Alkohol fast unlöslich. Da die Löslichkeit mit steigender Temperatur stark zunimmt (bei 100° C lösen sich 22,2 g $KClO_4$ in 100 g Wasser), wird die Fällung zweckmäßig bei Zimmertemperatur vorgenommen.

Nach Z. KARAOGLANOV lassen sich noch 32 mg Perchlorat/10 cm³ Lösung nachweisen.

Störend wirken Tartrat, Hexafluosilicat und Tetrafluoborat, die mit Kaliumsalzen ebenfalls schwerlösliche Niederschläge bilden. Bei Anwesenheit von Tartrat arbeitet man am besten in saurer Lösung, in der das Hydrogentartrat löslich ist. Die in Gegenwart von Hexafluosilicat oder Tetrafluoborat erhaltenen Niederschläge werden am besten nachträglich unter dem Mikroskop identifiziert (siehe „Fällungsreaktionen auf mikrochemischem Wege“, S. 64).

2. Fällung mit α-Phenyl-β-diäthylaminoäthyl-p-nitrobenzoat-hydrochlorid ($O_2N \cdot C_6H_4 \cdot COO \cdot CH \cdot (C_6H_5) \cdot CH_2 \cdot N(C_2H_5)_2 \cdot HCl$).

Eine 30%ige wäßrige Lösung des Reagenses gibt mit Perchlorsäure in stark salzsaurer Lösung einen hellgelben Niederschlag, der aus dem Perchlorat der Base besteht. Mit konzentrierten Perchlorsäurelösungen wird das Salz zunächst als zähes Öl abgeschieden, das jedoch bald kristallisiert.

Perchlorat kann auf diese Weise noch in einer 0,0025 n Lösung nachgewiesen werden.

Unter den gleichen Bedingungen geben auch Nitrat, Jodid, Oxalat und Nitrit kristalline Reaktionsprodukte. Bromat bildet in saurer Lösung einen öligen, in neutraler Lösung keinen Niederschlag, während Rhodanid und Dichromat sowohl in neutraler als auch in saurer Lösung ölige Abscheidungen erzeugen (MARVEL und DU VIGNEAUD).

3. Fällung mit Methylenblau.

Eine 0,3%ige wäßrige Lösung von Methylenblau gibt mit Perchloraten einen Niederschlag, der aus violetten, durchsichtigen Nadeln mit bronzegrünen Reflexen besteht.

Ähnliche Fällungen bilden: J^-, $S_2O_8^{--}$, $Cr_2O_7^{--}$, MnO_4^-, $[Fe(CN)_6]^{---}$, Metavanadinsäure, Molybdänsäure und Wolframsäure. Dagegen reagieren mit dem Reagens nicht: Cl^-, ClO^-, ClO_3^-, Br^-, BrO_3^-, JO_3^-, JO_4^-, Säuren des Schwefels, NO_2^-, NO_3^-, PO_4^{---}, Borate, Perborate, Carbonate und Percarbonate. Da eine Reihe von Schwermetallen die Reaktion ebenfalls stört, ist es stets ratsam, den Nachweis im Sodaauszug durchzuführen [MONNIER (c)].

Zu dieser Reaktion gibt auch F. L. HAHN eine Vorschrift, s. a. unter „Fällungsreaktionen auf mikrochemischem Wege“.

4. Fällung mit Nitron.

Eine Lösung von 10 g Nitron in 90 g 5%iger Essigsäure fällt Perchloration in verdünnter schwefelsaurer Lösung noch bis zu einer Verdünnung von 1:50000 aus.

NO_3^-, NO_2^-, Br^-, J^-, CrO_4^{--}, SCN^-, $[Fe(CN)_6]^{----}$, $[Fe(CN)_6]^{---}$, Oxalat, Pikrat und Chlorat bilden mit dem Reagens ebenfalls Niederschläge (BUSCH).

5. Fällung mit Kupfer-Pyridin-Reagens.

Die Reagenslösung, hergestellt durch Zusammengeben von 4 cm³ 10%iger Kupfersulfatlösung, 1 cm³ Pyridin und 5 cm³ Wasser, bildet mit Perchloration einen hellvioletten bis blauen Niederschlag von rhombischen oder sechseckigen Kristallen.

Perchlorat läßt sich noch bis zu einer Konzentration von 1:100 nachweisen.

$S_2O_8^{--}$, $S_2O_3^{--}$, MnO_4^-, CrO_4^{--} und NO_2^- geben mit dem Reagens ebenfalls kristalline Niederschläge, während J^-, CN^-, SCN^- und MoO_4^{--} amorphe Fällungen erzeugen. Die Gegenwart von Chlorat beeinträchtigt die Empfindlichkeit des Nachweises nicht (G. H. WAGENAAR).

B. Reduktionsreaktionen.

Perchloration wird im Unterschied zum Chlorat und Chlorit von den gewöhnlichen Reduktionsmitteln, wie nascierendem Wasserstoff (aus Metall und Säure), schwefliger Säure usw., nicht angegriffen. Die Überführung in Chlorid gelingt nur mit Hilfe von wenigen Reduktionsmitteln, die im folgenden zusammengestellt sind:

1. Mit Titan(III)-salz.

Titan(III)-verbindungen reduzieren in saurer Lösung Perchlorate quantitativ zu Chlorid. Das benötigte Titan(III)-salz wird in der Reaktionsmischung durch Reduktion von Titan(IV)-verbindungen erzeugt.

Man säuert die perchlorathaltige Probelösung mit so viel Schwefelsäure an, daß sie 4 n ist. Dann gibt man etwas elektrolytisch gefälltes Cadmium (am besten in Form kleiner Flitter) und Titansäure zu und kocht 1 Std. am Rückflußkühler. Nach dem Filtrieren der Lösung wird das überschüssige Titan(III)-salz vorsichtig mit Permanganat oxydiert und anschließend das Chlorid mit Silbernitrat nachgewiesen [TREADWELL (e, f)].

Man kann auch so verfahren, daß man die stark schwefelsaure Probelösung mit etwas Titan(IV)-sulfatlösung versetzt, zum Sieden erhitzt und in kleinen Anteilen ferrum reductum zufügt, ohne das Sieden zu unterbrechen. Nach 30 bis 40 Min. ist die Reaktion beendet. Man filtriert ab, oxydiert mit etwas konzentrierter Salpetersäure das überschüssige Titan(III)-salz und weist das gebildete Chlorid nach [ROTHMUND, JANDER].

2. Mit Eisen(II)-salz in neutraler Lösung.

Perchlorate werden durch Kochen mit Eisen(II)-hydroxyd in neutraler Lösung zu Chlorid reduziert.

Man versetzt die zu untersuchende Lösung bei einem Gehalt von etwa 0,4 g Kaliumperchlorat mit 40 g Eisen(II)-sulfat ($FeSO_4 \cdot 7\,H_2O$) und so viel Natronlauge, daß nur 35 g des Eisen(II)-salzes zu Eisen(II)-hydroxyd reagieren können. Die Reaktionsmischung wird längere Zeit gekocht. Dann oxydiert man das überschüssige Eisen(II)-salz mit konzentrierter Salpetersäure und weist das gebildete Chlorid nach [SJOLLEMA (b)].

3. Weitere Reduktionsreaktionen.

Perchloration wird außerdem durch dithionige Säure ($H_2S_2O_4$) sowie durch niedere Oxydationsstufen von Vanadin und Molybdän zu Chlorid reduziert (ROTHMUND). Diese Reaktionen besitzen jedoch analytisch nur ganz untergeordnete Bedeutung.

C. Fällungsreaktionen auf mikrochemischem Wege.

1. Fällung mit Kaliumchlorid.

Auf einem Objektträger bringt man 1 Tropfen Kaliumchloridlösung mit 1 Tropfen perchlorathaltiger Probelösung zusammen. Unter dem Mikroskop kann dann die Bildung von rhombischen, stark lichtbrechenden Kristallen beobachtet werden, die in Form flächenreicher Bipyramiden als Prismen mit Bipyramidenflächen und gelegentlich auch als Prismen mit abgestumpften Ecken auftreten. Besonders schön ausgebildete Kristalle werden erhalten, wenn man die beiden Lösungen heiß miteinander reagieren läßt (Abbildung und nähere Beschreibung s. Bd. I a, S. 100).

Die Empfindlichkeit der Reaktion beträgt etwa 3 γ ClO_4^-/Tropfen. Sie kann durch Zugabe von wenig verdünnter Kaliumpermanganatlösung erhöht werden, da in diesem Fall rötlich gefärbte, leichter erkennbare Mischkristalle von Kaliumperchlorat und Kaliumpermanganat gebildet werden. Nach KLOBBIE und VISSER kann die Reaktion zum Nachweis von Kaliumperchlorat in Kaliumchlorat dienen.

Über die Fällung von Perchloration mit Kaliumsalzen s. a. S. 62.

2. Fällung mit Rubidiumchlorid.

1 Tropfen perchlorathaltige Lösung bildet mit 1 Tropfen einer nicht zu verdünnten Rubidiumchloridlösung weißes, kristallines Rubidiumperchlorat, das mit dem Kaliumperchlorat morphologisch identisch ist. Die Reaktion kann in neutraler, alkalischer oder saurer Lösung durchgeführt werden.

Das Rubidiumperchlorat ist — ebenso wie das Kaliumperchlorat — mit Kaliumpermanganat isomorph. Dieses kann daher als färbendes Reagens zur Erhöhung der Empfindlichkeit der Fällung verwendet werden. Die Probe wird dann folgendermaßen durchgeführt: 1 Tropfen der zu untersuchenden Lösung färbt man mit wenig verdünnter Kaliumpermanganatlösung blaß rosenrot an und gibt anschließend etwas Rubidiumchloridlösung zu. Bei Anwesenheit von Perchlorat entstehen stark weinrot gefärbte Kristalle, die bei Vorliegen von sehr wenig Perchlorat häufig auch dunkelrot aussehen. Fügt man nachträglich noch etwas Rubidiumchloridlösung zu, so bilden sich blaßrote Kristalle mit dunkelroten Kernen. Bei Abwesenheit von Perchlorat entstehen beim Eintrocknen prismatische Kristalle von reinem Rubidiumpermanganat, die im Unterschied zu den mit Perchlorat gebildeten Mischkristallen nicht rot, sondern stets schwarz erscheinen [BEHRENS-KLEY (b)].

Nach VAN BREUKELEVEEN kann Perchlorat noch in 1 Tropfen einer Lösung von 0,03 g Kaliumperchlorat in 30 cm^3 Lösung nachgewiesen werden.

Bei Gegenwart von Chlorat entstehen leicht Täuschungen, da Kaliumchlorat die Kaliumperchloratkristalle häufig symmetrisch einhüllt [BEHRENS-KLEY (b)].

Die Probe kann zum Nachweis von Perchlorat im Chilesalpeter verwendet werden. Die eindeutige Identifizierung gelingt hier noch bis zu einem Gehalt von 0,6% Perchlorat. Bei kleineren Konzentrationen wird das Perchlorat zweckmäßig vor der Probe durch Ausfällen des Nitrats mit Alkohol angereichert [VAN BREUKELEVEEN; vgl. auch SJOLLEMA (a), FRESENIUS und BAYERLEIN].

Beim Nachweis von Perchlorat in Gegenwart von Chlorat und Chlorid, z. B. in elektrolytischen Bädern, ist es notwendig, die zur Indizierung dienende Permanganatlösung vorher mit etwas Natriumhydrogencarbonat zu versetzen, um eine unerwünschte Entfärbung zu vermeiden.

3. Fällung mit Methylenblau.

Nach KRÜGER und TSCHIRCH dampft man 1 Tropfen der zu untersuchenden Lösung auf einem Objektträger ein und fügt 1 Tropfen einer 0,2%igen Lösung von Methylenblau zu. Bei Anwesenheit von Perchlorat bilden sich blaue bis violettblaue Flöckchen und Nadeln, die grünlich reflektieren und häufig zu sonnenförmigen Sternen zusammentreten (s. Abb. 7).

Die **Erfassungsgrenze** beträgt nach KRÜGER und TSCHIRCH 3 γ Perchlorat/Tropfen; die Grenzkonzentration liegt bei 1:17000.

FEDOROVA empfiehlt, den Probetropfen zuerst mit Methylenblaulösung zu versetzen und erst dann eintrocknen zu lassen. In diesem Fall entstehen bei Perchloratgehalten von 0,015 bis 0,017 γ/Tropfen an den äußeren Rändern breite Streifen von abwechselnd gräulicher und violetter Farbe; außerdem bilden sich charakteristische lange, dünne Stäbchen.

Über Störungen der Reaktion vgl. S. 62.

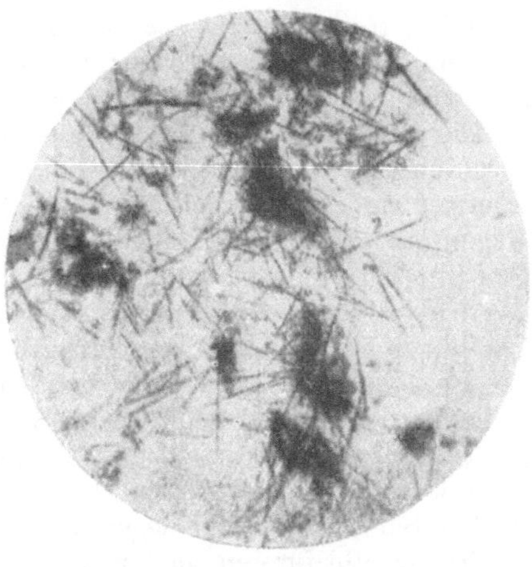

Abb. 7. Methylenblauperchlorat.
[Aus KRÜGER u. TSCHIRCH: Fr. **85**, 173 (1931), Abb. 28.]

4. Fällung mit Brucin oder Morphin.

Eine Lösung von 2 g Brucin in 100 g 1%iger Essigsäure oder eine 2%ige wäßrige Lösung von Morphinhydrochlorid erzeugen mit Perchloration kristalline Niederschläge, die unter dem Mikroskop gut beobachtbar sind.

Mit Hilfe der Brucinreaktion kann Perchlorat noch bis zu einer Konzentration von 1:100, mittels der Morphinreaktion noch bis 1:200 nachgewiesen werden [DENIGÈS (e, g)].

5. Fällung mit Strychnin.

Eine 1%ige wäßrige Strychninsulfatlösung fällt Perchloration in neutraler Lösung noch bis zu einer Konzentration von 1 : 5000 aus [DENIGÈS (g), CHAMOT und MASON (b)].

§ 8. Nachweis in besonderen Fällen.

Nachweis von Chlor in organischen Substanzen siehe im Abschnitt „Nachweis von organisch gebundenem Chlor, Brom und Jod".

1. Nachweis von Chlor in der Luft.

Man leitet die zu untersuchende Luftprobe durch Wasser und weist danach in der wäßrigen Lösung das Chlor mit Hilfe einer der in § 2 angegebenen Reaktionen nach, z. B. mit Methylorange (MENSCHTSCHIKOW) oder mit o-Toluidin (BERTHELOT). HINE empfiehlt, den Nachweis mittels Leitfähigkeitsmessungen zu erbringen.

LAMB, CARLETON, HUGHES und NICHOLS geben folgendes Verfahren an: Man läßt die zu untersuchende Luftprobe über eine schwach erhitzte Kupferspirale streichen. Dann wird die mit Halogen angereicherte Spirale stark erhitzt, wobei die charakteristische, blaugrüne Flammenfärbung des Kupferchlorids erscheint.

2. Nachweis von freiem Chlor im Trinkwasser.

Hierzu können alle in § 2 angegebenen Reaktionen verwendet werden.

3. Nachweis von freiem Chlor im Papier.

Man legt zwischen die gut angefeuchteten, zu untersuchenden Papierblätter jeweils einen Bogen Kaliumjodid-Stärke-Papier und schichtet so mehrere Lagen aufeinander. Dann beschwert man mit einer Glasplatte und läßt mehrere Stunden stehen. Bei Anwesenheit von Chlor entstehen auf dem Kaliumjodid-Stärke-Papier blaue Streifen und Flecken (HERZBERG).

4. Nachweis von freier Salzsäure im Mageninhalt.

Nach GÜNZBURG versetzt man den zu untersuchenden Magensaft mit etwas Vanillin-Phloroglucin-Reagens (hergestellt durch Auflösen von 2 Teilen Phloroglucin und 1 Teil Vanillin in 30 Teilen Alkohol). Bei Anwesenheit von freier Salzsäure entstehen rote Kristalle, die bis zu einem Gehalt von $^1/_{10}$ $^0/_{00}$ HCl deutlich erkennbar sind. Bei Gegenwart größerer Mengen organischer Substanzen versagt die Probe gelegentlich, da die Salzsäure dann u. U. an Albumin gebunden vorliegt.

Die Reaktion mit Vanillin-Phloroglucin-Reagens kann auch als Tüpfelreaktion ausgeführt werden. Man tränkt dann Filtrierpapierstreifen mit der Reagenslösung, trocknet sie und befeuchtet anschließend mit 1 Tropfen des zu untersuchenden Magensaftes. Bei Anwesenheit von freier Salzsäure entsteht ein roter Fleck [VAN ECK (b); vgl. auch RAIKOW (a), SÜSS].

M. WAGENAAR empfiehlt als Reagens eine Lösung von 0,2 g Resorcin und 0,2 g Vanillin in 5 cm³ siedendem Wasser. Da sich die gelösten Stoffe beim Erkalten aus der Reagenslösung wieder ausscheiden, wird die Probe so durchgeführt, daß man 1 Tropfen der gut geschüttelten Suspension eintrocknen läßt und darauf etwas Magensaft bringt. Bei Gegenwart einer mehr als 0,0015 n Salzsäure entsteht eine gut erkennbare, violette Zone. Die Reaktion gelingt auch bei Anwesenheit anderer starker Säuren sowie in Gegenwart von Oxalsäure, Apfelsäure und Weinsäure.

JOLLES gibt für den Nachweis von Salzsäure im Magensaft eine $^1/_{10}$%ige Lösung von Brillantgrün an, deren dunkelgrüne Farbe bei Zugabe zu filtriertem, salzsäurehaltigem Magensaft über smaragdgrün, saftgrün und gelblich in olivgrün übergeht. Organische Säuren haben selbst in großen Mengen auf die Reaktion wenig Einfluß.

F. WINKLER schlägt vor, den Nachweis mit α-Naphthol und Dextrose durchzuführen: Einige Körnchen Dextrose werden auf einem Porzellanschälchen mit wenigen Tropfen einer 5%igen alkoholischen α-Naphthollösung übergossen. Dann gibt man eine geringe Menge des zu untersuchenden Magensaftes zu und dampft ein. Bei Gegenwart von freier Salzsäure entsteht eine Blau-Violett-Färbung bis zu einem Gehalt von 0,04% HCl. Die gleiche Reaktion wird auch von Schwefelsäure und Phosphorsäure gegeben, während Milchsäure und Essigsäure nicht stören.

Über den Nachweis von Salzsäure im Magensaft mit Hilfe anderer Reagenzien existieren Vorschriften von STEENSMA (mit Phlorhidzin-Vanillin-Lösung); MEYER (mit Resorcinzucker); ALT (mit Kongopapier); BORNTRÄGER (mit Alizarin) und CONTEJEAN (mit Kobalthydrogencarbonat).

5. Nachweis von Chlorid im Papier.

Nach HEFELMANN extrahiert man das kleingeschnittene Papier 2 bis 3 Stunden lang mit Alkohol, verdampft dann den Alkohol und zieht den Rückstand mit Wasser aus. In der vom Harz abfiltrierten Lösung kann wie üblich auf Chlorid geprüft werden.

6. Nachweis von Chlorat im Harn.

Der Harn wird mit Salpetersäure angesäuert und mit Silbernitrat im Überschuß versetzt. Von den ausgefallenen Silbersalzen wird abfiltriert und in der Lösung das Chlorat durch Zugabe von Nitrit reduziert. Ein bei erneuter Zugabe von Silbernitrat entstehender Niederschlag zeigt die Anwesenheit von Chlorid und damit von Chlorat in der zu prüfenden Ausscheidung an (HILDEBRANDT).

Literatur.

ALFTHAN, K.: J. Am. Water Works Assoc. **20**, 407; durch C. **99**, **II**, 2393 (1928). — ALT, K.: C. K. L. **1888**, 41; durch C. **59**, 305 (1888). — ALVAREZ, E. P.: Chem. N. **91**, 155 (1905). — AMELINK, F.: Pharm. Weekbl. **76**, 57 (1939); durch C. **110**, **I**, 2462 (1939). — ARNAUD: Ann. Chim. phys. **19**, 123 (1890).

Babkin, M. P.: Chem. J. Ser. A **3** (65), 134 (1933); durch C. **104, II**, 3887 (1933). — Beilstein, F.: B. **5**, 620 (1872). — Behrens, H.: (a) Fr. **30**, 170 (1891); (b) Fr. **109**, 23 (1937). — Behrens-Kley: Mikrochemische Analyse I, (a) S. 120, (b) S. 172ff., (c) S. 40, (d) S. 92. Leipzig u. Hamburg 1915. — Berthelot, Ch.: Chim. Ind. **43**, 91 (1940). — Biltz, W.: Ausf. qualit. Analysen, S. 146. Leipzig 1944. — Bornträger: C. **59**, 1591 (1888). — Böttger, R.: Fr. **8**, 455 (1869). — Böttger, W.: Qualitative Analyse, (a) S. 357ff., (b) S. 496, (c) S. 402. Leipzig 1925. — Braun, C. D.: Z. Ch. **3**, 276 (1867). — Brown, C.: Wld. Paper Trade Rev. 1933, Sond.-Nr. 28—30. Paper-Maker and British Paper Trade Journal **85**, Transact. 105; durch C. **104, I**, 3825 (1933). — Bruni, G., u. G. Levi: G. **45, II**, 161 (1915). — Busch, M.: B. **38**, 861 (1905).

Carlson, B., u. J. Gelhaar: Ch. Z. **32**, Nr 51, 604 (1908). — Chamot, E. M., u. C. W. Mason: (a) Mikrochem. **5**, 85 (1927); (b) Handbook of chemical Microscopy, Vol. II (1931) S. 355; (c) Mikrochem. **6**, 88 (1928). — Contejean, Ch.: Fr. **33**, 499 (1894).

de Boisbaudran, L.: C. r. **91**, 902 (1880). — de Gramont, A.: C. r. **172**, 893 (1921). — de Koninck, L. L.: Bl. Assoc. Belge **16**, 94; durch C. **73, II**, 14 (1902). — Denigès, G.: (a) Bl. **4**, 481 (1890); (b) Bl. **5**, 66 (1891); (c) Mikrochem. **25**, 1 (1938); (d) Bl. Soc. Pharm. Bordeaux **72**, 13 (1934); durch C. **105, II**, 1499 (1934); (e) Precis de chimie analytique I (1930) S. 93ff.; (f) Bl. Soc. Pharm. Bordeaux **75**, 5 (1937); durch C. **108, I**, 3191 (1937); (g) Chim. anal. **22**, 127 (1917). — Denigès, G., u. L. Chelle: C. r. **155**, 1010 (1912). — Dimitroff, M.: Fr. **62**, 451 (1923). — Dittrich, H., u. H. Bollenbach: B. **38**, 747 (1905). — Dunstan u. Ranson: Pharm. J. **13**, 667 (1882). — Duval, C., u. G. Mazars: C. r. hebd. Séances Acad. Sci. **207**, 862 (1938).

Eder, I. M., u. H. Valenta: Atlas typischer Spektren, S. 16. Wien 1924. — Eegriwe, E.: Fr. **74**, 225 (1928). — Eichler, H.: (a) Fr. **99**, 272 (1934); (b) Fr. **96**, 98 (1934). — Elms, J. W., u. S. J. Hauser: (a) J. ind. eng. Chem. **5**, 915 (1913); (b) **6**, 553 (1914). — Erdmann: J. techn. ökonom. Chem. **13**, 277 (1832). — Exner u. Haschek: Die Spektren der Elemente, Bd. 2, S. 28. Leipzig u. Wien 1911.

Fages: Ann. Chim. anal. **5**, 441 (1900). — Faurholt, C.: Kong. Danske Vidensk. Meddelelser Mathem. physik. Reihe 2 Nr 9, S. 16 (1919); durch C. **91, II**, 424 (1920). — Fedorova, O. S.: Fr. **102**, 284 (1935). — Feigl, F.: Qualitative Analyse mit Hilfe von Tüpfelreaktionen, 2. Aufl., (a) S. 276, 355. Leipzig 1935; (b) R. **58**, 471 (1939). — Feigl, F., u. H. Ballaban: Fr. **104**, 298 (1936). — Formanek, J.: Die qualitative Spektralanalyse anorganischer und organischer Körper, S. 189. Berlin 1905. — Forsberg, O.: J. Am. Water Works Assoc. **15**, 706; durch C. **97, II**, 1087 (1926). — Fourmont: J. Pharm. Chim. [5] **10**, 96 (1884); durch C. **55**, 795 (1884). — Frambert: J. Pharm. Chim. **32**, 396 (1857). — Frehden, O., u. C. Huang: Mikrochem. **26**, 41 (1939). — Fresenius, C. R.: Anleitung zur qualitativen chemischen Analyse, 17. Aufl., (a) S. 398, (b) S. 432. — Fresenius, R.: Fr. **34**, 434 (1895). — Fresenius, H., u. H. Bayerlein: Fr. **37**, 501 (1898). — Friedländer, S.: Diss., S. 16. Berlin 1900.

Ganassini, D.: Boll. chim. farm. **43**, 153 (1904); durch C. **75, I**, 1172 (1904). — Gay-Lussac: Ann. Chim. **91**, 108 (1814). — Geilmann, W.: Bilder zur qualitativen Mikroanalyse. Leipzig 1934. — Gooch, F. A., u. F. T. Brooks: Am. J. Sci. **40**, 283 (1890). — Gooch, F. A., u. D. A. Kreider: Am. J. Sci. **48**, 38 (1894); Z. anorg. Ch. **7**, 13 (1894). — Gottschalk, F., u. E. Drechsel: J. pr. **89**, 473 (1863); durch C., 46 (1864). — Grützner, B.: Ar. **234**, 634; Fr. **36**, 527 (1897). — Günzburg, A.: Dtsch. Med. Z. **8**, 931; durch C. **58**, 1560 (1887). — Gutzeit, G.: Sur une méthode d'analyse qualitative rapide des cations et anions usuels. Diss. Genève 1929; Helv. **12**, 713, 829 (1929).

Haber, F., u. S. Grinberg: Z. anorg. Ch. **16**, 215 (1898). — Hager, H.: (a) P. C. H. **26**, 366 (1885); durch C. **56**, 692 (1885); (b) P. C. H. **21**, 85 (1880); durch C. **51**, 251 (1880). — Hahn, A.: Dtsch. Parfüm.-Ztg. **2**, 229 (1916); durch C. **88, I**, 343 (1917). — Hahn, F. L.: Angew. Ch. **39**, 451 (1926). — Hairs, E.: J. Pharm. Belg. **10**, 267 (1928). — Halla, F., u. F. Ritter: Mikrochim. A. **1**, 365 (1937). — Harry, R. G., u. E. A. Rudge: J. Soc. chem. Ind. **51** Transact. 64 (1932); durch C. **103, II**, 2850 (1932). — Haushofer, K.: Mikrochemische Reaktionen, 1885, (a) S. 117, (b) S. 125. — Hefelmann, R.: Pap. **15**, 1302; durch C. **62, I**, 683 (1891). — Herzberg, W.: Fr. **25**, 142 (1886). — Hildebrandt, H.: Vjschr. gerichtl. Med. u. öff. San.-Wesen **32**, 81 (1906); durch C. **77, II**, 1881 (1906). — Hine, T. B.: Ind. eng. Chem. **16**, 952 (1924). — Hofmann, A.W.: A. **47**, 54 (1843). — Hoogoliet: P. C. H. [N. F.] **12**, 268; durch Fr. **31**, 311 (1892). — Howard, N. J.: J. Am. Water Works Assoc. **19**, 546 (1928). — Hunt, I. V.: J. South-Eastern agric. Coll. **42**, 119 (1938).

Jander, W.: Lehrbuch für das anorganisch-chemische Praktikum, S. 311. Leipzig 1939. — Jannasch, P., u. K. Aschoff: Z. anorg. Ch. **1**, 248 (1892). — Jannasch, P., u. A. Jahn: B. **38**, 1576 (1905). — Jolles, A. F.: Wien. med. Wschr. **1891** Nr 22, 953; durch Fr. **31**, 232 (1892).

Karaoglanov, G.: Fr. **62**, 220 (1923). — Karaoglanov, Z.: Fr. **115**, 305 (1939). — Klobbie, E. A., u. H. L. Visser: Pharm. Weekbl. **45**, 718 (1908). — Klut, H.: Kl. Mitt. Ver. Wasserversorg. Abwässerbeseit. **3**, 184 (1927). — Kock, E.: P. C. H. [N. F.] **11**, 547; durch Fr. **35**, 571 (1896). — Kolb, J.: Ann. Chim. phys. **12**, 280 (1867). — Kolbeck, F.: Plattners Probierkunst mit dem Lötrohr, S. 64/65 u. 362/363. Leipzig 1927. — Kolthoff, J. M.: (a) Fr. **56**, 568 (1918); (b) R. **41**, 744 (1922); (c) Chem. Weekbl. **23**, 203 (1926). — Korenman, I. M.: (a) Fr. **93**, 443 (1933); (b) Chem. J. Ser. B **9**, 157 (1936). — Kramer, G.: Fr. **109**, 16 (1937). — Krü-

GER, D., u. E. TSCHIRCH: Fr. **85**, 171 (1931). — KUNZ-KRAUSE, H.: Apoth.-Z. **30**, 141 (1915); durch C. **84, II**, 49 (1913). — KUPFFERSCHLÄGER: BPar [b] **1**, 134 (1889).

LAAR, C.: B. **15**, 2086 (1882). — LAMB, A. B., P. W. CARLETON, W. S. HUGHES u. L. W. NICHOLS: Am. Soc. **42**, 78 (1920). — LAMB, A. B., P. W. CARLETON u. W. B. MELDRUM: Am. Soc. **42**, 251 (1920). — LENSSEN, E.: Fr. **1**, 165 (1862). — LEROUX, L.: C. r. **199**, 1225 (1934). — LE ROY, G. A.: (a) Bl. [3] **2**, 729 (1889); durch C. **61, I**, 190 (1890); (b) C. r. **163**, 226 (1916); (c) C. r. **162**, 327 (1916). — LINDO, D.: Chem. N. **58**, 1, 15, 28 (1888).

MAASS, O., u. P. G. HIEBERT: Am. Soc. **46**, 290 (1924). — MACNAIR, D. S.: Soc. **63**, 1051 (1893); Chem. N. **66**, 5; durch Fr. **34**, 611 (1895). — MARTINI, L.: Ann. Chim. appl. **25**, 528 (1935); durch Fr. **109**, 345 (1937). — MARVEL, C. S., u. V. DU VIGNEAUD: Am. Soc. **46**, 2661 (1924). — MASTERMAN, A. T.: Analyst **64**, 492 (1939). — MENSCHTSCHIKOW, I. W.: Betriebslab. **9**, 1240 (1940); durch C. **113, II**, 1607 (1942). — MEYER, A.: Diss. 546. Berlin 1891. — MICHALTSCHISCHIN, G. T.: Ukrain. chem. J. **6**, 183 (1932); durch C. **103, II**, 1479 (1932). — MILLON, E.: C. r. **28**, 42 (1849). — MITSCHERLICH, A.: Fr. **4**, 153 (1865). — MONNIER, A.: (a) Ann. Chim. anal. **20**, 237 (1916); (b) **21**, 109 (1916); (c) **22**, 1 (1917).

NICHOLS, H. W.: Am. Chem. J. **25**, 315 (1901); durch C. **72, I**, 1115 (1901).

OFFORD, H. R.: Ind. eng. Chem. Anal. Edit. **7**, 93 (1935); durch Fr. **105**, 56 (1936). — OLSZEWSKI, W.: Ch. Z. **47**, 649 (1923).

PAMFILOV, A., u. W. JOFINOW: Ch. Z. **48**, 541 (1924). — PANAOTOVIC, J. P.: Bl. Soc. România **11**, 390 (1902); durch C. **73, II**, 1342 (1902). — PESEZ, M.: Bl. [5] **3**, 675 (1936). — PFEILSTICKER, K.: Spectrochim. Acta **1**, 426 (1940). — PICCARD, J., u. F. DE MONTMOLLIN: Helv. **6**, 1020 (1923). — PIERAERTS, M. J.: Bl. [4] **13**, 104 (1913). — PINERNA, E.: Chem. N. **75**, 61 (1897); durch Fr. **36**, 713 (1897). — PINKHOF, J.: Pharm. Weekbl. **55**, 236 (1918). — PISANY, M.: Ann. Mines, 2. Livr. 1861; Répert. Chim. appl. **1862**, 24. — POCH, P.: An. Españ. **20**, 662 (1922). — POZZI-ESCOT, M. E.: Bl. [4] **13**, 498 (1913).

RAIKOW, P. N.: Fr. **45**, 726 (1906); (a) Ch. Z. **23**, 769 (1899); (b) Ch. Z. **19**, 902 (1895). — RAIKOWA-KOWATSCHEWA, T. P.: Fr. **82**, 415 (1930). — RASCHIG, F.: (a) Angew. Ch. **20**, 2067 (1907); (b) **40**, 4586 (1908); (c) Schwefel- und Stickstoffstudien, S. 54. Leipzig u. Berlin 1924. — ROSENTHALER, L.: (a) Pharmac. Acta Helvetiae **14**, 215 (1939); (b) Mikrochem. **12**, 98 (1932). — ROTHMUND, V.: Z. anorg. Ch. **62**, 108 (1909). — RUPP, E., W. WEGNER u. P. MAISS: Ar. **262**, 3 (1924).

SÁ, A.: An. Farm. Bioquim. **5**, 111 (1934). — SALZER, T.: Pharm. Z. **35**, 410 (1890). — SCHARRER, K.: B. **59**, 2746 (1926). — SCHERINGA, K.: (a) Chem. Weekbl. **30**, 92 (1933); (b) Pharm. Weekbl. **48**, 15 (1911). — SCHMIDT, J., u. W. HINDERER: B. **65**, 87 (1932). — SCHÖNBEIN, C. F.: J. pr. **89**, 5 (1863). — SCHROER, E., u. A. BALANDIN: Z. anorg. Ch. **189**, 258 (1930). — SJOLLEMA, B.: (a) Ch. Z. **20**, 1002 (1896); (b) Z. anorg. Ch. **42**, 127 (1904). — STAMM, J.: Pharmacia **3**, 1 (1924); durch C. **95, II**, 739 (1924). — STEENSMA, F. A.: Bio. Z. **8**, 210 (1908). — SÜSS, P.: P. C. H. **41**, 437 (1900); durch C. **71, II**, 545 (1900).

TANANAEFF, N. A., u. A. M. SCHAPOWALENKO: Fr. **100**, 343 (1935). — TANANAEFF, N. A., u. M. S. WOSCHTSCHINSKAJA: Chem. J. Ser. B **10**, 1118 (1937). — TIEDEMANN, W. V. D.: J. Am. Water Works Assoc. **15**, 391 (1926); durch C. **97, II**, 90 (1926). — TOLLENS u. FISCHMANN: Bl. Soc. chim. Paris **11**, 442 (1869). — TREADWELL, W. D.: Kurzes Lehrbuch der analytischen Chemie, 19. Aufl., Bd. 1, (a) S. 297, (b) S. 293, (c) S. 285, (d) S. 525, (e) S. 413; (f) Helv. **5**, 809 (1922). Wien 1943. — TREMAIN, H.: Ind. eng. Chem. Anal. Edit. **3**, 225 (1931); durch Fr. **87**, 294 (1932). — TSOUMERKA, C. F.: Praktika **10**, 102 (1935); durch C. **106, II**, 2705 (1935).

VAGI: Fr. **66**, 14 (1925). — VAN BREUKELEVEEN, M.: R. **17**, 94 (1898). — VAN ECK, P. N.: (a) Pharm. Weekbl. **62**, 365 (1925); (b) Pharm. Weekbl. **63**, 913 (1926). — VANINO, L., u. O. HAUSER: B. **32**, 3615 (1899). — VAN URK, H. W.: Chem. Weekbl. **26**, 9 (1929). — VIARD, G.: C. r. **135**, 168, 242 (1902); Bl. [3] **27**, 1026 (1902). — VILLIERS, A., u. M. FAYOLLE: C. r. **118**, 1152, 1204 (1894). — VIRGILI, J. F.: Ann. Chim. anal. **14**, 170 (1909); **14**, 85 (1909). — VITALI, D.: (a) Or. **12**, 225 (1899); (b) Giorn. Farm. Chim. **59**, 18 (1910); (c) Boll. chim. farm. **38**, 201 (1899). — VOLLHASE, E.: Ch. Z. **37**, 312 (1913).

WAGENAAR, G. H.: Pharm. Weekbl. **77**, 465 (1940). — WAGENAAR, M.: Pharm. Weekbl. **72**, 837 (1935). — WILEY, M.: Chem. N. **41**, 176 (1880). — WILSON, D. W., u. C. L. WILSON: Soc. **1939**, 1956. — WINKLER, F.: Centr.-Bl. Physiol. **11**, 685 (1898); durch C. **69, I**, 348 (1898). — WINKLER, L. W.: Angew. Ch. **28**, 22 (1915). — WISCHO, F.: Pharm. Post **50**, 381 (1917); durch C. **88, II**, 133 (1917). — WOLTERS, W.: J. pr. [N. F.] **7**, 468 (1873); **10**, 128 (1874). — WOODRUFF, E. C.: Am. Soc. **19**, 156 (1897).

Brom.

Br, Atomgewicht 79,916, Ordnungszahl 35.

Von F. FEHÉR, Köln[1].

Mit 6 Abbildungen.

Inhaltsübersicht.

[1] Mitbearbeitet von E. HEUER, Göttingen.

Vorkommen. Brom findet sich in der Natur ausschließlich in gebundenem Zustand, vor allem in Form von Bromiden der Alkali- und Erdalkalimetalle. Es tritt gewöhnlich mit Chlor zusammen in analogen Verbindungen auf, ist aber wesentlich seltener als dieses. Das Verhältnis von Brom zu Chlor ist im Meereswasser und in den Gesteinen annähernd gleich und beträgt etwa 1 : 300. Die Hauptvorkommen für Brom sind in Deutschland die Salzlagerstätten, welche als wichtigstes Brommineral den Bromcarnallit ($MgBr_2 \cdot KBr \cdot 6\,H_2O$) enthalten. Dieser findet sich in den Endlaugen der Carnallitindustrie stark angereichert und dient als Ausgangsprodukt für die Bromgewinnung. Weitere Brommineralien sind: der Bromargyrit, Bromyrit und Bromit (AgBr), der Embolit [Ag(Br, Cl)] und der Jodembolit [Ag(Cl, Br, J)].

Trinkwässer enthalten — je nach ihrem Ursprung — wechselnde Mengen Brom von 0 bis 100 mg/l.

Im pflanzlichen und tierischen Organismus tritt Brom ebenfalls auf. Bemerkenswert ist, daß einige Tiere und Pflanzen des Meeres Brom gegenüber Chlor merklich angereichert enthalten. Gewisse Schneckenarten produzieren in ihren Drüsen einen bromhaltigen organischen Farbstoff, der bei Belichtung in den berühmten Purpur übergeht.

Verwendung. Brom wird vor allem in Form von Bromsilber zur Herstellung photographischer Schichten verwendet. Außerdem haben eine Reihe bromhaltiger organischer Verbindungen als Farbstoffe (z. B. Eosin) und als Arzneimittel (Bromural, Adalin) praktische Bedeutung erlangt. Im Laboratorium wird Brom sowohl beim analytischen als auch beim präparativen Arbeiten häufig verwendet.

Wertigkeit und analytisches Verhalten des Broms in den verschiedenen Verbindungen. Brom tritt gegenüber Wasserstoff und den Metallen 1wertig negativ auf. Die Elektronenaffinität ist kleiner als die des Chlors, aber größer als die des Jods, so daß elementares Chlor aus Bromiden Brom und freies Brom aus Jodiden Jod in Freiheit setzt. In den sauerstoffhaltigen Verbindungen liegt Brom positiv 1-, 3- und 5wertig vor. Die 7wertige Stufe ist — im Unterschied zu den Nachbarelementen der Gruppe, Chlor und Jod — beim Brom nicht realisiert.

Analytisch wichtig sind: das freie Brom (Br_2) sowie das Bromidion (Br^-), Hypobromition (BrO^-) und Bromation (BrO_3^-).

Elementares Brom ist eine bei Zimmertemperatur dunkelbraunrote Flüssigkeit, die infolge ihres hohen Dampfdruckes (Kp. 58,8° C) braunrote, stechend riechende Dämpfe abgibt. In Wasser löst es sich mäßig; bei 20° C werden 3,5 g Br_2 von 100 g Wasser aufgenommen. Das dabei entstehende sog. Bromwasser wird in der analytischen Chemie als Oxydationsmittel verwendet. Größeres Lösungsvermögen für Brom besitzen wäßrige Halogenidlösungen, mit denen es unter Bildung von Polyhalogeniden reagiert. In der analytischen Chemie werden als Lösungsmittel vor allem Chloroform, Tetrachlorkohlenstoff und Schwefelkohlenstoff benützt, die mit Brom in jedem Verhältnis mischbar sind und in denen es sich mit brauner — bei größerer Verdünnung gelber — Farbe löst. Äther und Alkohol reagieren mit elementarem Brom und können deshalb als Lösungsmittel nicht verwendet werden. Durch starke Oxydationsmittel, wie Chlorwasser, wird Brom in wäßriger Lösung zu Bromsäure oxydiert, während Reduktionsmittel, wie Oxalsäure, Hydrazin, Hydroxylamin, Schwefelwasserstoff und Wasserstoffperoxyd, es in Bromwasserstoff überführen. Zum analytischen Nachweis von freiem Brom wird vor allem die Braunfärbung in organischen Lösungsmitteln benützt, ferner die Reduktion zu Bromid sowie einige Farbreaktionen.

Bromwasserstoff ist in wäßriger Lösung eine sehr starke Säure, die jedoch unbeständiger als Salzsäure ist und schon beim Stehen an der Luft unter Braunfärbung freies Brom ausscheidet. Auch die Salze der Säure, die Bromide, gehen unter der Einwirkung von Oxydationsmitteln leicht in elementares Brom über, worauf eine größere Zahl von analytischen Nachweismethoden für Bromidion beruht. Die Mehrzahl der Salze ist in Wasser leicht löslich. Schwerlösliche Niederschläge erzeugt Bromidion mit Silber-, Thallium(I)-, Quecksilber(I)-, Quecksilber(II)-, Blei-, Kupfer(I)-, Gold(I)-, Platin(II)- und Palladium(II)-salzen. Einige hiervon werden ebenfalls zur analytischen Identifizierung benützt.

Hypobromite entstehen — analog der Bildung von Hypochloriten — bei der Einwirkung von Brom auf Alkalilaugen:

$$Br_2 + 2\,NaOH \longrightarrow NaOBr + NaBr + H_2O.$$

Sie geben beim Erwärmen die analoge Disproportionierungsreaktion wie Hypochlorite unter Bildung von Bromid und Bromat:

$$3\,NaOBr \longrightarrow NaBrO_3 + 2\,NaBr.$$

Alkalihypobromitlösungen sind strohgelb gefärbt und haben einen eigentümlichen, aromatischen Geruch. Sie besitzen stark oxydierende Eigenschaften, auf denen auch ihre analytischen Nachweisreaktionen beruhen.

Die Bromsäure, welche durch Einleiten von Chlor in Bromwasser dargestellt werden kann,

$$Br_2 + 5\,Cl_2 + 6\,H_2O \longrightarrow 2\,HBrO_3 + 10\,HCl$$

ist nur in wäßriger Lösung beständig. Sie ist eine mittelstarke Säure und besitzt — ebenso wie ihre Salze, die Bromate — stark oxydierende Eigenschaften. Auf diesen beruhen auch eine Reihe analytischer Nachweisreaktionen für Bromation. Ferner kann es durch die Bildung schwerlöslicher Niederschläge mit Silber-, Thallium(I)-, Quecksilber(I)-, Quecksilber(II)- und Bariumsalzen identifiziert werden.

Nachweismethoden.

§ 1. Nachweis auf spektralanalytischem Wege.

1. Spektrum des Bromatoms.

In der Bunsenflamme läßt sich das Spektrum des Bromatoms nicht anregen. Im Geissler-Rohr wird ein Funkenspektrum erhalten mit folgenden Linien (die intensivsten sind hervorgehoben): 700,0; 678,0; 663,0; 658,3; 655,9; 654,6; *635,3*;

614,8; 587,6; 583,0; 572,3; 559,0; 550,9; 549,7; 549,1; 545,0; 542,3; *532,7*; 530,5; 524,0; 518,4; 516,6; 506,0; 493,0; *478,8*; *470,5*; 467,7; 461,8; 436,6; 398,0 mμ (FORMANEK).

Bei Verwendung einer besonderen Versuchsanordnung, die das Arbeiten mit hohen Stromstärken (mehrere hundert Ampere) und vermindertem Druck (5 bis 40 mm Hg) bei 220 Volt gestattet, gelingt es nach PFEILSTICKER, noch 5 bis 20 γ Brom in 2 g Substanz nachzuweisen.

2. Spektrum von Bromverbindungen.

Brom kann — ebenso wie die anderen Halogene — durch das Spektrum des Kupfersalzes nachgewiesen werden. Nach MITSCHERLICH mischt man die zu prüfende, trockene Substanz mit Ammoniumsulfat und Kupferoxyd und bringt die Mischung in ein Glasrohr. Durch dieses wird dann Wasserstoff geleitet, der am Ende des Rohres angezündet wird, während das Reaktionsgemisch langsam erhitzt wird. Bei Gegenwart von Chlor, Brom oder Jod färbt die Flamme sich blaugrün. Brom kann bei Betrachtung im Spektralapparat an den charakteristischen Banden des Kupferbromids erkannt werden: 5139, 5121, 5070, 5034, 4955, 4878, 4810, 4748, 4651, 4580, 4513, 4462, 4442, 4398, 4375, 4342, 4318, 4287, 4262, 4237, 4209, 4158, 4109, 4070 Å (EDER und VALENTA). Da Kupferchlorid und Kupferjodid andere Spektren besitzen, stört die gleichzeitige Anwesenheit von Chlor und Jod nicht.

BILTZ gibt für den Nachweis von Brom neben Chlor folgendes einfache Verfahren an: Eine mit Kupferoxyd übersättigte, schwarz gefärbte Phosphorsalz-Oxydationsperle wird mit der zu untersuchenden Substanz im Bunsenbrenner geglüht. Bei Anwesenheit von Brom färbt die Flamme sich blaugrün, während chlorhaltige Verbindungen unter den gleichen Bedingungen eine Blaufärbung verursachen.

FRIEDLÄNDER empfiehlt, zum Nachweis von Brom das Bariumbromidspektrum zu verwenden, das auf folgende Weise erhalten wird: Man bringt an dem Öhr eines dünnen Platindrahtes eine geringe Menge Bariumhydroxyd in den äußeren Flammensaum des Bunsenbrenners. Dann hält man etwa 1 cm unter den ersten Draht einen zweiten mit der zu prüfenden Substanz. Bei Anwesenheit von Brom verschwindet das zunächst beobachtbare Bariumoxydspektrum, und es treten die deutlich erkennbaren, scharfen Linien des Bariumbromids bei 540,7, 536,1, 529,9, 525,9 und 520,9 mμ auf neben zwei unscharfen Banden bei 515,7 und 510,3 mμ. Es können auf diese Weise noch 0,0115 mg Brom nachgewiesen werden. Die Anwesenheit von Chlor und Jod stört nicht, da die entsprechenden Bariumhalogenidspektren sich von dem des Bariumbromids deutlich unterscheiden.

DE BOISBAUDRAN beschreibt ebenfalls einen Nachweis mit Hilfe des Bariumbromidspektrums, das auf ähnliche Weise wie bei FRIEDLÄNDER erzeugt wird (vgl. auch die Abschnitte „Chlor“ und „Jod“).

3. Spektrum des Bromdampfes.

Bromdampf färbt die Wasserstoffflamme gelb, die Leuchtgasflamme grüngelb. Bei hohem Dampfdruck kann ein Absorptionsspektrum beobachtet werden, das von etwa 5000 Å bis ins äußerste Rot reicht. Es besteht aus zahlreichen, nach rot abschattierten Banden, die leicht in Linien aufzulösen sind.

§ 2. Nachweis von freiem Brom.

Die Anwesenheit von größeren Mengen freien Broms ist gewöhnlich schon durch das äußere Verhalten der Analysenprobe erkennbar: Die Substanz gibt braune, stechend riechende Dämpfe ab und löst sich in organischen und anorganischen Lösungsmitteln (CS_2, CCl_4, $CHCl_3$, Wasser, wäßrigen Salzlösungen) mit brauner — bei größerer Verdünnung gelber — Farbe.

A. Farbreaktionen.

Wichtige Reaktionen.

1. Mit Fluorescein.

Gelbgrün gefärbte Fluoresceinlösungen reagieren mit freiem Brom unter Bildung von rotem Eosin:

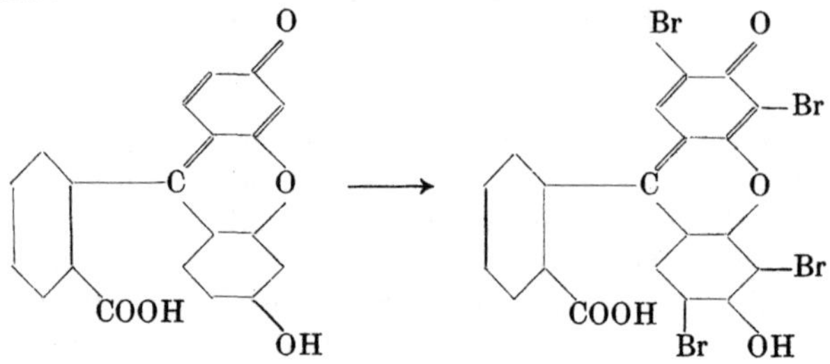

Als Reagens wird neben Fluorescein auch Äthylfluorescein oder Fluoresceinnatrium verwendet. Die Probe kann entweder mit der wäßrigen Lösung des Farbstoffes oder als Tüpfelreaktion mit Hilfe von Reagenspapier ausgeführt werden.

Herstellung der Reagenslösung. Nach Baines mischt man 30 cm³ 10%ige Natronlauge mit 20 cm³ Eisessig, 1 cm³ 0,25%iger wäßriger Fluoresceinnatriumlösung und 50 cm³ Wasser. Von dieser Reagenslösung werden 6 Tropfen auf 1 cm³ der zu untersuchenden, gelösten Substanzprobe verwendet. Bei Gegenwart von Brom ist das Auftreten einer blaßroten Färbung erkennbar.

Labat empfiehlt als Reagenslösung eine 0,025%ige alkoholische Lösung von Fluorescein. Von dieser werden 0,1 cm³, zusammen mit 5 Tropfen Ammoniak, zu 5 cm³ Untersuchungslösung gegeben. Bei Anwesenheit von Brom färbt sich die Lösung rosa.

Herstellung des Reagenspapiers. Nach Lorenz, Grau und Bergheimer löst man feingepulvertes Äthylfluorescein durch 1stündiges Rühren in der Kälte in einer Mischung von 35 Gewichtsteilen Eisessig und 65 Teilen Wasser. Mit der filtrierten Lösung werden Filtrierpapierstreifen getränkt, die anschließend an der Luft getrocknet und im Dunkeln aufbewahrt werden. Zur Prüfung auf Brom bringt man eine geringe Menge der Untersuchungslösung auf das Reagenspapier oder feuchtet dasselbe mit Wasser an und hält es in die aus der Substanzprobe entwickelten Dämpfe (die evtl. durch vorherige Einwirkung von Oxydationsmitteln in Freiheit gesetzt sind). Bei Anwesenheit von Brom färbt sich das Papier rot, bei Gegenwart kleiner Brommengen rosa.

Nach Ganassini stellt man das Reagenspapier durch Tränken von Filtrierpapierstreifen mit einer 0,4%igen alkoholischen Fluoresceinlösung, der etwas Ammoniak zugesetzt ist, her. Zur Probe wird das getrocknete Papier in die von der Substanz abgegebenen Dämpfe (s. o.) gehalten und anschließend kurz über den Hals einer Flasche mit konzentriertem Ammoniak gebracht.

Empfindlichkeit. Mit der Reagenslösung nach Labat können noch 0,03 mg Brom in 5 bis 10 cm³ Probelösung deutlich nachgewiesen werden.

Der auf Fluoresceinreagenspapier durch Brom erzeugte Eosinfleck hebt sich bei Betrachtung im ultravioletten Licht deutlich von der fluorescierenden Umgebung ab (Grant). Es können daher mit Hilfe dieses Identifizierungsverfahrens noch $1{,}7 \cdot 10^{-6}$ g Brom erkannt werden.

Störungen. Jod stört die Reaktion, da es mit Fluorescein rotes Jodeosin bildet. Nach Pawlinowa kann der Nachweis jedoch auch in Gegenwart von Jod ausgeführt werden, wenn man den erhaltenen roten Tüpfelfleck mit Natriumthiosulfatlösung befeuchtet und das Papier anschließend in Ammoniakdämpfe hält. Die

Empfindlichkeit der Reaktion wird bei dieser Arbeitsweise allerdings um eine Zehnerpotenz herabgesetzt.

Enthält die zu untersuchende Substanz von den freien Halogenen nur Chlor, so entsteht eine Täuschung leicht dadurch, daß das Reagenspapier sich nach der Einwirkung von Chlorgas bei der Berührung mit Ammoniakdämpfen schwach rosa färbt. Diese Rötung kann aber — im Unterschied zu den durch Brom und Jod hervorgerufenen — durch Behandeln mit Essigsäuredämpfen wieder zum Verschwinden gebracht werden (GANASSINI).

2. Mit Fuchsin.

Fuchsinlösungen, die durch schweflige Säure oder Schwefelsäure entfärbt sind, bilden mit elementarem Brom einen blauvioletten, bromhaltigen Farbstoff. Die Reaktion muß in der Kälte ausgeführt werden, da anderenfalls ein Farbumschlag auch in Abwesenheit von Brom auftreten kann.

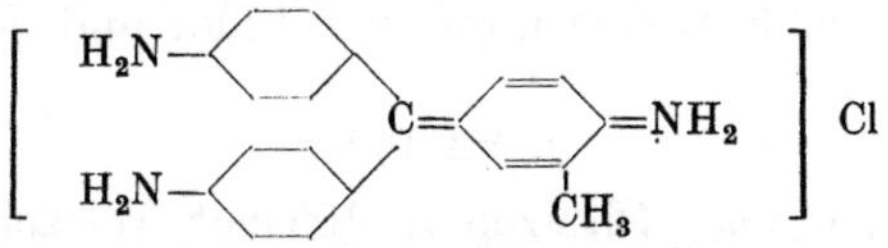

Herstellung der Reagenslösung. Als Reagens wird nach GUARESCHI (c) eine entfärbte Fuchsinlösung der gleichen Zusammensetzung, wie sie zum Nachweis von Aldehyden benützt wird, verwendet: Man löst nach GATTERMANN Fuchsin in heißem Wasser zu einer 0,2%igen Lösung und gibt in der Kälte portionsweise eine konzentrierte wäßrige Lösung von schwefliger Säure zu, bis nach einigem Stehen Entfärbung eintritt. Die Lösung ist gut verschlossen einige Zeit haltbar.

DENIGÈS und CHELLE (a) führen den Nachweis mit einer durch Schwefelsäure entfärbten Fuchsinlösung durch, die folgendermaßen hergestellt wird: 100 cm³ 5%ige Schwefelsäure und 10 cm³ Fuchsinlösung (1:1000) werden gemischt und etwa 1 Std. stehengelassen. Dann gibt man zu 25 cm³ dieser Lösung 25 cm³ Eisessig und 1 cm³ konzentrierte Schwefelsäure. Zur Probe werden von dem so hergestellten Reagens 5 cm³ verwendet, die mit einigen Tropfen der zu untersuchenden, gelösten Substanz versetzt werden.

Empfindlichkeit. Die Empfindlichkeit der Reaktion kann durch Ausschütteln des gebildeten blauvioletten Farbstoffes in Chloroform oder Tetrachlorkohlenstoff wesentlich erhöht werden. Es ist dann möglich, noch 5 γ Brom in 10 cm³ Probelösung nachzuweisen (FREZOULS).

Störungen. Chlor und Jod stören selbst in größeren Mengen die Fuchsinreaktion nicht. Chlor bildet mit dem Reagens eine in Chloroform ebenfalls lösliche, gelbe Verbindung, die jedoch von dem bromhaltigen Farbstoff deutlich unterscheidbar ist [DENIGÈS (b)].

Weitere Reaktionen.

1. Mit p-Rosanilin.

Das dem Fuchsin ähnliche p-Rosanilin reagiert mit Brom in wäßriger, durch Bisulfit entfärbter Lösung unter Bildung eines blauvioletten Farbstoffes.

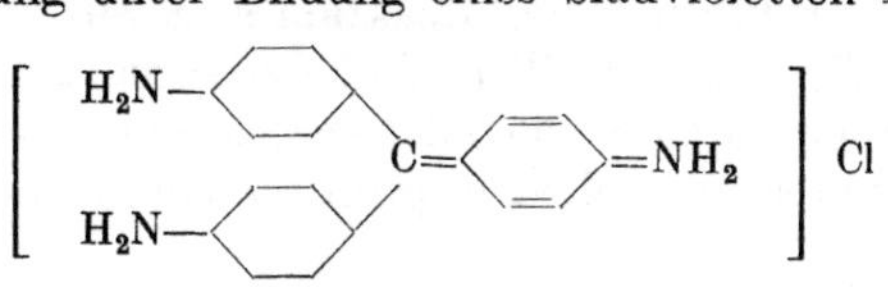

Als Reagens verwendet man eine Lösung von 1 g p-Rosanilinchlorhydrat in 500 cm³ Wasser, die mit 6 g Natriumhydrogensulfit und 6 cm³ Salzsäure (D 1,19) versetzt ist. Bei Anwesenheit von Brom wird diese farblose oder schwach hellgelbe

Reagenslösung blau bis violett gefärbt, und mit größeren Brommengen fällt ein violetter Niederschlag aus [GUARESCHI (a)].

2. Mit HOFMANNS Violett.

Der Farbstoff, der ein an den Aminogruppen einfach äthyliertes Fuchsin ist, bildet in wäßriger, durch Bisulfit entfärbter Lösung mit freiem Brom eine tiefblaue Färbung.

Die Reagenslösung stellt man durch Auflösen von 1 g HOFMANNS Violett in 500 cm³ Wasser unter Zusatz von 6 bis 8 g Bisulfit und 10 bis 11 cm³ Salzsäure (D 1,19) her. Unter tüchtigem Schütteln wird die Lösung allmählich fast farblos. Mit dieser Lösung getränktes Filtrierpapier färbt sich unter der Einwirkung von Bromdampf intensiv blau [GUARESCHI (a)].

Die Reaktion wird noch von sehr geringen Brommengen, die aus Bruchteilen eines Milligramms Bromid in Freiheit gesetzt sind, gegeben.

Der Nachweis ist auch in Gegenwart von Chlor und Jod anwendbar.

3. Mit Dithizon.

Eine Lösung von 0,3 mg Dithizon in 100 cm³ Tetrachlorkohlenstoff gibt bei tropfenweiser Zugabe zu einer bromhaltigen Tetrachlorkohlenstofflösung zunächst eine gelbe bis blaßrote Färbung, die bei weiterer Zugabe von Dithizonlösung in ein intensives Rot mit einem Stich ins Blauviolette übergeht (AMBERGER). Wesentlich für das Gelingen der Reaktion ist, daß sie in Abwesenheit von Wasser durchgeführt wird.

Der Nachweis ist sehr empfindlich (Zahlenangaben über die Empfindlichkeit sind nicht vorhanden).

Die Reaktion eignet sich besonders für den Bromnachweis in organischen Substanzen, wie z. B. in Bromoform, Brombenzylcyanid usw., die bei beginnender Zersetzung Brom abspalten.

4. Mit Resorufin.

Gelbrot fluorescierende Lösungen von Resorufin in Alkalicarbonat reagieren mit Brom zu Tetrabromresorufin, das in alkalischer Lösung blau ist und nicht fluoresciert:

Man versetzt die Probelösung mit etwas Soda oder Natriumhydrogencarbonat und gibt anschließend einige Tropfen einer Lösung von 0,1 g Resorufin und 1,5 g Soda in 100 cm³ Wasser zu. Bei Anwesenheit von Brom färbt sich die Lösung blau. Durch einen Überschuß an Resorufin kann gleichzeitig eine gelbrote Fluorescenz entstehen.

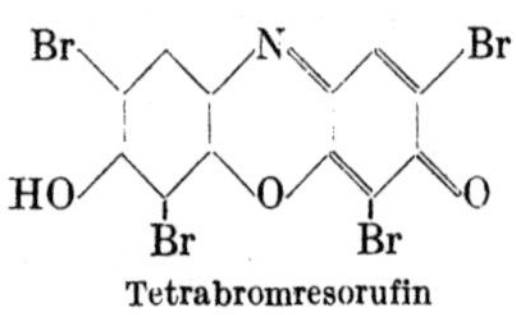

Tetrabromresorufin

Chlor gibt die gleiche Reaktion (EICHLER).

5. Mit Phenolrot.

Phenolrot reagiert mit schwach alkalischen bromhaltigen Lösungen unter Bildung eines Farbstoffes vom Bromphenolblau-Typ, dessen gelbe Farbe zwischen p_H 3,2 bis 4,6 nach blauviolett umschlägt (STENGER und KOLTHOFF).

Näheres über die Ausführung der Reaktion s. S. 89.

Reduzierende Stoffe, einschließlich Ammonsalzen und Jodiden, stören die Reaktion. Jodide werden durch Kochen der angesäuerten Probelösung mit Natriumnitrit entfernt. Chloride stören selbst in größerer Menge nicht.

6. Mit hydrierten Strychninderivaten.

Ein durch Hydrierung von Strychnin gebildetes Gemisch von Tetrahydrostrychnin gibt mit bromhaltigen wäßrigen Lösungen eine purpurrote Färbung.

Das Reagens, das jeweils frisch hergestellt werden muß, wird folgendermaßen bereitet: 5 cm³ 1%ige Strychninsulfatlösung erhitzt man mit 5 cm³ Salzsäure (D 1,19) und 4 bis 5 g amalgamiertem Zink zum Sieden. Dann wird 5 bis 10 Min. heiß stehengelassen, abgekühlt und dekantiert. Zur Prüfung auf Brom gibt man 1 cm³ dieser Lösung zu 5 cm³ Untersuchungslösung, die höchstens 0,005 g Brom enthalten soll. Es entsteht sofort eine purpurrote Färbung, die durch eine Absorptionsbande im gelben Spektralbereich charakterisiert ist.

Es lassen sich noch 0,01 mg Brom in 100 cm³ Probelösung nachweisen.

Andere Oxydationsmittel, wie auch Chlor und Jod, stören die Reaktion nicht. Die Probe versagt dagegen bei Anwesenheit von Zinn(II)-chlorid [DENIGÈS (a)].

7. Mit p-Amino-dimethylanilin.

Das Reagens gibt bei Zugabe steigender Mengen bromhaltiger Lösungen eine charakteristische Farbfolge von blaßrosa über purpurrot, violettrot, grün und braun nach gelb. Die Ursache hierfür ist eine fortschreitende Halogenierung des Benzolkerns und der Seitenkette.

Nach TREMAIN bereitet man eine Lösung von 5 g p-Amino-dimethylanilin in 100 cm³ absolutem Alkohol. Von dieser gibt man 2 bis 3 Tropfen in 5 cm³ Wasser und fügt dann langsam die zu prüfende, neutrale oder schwach saure Lösung zu.

Der Nachweis ist sehr empfindlich; nach TREMAIN läßt sich noch 1 Teil Brom in $1{,}3 \cdot 10^6$ Teilen Probelösung deutlich erkennen.

Die Reaktion kann mit Hilfe von Filtrierpapierstreifen, die mit der Reagenslösung getränkt sind, auch als Tüpfelnachweis ausgeführt werden. Man bringt dann eine geringe Menge der Untersuchungslösung auf das Reagenspapier oder befeuchtet dasselbe mit Wasser und hält es in die von der Substanzprobe abgegebenen Dämpfe. Bei Einwirkung von gasförmigem Brom entsteht nach JOLLES ein charakteristischer Farbring, der innen violett ist und an den Rändern von blau über grün in braun übergeht.

Die Reaktion gelingt nicht bei Gegenwart größerer Mengen freier Säure oder freien Alkalis. Ferner stören Chlor und Jod, die mit dem Reagens ebenfalls charakteristische Farbreaktionen geben.

8. Mit Stärke.

Stärke wird durch Einwirkung bromhaltiger Lösungen gelb bzw. bei Anwesenheit von viel Brom orange gefärbt.

Man bringt auf einige Körnchen Stärke 1 Tropfen der zu prüfenden gelösten Substanz.

Die Erfassungsgrenze beträgt nach BEHRENS-KLEY 2 γ Brom/Tropfen.

Jod stört die Reaktion.

9. Mit Chloroform und Kaliumjodid.

Elementares Brom setzt aus Kaliumjodidlösungen Jod in Freiheit, das in Chloroform mit violetter Farbe löslich ist.

Man schüttelt die zu untersuchende wäßrige Lösung mit Chloroform gut durch, trennt die Chloroformschicht ab und wäscht 2- bis 3mal mit Wasser nach. Dann wird etwas verdünnte wäßrige Kaliumjodidlösung zugefügt und die Chloroformschicht auf das Auftreten einer Violettfärbung geprüft (JAMIESON).

Es können auf diese Weise noch etwa 0,4 mg Brom nachgewiesen werden.

Bei Gegenwart von Chlor ist die Probe nicht anwendbar.

10. Mit 2,7-Diaminofluoren.

Eine 1%ige wäßrige Lösung von 2,7-Diaminofluorenhydrochlorid erzeugt mit bromhaltigem Wasser eine deutliche Blaufärbung.

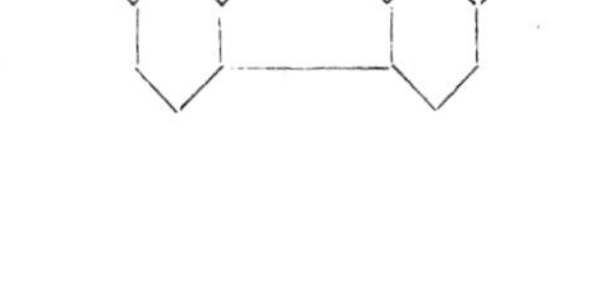

Die gleiche Reaktion wird auch mit anderen Oxydationsmitteln, z. B. Chlor und Persulfat, gegeben. Sie besitzt für den Bromnachweis keine praktische Bedeutung (SCHMIDT und HINDERER).

11. Mit Tetramethyl-diamido-diphenylmethan.

Ein mit dem Reagens getränkter Streifen Filtrierpapier wird durch bromhaltige Lösungen dunkelblau gefärbt.

Chlor gibt die gleiche Reaktion, während Ozon eine Violettfärbung und Stickstoffdioxyd eine Gelbfärbung des Papiers hervorrufen (VAN ECK).

B. Fällungsreaktionen.

1. Mit m-Phenylendiamin.

Bromhaltige Lösungen fällen aus einer wäßrigen Lösung von m-Phenylendiaminhydrochlorid einen weißen, aus kleinen Stäbchen oder Sternchen bestehenden Niederschlag von 2,4,6-Tribrom-m-phenylendiamin (s. Abb. 1). Dieser ist in Wasser schwer löslich, während er sich in verdünnter Schwefelsäure leichter und in Alkohol sehr leicht löst. Aus konzentrierten Lösungen fällt das Produkt vielfach amorph.

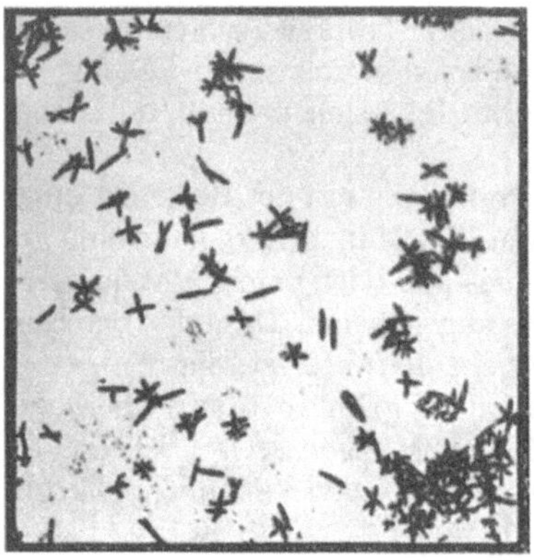

Abb. 1. 2,4,6-Tribrom-m-phenylendiamin. Vergr. 260fach. (Aus GEILMANN: Bilder zur qualitativen Mikroanalyse **36**, 4.)

Erfassungsgrenze: 0,5 γ Brom/cm³.

Chlor und Jod stören die Reaktion nicht, während Oxydationsmittel, wie Permanganat, Persulfat, Chromat u. a., die Bildung des Niederschlages verhindern (MASON und CHAMOT).

2. Mit Anilin.

Bromdampf (evtl. aus Bromiden mit einem Oxydationsmittel in Freiheit gesetzt) erzeugt beim Überleiten in ein mit 2 bis 3 Tropfen frisch bereiteter Anilinlösung beschicktes Reagensröhrchen charakteristische Kristalle von 2,4,6-Tribromanilin, die unter dem Mikroskop als Haufwerk kleiner, dünner Prismen zu erkennen sind (POZZI-ESCOT) (s. Abb. 2).

3. Mit Naphthol.

Naphthol gibt mit Brom einen zuerst weißen, nach kurzer Zeit gelblich werdenden Niederschlag.

Man überschichtet die zu untersuchende Lösung mit einer 1%igen Lösung von Naphthol in Alkohol und läßt kurze Zeit stehen. Bei Anwesenheit von Brom entsteht an der Berührungsfläche beider Schichten ein weißer, bald gelblich werdender Niederschlag, der beim Umschütteln in der ganzen Flüssigkeit eine gelbe Opalescenz hervorruft.

Chlor stört, da es unter den gleichen Bedingungen einen weißen Niederschlag bildet. Gegen Jod ist das Reagens indifferent (HAGER).

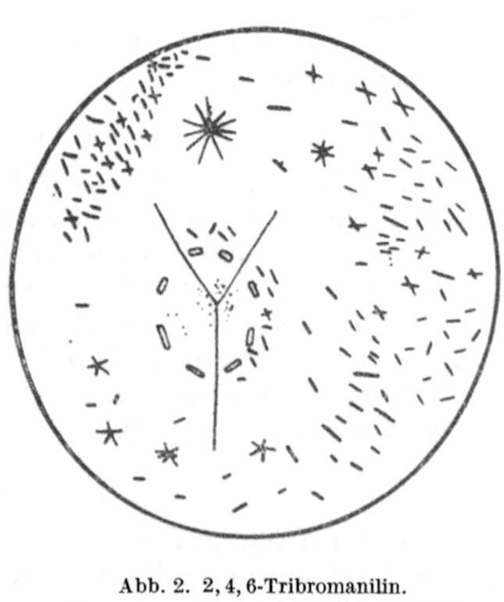

Abb. 2. 2,4,6-Tribromanilin. [Aus: Ann. Chim. anal. **12**, 317 (1907).]

C. Reduktionsreaktionen.

Elementares Brom kann durch Einwirkung verschiedener Reduktionsmittel leicht in Bromidion überführt werden, das anschließend mit Hilfe einer der in § 3 angegebenen Reaktionen nachgewiesen wird. Es sind folgende Reduktionsreaktionen bekannt:

1. Mit nascierendem Wasserstoff.

Elementares Brom wird durch nascierenden Wasserstoff glatt zu Bromid reduziert.

Man säuert die zu prüfende Lösung mit verdünnter Schwefelsäure an und gibt einige Zinkgranalien zu. Nach beendeter Reaktion wird aufgekocht und mit Silbernitrat auf Bromidion geprüft.

Chlor und Jod werden unter den gleichen Bedingungen zu den entsprechenden Halogeniden reduziert.

2. Mit schwefliger Säure.

Bromhaltige wäßrige Lösungen reagieren mit schwefliger Säure unter Bildung von Bromid nach folgender Gleichung:

$$SO_2 + Br_2 + 2\,H_2O \longrightarrow 4\,H^+ + 2\,Br^- + SO_4^{--}.$$

Die Probe wird so durchgeführt, daß man im Anschluß an die Reduktion Salpetersäure zugibt und aufkocht, um die überschüssige schweflige Säure zu entfernen. Nach dem Abkühlen der Lösung kann dann mit Silbernitrat auf Bromidion geprüft werden.

Chlor und Jod werden unter denselben Bedingungen ebenfalls reduziert.

3. Mit Wasserstoffperoxyd.

Alkalische Wasserstoffperoxydlösung reduziert bromhaltige Lösungen unter gleichzeitiger Sauerstoffentwicklung zu Bromid. Dieses kann nach Verkochen des überschüssigen Reduktionsmittels wie üblich nachgewiesen werden.

Chlor und Jod werden ebenfalls zu den Halogeniden reduziert.

4. Mit Hydroxylamin.

Eine alkalische Lösung von Hydroxylamin reagiert mit bromhaltigen Lösungen unter quantitativer Bildung von Bromid.

Chlor und Jod geben analoge Reaktionen.

5. Mit Hydrazin.

Hydrazin-hydrochlorid reduziert bromhaltige Lösungen ebenfalls quantitativ zu Bromid.

Chlor und Jod reagieren in gleicher Weise.

§ 3. Nachweis von Bromidion (Br^-).

Vorproben.

1. Verhalten gegen konzentrierte Schwefelsäure.

Bromide reagieren mit konzentrierter Schwefelsäure in Umkehrung der Reaktion C, 2 aus § 2 unter Bildung von Bromwasserstoff, Brom und Schwefeldioxyd. Die Reaktion verläuft zunächst unter Freisetzen von Bromwasserstoff, der dann teilweise durch die konzentrierte Schwefelsäure oxydiert wird:

$$2\,HBr + H_2SO_4 \longrightarrow SO_2 + Br_2 + 2\,H_2O.$$

Das entstehende elementare Brom kann durch die entwickelten braunen, stechend riechenden Dämpfe leicht erkannt werden.

Die Reaktion läßt sich zur Prüfung auf Bromidion noch wesentlich empfindlicher dadurch gestalten, daß die Substanzprobe vor der Zugabe von konzentrierter Schwefelsäure mit etwas Bleidioxyd oder Braunstein vermischt wird. Auf diese Weise wird sämtlicher bei der Umsetzung gebildeter Bromwasserstoff zu Brom oxydiert. In Gegenwart von Chloriden entsteht bei dieser Arbeitsweise jedoch auch elementares Chlor, das mit dem gebildeten Brom zu farblosem Bromochlorid reagieren und dadurch die Erkennung des Broms verhindern kann. Diese Störung läßt sich dadurch vermeiden, daß die Probe an Stelle von konzentrierter Schwefelsäure mit verdünnter H_2SO_4 ausgeführt wird, da Chloride unter diesen Bedingungen nicht angegriffen werden (FRESENIUS).

Festes Kupferbromid reagiert mit konzentrierter Schwefelsäure kaum, Cadmiumbromid überhaupt nicht [VIARD (a, b)].

Nitrate und Nitrite entwickeln beim Übergießen mit konzentrierter Schwefelsäure ebenfalls braune Dämpfe.

2. Verhalten beim Schmelzen mit Kaliumhydrogensulfat.

Bromide entwickeln beim Schmelzen mit Kaliumhydrogensulfat im Platintiegel oder in einer Porzellanschale Brom und Schwefeldioxyd. Ersteres ist an den braun gefärbten Dämpfen leicht erkennbar. Liegt das Bromid als Silberbromid vor, so entsteht nur sehr wenig Brom [KOLBECK (a), PISANI].

3. Verhalten auf der Kohle.

Erhitzt man Alkalibromide auf der Kohle vor dem Lötrohr, so schmelzen sie zunächst, dringen in die Kohle ein und verflüchtigen sich dann mit weißem Rauch, der ziemlich weit von der Probe entfernt auf der Kohle einen weißen Beschlag bildet. Dieser verschwindet, wenn er mit der Reduktionsflamme des Brenners berührt wird, unter farbigem Aufleuchten, wobei Kaliumbromid eine rötlich-violette und Natriumbromid eine rötlich-gelbe Flammenfärbung verursacht [KOLBECK (b)].

Die Bildung weißer Beschläge auf der Kohle ist nicht spezifisch und kann nur zur groben Orientierung dienen.

Auf nassem Wege.

A. Fällungsreaktionen.

1. Mit Silbernitrat.

Silbernitratlösung fällt aus salpetersauren bromidhaltigen Lösungen einen gelben, käsigen Niederschlag von Silberbromid (AgBr). Dieser ist in Wasser und in Salpetersäure sehr wenig löslich (bei 20° C lösen 100 cm³ Wasser $12 \cdot 10^{-6}$ g AgBr). Mit überschüssigem Ammoniak, Kaliumcyanid und Natriumthiosulfat entstehen dagegen Lösungen der entsprechenden komplexen Silbersalze (s. a. im Abschnitt „Chlor"). Im Unterschied zum Silberchlorid löst sich Silberbromid in einer gesättigten Lösung von Ammoniumcarbonat nicht auf.

Nach KARAOGLANOV können noch 0,2 γ Bromidion/10 cm³ Lösung mit Hilfe der Silberbromidfällung erfaßt werden.

Der Nachweis wird gestört durch eine Anzahl von Ionen, die mit Silbernitrat ebenfalls schwer lösliche Niederschläge bilden, wie Chlorid, Jodid, Hypochlorit, Bromat, Jodat, Cyanid, Rhodanid, Sulfid, Cyanoferrat(II) und Cyanoferrat(III). Über die Entfernung von Cyaniden, Rhodaniden und komplexen Cyaniden sowie die Abtrennung von Silberchlorid siehe im Abschnitt „Chlor", S. 42. Silberbromat und Silberjodat können von Silberbromid durch ihre Löslichkeit in Ammoniumcarbonat getrennt werden. Zur Identifizierung von Silberbromid neben Silberjodid wird der Halogenidniederschlag mit nascierendem Wasserstoff (aus Zink und verdünnter Schwefelsäure) zu metallischem Silber reduziert und im Filtrat die Bromwasserstoffsäure neben Jodwasserstoffsäure mit Hilfe von Chlorwasser und Chloroform (s. S. 82) nachgewiesen. Liegen in der Analysensubstanz neben Bromid gleichzeitig mehrere andere Halogenionen vor, so wird zum Nachweis zweckmäßig ein Trennungsgang benützt. Näheres siehe im Abschnitt „Trennungen und Analysengänge".

2. Mit Thallium(I)-nitrat.

Thallium(I)-nitratlösung reagiert mit Bromidion unter Fällung eines gelblichweißen, schweren Niederschlages von Thallium(I)-bromid (TlBr). Dieser ist in kaltem Wasser sehr wenig, in heißem Wasser etwas leichter löslich (Löslichkeit von TlBr in 100 cm^3 Wasser bei 20° C: $47{,}6 \cdot 10^{-3}$ g; bei 60° C: $204 \cdot 10^{-3}$ g). Aus heißen Lösungen kristallisiert Thallium(I)-bromid beim Abkühlen wieder aus. Der Niederschlag ist in Säuren, verdünntem Ammoniak und Kaliumcyanid unlöslich.

Störungen verursachen Anionen, die ebenfalls schwerlösliche Thalliumsalze bilden, wie Jodid, Chlorid und Chromat. Außerdem wirkt die Anwesenheit starker Oxydationsmittel, wie Permanganat oder Cyanoferrat(III), störend, da hierdurch das Thallium(I)-salz zum Thallium(III)-salz oxydiert wird.

Über den mikrochemischen Nachweis von Bromidion mit Thallium(I)-salz s. S. 88.

3. Mit gesättigter ammoniakalischer Silberchloridlösung.

Bromidhaltige Lösungen geben mit einer gesättigten ammoniakalischen Silberchloridlösung einen gelben Niederschlag von Silberbromid.

Zur Herstellung des Reagenses löst man frisch gefälltes, gut ausgewaschenes Silberchlorid in 15- bis 18%igem Ammoniak zu einer gesättigten Lösung auf und fügt etwa 1,5 bis 2% Natronlauge zu. Von dieser Lösung wird 1 cm^3 mit der zu untersuchenden gelösten Substanzprobe versetzt (Pamfil, Pamfil und Wonnesch).

Bei Gegenwart größerer Mengen von Chlorid kann eine Täuschung durch Ausfällung von Silberchlorid entstehen. Diese Störung tritt nach Pamfil und Wonnesch nicht auf, wenn als Reagens eine Lösung von Silberchlorid in ammoniakalischer Hexamethylentetraminlösung verwendet wird: $^1/_{10}$ Mol frisch gefälltes, gut ausgewaschenes Silberchlorid wird mit 300 cm^3 einer kalt gesättigten Lösung von Hexamethylentetramin und 300 cm^3 kalt gesättigter Natriumchloridlösung übergossen. Anschließend wird konzentriertes Ammoniak bis zur Lösung des Silberchlorids zugefügt und mit Wasser auf 1 l aufgefüllt.

Die Reaktion ist zum Nachweis von Bromid in Gegenwart von Jodid und Cyanid nicht verwendbar.

4. Mit Bleiacetat.

Bleiacetat fällt aus schwach sauren bromidhaltigen Lösungen einen weißen, flockigen Niederschlag von Bleibromid ($PbBr_2$), der in heißem Wasser merklich löslich ist (Löslichkeit von $PbBr_2$ in 100 cm^3 Wasser bei 20° C: 0,842 g; bei 100° C: 4,77 g). Beim Abkühlen heißer Lösungen scheidet sich Bleibromid wieder aus.

Nach Karaoglanov lassen sich noch 199 γ Bromid/cm^3 nachweisen.

Störungen werden durch Ionen verursacht, die ebenfalls schwerlösliche Bleisalze bilden, wie Chlorid, Jodid, Sulfid, Sulfat und Perchlorat. Der Nachweis wird außerdem verhindert durch Tartrat, das Blei(II)-ion komplex bindet, so daß es mit Bromidion keine Fällung von Bleibromid mehr gibt.

5. Mit Palladium(II)-nitrat.

Palladium(II)-nitratlösung bildet mit neutralen bromidhaltigen Lösungen einen rotbraunen Niederschlag von Palladium(II)-bromid ($PdBr_2$).

Die Reaktion ist nicht sehr empfindlich.

6. Mit Kupfersulfat und konzentrierter Schwefelsäure.

Bromidhaltige Lösungen geben mit Kupfersulfat bei Gegenwart eines Überschusses von konzentrierter Schwefelsäure einen schwarzen Niederschlag von wasserfreiem Kupfer(II)-bromid ($CuBr_2$).

Zur Durchführung der Probe versetzt man eine Mischung von 1 Teil 10%iger Kupfersulfatlösung und 10 Teilen konzentrierter Schwefelsäure mit einigen Tropfen der zu untersuchenden Lösung.

Bromidion kann noch in einer Verdünnung von 1:200 nachgewiesen werden [VIARD (a, c); GUTZEIT].

Chloride geben unter den gleichen Bedingungen einen gelben Niederschlag. Ferner stört die Anwesenheit größerer Mengen Nitrationen. Weitere Angaben über Störungen sind nicht vorhanden.

7. Mit Cadmiumsulfat und konzentrierter Schwefelsäure.

Cadmiumsulfat erzeugt unter den Bedingungen der Reaktion 6 mit bromidhaltigen Lösungen einen weißen Niederschlag von wasserfreiem Cadmiumbromid ($CdBr_2$).

Als Reagens verwendet man nach VIARD (b) eine Mischung von 1 Teil 10%iger Cadmiumsulfatlösung und 10 Teilen konzentrierter Schwefelsäure.

Bromidion kann mit Hilfe dieser Reaktion noch bis zu einer Verdünnung von 1:800 nachgewiesen werden.

Chloride geben die gleiche Reaktion.

8. Mit Nitron.

Nitron fällt in verdünnter schwefelsaurer Lösung Bromidion als Nitronbromid aus.

Man säuert 5 bis 6 cm^3 Untersuchungslösung mit Schwefelsäure schwach an und gibt 5 bis 6 Tropfen einer 10%igen Lösung von Nitron in Essigsäure zu.

Bromidion läßt sich noch bis zu einer Verdünnung von 1:800 nachweisen.

Eine Reihe anderer Ionen bildet mit Nitron ebenfalls schwerlösliche Salze: J^-, ClO_3^-, ClO_4^-, NO_2^-, NO_3^-, CrO_4^{--}, SCN^-, $[Fe(CN)_6]^{---}$, $[Fe(CN)_6]^{----}$ (BUSCH).

B. Oxydationsreaktionen.

Durch Oxydationsmittel wird Bromidion sehr leicht in elementares Brom überführt, das anschließend mit Hilfe einer der in § 2 angegebenen Reaktionen nachgewiesen werden kann. Folgende Oxydationsreaktionen sind für den analytischen Nachweis von Bromid vorgeschlagen worden:

1. Mit Chlorwasser.

Chlorwasser oxydiert Bromide zu freiem Brom, das in organischen Lösungsmitteln mit brauner — bei größerer Verdünnung gelber — Farbe löslich ist.

Man gibt zu der schwach sauren Probelösung etwas Chloroform, Tetrachlorkohlenstoff oder Schwefelkohlenstoff und fügt anschließend tropfenweise Chlorwasser zu. Dann wird gut durchgeschüttelt und das organische Lösungsmittel auf das Auftreten einer Färbung geprüft. Bei Zugabe größerer Mengen Chlorwasser kann das evtl. gebildete Brom zu Chlorbrom (BrCl) weiter reagieren, das jedoch an einer Weingelb-Färbung des Lösungsmittels ebenfalls leicht erkannt wird.

Die Reaktion gestattet in besonders einfacher Weise, Bromide neben Jodiden nachzuweisen: Gibt man zu einer Br^- und J^- enthaltenden Lösung tropfenweise Chlorwasser, so wird zunächst allein Jodidion zu Jod oxydiert, das von Chloroform mit violetter Farbe gelöst wird. Bei weiterer langsamer Zugabe des Oxydationsmittels entfärbt die Chloroformschicht sich wieder, da Jod zu Jodsäure weiter oxydiert wird. Fügt man dann noch etwas mehr Chlorwasser zu, so wird auch Bromidion zu Brom oxydiert, das die Chloroformschicht braun färbt.

2. Mit Hypochloriten.

Hypochlorite oxydieren Bromidion in schwach saurer Lösung zu Brom, das durch Ausschütteln in Chloroform nachgewiesen wird.

Zur Durchführung der Probe säuert man die Untersuchungslösung mit Essigsäure (PERKIN) oder verdünnter Schwefelsäure (HARMS) an, gibt etwas Chloroform zu und versetzt anschließend mit einer Lösung von Natriumhypochlorit oder Chlorkalk.

Jodide geben die gleiche Reaktion, werden aber durch Hypochlorit auch schon in neutraler Lösung oxydiert. Zum Nachweis von Bromiden neben Jodiden kann daher so verfahren werden, daß man zunächst in neutraler Lösung durch Hypochlorit Jod in Freiheit setzt, dieses mit Chloroform quantitativ ausschüttelt und dann nach dem Ansäuern den Bromidnachweis durchführt.

Einen besonders empfindlichen Nachweis mit Natriumhypochloritlösung gibt BAINES an: Man stellt zunächst eine Mischung von 30 cm^3 10%iger Natronlauge, 20 cm^3 Eisessig, 1 cm^3 0,25%iger wäßriger Fluoresceinnatriumlösung und 50 cm^3 Wasser her. Von dieser werden 6 Tropfen zu 1 cm^3 Untersuchungslösung gegeben. Dann fügt man tropfenweise unter Umschütteln eine 0,001 n Natriumhypochloritlösung zu und erkennt die Anwesenheit von Bromid an dem Auftreten einer blaßroten Färbung. Diese wird durch überschüssiges Hypochlorit wieder gebleicht.

Nach BAINES können noch $5 \cdot 10^{-6}$ mg Kaliumbromid in 50 cm^3 Lösung nachgewiesen werden.

Bei Anwesenheit von Jodiden ist dieses Nachweisverfahren nicht anwendbar.

3. Mit Chloramin T

(Natriumsalz des p-Toluol-sulfonsäure-chloramids). Das Reagens wird in wäßriger Lösung angewendet und hat die gleichen oxydierenden Eigenschaften wie Chlorwasser. Gegenüber diesem besitzt es jedoch den Vorteil der größeren Haltbarkeit. Zur Durchführung der Probe sind folgende Vorschriften angegeben:

Nach HAHN (a) versetzt man 1 cm^3 Probelösung mit 1 Tropfen Fluoresceinlösung (0,1 n Fluorescein in 5 cm^3 0,1 n Natronlauge und 1 l Wasser), 3 Tropfen Natriumacetatlösung ($p_H = 5{,}5$) und 1 Tropfen 0,1 n Chloramin T-Lösung. Dann wird gut durchgeschüttelt. Nach etwa 1½ Min. gibt man 1 Tropfen einer Lösung von 10 g Soda und 1 g Natriumthiosulfat in 200 cm^3 Wasser zu. Bei Anwesenheit von Bromid schlägt die Farbe der Lösung von grün nach rosa um.

Es können noch 0,1 bis 0,2 γ Bromidion nachgewiesen werden.

Nach MONTEQUI und PUNCEL schüttelt man 5 cm^3 Probelösung mit 2 cm^3 Fuchsinlösung [0,05 g Fuchsin gelöst in 50 cm^3 Salzsäure (D 1,19) und 200 cm^3 Wasser] und 1 bis 2 Tropfen 0,25%iger wäßriger Chloramin T-Lösung gut durch. Bei Anwesenheit von Bromid färbt sich die Lösung blau.

Über die Oxydation von Bromidion mit Chloramin T und den anschließenden Nachweis von Brom sind ähnliche Vorschriften auch von BRAND, ROJAHN und STRUFFMANN, GERSTENZANG, SUSSMAN gegeben worden.

4. Mit Permanganat.

Verdünnte Permanganatlösung wird durch Bromidion in schwach saurer Lösung entfärbt unter gleichzeitiger Bildung von elementarem Brom, das durch Ausschütteln in organischen Lösungsmitteln nachgewiesen wird.

Nach G. MIKO und J. v. MIKO versetzt man die Untersuchungslösung mit etwas n/10 Kaliumpermanganatlösung und einigen Kubikzentimetern 5 n Salzsäure. Bei Anwesenheit von Bromid verschwindet die violette Färbung der Lösung, und es tritt statt dessen eine Gelbfärbung auf, die in Schwefelkohlenstoff ausgeschüttelt werden kann.

Jodide werden unter den gleichen Bedingungen ebenfalls zu freiem Jod oxydiert.

Nach HART und MEYROWITZ säuert man die zu prüfende Lösung mit Schwefelsäure schwach an und fügt 1 cm^3 Tetrachlorkohlenstoff zu. Anschließend wird in kleinen Anteilen 0,02 m Kaliumpermanganatlösung so lange zugegeben, bis die wäßrige Schicht rosa gefärbt bleibt. Eine Gelb- bzw. Braunfärbung des Tetrachlorkohlenstoffs zeigt dann die Anwesenheit von Bromid an. (Eine ähnliche Vorschrift gibt DONNER.)

Jodid gibt auch unter diesen Bedingungen eine analoge Reaktion.

5. Mit Chromsäure.

Chromsäure ist zur Oxydation von Bromidion zu Brom besonders geeignet. Die Reaktion wird daher häufig angewendet und ist in mehreren Ausführungsformen in der Literatur beschrieben:

Nach JAMIESON kocht man die mit verdünnter Schwefelsäure angesäuerte Probelösung mit Kaliumdichromat kurz auf und schüttelt nach dem Erkalten mit Chloroform aus. Eine Braun- bzw. Gelbfärbung der Chloroformschicht zeigt die Anwesenheit von Bromid an. Der Nachweis ist empfindlicher, wenn man die Chloroformschicht anschließend abtrennt, mit Wasser nachwäscht und verdünnte wäßrige Kaliumjodidlösung zufügt. Etwa gebildetes Brom verursacht dann eine Jodabscheidung, die durch eine Violettfärbung des Chloroforms u. U. besser erkennbar ist.

Es können auf diese Weise noch 0,5 mg KBr oder NaBr erfaßt werden.

Nach DENIGÈS und CHELLE (b) arbeitet man wie folgt: 5 cm^3 der zu untersuchenden Lösung, die höchstens 1 g Br^-/l enthalten soll, werden mit 4 Tropfen Salzsäure, 4 Tropfen 10%iger Kaliumchromatlösung und 1 cm^3 konzentrierter Schwefelsäure versetzt. Die Mischung wird gut durchgeschüttelt und anschließend 5 bis 6 Min. lang in Wasser von 15 bis 16° C getaucht. Dann gibt man 1 cm^3 Fuchsinreagens (Bereitung s. S. 75) sowie 1 cm^3 Chloroform zu und schüttelt wieder mindestens 1 Min. lang kräftig durch. Nach Entmischung der Schichten ist die Anwesenheit von Bromid an einer mehr oder weniger intensiven rosa Farbe des Chloroforms deutlich zu erkennen.

Weitere ähnliche Vorschriften für die Oxydation des Bromids mit Chromsäure und den anschließenden Bromnachweis geben POZZI-ESCOT, GUARESCHI (b), HOLTON.

Nach FEIGL (a) wird die Probe folgendermaßen durchgeführt: In der Glashülse des kleinen Zersetzungsgefäßes (s. Abb. 1 S. 41) übergießt man 1 Tropfen Probelösung bzw. eine kleine Menge der festen Substanz mit 2 bis 4 Tropfen Chromsäurelösung (25%ig). Dann wird mit dem Capillaraufsatz verschlossen, der 1 Tropfen 0,1%ige, durch Natriumhydrogensulfit entfärbte Fuchsinlösung enthält. Nach vorsichtigem Erwärmen über dem Drahtnetz (die Flüssigkeit soll nicht ins Sieden geraten) färbt sich bei Anwesenheit von Bromid die Reagenslösung in der Capillare violett.

Die **Erfassungsgrenze** beträgt 3,2 γ Brom/Tropfen; die Grenzkonzentration ist 1:15000.

Im Unterschied zu Bromidion wird Chloridion in *verdünnter* mineralsaurer Lösung nicht oxydiert.

6. Mit salpetriger Säure.

Salpetrige Säure scheidet aus verdünnten Bromidlösungen Brom nur beim Erwärmen aus (Unterschied zum Jod) (TREADWELL).

Man versetzt die zu untersuchende, gelöste Substanz mit verdünnter Schwefelsäure und etwas Natriumnitrit. Dann wird kurz erwärmt und nach dem Abkühlen mit Chloroform durchgeschüttelt. Bei Anwesenheit von Bromid entsteht in der Chloroformschicht die übliche Braunfärbung.

Nach Aickin können noch etwa 0,01 mg Bromid erfaßt werden.

Die Reaktion darf zum Nachweis von Bromid nur in Abwesenheit von Jodid verwendet werden.

Eine mikrochemische Ausführungsform der Probe gibt Behrens-Kley an: 1 Tropfen Untersuchungslösung wird mit etwas Kochsalz, wenig Schwefelsäure, einigen Stärkekörnchen und etwas Kaliumnitrit versetzt. Nach einiger Zeit tritt — je nach der Menge des in Freiheit gesetzten Broms — eine blaßgelbe bis orangegelbe Färbung auf.

Es lassen sich nach dieser Arbeitsweise noch 2 γ Bromid/Tropfen nachweisen. Die Probe darf ebenfalls nur in Abwesenheit von Jodid ausgeführt werden.

7. Mit Natriumnitrit und Wasserstoffperoxyd.

Diese auf der Oxydation von Bromidion mit Persalpetersäure beruhende Nachweisreaktion wird nach Pawlinowa folgendermaßen durchgeführt:

Man bringt auf die gleiche Stelle eines mit einer alkalischen Fluoresceinlösung getränkten und getrockneten Filtrierpapierstreifens 1 Tropfen $NaNO_2$ (5- bis 10%ig) + H_2O_2 (3%ige Lösung). Neben den ersten Tropfen setzt man einen zweiten von verdünnter Schwefelsäure und verbindet beide mit 1 Tropfen Untersuchungslösung. Bei Anwesenheit von Bromid entsteht ein rosa Fleck, der bei größeren Mengen sofort, bei kleineren dagegen erst dann auftritt, wenn man den Papierstreifen über eine offene Ammoniakflasche hält.

Bromid kann so noch in einer Verdünnung von 1:12500 nachgewiesen werden. Die Erfassungsgrenze der Reaktion beträgt 0,003 mg KBr/Tropfen.

In Gegenwart von Jodiden muß der Tüpfelfleck, bevor er in die Ammoniakatmosphäre gebracht wird, mit Natriumthiosulfatlösung befeuchtet werden. Die Empfindlichkeit der Reaktion sinkt bei dieser Arbeitsweise um etwa eine Zehnerpotenz auf 0,02 mg KBr/Tropfen.

8. Mit konzentrierter Salpetersäure.

Bromidhaltige Lösungen scheiden beim Erwärmen mit konzentrierter Salpetersäure Brom aus, das durch Ausschütteln in Tetrachlorkohlenstoff nachgewiesen werden kann (Curtman und Schneiderman).

Halla und Ritter führen die Oxydation und den anschließenden Bromnachweis folgendermaßen aus: In das Feiglsche Zersetzungsgefäß (s. Abb. 4 S. 14) gibt man 2 bis 3 Tropfen rauchende Salpetersäure, fügt 1 Tropfen Probelösung zu und verschließt mit dem eingeschliffenen Aufsatzstück, an dessen Glasknopf 1 Tropfen angesäuerte Silbernitratlösung hängt. Bei vorsichtigem Erhitzen des Röhrcheninhalts bildet sich Brom, das in dem Silbernitrattropfen als Silberbromid erkannt wird.

Die Reaktion wird in gleicher Weise von Chloriden und Jodiden gegeben. Die bei gleichzeitiger Anwesenheit mehrerer Halogene gebildeten Niederschläge müssen durch ihr verschiedenes Verhalten gegenüber Ammoniak (s. im Abschnitt „Chlor“, S. 42) identifiziert werden.

9. Mit Caroscher Säure.

Bromidion wird durch Carosche Säure (aus Ammoniumpersulfat und Schwefelsäure) glatt zu Brom oxydiert.

Nach Frezouls verwendet man als Reagens eine Lösung von 1 g Ammoniumpersulfat in 10 cm³ konzentrierter Schwefelsäure, die im Dunkeln aufbewahrt werden muß. Zur Durchführung der Probe werden 10 cm³ Untersuchungslösung, die nicht mehr als 10 mg Brom/l enthalten darf, mit etwas Fuchsinschwefelsäure (Bereitung s. S. 75) und 3 Tropfen Reagenslösung versetzt. Nach dem Durchschütteln tritt bei Anwesenheit von Bromid eine rote Färbung auf, die allmählich in lachsrot und schließlich in gelb übergeht. Gibt man zu Beginn etwas Chloroform zu, so erhält man eine wäßrige gelbe und eine rotviolette Chloroformschicht.

Nach FREZOULS können noch 5 γ Brom in 10 cm^3 Probelösung nachgewiesen werden.

Chloride stören die Reaktion nicht, während Jodide vor Ausführung der Probe entfernt werden müssen.

10. Mit Kaliumchlorat.

Kaliumchlorat setzt in saurer Lösung aus Bromiden Brom in Freiheit. Nach CORMINBOEUF wird die Reaktion folgendermaßen durchgeführt:

Man säuert die zu untersuchende Lösung mit verdünnter Schwefelsäure an, setzt etwas Kaliumchlorat und Chloroform zu und schüttelt anschließend gut durch. Bei Anwesenheit von Bromid entsteht in der Chloroformschicht die übliche Braunfärbung.

Jodide müssen vor Ausführung der Probe entfernt werden.

11. Mit Jodsäure.

Jodsäure reagiert mit bromidhaltigen Lösungen unter Abscheidung von Brom neben etwas Jod entsprechend der Gleichung:

$$2\,JO_3^- + 10\,Br^- + 12\,H^+ \longrightarrow J_2 + 5\,Br_2 + 6\,H_2O\,.$$

Nach ROSENTHALER (a) versetzt man 5 cm^3 Probelösung mit etwas verdünnter Schwefelsäure und einigen Tropfen einer 10%igen wäßrigen Jodsäurelösung. Bei Anwesenheit von Bromid tritt in der Lösung eine Braunfärbung auf, die nach etwa 10 Min. zur Identifizierung in Tetrachlorkohlenstoff ausgeschüttelt wird. Bei der Prüfung auf sehr kleine Mengen Bromid trennt man die Tetrachlorkohlenstoffschicht ab und gibt etwas wäßrige Kaliumjodidlösung zu. Das gebildete Brom scheidet dann aus dieser eine äquivalente Menge Jod aus, das in der Tetrachlorkohlenstoffschicht mit besser erkennbarer violetter Farbe gelöst wird.

Chloride stören den Nachweis nicht; Jodide dürfen nicht zugegen sein.

12. Mit Wasserstoffperoxyd.

Die Oxydation des Bromids mit Wasserstoffperoxyd und der anschließende Nachweis des gebildeten Broms wird nach AMBERGER folgendermaßen durchgeführt:

Die wäßrige Untersuchungslösung säuert man mit verdünnter Schwefelsäure an und gibt Wasserstoffperoxyd zu. Dann wird schwach erwärmt und nach dem Abkühlen wie üblich mit Tetrachlorkohlenstoff durchgeschüttelt. Die Probe ist empfindlicher, wenn man die abgetrennte Tetrachlorkohlenstoffschicht anschließend mit Dithizon (s. S. 76) auf Brom wie folgt prüft: Zur Befreiung von Wasser wird durch ein doppeltes Faltenfilter filtriert und dann tropfenweise eine Lösung von 0,3 mg Dithizon in 100 cm^3 CCl_4 zugegeben, bis die entstehende rotviolette Färbung sich nicht mehr verstärkt.

Chlorid wird unter den gleichen Bedingungen nicht oxydiert und stört deshalb den Nachweis nicht.

13. Mit Bleidioxyd und Essigsäure.

Die Umsetzung von Bromidlösungen mit Bleidioxyd und Essigsäure verläuft unter Ausscheidung von freiem Brom nach der Gleichung:

$$2\,KBr + PbO_2 + 4\,CH_3COOH \longrightarrow Pb(CH_3COO)_2 + 2\,CH_3COOK + Br_2 + 2\,H_2O\,.$$

Die Probe wird nach FEIGL folgendermaßen durchgeführt:

In dem Entwicklungsgefäß (s. Abb. 3) vermischt man 1 Tropfen Probelösung mit einigen Körnchen Bleidioxyd und etwas Essigsäure. Dann wird der Apparat mit dem Trichteraufsatz verschlossen und oben auf den Trichter ein mit Fluoresceinlösung [gesättigte Lösung des Farbstoffes in Wasser–Alkohol (1:1)] getränktes Filtrierpapier aufgelegt. Man erwärmt schwach und beobachtet danach bei Anwesenheit von Bromid die Bildung eines kreisrunden roten Fleckes auf dem gelben Fluoresceinpapier.

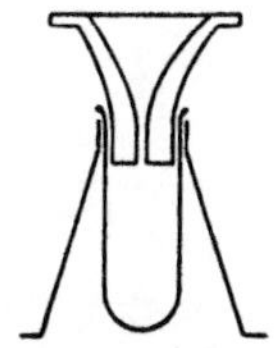

Abb. 3. Entwicklungsgefäß. (Aus FEIGL: Tüpfelreaktionen, S. 140, Abb. 15.)

Die Erfassungsgrenze beträgt 2 γ Bromid/Tropfen; die Grenzkonzentration liegt bei 1 : 25000.

Chloride stören den Nachweis nicht, während Jodide unter den gleichen Bedingungen zu Jod oxydiert werden, das mit Fluorescein ebenfalls unter Rosafärbung reagiert.

14. Mit Kupfer(II)-salz.

Kupfer(II)-salze oxydieren bei Gegenwart von Permanganat Bromidion in neutraler Lösung zu Brom entsprechend der Gleichung:

$$2\,Cu^{++} + 2\,Br^- \longrightarrow 2\,Cu^+ + Br_2$$

(TANANAEFF und SCHAPOWALENKO).

Zur Durchführung der Probe erwärmt man in einem kleinen, 2 bis 3 cm³ fassenden Tiegel 1 Tropfen Probelösung mit einigen Tropfen gesättigter Kaliumpermanganatlösung. Dann wird 1 Tropfen Kupfersulfatlösung zugefügt und der Tiegel schnell mit feuchtem Kaliumjodid-Stärke-Papier bedeckt. Bei Anwesenheit von Bromid erzeugen die entwickelten Bromdämpfe eine Blaufärbung.

Es lassen sich noch 0,005 mg Bromid in 0,05 cm³ Probelösung nachweisen.

Jodide stören die Reaktion.

C. Fällungsreaktionen auf mikrochemischem Wege.

1. Fällung mit Silbernitrat als Silberbromid.

Auf einem Objektträger versetzt man 1 Tropfen Untersuchungslösung mit 1 Tropfen konzentriertem Ammoniak und bringt daneben 1 Tropfen n/10 bis n/100 Silbernitratlösung, die mit der Untersuchungslösung durch 1 Tropfen konzentriertes Ammoniak verbunden wird. In Anwesenheit von Bromid scheiden sich beim Eindunsten dünne Täfelchen von Silberbromid aus, die meist reguläre sechseckige oder dreieckige Umrisse haben und bei längerem Stehen an der Luft an den Rändern stark korrodieren. Fällt man das Silberbromid zuerst aus und löst es dann anschließend in Ammoniak, so bilden sich — besonders nach Erwärmen der ammoniakalischen Lösung — reguläre, allseitig gleichmäßig ausgebildete Kristalle, die denen des Silberchlorids ähneln, jedoch kleiner sind (BÖTTGER).

Nach BEHRENS können noch $0{,}5 \cdot 10^{-4}$ mg Brom nachgewiesen werden.

Chlorid und Jodid geben unter den gleichen Bedingungen ebenfalls Kristallabscheidungen. Während Silberchlorid und Silberbromid deutlich unterscheidbare Kristallformen besitzen, muß die Identifizierung bei Anwesenheit von Jodid durch nachträgliche Behandlung mit Ammoniak vorgenommen werden, in dem sich Silberjodid nicht löst.

2. Fällung mit Kaliumsulfat und Platin(IV)-sulfat als Kaliumhexabromoplatinat(IV).

1 Tropfen Untersuchungslösung, die vorher mit Schwefelsäure schwach angesäuert ist, versetzt man auf einem Objektträger mit etwas Kaliumsulfat und 1 Tropfen Platin(IV)-sulfatlösung (1:1000 bis 1:10000). Dann läßt man langsam auf dem Wasserbad oder bei Zimmertemperatur bis zur beginnenden Kristallisation eindunsten. Bei Anwesenheit von Bromid bilden sich orangerote bis tiefbraun gefärbte

Oktaeder von Kaliumbromoplatinat, die fast allseitig gut ausgebildet sind. Auch scharf begrenzte Täfelchen treten auf. An Stelle von Kaliumsulfat kann der Nachweis auch mit Kaliumnitrat durchgeführt werden (BÖTTGER, BEHRENS) (s. Abb. 4).

Nach BEHRENS können noch $2{,}4 \cdot 10^{-4}$ mg Bromid/Tropfen nachgewiesen werden.

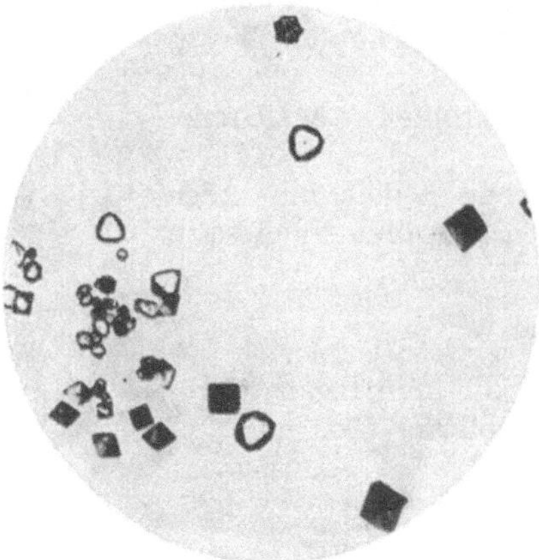

Abb. 4. Kaliumhexabromoplatinat(IV). [Aus KRAMER: Fr. **109**, 23 (1937), Abb. 3.]

Chlorid und Jodid bilden unter den gleichen Bedingungen ebenfalls charakteristische Kristallabscheidungen. Über den Nachweis von Cl^-, Br^- und J^- nebeneinander mit Hilfe dieser Reaktion s. im Abschnitt „Chlor", S. 47, 48.

3. Fällung mit Thallium(I)-sulfat als Thallium(I)-bromid.

Bringt man auf einem Objektträger 1 Tropfen bromidhaltige Probelösung mit 1 Tropfen Thallium(I)-sulfatlösung zusammen, so bilden sich stark lichtbrechende Kristalle von Thallium(I)-bromid. Diese haben die Form von Würfeln, Kreuzen oder Sternen und können aus heißem Wasser umkristallisiert werden. Sie sind denen des Thallium(I)-chlorids sehr ähnlich, nur etwas schwerer löslich und infolgedessen meist kleiner.

Nach BEHRENS beträgt die Grenze der Nachweismöglichkeit $1{,}6 \cdot 10^{-4}$ mg Bromid/Tropfen.

Chlorid und Jodid geben ähnliche Kristallabscheidungen. Die Reaktion ist daher nicht sehr spezifisch.

4. Fällung mit Thallium(I)-sulfat und Platin(IV)-sulfat als Thallium(I)-hexabromoplatinat(IV).

Man versetzt den auf einem Objektträger befindlichen bromidhaltigen Probetropfen mit 1 Tropfen Thallium(I)-sulfat- und 1 Tropfen sehr verdünnter Platin(IV)-sulfatlösung. Es bilden sich lichtgelbe Oktaeder von Tl_2PtBr_6, die wegen ihrer Kleinheit erst bei 400facher Vergrößerung wahrzunehmen sind.

Es können noch $6 \cdot 10^{-6}$ mg Bromid/Tropfen nachgewiesen werden (BEHRENS).

Andere Halogenide geben sehr ähnlich gebildete Kristalle.

5. Fällung mit Thallium(I)-nitrat und Gold(III)-chlorid als Thallium(I)-bromaurat(III).

Gibt man zu einer bromidhaltigen Lösung auf einem Objektträger etwas Goldchlorid- und Thallium(I)-nitratlösung, so bildet sich ein orangerotes Kristallpulver von Thallium(I)-bromaurat(III). Dieses löst sich bei gelindem Erwärmen und kristallisiert nach dem Erkalten am Rande des Tropfens in dicken orangeroten Prismen mit schiefer Endfläche (86°) und stark negativer Doppelbrechung wieder aus. Für das Gelingen der Reaktion ist wesentlich, daß bei der Probe eine der zu erwartenden Bromidmenge angenähert äquivalente Menge Goldchlorid verwendet wird. Ferner soll die Untersuchungslösung möglichst wenig Salpetersäure enthalten.

Die Erfassungsgrenze beträgt $0{,}006\,\gamma$ Bromid/Tropfen (BEHRENS-KLEY).

Angaben über Störungen der Reaktion sind nicht vorhanden.

6. Fällung mit Quecksilber(II)-sulfat als Quecksilber(II)-bromid.

Das Reagens wird nach DENIGÈS (c) durch Auflösen von 5 g rotem Quecksilber(II)-oxyd in einer noch warmen Mischung von 100 cm³ Wasser und 20 cm³ konzentrierter Schwefelsäure unter Zusatz von 120 cm³ Ammoniak hergestellt. Zur Ausführung der Probe bringt man auf einem Objektträger 1 Tropfen Reagenslösung mit 1 Tropfen Probelösung zusammen. Bei Anwesenheit von Bromid erkennt man unter dem Mikroskop eine mehr oder weniger verfilzte Masse farnkrautförmiger Kristalle, an deren Rand sich kranz- oder sternförmige, gefiederte Einzelkristalle befinden.

Chloride erzeugen eine sehr ähnliche Fällung, Jodide und Perjodate bilden lange, aus kleinen Einzelkriställchen bestehende Nadeln, die zum Teil sternförmig gruppiert sind. Mit Jodaten entstehen 6seitige längliche Platten, während Bromate stäbchenförmige Gebilde geben.

7. Fällung mit Bleiacetat als Bleibromid.

Auf einem Objektträger versetzt man 1 Tropfen Untersuchungslösung mit 1 Tropfen Bleiacetatlösung. Bei Anwesenheit von Bromid entstehen stark lichtbrechende Kristalle von Bleibromid, welche die Form von flachen rhombischen Prismen, die an den Enden häufig gegabelt oder zugespitzt sind, besitzen.

Es können noch 0,002 g KBr/cm^3 erfaßt werden.

Die Anwesenheit von Chloriden und Jodiden stört, da diese ähnlich kristallisierende Niederschläge geben. Konzentrierte Bromidlösungen werden vor Ausführung der Probe zweckmäßig verdünnt, da sonst leicht Doppelsalze entstehen [CHAMOT und MASON (a)].

8. Fällung mit Quecksilber(I)-nitrat als Quecksilber(I)-bromid.

Man bringt auf einem Objektträger 1 Tropfen Probelösung mit 1 Tropfen einer gesättigten Lösung von Quecksilber(I)-nitrat zusammen. Bei Gegenwart von Bromid entsteht ein weißer, amorpher Niederschlag von Quecksilber(I)-bromid.

Die Reaktion ist nicht sehr spezifisch, da zahlreiche andere Anionen mit dem Reagens ebenfalls Niederschläge bilden [ROSENTHALER c)].

D. Farbreaktionen.

1. Mit Phenolrot.

Die Bildung eines blauen Farbstoffs bei der Reaktion von Phenolrot mit Kaliumhypobromit (s. S. 76) kann zu einem empfindlichen Nachweis für Bromid verwendet werden, wenn dieses durch Hypochlorit zunächst in Hypobromit überführt wird (STENGER und KOLTHOFF).

Bei der Ausführung der Probe ist die Einwirkung von direktem Sonnenlicht zu vermeiden. Man versetzt 1 cm^3 Probelösung, das bis zu 4 γ Bromid enthalten darf und evtl. vorher neutralisiert ist, mit 0,05 cm^3 Phenolrotlösung (10 mg Phenolrot in 1 cm^3 n/10 Natronlauge gelöst und mit Wasser auf 100 cm^3 verdünnt), 0,2 cm^3 bei 25° C gesättigter Boraxlösung und 0,2 cm^3 0,01 n Chlorkalklösung. Unter gelegentlichem Schütteln wird 4 Min. stehengelassen und anschließend 0,05 cm^3 0,1 n Natriumarsenitlösung und 0,2 cm^3 Acetatpufferlösung (30 cm^3 Eisessig und 68 g Natriumacetat je Liter Lösung) zugefügt. Bei Anwesenheit von Bromid entsteht mit kleineren Mengen als 1 γ Br^- eine gelbe, mit 1,5 bis 2 γ Br^- eine rötliche und von 2,5 γ Br^- an eine blauviolette Färbung.

Es können bei dieser Arbeitsweise noch 1 γ Bromid in 1 cm^3 Probelösung nachgewiesen werden.

Chloride stören die Reaktion nicht. Reduzierende Stoffe einschließlich der Ammonsalze müssen vor Ausführung der Probe oxydiert werden. Jodide entfernt man am besten mit Natriumnitrit in schwach saurer Lösung.

2. Mit Goldchlorid.

Bromidion gibt in salzsaurer Lösung mit Goldchlorid je nach der Konzentration eine hellgelbe bis orangerote Färbung.

Man versetzt die zu untersuchende Lösung mit 1 Tropfen Salzsäure und 1 Tropfen Goldchloridlösung.

In 30 cm³ einer Lösung von 0,01 g KBr/l kann noch eine deutliche Färbung erkannt werden (Bill, Madis).

Chloride beeinflussen die Reaktion nicht, während Jodide vor Ausführung der Probe entfernt werden müssen.

3. Mit Kupfersulfat.

Verdünnte, bromwasserstoffhaltige Lösungen werden durch Zusatz von wenig Schwefelsäure und Kupfersulfat und anschließendes Eindampfen violettbraun gefärbt und getrübt infolge Bildung von wasserfreiem Kupfer(II)-bromid.

Jodide und Chloride geben diese Reaktion nicht [Vitali (a)].

4. Mit N,N-Dichlor-benzol-sulfonamid.

Eine Schwefelkohlenstofflösung des Präparates, das durch Einleiten von Chlor in eine Lösung von Benzolsulfonamid in 10%iger Natronlauge hergestellt wird, reagiert mit Bromidion unter Bildung der entsprechenden Dibromverbindung. Diese ist in Schwefelkohlenstoff und Chloroform mit brauner Farbe löslich.

Jodid stört die Reaktion, weil es die entsprechende Dijodverbindung bildet, welche die Chloroformschicht violett färbt (Kastle).

E. Katalytische Reaktionen.

Katalytische Beeinflussung der Reaktion von Natriumcarbamat mit Natriumhypochlorit durch Bromide.

Natriumcarbamat wird durch Natriumhypochlorit in alkalischer Lösung oxydativ nicht angegriffen. Im Gegensatz dazu reagiert Hypobromit glatt unter Stickstoffentwicklung und Bildung von Bromid. Da bei gleichzeitiger Anwesenheit von Hypochlorit und Bromid Hypobromit entsteht, das mit Natriumcarbamat reagiert und durch überschüssiges Hypochlorit laufend nachgebildet wird, können mit Hilfe dieser Reaktion kleinste Mengen von Bromiden nachgewiesen werden.

Man mischt eine Lösung von Natriumcarbamat mit überschüssigem Natriumhypochlorit und Ätznatron. Dann wird geschüttelt, bis keine von Ammoniakspuren herrührende Stickstoffblasen mehr aufsteigen. Nun gibt man die zu untersuchende Lösung zu und beobachtet bei Anwesenheit von Bromid das Einsetzen einer reichlichen Stickstoffentwicklung (Fenton).

§ 4. Nachweis von Hypobromition (BrO^-).

Hypobromitlösungen enthalten in Analogie zu den Hypochloritlösungen (s. im Abschnitt „Chlor") neben BrO^- meist noch Br^- und BrO_3^--Ionen sowie elementares Brom. Für den Nachweis in angesäuerten Lösungen können allgemein die in § 2 angegebenen Reaktionen verwendet werden. Die im folgenden in Ergänzung dazu aufgeführten Oxydationsreaktionen sind nicht sehr spezifisch und ermöglichen eine eindeutige Identifizierung nur bei gleichzeitigem Nachweis des aus dem Hypobromit gebildeten Bromids oder freien Broms.

1. Durch die bleichende Wirkung gegen Pflanzenfarbstoffe.

Pflanzenfarbstoffe, wie Indigo und Lackmus, werden durch Hypobromit unter oxydativer Zerstörung gebleicht.

Man versetzt die neutrale oder saure Probelösung tropfenweise mit Indigo- oder Lackmuslösung. Bei Gegenwart von Hypobromit verschwindet die blaue Farbe augenblicklich.

Hypochlorit gibt die gleiche Reaktion, während Hypojodit nur Indigolösung, aber nicht Lackmus entfärbt [BALARD (b)].

2. Durch die Färbung und den charakteristischen Geruch der Lösungen.

Alkalische Hypobromitlösungen ändern beim vorsichtigen Ansäuern ihre Farbe von goldgelb nach grüngelb und werden bei Zugabe eines größeren Säureüberschusses durch Bromausscheidung braun gefärbt (KRETZSCHMAR).

Unterbromige Säure und Hypobromitlösungen besitzen einen charakteristischen, süßlich aromatischen Geruch.

3. Fällung mit Mangansalzen.

Mangan(II)-sulfatlösung gibt mit hypobromithaltigen Lösungen einen braunen Niederschlag von Mangandioxyd (ALLEN).

Hypochloritlösungen reagieren in der gleichen Weise.

4. Verhalten gegen Wasserstoffperoxyd.

Hypobromitlösungen reagieren mit Wasserstoffperoxyd unter Sauerstoffentwicklung quantitativ nach der Gleichung:

$$NaBrO + H_2O_2 \longrightarrow NaBr + H_2O + O_2.$$

Das gebildete Bromid kann nach beendeter Umsetzung mit Hilfe einer der in § 3 angegebenen Reaktionen identifiziert werden (TANATAR, DEHN, VAN TER MEULEN).

5. Verhalten gegen Ammoniak.

Hypobromithaltige Lösungen entwickeln mit Ammoniak oder Ammonsalzen Stickstoff unter gleichzeitiger Reduktion zu Bromid:

$$3\,NaBrO + 2\,NH_3 \longrightarrow 3\,NaBr + 3\,H_2O + N_2.$$

Die Umsetzung mit Ammonsalzen ist in Gegenwart von freier Natronlauge oder Kalilauge nicht ganz vollständig.

Hypochlorit gibt die gleiche Reaktion.

6. Verhalten gegen Kohlendioxyd.

Kohlendioxyd scheidet beim Einleiten in hypobromithaltige Lösungen Brom aus, das mit Hilfe einer der in § 2 angegebenen Reaktionen nachgewiesen werden kann [CHAMOT und MASON (b)].

7. Verhalten gegen Schwefelwasserstoff.

Schwefelwasserstoff wird beim Einleiten in alkalische Hypobromitlösungen zu Sulfat, in neutrale oder saure Hypobromitlösungen zu elementarem Schwefel oxydiert. In beiden Fällen entsteht Bromid, das nach Verkochen des Schwefelwasserstoffs mit Hilfe einer der in § 3 angegebenen Reaktionen nachgewiesen werden kann.

8. Verhalten gegen Kupfersulfatlösung.

Alkalische Hypobromitlösungen reagieren mit einer neutralen Lösung von Kupfersulfat nach folgender Gleichung:

$$3\,CuSO_4 + 4\,KBrO \longrightarrow CuSO_4 \cdot 2\,CuO + 2\,K_2SO_4 + 2\,Br_2 + O_2$$

(PAULI). Es entsteht ein grünflockiger Niederschlag von basischem Kupfersulfat neben der Ausscheidung von Brom, das mit Hilfe einer der bekannten Reaktionen (s. § 2) nachgewiesen werden kann.

§ 5. Nachweis von Bromation (BrO_3^-).

Vorproben.

1. Verhalten beim Erhitzen.

Bromate entwickeln beim Erhitzen im Glühröhrchen Sauerstoff, der mit einem glimmenden Span nachgewiesen werden kann. Es hinterbleiben die entsprechenden Bromide, die nach dem Lösen des Rückstandes in Wasser mit Hilfe einer der in § 3 angegebenen Reaktionen identifiziert werden können. Bromate mit sehr schwach basischem Kation geben außerdem vielfach Brom ab, das ebenfalls getrennt nachweisbar ist (s. § 2). Bei raschem Erhitzen von Bromaten findet häufig kräftige Detonation statt [KOLBECK (a)].

Chlorate und Jodate zeigen ein analoges Verhalten.

2. Verhalten gegen konzentrierte Schwefelsäure.

Bromate entwickeln beim Übergießen mit konzentrierter Schwefelsäure lebhaft Brom, das nach § 2 identifiziert werden kann.

Bromide geben die gleiche Reaktion, jedoch weniger heftig.

Auf nassem Wege.

A. Fällungsreaktionen.

1. Mit Silbernitrat.

Silbernitratlösung fällt aus salpetersauren bromathaltigen Lösungen einen weißen Niederschlag von Silberbromat ($AgBrO_3$), der in Salpetersäure unlöslich und in reinem Wasser schwer löslich ist (Löslichkeit von $AgBrO_3$ in 100 g Wasser bei 20° C: 0,16 g). In überschüssigem heißen Wasser, in Ammoniak, Ammoniumcarbonat, Thiosulfat und Kaliumcyanid löst sich Silberbromat dagegen auf.

Nach KARAOGLANOV können noch 0,00025 g Kaliumbromat in 1 cm^3 Probelösung nachgewiesen werden.

Der Nachweis des Bromats mit Silbernitrat wird gestört durch Anionen, die in salpetersaurer Lösung ebenfalls schwerlösliche Silbersalze bilden, wie Chlorid, Hypochlorit, Bromid, Jodid, Jodat, Cyanid, Rhodanid, Sulfid, Cyanoferrat(II) und Cyanoferrat(III). Es ist deshalb erforderlich, den erhaltenen Silberniederschlag stets zunächst auf sein Verhalten gegenüber den oben angegebenen Lösungsmitteln (Ammoniak, Ammoniumcarbonat usw.) zu prüfen und anschließend mit Hilfe einer der folgenden Reaktionen zu identifizieren:

Schweflige Säure fällt aus einer ammoniakalischen Lösung von Silberbromat einen gelben Niederschlag von Silberbromid, der weiter wie auf S. 80, 81 angegeben identifiziert werden kann.

Silberbromat wird durch konzentrierte Salzsäure unter Entwicklung von freiem Brom und Chlor zersetzt.

2. Mit Quecksilber(I)-nitrat.

Konzentrierte Quecksilber(I)-nitratlösung fällt aus bromathaltigen Lösungen — evtl. erst nach längerem Stehen — einen weißen Niederschlag von Quecksilber(I)-bromat ($HgBrO_3$), der in verdünnter Salpetersäure unlöslich ist, sich jedoch in Salzsäure unter Bildung von Quecksilber(II)-halogenid löst [BALARD (a)].

Die Reaktion hat für den Nachweis von Bromat nur geringe Bedeutung.

3. Mit Bleisalzen.

Bleiacetatlösung gibt mit konzentrierten bromathaltigen Lösungen einen weißen Niederschlag von Bleibromat [$Pb(BrO_3)_2$], der sich beim Verdünnen wieder löst.

Die Reaktion besitzt für den Nachweis von Bromat nur geringe Bedeutung, da sie nicht sehr empfindlich ist und von zahlreichen anderen Anionen, die wesentlich schwerer lösliche Bleisalze bilden, gestört wird.

B. Reduktionsreaktionen.

Bromation läßt sich durch Einwirkung verschiedener Reduktionsmittel leicht in Bromidion oder freies Brom überführen, die anschließend mit Hilfe einer der in § 3 bzw. § 2 angegebenen Reaktionen nachgewiesen werden können. Zu beachten ist, daß Chlorat- und Jodationen im allgemeinen unter den gleichen Bedingungen reduziert werden.

Wichtige Reaktionen.

1. Mit nascierendem Wasserstoff.

Bromathaltige Lösungen werden durch Zusatz von verdünnter Schwefelsäure und Zinkgranalien oder Zinkpulver zunächst zu Brom und weiterhin zu Bromid reduziert, das nach Entfernung des überschüssigen Zinks nachgewiesen werden kann (s. § 3).

Chlor, Hypochlorit, Chlorit, Chlorat, Brom, Jod und Jodat werden unter den gleichen Bedingungen reduziert (Fleissner, Karaoglanov und Dimitrov).

Wird die Umsetzung in siedender Lösung vorgenommen, so entweicht Brom, das in den Dämpfen nachgewiesen werden kann.

An Stelle von Zink sind zur Reduktion auch Cadmiumspäne (Fichter und Tschudin), Aluminiumpulver oder Devardasche Legierung (Purgotti) und verkupfertes Zink (Gladstone und Tribe, Cook) vorgeschlagen worden.

Beim Arbeiten mit Cadmiumspänen in essigsaurer Lösung wird nach Fichter und Tschudin Bromat reduziert, Chlorat aber nicht angegriffen.

2. Mit schwefliger Säure.

Bromation wird in saurer Lösung durch schweflige Säure zunächst zu Brom und dann zu Bromid reduziert.

Man säuert die zu untersuchende Lösung mit verdünnter Schwefelsäure an und fügt tropfenweise schweflige Säure zu. Das gebildete Bromid wird nach dem Verkochen des überschüssigen Reduktionsmittels mit Silbernitrat nachgewiesen.

Hypochlorit, Chlorit, Chlorat, Hypobromit, Hypojodit und Jodat geben die gleiche Reaktion.

3. Mit Oxalsäure.

Die Reduktion des Bromations mit Oxalsäure und der anschließende Nachweis des gebildeten freien Broms wird nach Hahn (b) folgendermaßen durchgeführt:

Man versetzt 1 cm^3 der zu prüfenden Lösung mit 0,1 cm^3 Fluoresceinlösung (0,31 g Fluorescein gelöst in 5 cm^3 0,1 n Natronlauge und 995 cm^3 Wasser), fügt eine Spatelspitze fester Oxalsäure zu und erwärmt bis zum Sieden. Bei Anwesenheit von Bromat tritt eine Verfärbung der Lösung von grüngelb nach braungelb ein.

Es lassen sich auf diese Weise noch 20 γ Bromat/cm^3 Lösung nachweisen. Wird die Reaktionsmischung alkalisch gemacht, so gelingt der Nachweis noch bis zu 10 γ Bromat/cm^3. Die Empfindlichkeit kann weiter dadurch erhöht werden, daß nach dem Erwärmen abgekühlt und zur Oxydation etwa entstandenen Bromids etwas $^1/_{10}$ m Chloraminlösung zugegeben wird.

Weitere Reaktionen.

1. Mit Ameisensäure.

Nach Fichter und Tschudin werden 10 cm^3 Untersuchungslösung, die etwa 60 mg Kaliumbromat enthalten sollen, mit etwa 1 cm^3 konzentrierter Ameisensäure 1 bis 1½ Std. auf dem Wasserbad erhitzt. Es bildet sich Bromid, das wie üblich mit Silbernitrat nachgewiesen werden kann.

2. Mit Hydrazin.

Die Umsetzung von Bromation mit Hydrazin verläuft quantitativ nach der Gleichung:

$$2\,BrO_3^- + 3\,N_2H_4 \longrightarrow 2\,Br^- + 6\,H_2O + 3\,N_2$$

(FICHTER und TSCHUDIN).

30 cm³ Probelösung, die etwa 0,2 g Kaliumbromat enthalten sollen, versetzt man mit 5 bis 10 cm³ 20%iger Natronlauge und 1 g Hydrazinsulfat. Beim anschließenden Erwärmen geht die Reduktion glatt vonstatten.

Nach SCHLÖTTER soll die Umsetzung auch in neutraler und saurer Lösung quantitativ verlaufen.

3. Mit Hydroxylamin.

Hydroxylamin reagiert mit ammoniakalischen Bromatlösungen unter starker Stickstoffentwicklung ebenfalls quantitativ zu Bromid (FICHTER und TSCHUDIN).

Man erhitzt 5 cm³ Untersuchungslösung, die etwa 0,2 g Kaliumbromat enthalten sollen, mit 5 cm³ konzentriertem Ammoniak und 2 g Hydroxylaminsulfat über kleiner Flamme.

4. Mit Natriumthiosulfat.

Die zu untersuchende salzsaure, etwa 0,05 g Kaliumbromat enthaltende Probelösung wird mit 25 cm³ etwa 0,1 n Natriumthiosulfatlösung versetzt. Es bildet sich Bromid, das wie üblich nachgewiesen werden kann.

5. Mit arseniger Säure.

Arsenige Säure reduziert Bromation in saurer Lösung quantitativ zu Bromid nach der Gleichung:

$$3\,H_3AsO_3 + HBrO_3 \longrightarrow 3\,H_3AsO_4 + HBr$$

(GOOCH und BLAKE).

Man versetzt die zu untersuchende gelöste Substanz mit einer Lösung von Arsentrioxyd in Kaliumhydrogencarbonat und säuert dann mit Schwefelsäure an.

C. Mikroreaktionen.

1. Fällung mit Silbernitrat als Silberbromat.

Zu dem auf einem Objektträger befindlichen warmen Probetropfen gibt man 1 Tropfen verdünnte Silbernitratlösung. Bei Anwesenheit von Bromat bilden sich nach dem Abkühlen tetragonale Kristalle von Silberbromat, die aus heißem Wasser leicht umkristallisiert werden können (s. Abb. 5).

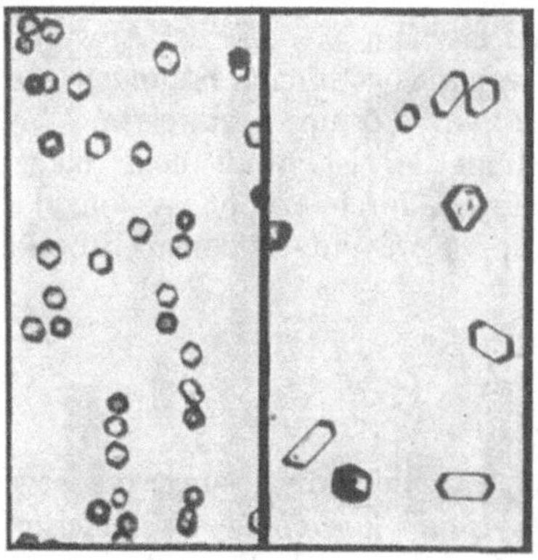

Abb. 5. Silberbromat. Vergr. 200fach. (Aus GEILMANN 37, 1.)

Nach CHAMOT und MASON (a) können noch 0,001 g Kaliumbromat/cm³ erkannt werden.

Chlorid, Bromid, Jodid und Jodat stören den Nachweis.

2. Fällung mit Bariumchlorid als Bariumbromat.

1 Tropfen Probelösung wird auf einem Objektträger mit 1 Tropfen Bariumchloridlösung versetzt. Bei Gegenwart von Bromat entstehen beim Eindunsten stark lichtbrechende, monokleine Prismen und stäbchenförmige Gebilde mit einem Auslöschungswinkel von 15°, die schwache Doppelbrechung zeigen.

Die Grenze der Nachweismöglichkeit liegt bei 200 γ Bromat/Tropfen [CHAMOT und MASON (a)].

Die Untersuchungslösung muß frei von Sulfationen sein.

3. Fällung mit Quecksilber(I)-nitrat als Quecksilber(I)-bromat.

1 Tropfen Probelösung gibt man auf einem Objektträger mit 1 Tropfen gesättigter Quecksilber(I)-nitratlösung zusammen. Es bildet sich ein weißer, kristalliner Niederschlag (s. Abb. 6).

Chloride, Jodate, Sulfate, Selenite und Nitrate bilden mit dem Reagens ebenfalls schwerlösliche kristalline Niederschläge, während Fluoride, Jodide und Bromide amorphe Fällungen erzeugen [ROSENTHALER (c), BALARD (a), DE KONINCK und MEINECKE (b)].

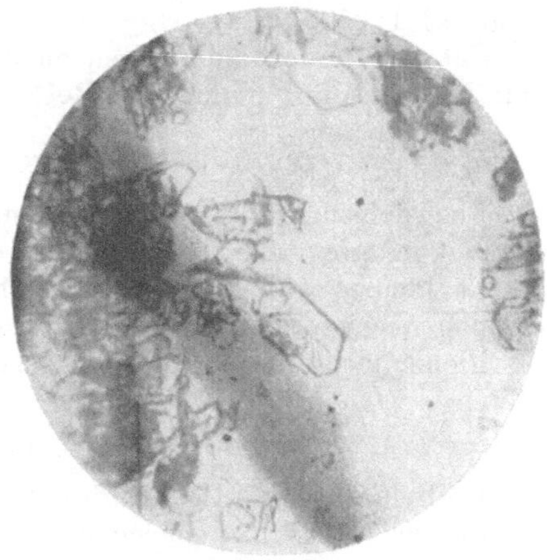

Abb. 6. Quecksilber(I)-bromat.
[Aus ROSENTHALER (c), Abb. 1.]

4. Fällung mit Quecksilber(II)-sulfat.

Die Reagenslösung wird durch Auflösen von 5 g rotem Quecksilber(II)-oxyd in einer noch warmen Mischung von 100 cm^3 Wasser und 20 cm^3 konzentrierter Schwefelsäure hergestellt. Zur Ausführung der Probe versetzt man einen kleinen Teil der Lösung mit dem gleichen Volumen Ammoniak und gibt zu 1 Tropfen der so erhaltenen trüben Flüssigkeit eine geringe Menge der Analysensubstanz. Bei Anwesenheit von Bromat bildet sich ein kristalliner Niederschlag, der unter dem Mikroskop aus Stäbchen zusammengesetzte Gebilde erkennen läßt [DENIGÈS (c)].

Chloride, Bromide, Jodide, Jodate und Perjodate bilden unter den gleichen Bedingungen ebenfalls charakteristische Kristallabscheidungen (s. S. 49).

D. Farbreaktionen.

1. Mit Mangansulfat und Schwefelsäure.

Bromation gibt mit Mangan(II)-sulfat und Schwefelsäure zunächst eine Rotfärbung, die auf der Bildung von Mangan(III)-sulfat beruht. Beim Kochen entsteht dann ein brauner Niederschlag von Mangandioxydhydrat:

$$HBrO_3 + 6\,MnSO_4 + 3\,H_2SO_4 \longrightarrow 3\,Mn_2(SO_4)_3 + 3\,H_2O + HBr,$$
$$5\,HBr + HBrO_3 \longrightarrow 3\,H_2O + 3\,Br_2,$$
$$Mn_2O_3 + H_2O + Br_2 \longrightarrow 2\,MnO_2 + 2\,HBr.$$

Die Reaktion wird nach BÖTTGER zum mikrochemischen Nachweis von Bromat folgendermaßen durchgeführt: Auf einem Objektträger versetzt man 1 Tropfen Probelösung mit einem kleinen Tropfen einer Mischung (etwa 1:1) von kalt gesättigter Mangan(II)-sulfatlösung und 2 n Schwefelsäure. Bei Anwesenheit von größeren Mengen Bromat tritt bald eine schwache Rotfärbung auf, die mit wenig Bromat erst beim Eindampfen zu erkennen ist. Dunstet man schnell weiter bis zur Trockne ein, so scheidet sich neben dem hellen Mangansalz ein brauner Rand von Mangandioxyd aus, der nach Befeuchten des Trockenrückstandes mit Wasser noch deutlicher sichtbar ist.

Nach FEIGL (b) kann die Empfindlichkeit des Nachweises erhöht werden, wenn der gebildete Braunstein durch Umsetzung mit Benzidin zu Benzidinblau identifiziert wird. Die Probe wird dann folgendermaßen durchgeführt: In einem Spitzröhrchen erwärmt man 1 Tropfen Probelösung mit 1 Tropfen einer mit wenig 2%iger Schwefelsäure angesäuerten Mangan(II)-sulfatlösung auf dem Wasserbad 2 bis 3 Min. lang. Nach dem Abkühlen werden einige Tropfen essigsaure Benzidinlösung und etwas festes Natriumacetat zugefügt. Bei Anwesenheit von Bromat entsteht je nach der vorhandenen Menge eine mehr oder weniger intensive Blaufärbung.

Die Erfassungsgrenze ist 40 γ Kaliumbromat/Tropfen; die Grenzkonzentration liegt bei 1:2500.

Chlorate und Jodate stören nicht, da sie unter den angegebenen Bedingungen mit Mangansulfat weder eine Rotfärbung noch einen Niederschlag geben.

2. Mit Fuchsin.

Fuchsinlösung, die durch schweflige Säure entfärbt ist (Bereitung s. S. 75), erzeugt in bromathaltigen Lösungen eine blauviolette Färbung [Guareschi (b)].

Es können auf diese Weise noch $2{,}5 \cdot 10^{-6}$ g Kaliumbromat in etwa 10 cm³ Lösung nachgewiesen werden (vgl. auch Montequi und Puncel).

Elementares Brom gibt die gleiche Reaktion, während Chlorat und Jodat nicht stören.

3. Mit Methylorange.

Methylorange wird in verdünnter salzsaurer Lösung durch Bromation infolge oxydativer Zerstörung gebleicht.

Man säuert 2 cm³ der zu untersuchenden Lösung mit 1 cm³ 3 bis 4 n Salzsäure an und gibt 1 bis 2 Tropfen einer 0,015%igen wäßrigen Lösung von Methylorange zu. Bei Gegenwart von Bromat verschwindet die rote Farbe sehr rasch.

Es können noch 14 γ Kaliumbromat/2 cm³ Probelösung erkannt werden; die Grenzkonzentration beträgt 1:143000.

Jodate, Chlorate und Persulfate entfärben Methylorange unter den angegebenen Bedingungen nicht, sondern nur nach Ansäuern mit konzentrierter Salzsäure. Nitrite reagieren mit der Farbstofflösung wesentlich langsamer als Bromate [Korenman (a)].

4. Mit Indigocarmin.

Indigocarmin wird durch Bromation ebenfalls unter oxydativer Umwandlung des Farbstoffes gebleicht.

Die Probe wird nach Korenman (b) folgendermaßen ausgeführt: Zu 2 cm³ der neutralen oder sauren Probelösung gibt man 0,5 cm³ gesättigte Natriumsulfitlösung, 3 bis 4 Tropfen 0,02%ige wäßrige Indigocarminlösung und 1 cm³ 3 n Salzsäure. Bei Anwesenheit von Bromat verschwindet die blaue Farbe der Indigocarminlösung sehr rasch.

Die Empfindlichkeit der Probe beträgt 0,66 γ $KBrO_3$/2 cm³ Lösung.

Der Nachweis kann auch als Tüpfelreaktion durchgeführt werden: 1 Tropfen Probelösung wird mit 1 bis 2 Tropfen Indigocarminlösung (0,02%ig), 1 Tropfen gesättigter Natriumsulfitlösung und 1 Tropfen 3 n Salzsäure versetzt. Das Verschwinden der Blaufärbung kann dann noch bis zu 0,24 γ $KBrO_3$/Tropfen deutlich erkannt werden.

Chlorat, Dichromat, Permanganat und Hypochlorit entfärben Indigocarminlösung ebenfalls. Jodat und Cyanoferrat(III) bedingen in Gegenwart von Natriumsulfit und Salzsäure einen Farbumschlag von blau nach grün, der die Erkennung des Bromats jedoch nicht beeinträchtigt.

5. Weitere Farbreaktionen.

Bromat gibt in stark schwefelsaurer Lösung außerdem folgende Farbreaktionen:

Mit Amidol:	Lösung färbt sich	rot	(Woodruff)
,, α-Naphthylamin:	,, ,, ,,	gelbrot	,,
,, Metol:	,, ,, ,,	gelb	,,
,, Phenol:	,, ,, ,,	rotgelb	,,
,, Salicylsäure:	,, ,, ,,	rotgelb	,,
,, α-Naphthol:	,, ,, ,,	hellbraungelb	,,
,, Gallussäure:	,, ,, ,,	gelb	,,
,, Dimethylanilin:	,, ,, ,,	gelb	,,
,, Resorcin:	,, ,, ,,	braungelb	,,
,, Kresol:	,, ,, ,,	braungelb	,,
,, Alizarin:	,, ,, ,,	gelb	,,
,, Hydrochinon:	,, ,, ,,	gelbbraun	,,
,, Pyrogallol:	,, ,, ,,	gelbbraun	,,
,, Acetanilid:	,, ,, ,,	dunkelrotbraun	,,
,, Orcin:	,, ,, ,,	grün	,,
,, Diphenylamin:	,, ,, ,,	blau	,,
,, o-Toluidin:	,, ,, ,,	blau	,,

E. Katalytische Reaktionen.

Katalytische Beeinflussung der Reaktion von Chlorat mit Methylorange durch Bromat.

Chlorat oxydiert in mäßig saurer Lösung (2 cm^3 neutrale Probelösung und 1 cm^3 3 bis 4 n Salzsäure) Methylorange unter Entfärbung nur außerordentlich langsam, während in Gegenwart von Bromat die Reaktion momentan verläuft, so daß auf diese Weise kleine Mengen von Bromat nachgewiesen werden können.

Die Probe wird als Parallelversuch in 2 Reagensgläsern (a und b) ausgeführt: In a füllt man 2 cm^3 der zu untersuchenden Lösung, in b 2 cm^3 Wasser. Dann werden in beide Gläser je 0,3 cm^3 Kaliumchloratlösung (1 g $KClO_3$ in 15 cm^3 Wasser), 1 cm^3 3 n Salzsäure und 2 Tropfen etwa 0,015%ige Methylorangelösung gegeben. Bei Anwesenheit von Bromat verschwindet die Rosafärbung in Glas a viel rascher als beim Blindversuch b.

Die **Erfassungsgrenze** beträgt 2 γ Kaliumbromat/2 cm^3; die Grenzkonzentration ist $1:10^6$ [Korenman (a)].

§ 6. Nachweis in besonderen Fällen.

1. Nachweis von Brom in der Luft.

Nach Eichler leitet man die zu untersuchende Luftprobe durch Alkalilauge und weist anschließend in dieser das Brom mit Resorufinlösung (s. S. 76) nach.

2. Nachweis von Brom im Wein, Traubensaft und Fruchtsaft.

20 bis 200 cm^3 Wein bzw. Saft werden 3- bis 4mal mit 50 bis 250 cm^3 Äther ausgeschüttelt. Die ätherische Lösung wird dann vorsichtig in Gegenwart von 1 bis 2 cm^3 Wasser verdampft und der Rückstand mit wenig Magnesiumoxyd verascht. Im wäßrigen Auszug der Asche wird das Bromid nach Oxydation zu Brom (s. S. 82ff.) mit fuchsinschwefliger Säure (s. S. 75) nachgewiesen (Florentin und Munsch).

3. Nachweis von Bromat im Mehl.

Die Mehlprobe wird geglüht und das gebildete Bromid anschließend mit Permanganat oxydiert (s. S. 83) und mit Fluoresceinpapier (s. S. 74) nachgewiesen (Simons).

4. Nachweis von Bromid im Harn.

Nach GUARESCHI (b) dampft man den Harn zur Trockne, macht den Rückstand mit Natronlauge alkalisch, dampft wieder zur Trockne und schmilzt gut durch. Dann wird die Asche mit siedendem Wasser ausgelaugt, die Lösung eingeengt und in einem kleinen Kölbchen mit Chromsäure (s. S. 84) zersetzt. Das sich bildende Brom kann durch ein in den Kolbenhals gehaltenes Stückchen fuchsinschwefligsaures Reagenspapier nachgewiesen werden.

Nach JOLLES werden 100 cm³ Harn in einem enghalsigen Kölbchen mit Schwefelsäure angesäuert und mit Permanganat bis zur bleibenden Rotfärbung versetzt. In den Hals des Kölbchens bringt man dann einen angefeuchteten Streifen p-Aminodimethylanilin-Reagenspapier (Herstellung s. S. 77) und erwärmt im Wasserbad. Spuren von freigewordenem Brom erzeugen einen charakteristischen Farbring, der innen violett ist und an den Rändern von blau über grün in braun übergeht.

Es sollen auf diese Weise noch 0,001 g Natriumbromid in 100 cm³ Harn nachweisbar sein (vgl. auch CATHCART).

5. Nachweis von Brom in organischen Substanzen.

Über den Nachweis von Brom in organischen Substanzen siehe im allgemeinen Abschnitt „Nachweis von organisch gebundenem Chlor, Brom und Jod“.

Das folgende von SCHERINGA angegebene Verfahren dient speziell dem Nachweis von Brom und wird deshalb an dieser Stelle besprochen:

In eine Capillare aus Hartglas werden einige Milligramme der zu untersuchenden Substanz und etwas Calciumoxyd gegeben. Dann glüht man von oben her gut durch und versetzt anschließend den Glührückstand in einem Porzellanschälchen mit kupferhaltiger Schwefelsäure. Bei Anwesenheit von Brom tritt infolge Bildung von Kupferbromid eine Violettfärbung auf.

Literatur.

AICKIN, R. G.: Austral. chem. Inst. J. Proc. **4**, 267 (1937); durch C. **109**, **I**, 948 (1938). — ALLEN, A. H.: J. Soc. chem. Ind. **3**, 65 (1884). — AMBERGER, K.: Ch. Z. **66**, 410 (1942).

BAINES, H.: J. Soc. chem. Ind. **47** T, 11 (1928). — BALARD, A. J.: (a) Ann. Chim. Phys. **32**, 369 (1826); Pogg. Ann. **8**, 462 (1826); (b) J. pr. **4**, 172 (1835). — BAUBIGNY, H.: (a) C. r. **125**, 654 (1897); (b) C. r. **128**, 51 (1898). — BEHRENS, H.: Fr. **30**, 170 (1891). — BEHRENS-KLEY: Mikrochemische Analyse I, S. 174. Leipzig 1915. — BILL, J. H.: Chem. N. **17**, 208; durch Fr. **7**, 468 (1868). — BILTZ, W.: Ausf. qualitative Analysen, S. 31. Leipzig 1944. — BÖTTGER, W.: Qualitative Analyse, S. 362, 381. Leipzig 1925. — BRAND, K.: P. C. H. **83**, 85 (1942); durch C. **113**, **I**, 2907 (1942). — BUSCH, M.: B. **38**, 861 (1905).

CATHCART, P.: Z. physiol. Ch. **38**, 165; durch Fr. **42**, 795 (1903). — CHAMOT, E. M., u. C. W. MASON: (a) Mikrochem. **5**, 85 (1927); (b) Mikrochem. **6**, 87 (1928). — COOK, E. H.: Soc. **65**, 805 (1894). — CORMINBOEUF, H.: Ann. Chim. anal. **10**, 145 (1905); durch C. **76**, **I**, 1481 (1905). — CURTMAN, L. J., u. H. SCHNEIDERMAN: R. **54**, 158 (1935); durch C. **106**, **II**, 2981 (1935).

DE BOISBAUDRAN: C. r. **91**, 902 (1880). — DEHN, W. M.: Am. Soc. **29**, 1315 (1907). — DE KONINCK, L. L.: Lehrbuch der qualitativen und quantitativen chemischen Analyse, übersetzt von C. MEINECKE, Bd. 2, (a) S. 308, (b) S. 348. Berlin 1904. — DENIGÈS, G.: (a) Bl. [IV] **9**, 542 (1911); (b) C. r. **155**, 721 (1912); (c) Bl. Soc. Pharm. Bordeaux **72**, 13 (1934); durch C. **105**, **II**, 1499 (1934). — DENIGÈS, G., u. L. CHELLE: (a) C. r. **155**, 1010 (1912); (b) Ann. Chim. anal. **23**, 81 (1918). — DONNER, A.: Pharm. Z. **41**, 453 (1896); durch C. **67**, **II**, 361 (1896).

EDER, I. M., u. H. VALENTA: Atlas typischer Spektren, S. 16. Wien 1924. — EICHLER, H.: Fr. **99**, 272 (1934).

FEIGL, F.: Qualitative Analyse mit Hilfe von Tüpfelreaktionen, 2. Aufl. 1935, (a) S. 278, (b) S. 302. — FENTON, H. J. H.: Chem. N. **53**, 193 (1896). — FICHTER, F., u. W. F. TSCHUDIN: Helv. **10**, 272 (1927). — FLEISSNER, F.: M. **1**, 313 (1880). — FLORENTIN u. MUNSCH: Ann. Falsific. **29**, 104 (1936); durch C. **107**, **I**, 4634 (1936). — FORMANEK, J.: Die qualitative Spektralanalyse anorganischer und organischer Körper, S. 189. Berlin 1905. — FRESENIUS, C. R.: Anleitung zur qualitativen chemischen Analyse, 17. Aufl., S. 401ff. Braunschweig 1919. — FREZOULS, J.: Ann. Falsific. **27**, 351 (1934); durch C. **105**, **II**, 2864 (1934). — FRIEDLÄNDER, S.: Über die Bestimmung von Chlor, Brom und Jod durch Beobachtung der Flammenspektren. Dissertation. Berlin 1900.

GANASSINI, D.: Boll. chim. farm. **43**, 153 (1904); durch C. **75**, **I**, 1172 (1904). — GATTERMANN, L.: Die Praxis des organischen Chemikers, 28. Aufl., S. 209. Berlin. — GEILMANN, W.: Bilder zur qualitativen Mikroanalyse. Leipzig 1934. — GERSTENZANG, E. M.: J. chem. Educat. **9**, 318 (1932); durch C. **103**, **II**, 2689 (1932). — GLADSTONE, J. H., u. A. TRIBE: Soc. **31**, 561 (1877). — GOOCH, F. A., u. I. C. BLAKE: Am. J. Sci. **14**, 285 (1902); durch C. **73**, **II**, 1272 (1902). — GRANT, J.: Analyst **61**, 400 (1936); durch C. **107**, **II**, 2759 (1936). — GUARESCHI, I.: (a) Fr. **52**, 545 (1913); Atti Accad. Sci. Torino **47**, 1155 (1912); (b) Fr. **52**, 538 (1913); (c) Fr. **52**, 451 (1913). — GUTZEIT, G.: Helv. **12**, 713 (1929); Fr. **82**, 177 (1930).

HAGER, H.: P. C. H. **26**, 366 (1885); durch C. **56**, 693 (1885). — HAHN, F. L.: (a) C. r. **197**, 245 (1933); (b) Mikrochem. **20**, 236 (1936). — HALLA, F., u. F. RITTER: Mikrochim. A. **1**, 365 (1937); Fr. **118**, 267 (1939/40). — HARMS, F.: Z. physik. chem. Unterricht **42**, 266 (1929). — HART, D., u. R. MEYROWITZ: Ind. eng. Chem. Anal. Edit. **12**, 318 (1940); Fr. **122**, 426 (1941). — HOLTON, F. A.: Am. Soc. **7**, 249 (1886).

JAMIESON, J. S.: Pr. chem. Soc. **24**, 144 (1908). — JOLLES, A.: P. C. H. **39**, 227 (1898); durch C. **69**, **I**, 960 (1898).

KARAOGLANOV, Z.: Fr. **115**, 305 (1938/39). — KARAOGLANOV, Z., u. M. DIMITROV: Fr. **63**, 10 (1923). — KASTLE, J. H.: Am. Chem. J. **17**, 704 (1895); durch C. **67**, **I**, 66 (1896). — KOLBECK, F.: Plattners Probierkunst mit dem Lötrohr, (a) S. 364, (b) S. 64. Leipzig 1927. — KORENMAN, I. M.: (a) Fr. **103**, 269 (1935); (b) Chem. J. Ser. B **9**, 157 (1936); durch C. **107**, **II**, 138 (1936). — KRAMER, G.: Fr. **109**, 23 (1937). — KRETZSCHMAR, H.: Z. El. Ch. **10**, 793 (1904).

LABAT, A.: Bl. [IV] **9**, 393 (1911). — LORENZ, R., E. GRAU u. E. BERGHEIMER: Z. anorg. Ch. **136**, 90 (1924).

MADIS, V.: Pharmacia **18**, 273, 306 (1938); durch C. **110**, **II**, 1131 (1939). — MASON, C. W., u. E. M. CHAMOT: Mikrochem. **4**, 145 (1926). — MIKO, G.: Ber. ungar. pharm. Ges. **3**, 115 (1927); durch C. **99**, **I**, 1555 (1928). — v. MIKO, J.: Ber. dtsch. pharm. Ges. **265**, 445 (1927); durch C. **98**, **II**, 1055 (1927). — MITSCHERLICH, A.: Fr. **4**, 153 (1865). — MONTEQUI, R., u. G. PUNCEL: An. Españ. **30**, 132 (1932); durch C. **103**, **I**, 2354 (1932).

PAMFIL, G. P.: Z. anorg. Ch. **133**, 263 (1924). — PAMFIL, G. P., u. M. WONNESCH: Z. anorg. Ch. **138**, 199 (1924). — PAULI, H.: Z. El. Ch. **3**, 474 (1896/97). — PAWLINOWA, A. W.: Ukrain. chem. J. **5**, Wiss. Tl., 231 (1930); durch C. **102**, **I**, 1793 (1931). — PERKIN, F. M.: J. Soc. chem. Ind. **21**, 1375 (1902); durch C. **73**, **I**, 94 (1902). — PFEILSTICKER, K.: Spectrochim. Acta **1**, 424 (1940). — PISANI, F.: Ann. Mines, 2. Livr. 1861; Répert. Chim. appl. **1862**, 24; durch C. **34**, 226 (1863). — POZZI-ESCOT, M. E.: Ann. Chim. anal. **12**, 316 (1907); durch C. **78**, **II**, 1355 (1907). — PURGOTTI, A.: G. **48**, **II**, 63 (1918).

ROJAHN, C. A., u. F. STRUFFMANN: Apoth.-Z. **41**, 858 (1926); durch C. **97**, **II**, 1675 (1926). — ROSENTHALER, L.: (a) Pharm. Acta Helvetiae **12**, 97 (1937); durch C. **108**, **II**, 2562 (1937); (b) Pharm. Acta Helvetiae **14**, 215 (1939); durch C. **111**, **I**, 1716 (1940); (c) Mikrochem. **12**, 98 (1932).

SALET, G.: Traité élémentaire de spectroscopie, S. 189. Paris 1888; Ann. Chim. Phys. **28**, 29 (1873). — SCHERINGA, K.: Pharm. Weekbl. **62**, 173 (1925); durch C. **96**, **I**, 1771 (1925). — SCHLÖTTER, M.: Z. anorg. Ch. **37**, 164 (1903). — SCHMIDT, J., u. W. HINDERER: B. **65**, 87 (1932). — SIMONS, H.: Mühle **66**, 803 (1929); durch C. **100**, **II**, 1090 (1929). — STENGER, V. A., u. I. M. KOLTHOFF: Am. Soc. **57**, 831 (1935). — SUSSMAN, S.: J. chem. Educat. **9**, 1652 (1932).

TANANAEFF, N. A., u. A. M. SCHAPOWALENKO: Fr. **100**, 343 (1935). — TANATAR, S.: B. **32**, 1013 (1899). — TREADWELL, W. D.: Lehrbuch der analytischen Chemie, S. 303. Wien 1943. — TREMAIN, H.: Ind. eng. Chem. Anal. Edit. **3**, 225 (1931); durch C. **102**, **II**, 1456 (1931).

VAN TER MEULEN, J. H.: Chem. Weekbl. **27**, 558 (1930); durch C. **102**, **I**, 322 (1931). — VAN ECK, P. N.: Pharm. Weekbl. **62**, 365 (1925); durch C. **96**, **II**, 76 (1925). — VIARD, G.: (a) C. r. **135**, 168 (1902); (b) C. r. **135**, 244 (1902); (c) Bl. **27**, 1022 (1902). — VITALI, D.: (a) Or. **10**, 400 (1887); durch C. **59**, **I**, 810 (1888); (b) Boll. chim. farm. **38**, 201 (1899); durch C. **70**, **I**, 1083 (1899).

WOODRUFF, E. C.: Am. Soc. **19**, 165 (1897).

Jod.

J, Atomgewicht 196,92, Ordnungszahl 53.

Von F. FEHÉR, Köln[1].

Mit 8 Abbildungen.

Inhaltsübersicht.

[1] Mitbearbeitet von E. HEUER, Göttingen.

Vorkommen. Jod ist in der Natur sehr weit verbreitet; jedoch kommt es stets nur in geringen Konzentrationen vor. Elementares Jod findet sich in einigen Mineralwässern, die z. T. medizinische Bedeutung haben. Die Hauptmenge des natürlich vorkommenden Jods liegt in gebundenem Zustand in Form von anorganischen Salzen (Jodate, Jodide) und jodhaltigen organischen Verbindungen vor. Das wichtigste Vorkommen ist der Chilesalpeter, der stellenweise bis zu 0,1% Jod — hauptsächlich als Natriumjodat ($NaJO_3$) — enthält und als Ausgangsmaterial für die technische Jodgewinnung dient. Weitere Jodmineralien sind: der Jodyrit (AgJ), der Jodobromit [2 Ag(Cl, Br) + AgJ], der Jodembolit [Ag(Cl, Br, J)], der Miersit (4 AgJ · CuJ) und der Marshit (CuJ). Geringe Mengen Jod enthalten fast alle Gesteine; verhältnismäßig jodreich sind die Steinkohlen.

Das Meereswasser enthält 11 bis 60 γ Jod/l — hauptsächlich in organischer Bindung —, während Trinkwässer mit wechselnden Mengen von 1 bis 20 γ/l jodärmer sind. Geringste Mengen Jod kommen auch in der Luft und den Niederschlägen vor (Gautier).

Pflanzliche und tierische Organismen enthalten ebenfalls stets Jod. In einigen Algen des Meeres findet es sich stark angereichert, so daß deren Asche zur industriellen Jodgewinnung dient. Bei höheren Lebewesen sind kleine Mengen Jod zur Aufrechterhaltung des normalen Stoffwechsels unentbehrlich. Das jodreichste Organ des Menschen ist die Schilddrüse, die das physiologisch wichtige Hormon Thyroxin produziert.

Verwendung. Jod findet in der Medizin ausgedehnte Verwendung in Form der alkoholischen Jodtinktur sowie in einer größeren Zahl von organischen und anorganischen Präparaten. In der analytischen Chemie werden Jodide zum Nachweis und zur quantitativen Bestimmung von Oxydationsmitteln, freies Jod in alkoholischer oder jodidhaltiger Lösung zur Analyse von Reduktionsmitteln benützt.

Wertigkeit und analytisches Verhalten des Jods in den verschiedenen Verbindungen. Jod tritt in seinen Verbindungen sowohl 1wertig negativ als auch 1-, 3-, 4-, 5- und 7wertig positiv auf. Die Elektronenaffinität ist kleiner als die des Chlors und Broms, so daß diese Elemente aus Jodiden Jod in Freiheit setzen und Jod in Verbindungen mit anderen Halogenen stets der positive Bestandteil ist. Die Tendenz zur Bildung von Polyhalogenidanionen ist von allen Elementen der Gruppe beim Jod am stärksten ausgeprägt.

Analytisch wichtig sind: das freie Jod (J_2), das Jodidion (J^-), das Hypojodition (JO^-), das Jodation (JO_3^-) und das Perjodation (JO_4^- bzw. JO_6^{5-} oder $J_2O_9^{4-}$).

Elementares Jod ist bei normaler Temperatur fest und bildet schwarzviolette, metallglänzende Kristalle (Fp. 113,6° C; Kp. 183° C). Der Dampfdruck ist schon unterhalb des Schmelzpunktes so hoch, daß Sublimation eintritt. In Wasser löst sich Jod nur sehr wenig (bei 20° C werden von 1 l Wasser 0,22 g aufgenommen) mit gelber Farbe. Konzentriertere, dunkelbraune Lösungen entstehen bei Gegenwart von Kaliumjodid oder Jodwasserstoff; sie enthalten Anlagerungsverbindungen der Form $KJ \cdot J_2$. In einer Reihe von organischen Lösungsmitteln ist Jod mit brauner oder violetter Farbe löslich. Oxydationsmittel, wie Chlor, Brom, Hypochlorit, Hypobromit, Chlorat, Bromat, Nitrit, Salpetersäure, Überdischwefelsäure, Chromsäure und Wasserstoffperoxyd, oxydieren Jod in wäßriger Lösung zu Jodsäure. Bei Anwesenheit von konzentrierter Salzsäure entsteht mit starken Oxydationsmitteln Jodtrichlorid. Durch Reduktionsmittel, wie nascierenden Wasserstoff, Schwefelwasserstoff und Sulfide, arsenige Säure und Arsenite, schweflige Säure und Sulfite, Hydrazin, Hydroxylamin und Eisen(II)-salze wird Jod in Jodwasserstoff bzw. Jodid überführt. Besondere Bedeutung hat die Reduktion des Jods mit Natriumthiosulfat, die sowohl zum qualitativen Nachweis als auch zur quantitativen Bestimmung von Jod verwendet wird:

$$2\,Na_2S_2O_3 + J_2 \longrightarrow Na_2S_4O_6 + 2\,NaJ.$$

Alkalilaugen reagieren mit freiem Jod je nach den Versuchsbedingungen unter Bildung von wechselnden Mengen Jodid, Hypojodit und Jodat. Mit wäßrigem Ammoniak entstehen Ammoniumjodid und Jodstickstoff, der in braunen Flocken ausfällt. Zum analytischen Nachweis von freiem Jod dient vor allem die sehr empfindliche Reaktion mit Stärke, bei der ein tiefblau gefärbtes Additionsprodukt gebildet wird.

Jodwasserstoff ist in wäßriger Lösung eine sehr starke Säure, die jedoch verhältnismäßig unbeständig ist und ebenso wie ihre Salze, die Jodide, unter der Einwirkung von Oxydationsmitteln leicht in freies Jod übergeht. Zum analytischen Nachweis von Jodidion wird neben der leichten Oxydierbarkeit die Bildung schwerlöslicher Niederschläge mit Silber-, Palladium(II)-, Thallium(I)-, Kupfer(I)-, Quecksilber(II)-, Quecksilber(I)- und Bleisalzen verwendet.

Vom 1wertig positiven Jod leitet sich die unterjodige Säure mit ihren Derivaten ab. Die freie Säure ist eine auch in verdünnter wäßriger Lösung sehr unbeständige Verbindung, die leicht in Jodwasserstoff und Jodsäure zerfällt

(1) $$3\,HJO \longrightarrow 2\,HJ + HJO_3\,,$$

(2) $$2\,HJ + 2\,HJO \longrightarrow 2\,J_2 + 2\,H_2O\,,$$

(1 u. 2) $$5\,HJO \longrightarrow 2\,J_2 + 2\,H_2O + HJO_3$$

und außerordentlich stark oxydierende Eigenschaften besitzt. Als amphotere Verbindung bildet sie zwei Reihen von Salzen: mit starken Laugen die normalen Hypojodite $Me^{I}JO$ und mit starken Säuren Verbindungen der Form JX, die Jod als 1wertig positives Kation enthalten. Hypojodite entstehen — analog der Bildung von Hypochloriten und Hypobromiten — bei der Einwirkung von Jod auf Alkali- oder Erdalkalihydroxyde. Sie sind ebenfalls starke Oxydationsmittel und werden auf Grund dieser Eigenschaft auch analytisch nachgewiesen. Von den Derivaten des Jod(I)-hydroxyds sind die Salze $J(ClO_4)$, $J(ClO_3)$, $J(NO_3)$ usw. in freiem Zustand nicht beständig, sondern nur in Komplexen mit Pyridin. Mit Wasser zersetzen sie sich augenblicklich unter Bildung von Jod und Jodsäure. Beständiger sind die Verbindungen mit Halogen und Pseudohalogen, wie JCl, JBr und JCN. Jodmonochlorid entsteht z. B. bei der Oxydation von wäßrigen salzsäurehaltigen Jodidlösungen mit Braunstein als rotbraunes Öl (β-Modifikation, Fp. 13,9° C). Durch Destillation geht es in die beständigere α-Modifikation (rubinrote Nadeln, Fp. 27,2° C) über. Mit Wasser hydrolysiert Jodmonochlorid zu unterjodiger Säure, die weiter in Jod und Jodsäure zerfällt. Jodmonobromid (dunkelbraune Kristalle, Fp. etwa 40° C) reagiert mit Wasser analog, nur wesentlich langsamer. Jodcyanid (weiße, seidig-weiche Kristalle, Fp. 146,5° C) ist in Wasser schwer löslich; mit Alkalihydroxyd bildet es Jodid und Jodat. Zur analytischen Identifizierung der Derivate des Jod(I)-hydroxyds muß eine Bestimmung der physikalischen Konstanten (Schmelzpunkt, Siedepunkt usw.) sowie eine genaue Untersuchung der bei der Hydrolyse gebildeten Umwandlungsprodukte vorgenommen werden.

Vom 3wertig positiven Jod leiten sich ebenfalls formal Verbindungen mit positivem Jodkation der Zusammensetzung JX_3 ab. Der wichtigste Vertreter, das Jodtrichlorid JCl_3 (gelbe Nadeln, Fp. unter dem eigenen Dampfdruck von 16 at 101° C), entsteht bei der Einwirkung von überschüssigem Chlor auf konzentrierte wäßrige Kaliumjodidlösung. Bei der Hydrolyse bildet es Jodmonochlorid,

$$2\,JCl_3 + 3\,H_2O \longrightarrow 5\,HCl + JCl + HJO_3\,,$$

das seinerseits zu Jodsäure und Jod weiter reagiert. In stark salzsaurer Lösung wird die Hydrolyse zugunsten der Bildung einer komplexen Säure $HJCl_4$ zurückgedrängt. Die Derivate des positiv 3wertigen Jods werden allgemein analytisch mit Hilfe ihrer physikalischen Konstanten und der bei der Hydrolyse gebildeten Umwandlungsprodukte nachgewiesen.

In der positiv 5wertigen Stufe besitzt Jod ausgesprochen nichtmetallischen Charakter und tritt — analog zu Chlor und Brom — als Jodsäure (HJO_3) auf. Diese wird aus elementarem Jod durch Einwirkung starker Oxydationsmittel, z. B. Salpetersäure, dargestellt. Sie ist eine etwas schwächere Säure als die Salzsäure und bildet leicht saure Salze, da in konzentrierter Lösung vermutlich Doppelmoleküle vorliegen. Die Jodate der Alkalien sind in Wasser leicht löslich, während die der übrigen Metalle in Wasser sämtlich schwer- bzw. unlöslich sind. Auf der Bildung charakteristischer Niederschläge mit verschiedenen Metallsalzlösungen beruht daher eine größere Zahl von analytischen Nachweisreaktionen für Jodation. Besondere Bedeutung besitzt die Abscheidung als Silber-, Barium- und Bleijodat. Die Mehrzahl der Salze ist kristallin; amorphe Fällungen erzeugen Cadmium- und Zinkionen. Während Bleiacetat normales, weißes Bleijodat bildet, geben Bleichlorid und -bromid schwerlösliche Doppelsalze. Jodation besitzt — ebenso wie Chloration und Bromation — stark oxydierende Eigenschaften. So reagiert es mit Zinn(II)-salz unter Jodausscheidung zu Zinn(IV)-salz, und mit Eisen(II)-salz bildet es zunächst weißes Eisen(II)-jodat, das jedoch durch Abscheidung von Jod rasch braun gefärbt wird. Derartige Oxydations-Reduktionsreaktionen bieten daher ebenfalls zahlreiche analytische Nachweismöglichkeiten für Jodation.

Die Perjodate mit 7wertigem Jod entstehen durch äußerst kräftige Oxydation von elementarem Jod auf chemischem oder elektrochemischem Wege. Die Überjodsäure (H_5JO_6), die aus Bariumperjodat mit Schwefelsäure dargestellt werden kann, ist eine 5basische, sehr schwache Säure. Ihre Salze, die Orthoperjodate, sind deshalb in wäßriger Lösung stark hydrolysiert. Außer den Orthoperjodaten mit dem Anion JO_6^{-----} sind noch Mesoperjodate (JO_4^-) und Diperjodate ($J_2O_9^{----}$) bekannt. Fast alle Perjodate sind in Wasser nur wenig löslich und im Gegensatz zu den Perchloraten wenig beständig.

Nachweismethoden.

§ 1. Nachweis auf spektralanalytischem Wege.

1. Spektrum des Jodatoms.

In der Bunsenflamme läßt sich das Spektrum des Jodatoms nicht anregen. Im GEISSLER-Rohr gibt Joddampf ein Funkenspektrum mit folgenden Linien (die intensivsten sind hervorgehoben): 625,8; 621,1; 617,6; 607,9; *595,3*; 579,1; 577,4; 576,1; *573,9*; *571,2*; 568,9; 567,4; *562,5*; *549,5*; *546,2*; *543,4*; *540,4*; *534,5*; *533,7*; 524,4; *516,3*; 501,6; 486,6; 467,8; 466,9; 463,4 mμ (FORMANEK).

Bei Verwendung einer besonderen Versuchsanordnung, die das Arbeiten mit hohen Stromstärken (mehrere Hundert Ampere) und vermindertem Druck (5 bis 40 mm Hg) bei 220 Volt gestattet, gelingt es nach PFEILSTICKER, noch 5 bis 20 γ Jod in 2 g Substanz, selbst bei Anwesenheit leicht anregbarer Begleitmetalle, nachzuweisen.

2. Spektrum von Jodverbindungen.

Kupferjodid färbt — ebenso wie die anderen Kupferhalogenide — die Flamme des Bunsenbrenners anhaltend blaugrün. Zur Probe mischt man nach MITSCHERLICH die zu untersuchende Substanz mit der Hälfte ihres Gewichtes an Ammoniumsulfat und einem Zehntel Gewichtsteil Kupferoxyd und bringt die Mischung in ein Glasrohr. Durch dieses wird dann Wasserstoff geleitet, der am Ende des Rohres angezündet wird, während das Reaktionsgemisch langsam erhitzt wird. Bei Anwesenheit von Jod zeigt die Wasserstofflamme das charakteristische Spektrum des Kupferjodids, das nach EDER und VALENTA aus folgenden Banden besteht: 5330, 5250, 5210, 5142, 5106, 5075, 4760, 4685, 4630, 4575, 4523, 4464, 4408, 4358, 4323, 4320, 4280, 4261, 4213, 4172, 4130, 4098 Å. Die Anwesenheit von Chlor und

Brom stört nicht, da die entsprechenden Kupferhalogenide deutlich unterscheidbare Spektren besitzen.

FRIEDLÄNDER empfiehlt, den Nachweis von Jod mit Hilfe des Bariumjodidspektrums durchzuführen. Ausführung der Probe siehe im Abschnitt „Brom". Durch Beobachtung der bei 5707 und 5373 Å auftretenden Banden des Bariumjodids können noch 17,3 γ Jod nachgewiesen werden.

3. Absorptionsspektrum des Joddampfes.

Der violette Joddampf liefert ein Absorptionsspektrum, das aus zahlreichen feinen Linien, die sich zu Banden gruppieren, besteht. Die Absorption liegt vor allem im grünen, in dickeren Schichten auch im orange bis gelben Spektralbereich (FORMANEK).

§ 2. Nachweis von freiem Jod.

Das Vorliegen von größeren Mengen freien Jods ist gewöhnlich durch das äußere Verhalten der Analysenprobe erkennbar: Diese gibt beim Erhitzen charakteristische violette Dämpfe ab, die sich an kalten Gefäßwandungen zu schwarzvioletten, glänzenden, rhombischen Kristallen kondensieren. Joddampf besitzt außerdem einen stechenden, zum Husten reizenden Geruch und färbt feuchtes rotes Lackmuspapier lavendelblau [FRESENIUS (a)].

A. Farbreaktionen.

Wichtige Reaktionen.

1. Färbung in anorganischen und organischen Lösungsmitteln.

In anorganischen und organischen Lösungsmitteln ist Jod mit violetter, roter oder brauner Farbe löslich:

Violett	Rot	Braun
Schwefelsäure (konz.)	Salpetersäure (konz.)	Wasser
Schwefelkohlenstoff	Salzsäure (konz.)	Kaliumjodid (wäßrige Lösung)
Chloroform	Benzol	Jodwasserstoff (verdünnte wäßrige Lösung
Bromoform	Toluol	Schwefelsäure (verdünnt)
Äthylenbromid		Salpetersäure (verdünnt)
Tetrachloräthylen		Phosphorsäure (wäßrige Lösung)
Ligroin		Methylalkohol
Chlorbenzol		Äthylalkohol
Brombenzol		Aceton
Tetrachlorkohlenstoff		Äther
		Anilin

Die für die einzelnen Lösungsmittel charakteristischen Färbungen können durch Zugabe anderer Lösungsmittel geändert werden. So schlägt z. B. die Farbe der Chloroform-, Schwefelkohlenstoff- und Tetrachlorkohlenstofflösung bei Zugabe geringer Mengen Alkohol von violett nach braun um (LACHMANN, DEMMERING, PICCARD und HERRMANN).

Die Empfindlichkeit des Jodnachweises mit Chloroform beträgt nach v. FELLENBERG 0,1 γ Jod in 0,02 cm^3 Chloroform.

Von den oben angegebenen Färbungen in verschiedenen Lösungsmitteln ist nach SCHWETZOW die mit reinem, thiophenfreiem und thiotolenfreiem Benzol am empfindlichsten und sogar empfindlicher als die Reaktion mit Stärke.

DITZ und MARGOSCHES (b) empfehlen Toluol als Reagens (eine ähnliche Vorschrift gibt auch MARGOSCHES).

2. Mit Stärke.

Kolloide Stärkelösung bildet mit freiem Jod bei Gegenwart von Jodidion ein tiefblau gefärbtes Additionsprodukt, die sog. Jodstärke. Über deren Konstitution liegen in der Literatur zahlreiche Arbeiten vor; eine endgültige Klärung der Frage wurde jedoch bis heute nicht erreicht. Die vertretenen Auffassungen schwanken zwischen einer stöchiometrischen chemischen Verbindung [z. B. Salz der Säure $(C_{24}H_{40}O_{20}J)_4 \cdot HJ$ (MYLIUS)] und einer physikalischen Lösung (KÜSTER) bzw. einem mechanischen Gemenge undefinierter Zusammensetzung. Unter Berücksichtigung der Tatsache, daß Jod auch mit anderen kolloiden Stoffen eine Blaufärbung gibt, neigt man in neuerer Zeit am meisten der Auffassung zu, daß die Jodstärke eine Adsorptionsverbindung von Jod an Stärke ist (vgl. BILTZ). Wegen der umfangreichen diesbezüglichen Literatur siehe die Handbücher der anorganischen Chemie.

Herstellung der Reagenslösung. Nach KOLTHOFF (a) wird die Stärkelösung am besten nach der von MUTNIANSKI angegebenen Vorschrift hergestellt: Man reibt 5,0 g lösliche Stärke und 10 mg Quecksilberjodid mit kaltem Wasser zu einem Brei an und gießt die trübe Flüssigkeit in 1 l kochendes Wasser. Es entsteht eine klare Lösung, die einige Zeit unverändert haltbar ist.

Empfindlichkeit. Nach BARGER und FIELD können noch 2,54 mg Jod/l nachgewiesen werden. In älteren Arbeiten wird die Empfindlichkeit etwa 10mal größer (0,1 bis 0,3 mg Jod/l) angegeben (MEINEKE, MYLIUS). Sie sinkt bei Temperaturerhöhung je 10° C um etwa den Faktor 2,5 [KOLTHOFF (a)], weshalb die Probe am besten unter Eiskühlung durchgeführt wird. Von der Konzentration der Stärke ist die Empfindlichkeit nahezu unabhängig, während sie durch Elektrolytzusätze erheblich beeinflußt wird. So ist z. B. die Anwesenheit von Jodidion in einer Konzentration von mindestens 10^{-6} g/l für das Auftreten der Blaufärbung wesentlich. Eine hohe Säurekonzentration kann die Reaktion vollständig unterbinden, eine geringe macht sie dagegen empfindlicher. Die Gegenwart schwach alkalischer Salze, wie Natriumhydrogencarbonat, sekundäres Phosphat usw., übt auf die Empfindlichkeit nur geringen Einfluß aus, während sie durch zahlreiche Neutralsalze, insbesondere durch die des Aluminiums, merklich erhöht wird. Alkohol und Eiweißstoffe machen die Probe unempfindlicher [KOLTHOFF (a)].

Störungen. Oxydations- und Reduktionsmittel stören die Reaktion, da sie mit freiem Jod reagieren, ebenso Cyanide, die Jodcyan bilden. Ferner wirkt die Anwesenheit von größeren Mengen organischer Stoffe (Eiweiß, Resorcin, Traubenzucker u. a.) sowie von Quecksilber(II)-, Quecksilber(I)- und Silberionen störend (FEIGL, KORENMAN). Einen hemmenden Einfluß auf die Stärkereaktion besitzt Nitrition, das in der Analysenlösung durch vorhergehende Oxydation von Jodiden mit salpetriger Säure enthalten sein kann. Nach ERNST setzt man in diesem Fall der zum Nachweis dienenden Stärkelösung 0,01% Kaliumrhodanid zu, das die hemmende Wirkung des Nitrits aufhebt. Ähnlich wie Kaliumrhodanid, nur etwas schwächer, wirken Harnsäure, Pepton, Leucin, Trypsin und Serumalbumin. Die Bildung der blauen Jodstärkeverbindung wird nach GOPPELSRÖDER durch Kaliumalaunlösung (11,86g Kaliumalaun in 100 cm³ Wasser) sowie durch Ammoniumsulfat, Kaliumsulfat, Natriumsulfat, Magnesiumsulfat und Aluminiumsulfat verzögert.

Weitere Reaktionen.

1. Mit o-Tolidin.

Die Diphenylbase o-Tolidin reagiert mit freiem Jod in neutraler Lösung unter Bildung eines Monojodderivates, das die Lösung blaugrün färbt.

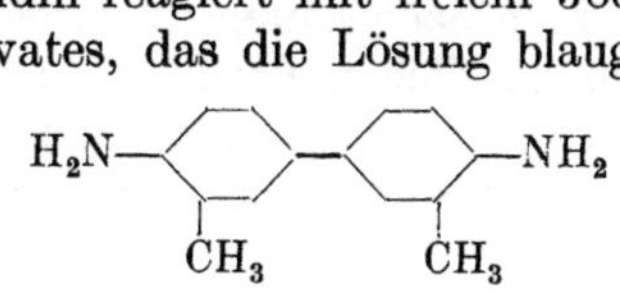

Nach LANGE und WARD gibt man zu 0,5 cm³ einer Lösung von 0,1 g o-Tolidin in 15 cm³ Alkohol (95%ig) etwa 15 cm³ Probelösung. Bei Anwesenheit von Jod entsteht sofort eine blaugrüne Färbung. Diese schlägt nach etwa 10 Min. in braun um, und es fällt ein Niederschlag aus.

Es können noch etwa 0,0075 mg Jod in 15 cm³ Lösung nachgewiesen werden. Jodat stört die Reaktion nicht, während Chlor, Brom und Nitrite störende Färbungen erzeugen. Bei Gegenwart von Eisen-, Quecksilber- und Kupfersalzen kann der Nachweis nicht verwendet werden, da diese Ionen o-Tolidin fällen.

Die Reaktion wird besonders für die quantitative Analyse vorgeschlagen.

2. Mit Fluorescein.

Gelbgrün gefärbte Fluoresceinlösungen reagieren mit freiem Jod unter Bildung von rotem Tetrajodfluorescein:

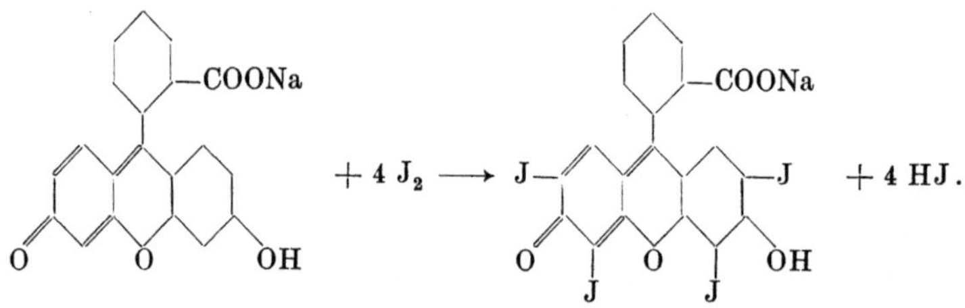

Als Reagens kann sowohl Äthylfluorescein als auch Fluoresceinnatrium verwendet werden.

Nach BAINES mischt man 30 cm³ 10%ige Natronlauge mit 20 cm³ Eisessig, 1 cm³ 0,25%iger wäßriger Fluoresceinnatriumlösung und 50 cm³ Wasser. Zur Probe werden einige Tropfen dieser Lösung zu etwa 1 cm³ Untersuchungslösung gegeben. Bei Anwesenheit von Jod entsteht eine blaßrote Färbung.

Brom stört die Reaktion, da es mit Fluorescein rotes Eosin bildet.

3. Mit Methylenblau.

Jod gibt mit Methylenblau eine zunächst gelbgrüne, nach kurzer Zeit gelbbraun werdende Färbung.

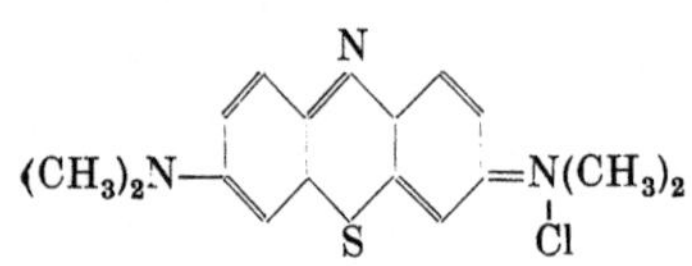

Nach SINNATT benützt man als Reagens eine Lösung von 0,05 g Methylenblau in 1 l Wasser, von der etwa 1 cm³ auf 50 cm³ Probelösung verwendet werden. Bei Anwesenheit von Jod ist neben dem Auftreten des Farbumschlags gelegentlich auch die Bildung eines Niederschlages zu beobachten, welcher die Erkennung des Farbwechsels jedoch nicht beeinträchtigt.

Es können noch 0,2 cm³ n/100 Jodlösung deutlich erkannt werden.

Die Gegenwart von Essigsäure, Salzsäure und Schwefelsäure stört die Reaktion nicht.

4. Mit p-Amino-dimethylanilin.

Die Base gibt bei Zugabe steigender Mengen jodhaltiger Lösungen eine Farbfolge von rosa über rot, purpur, grün und braun nach gelb, die auf einer fortschreitenden Halogenierung des Benzolkerns und der Seitenkette beruht.

Die Reagenslösung stellt man nach TREMAIN durch Auflösen von 5 g p-Aminodimethylanilin, das aus dem käuflichen Produkt durch Destillation gereinigt ist, in 100 cm³ absolutem Alkohol her. Zur Probe gibt man 2 bis 3 Tropfen des Reagenses in 5 cm³ Wasser und fügt dann langsam die zu untersuchende, neutrale oder schwach saure Lösung zu.

Es läßt sich noch 1 Teil Jod in $4 \cdot 10^5$ Teilen Wasser nachweisen.

Die Probe kann auch mit Filtrierpapierstreifen, die mit einer Lösung von 10 g p-Amino-dimethylanilin in 100 cm^3 absolutem Alkohol getränkt und anschließend getrocknet sind, durchgeführt werden. Sie ist in dieser Ausführungsform jedoch etwas unempfindlicher.

Störungen verursacht die Anwesenheit von größeren Mengen freier Säure, durch welche die entstandene Färbung rasch wieder zerstört wird. Außerdem geben Chlor und Brom mit dem Reagens sehr ähnliche Farbfolgen.

5. Mit Benzidin.

Benzidin gibt mit elementarem Jod eine Blaufärbung, die auf der Bildung von merichinoiden Oxydationsprodukten beruht.

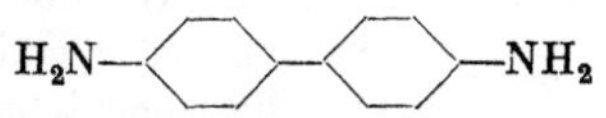

Als Reagens verwendet man eine Lösung von 40 g Benzidin in 50 cm^3 konzentrierter Salzsäure und 950 cm^3 Wasser.

Da bei Gegenwart von Jodidion das Oxydationspotential des Jods je nach den Konzentrationsverhältnissen mehr oder weniger stark abnimmt, wird die Reaktion durch Jodide abgeschwächt und kann u. U. vollständig unterbunden werden [KOLTHOFF (b)].

Zahlreiche andere Oxydationsmittel geben die gleiche Blaufärbung.

6. Mit α-Naphthoflavon.

Die farblose Lösung des Reagenses wird durch elementares Jod blau gefärbt. Bei gleichzeitiger Anwesenheit von Jodid entsteht ein mehr violetter Farbton.

Zur Probe versetzt man nach REITH 100 cm^3 Untersuchungslösung mit 0,5 cm^3 einer Lösung von 1 g Naphthoflavon in 100 cm^3 Alkohol.

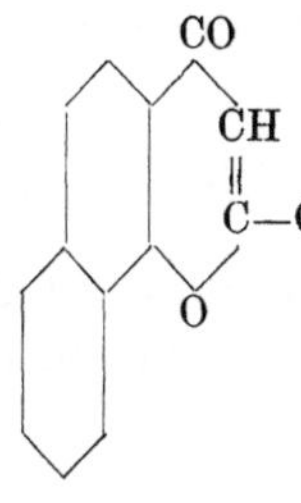

Die Empfindlichkeit der Reaktion beträgt in 0,1 n schwefelsaurer Lösung bei Abwesenheit von Jodid 30 γ Jod in 100 cm^3 (Blaufärbung), bei Anwesenheit von 0,1 bis 0,01% Kaliumjodid 5 γ Jod in 100 cm^3 (Violettfärbung) (REITH; vgl. auch HAHN, SCHÜTZ und PAVLIDÉS).

7. Mit Lanthansalz.

Basisches Lanthanacetat bildet mit jodhaltigen Lösungen eine tiefblaue Farbe, die nach KRÜGER und TSCHIRCH auf der Bildung einer Adsorptionsverbindung von Jod an das basische Lanthansalz beruht.

Zur Herstellung des Reagenses versetzt man eine Lanthannitratlösung mit Ammoniak und fügt kurz darauf etwas Natriumacetat zu. Nach mehrstündigem Stehen ist die Lösung gebrauchsfertig.

Fluoride verhindern das Auftreten der Färbung schon in sehr geringer Konzentration, während Chloride, Nitrate, Sulfate und zahlreiche organische Salze nur in größeren Mengen stören. Die Reaktion gelingt auch, wenn der Lanthansalzlösung an Stelle von Natriumacetat Natriumpropionat zugefügt wird.

Für den Jodnachweis besitzt diese Reaktion keine Bedeutung. Man wird in jedem Fall die wesentlich empfindlichere und zuverlässigere Stärkereaktion vorziehen.

Über diese Reaktion finden sich auch Angaben bei KING und JACOBS.

8. Unsichere Farbreaktionen.

Jod gibt mit Glykogen und Erythrodextrin rotviolette Färbungen [DENIGÈS (a)].

Folgende organische Stoffe bilden außerdem mit Jod gefärbte Additionsprodukte: Derivate des Cumarins, des γ-Pyrons, Benzo-γ-pyrons und Naphthapyrons, des

Xanthons und des Flavons (BARGER und STARLING), Tannin, Gallussäure, Pyrogallol (NASSE), Saponarin (BARGER; BARGER und FIELD) und 9-Methyl-3,4-benzacridinmethosulfat (KRÜGER).

Von den kolloiden anorganischen Salzen geben außer dem Lanthanacetat (s. u. 7.) noch Zirkonhydroxyd (WEDEKIND und REINBOLDT) und Calciumhydroxyd (WILKS) blaue Jod-Adsorptionsverbindungen.

B. Fällungsreaktionen.

1. Mit Magnesiumsalzen.

Magnesiumsalze bilden mit alkalischen jodhaltigen Lösungen einen rötlichbraunen Niederschlag von Magnesiumhypojodit.

Nach AUGUSTI (a, b) versetzt man die zu prüfende Lösung mit sehr verdünnter Natron- oder Kalilauge, bis sie sich fast vollständig entfärbt hat. Dann wird 1%ige Magnesiumchlorid- oder Magnesiumsulfatlösung zugegeben. Der bei Anwesenheit von Jod entstehende Niederschlag wird bei sehr kleinen Jodmengen am besten unter dem Mikroskop identifiziert. Bei Ausführung der Reaktion im Reagensglas können noch bis zu 0,25 mg Jod, bei Ausführung im mikrochemischen Maßstab auf dem Objektträger noch bis zu 9γ Jod nachgewiesen werden [AUGUSTI (a, b)].

Der Nachweis wird nicht gestört durch freies Brom, Chlor, Bromid oder Chlorid.

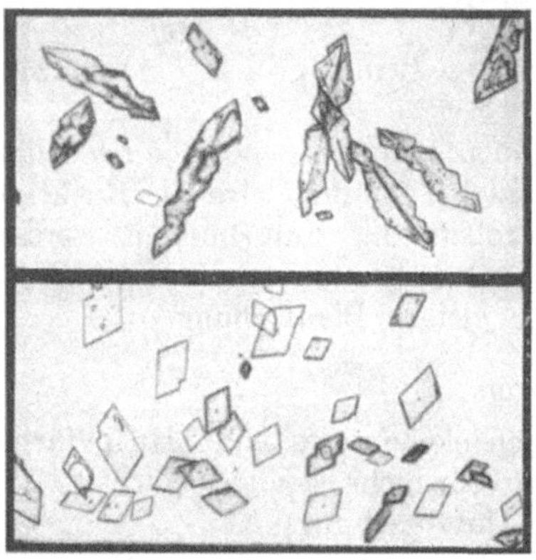

Abb. 1. Urotropinjodid. (Aus GEILMANN: Bilder zur qualitativen Mikroanalyse, S. 26. Leipzig 1934.)

2. Mit Urotropin.

Elementares Jod bildet mit Urotropin einen gelben Niederschlag von Urotropinjodid.

Zur Durchführung der Probe leitet man Ammoniak in 1 Tropfen 30%ige Formaldehydlösung und gibt anschließend 1 Tropfen Probelösung zu (GEILMANN) (s. Abb. 1).

C. Reduktionsreaktionen.

Elementares Jod kann durch Einwirkung verschiedener Reduktionsmittel in Jodid überführt werden, das anschließend mit Hilfe einer der in § 3 beschriebenen Reaktionen nachgewiesen wird. Es sind folgende Reduktionsreaktionen bekannt:

1. Mit Natriumthiosulfat.

Natriumthiosulfat reagiert mit Jod in neutraler oder schwach saurer Lösung quantitativ nach der Gleichung:

$$J_2 + 2\,Na_2S_2O_3 \longrightarrow Na_2S_4O_6 + 2\,NaJ.$$

Im Anschluß an die Reduktion kocht man zur Zerstörung von überschüssigem Thiosulfat mit etwas konzentrierter Salpetersäure kurz auf, filtriert von ausgeschiedenem Schwefel ab und prüft mit Silbernitrat auf Jodid.

Chlor und Brom werden unter den gleichen Bedingungen ebenfalls zu den entsprechenden Halogeniden reduziert.

2. Mit schwefliger Säure.

Jodhaltige Lösungen werden durch schweflige Säure oder Alkalisulfit zu Jodid reduziert entsprechend der Gleichung:

$$SO_2 + J_2 + 2\,H_2O \longrightarrow 4\,H^+ + 2\,J^- + SO_4^{--}.$$

Man versetzt die angesäuerte Probelösung mit einer Lösung von schwefliger Säure oder Natriumsulfit. Nach beendeter Reaktion wird das überschüssige Reduktionsmittel verkocht und in der abgekühlten Lösung auf Jodidion geprüft.

Chlor und Brom geben unter den gleichen Bedingungen analoge Reaktionen.

3. Mit nascierendem Wasserstoff.

Jod wird durch nascierenden Wasserstoff zu Jodid reduziert.

Man versetzt die zu prüfende Lösung mit verdünnter Schwefelsäure und einigen Zinkgranalien oder etwas Zinkstaub. Nach beendeter Reaktion wird abfiltriert und wie üblich auf Jodidion geprüft.

Chlor und Brom werden unter den gleichen Bedingungen ebenfalls reduziert.

4. Mit arseniger Säure.

Arsenige Säure reagiert mit neutralen jodhaltigen Lösungen quantitativ nach der Gleichung:

$$AsO_3^{---} + J_2 + H_2O \rightleftarrows AsO_4^{---} + 2\,H^+ + 2\,J^-.$$

Da diese Reaktion in sauren Lösungen von rechts nach links verläuft, müssen die gebildeten H^+-Ionen durch einen Überschuß von Bicarbonat abgefangen werden. Das gebildete Jodid kann eventuell nach Ansäuern der Lösung mit Salpetersäure als Silberjodid nachgewiesen werden.

D. Nachweis auf physikalischem Wege.

Durch die depolarisierende Wirkung. Jod kann auf Grund seiner depolarisierenden Wirkung in Kaliumjodidlösung nachgewiesen werden.

Man füllt eine Küvette, die zwei mit einem empfindlichen Galvanometer verbundene Platinelektroden enthält, mit einer 10%igen Kaliumjodidlösung und der zu untersuchenden, gelösten Substanz. Das Gefäß wird dann so zwischen die Pole eines Elektromagneten gebracht, daß die Kraftlinien parallel zu den Elektroden verlaufen. Bei Stromschluß entsteht in der Kette ein Induktionsstrom, der vom Galvanometer angezeigt wird. Bei Anwesenheit von freiem Jod ist der Ausschlag des Galvanometers wesentlich größer (8- bis 10mal) als in jodfreier Lösung. Die Verstärkung des Induktionsstromes erklärt sich vermutlich dadurch, daß derselbe eine kurzdauernde und mit einer Polarisation verbundene Elektrolyse des Kaliumjodids hervorruft, bei welcher das Jod die Rolle eines Depolarisators übernimmt.

Nach Schtschukarew und Ssyssojew können auf diese Weise noch $3 \cdot 10^{-7}$ g Jod in 1 cm³ Lösung nachgewiesen werden.

§ 3. Nachweis von Jodidion (J^-).

Vorproben.

1. Verhalten gegen konzentrierte Schwefelsäure.

Feste Jodide entwickeln beim Übergießen mit konzentrierter Schwefelsäure und Erwärmen Joddämpfe, die durch ihre violette Farbe sowie mit Hilfe der Stärkereaktion leicht identifiziert werden können. Daneben entsteht noch Schwefeldioxyd, Jodwasserstoff und etwas Schwefelwasserstoff. Die Umsetzung verläuft nach den Gleichungen:

$$2\,KJ + H_2SO_4 \longrightarrow 2\,HJ + K_2SO_4,$$
$$2\,HJ + H_2SO_4 \longrightarrow J_2 + SO_2 + 2\,H_2O,$$
$$6\,HJ + SO_2 \longrightarrow H_2S + 3\,J_2 + 2\,H_2O.$$

2. Verhalten beim Schmelzen mit Kaliumhydrogensulfat.

Jodide geben beim Schmelzen mit Kaliumhydrogensulfat im Glühröhrchen Joddämpfe ab, die wie unter 1. angegeben nachgewiesen werden können.

3. Durch Erhitzen mit Calciumoxyd, Calciumcarbonat und Quecksilber(II)-chlorid.

Jodide bilden beim Erhitzen mit den angegebenen Substanzen Quecksilber(II)-jodid, das durch seine charakteristische Farbe leicht erkennbar ist.

Nach BERZELIUS mischt man die zu untersuchende, trockene Substanz mit Quecksilber(II)-chlorid, Calciumoxyd und Calciumcarbonat (sämtlich gut getrocknet), bringt die Mischung in ein Glühröhrchen und zieht dessen offenes Ende zu einer Spitze aus. Dann wird die Masse zum Glühen erhitzt. Bei Anwesenheit von Jod entsteht Quecksilber(II)-jodid, das in den ausgezogenen Teil des Röhrchens sublimiert und dort einen zuerst gelben, dann roten Beschlag erzeugt.

Über die Empfindlichkeit der Reaktion sind keine Angaben vorhanden.

4. Mit Persulfat und Stärke.

Jodide werden durch Persulfat zu Jod oxydiert, das mit Stärke nachgewiesen werden kann (MERK).

Man reibt die zu untersuchende, feste Probe mit Kaliumpersulfat und Stärke. Bei Anwesenheit von Jod färbt die Mischung sich blau. Nach FIELD ist zum Gelingen der Reaktion die Anwesenheit von etwas Feuchtigkeit erforderlich.

5. Durch Schmelzen mit Natriumparawolframat.

Jodide entwickeln beim Schmelzen mit Natriumparawolframat ($5\,Na_2O \cdot 12\,WO_3$) Joddämpfe, die wie unter 1. angegeben nachgewiesen werden können (KUZIRIAN).

Auf nassem Wege.

A. Fällungsreaktionen.

Wichtige Reaktionen.

1. Mit Silbernitrat.

Silbernitratlösung fällt aus salpetersauren jodidhaltigen Lösungen einen gelben, käsigen Niederschlag von Silberjodid (AgJ). Dieser ist in Wasser, Salpetersäure und Ammoniak sehr wenig löslich (bei 20° C lösen 100 cm³ Wasser $0{,}23 \cdot 10^{-6}$ g AgJ). Mit überschüssigem Alkalicyanid und Natriumthiosulfat werden lösliche komplexe Silbersalze gebildet:

$$AgJ + 2\,CN^- \longrightarrow [Ag(CN)_2]^- + J^-,$$
$$AgJ + 2\,S_2O_3^{--} \longrightarrow [Ag(S_2O_3)_2]^{---} + J^-.$$

Im Unterschied zu Silberchlorid, -bromat und -jodat ist Silberjodid — ebenso wie Silberbromid — in einer frisch hergestellten, gesättigten Lösung von Ammoniumcarbonat nicht löslich.

Nach GÓRSKI können noch $3{,}6 \cdot 10^{-7}$ Grammatome Jodid/l nachgewiesen werden.

Störungen verursachen Anionen, die in salpetersaurer Lösung ebenfalls schwerlösliche Silbersalze bilden, wie Chlorid, Hypochlorit, Bromid, Bromat, Jodat, Cyanid, Rhodanid, Sulfid, Cyanoferrat(II) und Cyanoferrat(III). Über die Entfernung von Cyaniden, Rhodaniden und komplexen Cyaniden sowie die Abtrennung von Silberchlorid, -bromat, -jodat und -bromid siehe in den Abschnitten „Chlor" (S. 42) und „Brom" (S. 80).

2. Mit Thallium(I)-nitrat.

Thallium(I)-nitratlösung gibt mit Jodidion einen gelben, schweren Niederschlag von Thallium(I)-jodid (TlJ), der in Wasser nur wenig löslich ist (bei 20° C lösen 100 cm³ Wasser $6{,}3 \cdot 10^{-3}$ g TlJ). Von verdünnten Säuren, Alkalien und Natriumthiosulfat wird Thallium(I)-jodid ebenfalls nicht merklich gelöst. Mit konzentrierter Salpetersäure oder beim Kochen mit verdünnter HNO_3 tritt Zersetzung ein unter Jodabscheidung.

Chlorid, Bromid und Chromat bilden ebenfalls schwerlösliche Thallium(I)-salze. Außerdem stört die Anwesenheit von starken Oxydationsmitteln, wie Permanganat und Cyanoferrat(III), da dieselben das für die Fällung benötigte Thallium(I)-ion zum Thallium(III)-ion oxydieren.

Über den mikrochemischen Nachweis von Jodid mit Thallium(I)-salz s. S. 120.

3. Mit Palladium(II)-salzen.

Schwach salzsaure jodidhaltige Lösungen bilden mit einem Überschuß von Palladium(II)-chloridlösung einen schwarzbraunen Niederschlag von Palladium(II)-jodid (PdJ_2). Dieser ist in überschüssigem Alkalijodid unter Bildung des komplexen Anions $[PdJ_4]^{--}$ mit brauner Farbe löslich und löst sich auch in konzentrierten Salzlösungen (z. B. Magnesiumchlorid, Natriumchlorid) und Ammoniak unter Bildung von $[PdCl_4]^{--}$ bzw. $[Pd(NH_3)_4]^{++}$ auf. Als Fällungsmittel kann außer Palladiumchlorid auch Natriumchloropalladat(II) (Na_2PdCl_4) verwendet werden.

Bromid stört, da es in größeren Konzentrationen mit dem Reagens einen schwer unterscheidbaren rötlich-braunen Niederschlag von Palladium(II)-bromid bildet. Cyanoferrat(II) und Cyanoferrat(III) müssen vor Ausführung der Probe entfernt werden. Bei Gegenwart von Rhodanid ist die Fällung mit einem Überschuß von Palladium(II)-salz durchzuführen (CURTMAN und HARRIS; GUTZEIT).

Über den mikrochemischen Nachweis von Jodid mit Palladium(II)-salz s. S. 120.

4. Mit Kupfer(I)-chlorid.

Kupfer(I)-chlorid erzeugt mit Jodiden einen weißen Niederschlag von Kupfer(I)-jodid (CuJ), der in Wasser und verdünnten Säuren unlöslich ist.

Als Reagens verwendet man nach MOHR eine Auflösung von Kupfer(I)-chlorid in Ammoniumchlorid.

Es lassen sich noch 1,5 mg Jodid/l Wasser nachweisen.

Da Kupfer(I)-bromid ebenso wie Kupfer(I)-chlorid in Ammoniumchlorid löslich ist, kann mit Hilfe der Reaktion Jodid von Chlorid und Bromid abgetrennt werden.

5. Mit Quecksilber(II)-salzen.

Quecksilber(II)-nitratlösung fällt aus jodidhaltigen Lösungen einen roten Niederschlag von Quecksilber(II)-jodid (HgJ_2). Dieser ist in Wasser nur sehr wenig löslich (bei 20° C lösen 100 cm³ Wasser $6 \cdot 10^{-3}$ g HgJ_2). In überschüssigem Alkalijodid löst sich HgJ_2 unter Bildung von komplexem $[HgJ_4]^{--}$, weshalb die Fällung von Jodidion stets mit einem Überschuß von Quecksilber(II)-salz durchgeführt werden muß.

Nach DENIGÈS (b) kann zum Nachweis von Jodid auch die NESSLERsche Reaktion verwendet werden:

$$3\,KOH + NH_3 + 2\,K_2HgJ_4 \longrightarrow \left[O\begin{matrix}\diagup Hg \diagdown \\ \diagdown Hg \diagup\end{matrix}NH \cdot H\right]J + 7\,KJ + 2\,H_2O.$$

Man versetzt die Probelösung mit konzentriertem Ammoniak, etwas Kalilauge und einigen Tropfen Quecksilber(II)-chloridlösung. Bei Anwesenheit von Jodid entsteht je nach der vorhandenen Menge ein mehr oder weniger rotbrauner Niederschlag, während in jodidfreien Lösungen die Fällung weiß oder schwach gelblich ist.

Die Reaktion ist sehr empfindlich und kann auch zum Nachweis von unlöslichen Jodiden (Silberjodid, Quecksilberjodid) verwendet werden [DENIGÈS (b)].

Störungen verursachen Metallionen, die mit der Reagenslösung eine Fällung geben. Zur Probe wird deshalb am besten das Filtrat des Ammoniumsulfidniederschlages verwendet, das vorher durch Kochen von überschüssigem Schwefelwasserstoff befreit ist.

6. Mit Bleisalzen.

Lösliche Bleisalze, wie Bleinitrat und Bleiacetat, fällen aus schwach salpetersauren jodidhaltigen Lösungen gelbes Bleijodid (PbJ_2). Dieses ist in kaltem Wasser wenig, in siedendem Wasser etwas leichter löslich (Löslichkeit von PbJ_2 in 100 cm^3 Wasser bei 20° C: 0,065 g; bei 100° C: 0,434 g). Aus heißen Lösungen kristallisiert Bleijodid beim Erkalten in goldgelben Blättchen wieder aus. In Alkalilaugen löst es sich unter Bildung von Plumbit; mit überschüssigem Alkalijodid entsteht lösliches komplexes Bleijodid.

Chlorid, Bromid, Perchlorat, Sulfid und Sulfat stören den Nachweis, da sie mit Bleisalzen ebenfalls schwerlösliche Niederschläge bilden. Tartrat verhindert die Fällung, da es Blei(II)-ion komplex bindet.

Weitere Reaktionen.

1. Mit Platin(IV)-chlorid.

Neutrale oder schwach schwefelsaure jodidhaltige Lösungen geben beim Versetzen mit einigen Tropfen Platin(IV)-chloridlösung je nach der vorhandenen Jodidmenge eine rote Färbung bzw. mit viel Jodid einen braunen Niederschlag (Seamon).

Die Reaktion ist besonders für den mikrochemischen Nachweis von Jodid geeignet.

2. Mit Aceton und Hypochlorit.

Alkalijodidlösungen bilden bei Zugabe von Aceton, Natronlauge und Hypochlorit einen gelben Niederschlag von Jodoform (CHJ_3), der die Form von Täfelchen hat und auch an seinem charakteristischen süßlichen, safranartigen Geruch leicht zu erkennen ist [Denigès (c)].

Zur Ausführung versetzt man einige Kubikzentimeter der Lösung mit 1 Tropfen Natronlauge, 5 bis 6 Tropfen Aceton und etwas verdünnter Natriumhypochloritlösung. Auch bei nur spurenweiser Gegenwart von Jodid beobachtet man bald eine weißliche Trübung, aus der sich mit der Zeit charakteristische Jodoformkristalle bilden.

3. Mit Nitron.

Nitron fällt aus verdünnten schwefelsauren jodidhaltigen Lösungen weißes, kristallines Nitronjodid aus.

Als Reagens verwendet man eine Lösung von 10 g Nitron in 90 g 5%iger Essigsäure.

Die Fällung erfolgt bis zu einer Konzentration von 1 : 20000.

Eine Reihe anderer Ionen bildet mit Nitron ebenfalls schwerlösliche Salze: Br^-, ClO_3^-, ClO_4^-, NO_2^-, NO_3^-, CrO_4^{--}, SCN^-, $[Fe(CN)_6]^{---}$, $[Fe(CN)_6]^{----}$ (Busch).

Die Reaktion hat für den Nachweis von Jodid wenig Bedeutung.

4. Mit Natriumhypochlorit und Magnesiumsulfat.

Jodidhaltige Lösungen bilden beim Versetzen mit verdünnter Natriumhypochloritlösung und etwas 1%iger Magnesiumsulfatlösung einen rotbraunen Niederschlag von Magnesiumhypojodit [Augusti (a, b)].

5. Mit Benzoyl-cinchonin-monomethyl-bromid.

Eine 3%ige wäßrige Lösung des Reagenses fällt Jodidion als weißes, kristallines Benzoyl-cinchonin-monomethyl-jodid aus.

Es können noch 0,3 mg Jodid/cm³ Probelösung nachgewiesen werden.

Die Anwesenheit größerer Mengen Bromid stört, da das Reagens durch diese wieder ausgesalzen wird (Macowski, Silberg, Ramontianu und Crăciunescu).

6. Mit Chinin- bzw. Cinchonin-dihomoneurin-bromid.

5- bis 7%ige wäßrige Lösungen dieser Chinaalkaloid-homoneurine (dargestellt durch Erhitzen der alkoholischen Alkaloidlösung mit einer alkoholischen Lösung von Allylbromid im Einschlußrohr auf 100° C) geben mit Jodidion gelbe Niederschläge, die sich beim Verdünnen und in der Wärme leicht wieder auflösen.

Der Nachweis ist nicht sehr empfindlich. Es können noch 3 bis 6 mg Jodid/cm³ erfaßt werden.

Bromide, Chloride und Cyanide stören nicht, während Rhodanide mit den Reagenslösungen ebenfalls schwerlösliche Niederschläge erzeugen (Macowski, Silberg, Ramontianu und Crăciunescu).

7. Mit Methylenblau.

Methylenblau fällt aus verdünnten jodidhaltigen Lösungen einen dunkelblauen Niederschlag mit bronzegrünen Reflexen.

Als Reagens verwendet man nach Monnier (a) eine 0,3%ige Lösung von Methylenblau in Wasser.

Der Nachweis wird gestört durch eine Anzahl von Metallen, weshalb es stets ratsam ist, die Probe im Sodaauszug vorzunehmen. Täuschungen können entstehen durch Anwesenheit von ClO_4^-, $S_2O_8^{--}$, $Cr_2O_7^{--}$, MnO_4^- und $[Fe(CN)_6]^{---}$, welche mit dem Reagens rosa bzw. rosa-violette, ebenfalls metallisch glänzende Niederschläge bilden, sowie durch Metavanadinsäure, Wolframsäure und Molybdänsäure, die dunkelblaue, aber nicht reflektierende Niederschläge erzeugen.

8. Mit Komplexverbindungen des Quecksilber(II)-cyanids.

Nach Uzel geben Komplexverbindungen des Quecksilber(II)-cyanids vom Typus $[Me^{II}(NH_3)_4]\,[Hg(CN)_2J]_2$, in denen Me Kupfer, Nickel oder Kobalt ist, mit Jodidion charakteristisch gefärbte Niederschläge.

Zur Herstellung der Reagenslösungen versetzt man die 0,1 m Lösungen der Metallsulfate mit einigen Gramm Ammoniumnitrat und so viel Ammoniak, daß die entstehenden Hydroxydniederschläge sich gerade wieder lösen. Dann wird noch etwas Ammoniak im Überschuß hinzugegeben und anschließend eine schwach erwärmte 0,1 m Lösung von Quecksilber(II)-cyanid zugefügt. Zur Probe versetzt man die so hergestellten Komplexsalzlösungen mit einigen Tropfen der zu untersuchenden, gelösten Substanz. Bei Anwesenheit von Jodid entsteht z. B. mit dem kupferhaltigen Komplex ein blaugrün gefärbter Niederschlag.

9. Mit Phenylhydrazin, Kupfersulfat und Schwefelsäure.

Dieser von Raikow (a) vorgeschlagene Fällungsnachweis wird folgendermaßen durchgeführt:

Man gibt zu einer frisch bereiteten wäßrigen Phenylhydrazinlösung verdünnte Schwefelsäure und anschließend etwas Kupfersulfatlösung. Bei Gegenwart einer genügenden Menge Schwefelsäure bleibt die Mischung völlig klar. Zur Prüfung auf Jodid versetzt man mit dieser Lösung die zu untersuchende, gelöste Substanz und schüttelt um. Bei positivem Ausfall der Probe entsteht ein rötlich-brauner, voluminöser Niederschlag.

Chlorid gibt unter den gleichen Bedingungen keinen Niederschlag, so daß mit Hilfe der Reaktion Jodid neben Chlorid nachgewiesen und von diesem getrennt werden kann. Bromid erzeugt eine weißliche Trübung.

B. Oxydationsreaktionen.

Jodidion kann durch Oxydationsmittel je nach deren Oxydationspotential unter den speziellen Reaktionsbedingungen zu elementarem Jod, Jodation oder Perjodation oxydiert und anschließend als solches nachgewiesen werden.

1. Oxydation zu freiem Jod.

Jodide werden durch eine große Zahl von Oxydationsmitteln leicht in elementares Jod überführt, das mit Hilfe der Stärkereaktion oder durch Ausschütteln in organischen Lösungsmitteln identifiziert werden kann. Ein Überschuß der meisten Oxydationsmittel bewirkt eine Weiteroxydation zu Jodat, so daß es stets ratsam ist, das Oxydationsmittel in kleinen Anteilen und in verdünnter Lösung zuzufügen.

a) Mit Chlor. Man unterschichtet die neutrale oder saure Untersuchungslösung mit Chloroform und versetzt tropfenweise mit Chlorwasser. Bei Anwesenheit von Jodid geht das gebildete Jod in die Chloroformschicht über und färbt diese violett. Überschüssiges Chlorwasser oxydiert weiter zu Jodsäure bzw. Jodtrichlorid, so daß die Chloroformschicht sich wieder entfärben kann [Abegg und Herz; Fresenius (b)].

Der Nachweis kann nach Wade auch mit der festen Substanz ausgeführt werden: Man streut die feingepulverte Analysenprobe auf angefeuchtetes Stärkepapier und setzt das Ganze der Einwirkung von Chlorgas aus. Bei Anwesenheit von Jodid entsteht die bekannte Blaufärbung.

b) Mit Chloramin T (Natriumsalz des p-Toluol-sulfonsäure-chloramids). Das Reagens wird in wäßriger Lösung angewendet und hat die gleichen oxydierenden Eigenschaften wie Chlorwasser.

Man versetzt 1 Tropfen Probelösung mit 1 Tropfen Stärkelösung und 1 Tropfen einer verdünnten Lösung von Chloramin T. Bei Gegenwart von Jodid ist die bekannte Blaufärbung zu beobachten.

Es können noch 0,14 g Jodid/l nachgewiesen werden (Gerstenzang).

c) Mit salpetriger Säure. Die Umsetzung von Jodidion mit salpetriger Säure verläuft nach der Gleichung:

$$2\,HJ + 2\,HNO_2 \longrightarrow J_2 + 2\,NO + 2\,H_2O.$$

Man säuert die zu untersuchende Lösung mit verdünnter Schwefelsäure an und gibt tropfenweise Natriumnitritlösung zu. Anschließend wird wie üblich auf freies Jod geprüft. Überschüssige salpetrige Säure oxydiert weiter zu Jodat.

Nach Feigl wird der Nachweis folgendermaßen durchgeführt: Auf einer Tüpfelplatte gibt man 1 Tropfen angesäuerte Probelösung mit 1 Tropfen Stärkelösung (Herstellung s. S. 107) und 1 Tropfen 10%iger Kaliumnitritlösung zusammen. Jodidion erzeugt eine Blaufärbung.

Die Arbeitsweise gestattet, noch 2,5 γ Jodid/Tropfen nachzuweisen. Die Grenzkonzentration beträgt 1 : 20000.

Wilson schlägt folgende Ausführungsform vor: Auf die gleiche Stelle eines mit Stärkelösung imprägnierten und getrockneten Filtrierpapiers bringt man nacheinander 1 Tropfen 2 n Essigsäure, 1 Tropfen Probelösung und 1 Tropfen 0,1 n Kaliumnitritlösung. Bei Anwesenheit von Jodid entsteht ein blauer Ring.

Es können auf diese Weise noch 0,025 γ Jodid erfaßt werden. Die Grenzkonzentration beträgt $1:(2 \cdot 10^6)$.

Denigès und Sabrazès führen die Probe mit Stärke-Nitrit-Reagenspapier aus, das folgendermaßen hergestellt wird: 1 g Stärke verkocht man mit 40 cm^3 Wasser zu Kleister und gibt nach dem Erkalten 0,5 g Natriumnitrit zu. Mit dieser Masse wird poröses Papier auf beiden Seiten bestrichen. Die getrockneten Streifen sind längere Zeit haltbar. Zur Probe befeuchtet man das Reagenspapier mit der zu untersuchenden Lösung und gibt anschließend auf die feuchte Stelle 1 Tropfen 10%ige Schwefelsäure. Bei Anwesenheit von Jodid entsteht ein blauer Fleck. Sehr kleine

Jodidmengen lassen sich am besten erkennen, wenn man den mit Untersuchungslösung befeuchteten Streifen aufhängt und über die feuchte Zone 1 Tropfen verdünnte Schwefelsäure laufen läßt. Auf diese Weise findet eine Konzentrierung am unteren Rande des Papiers statt, so daß die dort entstehende Blaufärbung intensiver wird.

Über den hemmenden Einfluß von Nitrit auf die Stärkereaktion s. S. 107.

d) Mit Eisen(III)-chlorid. Man gibt zu der salzsauren (Ehrmann) oder schwefelsauren (Hempel) Probelösung eine Lösung von Eisen(III)-chlorid. Das in Freiheit gesetzte Jod wird entweder durch Ausschütteln in Chloroform oder Schwefelkohlenstoff nachgewiesen oder durch Aufkochen der Lösung verflüchtigt und in der Dampfphase mit Stärkepapier identifiziert (Buchner).

Eine Weiteroxydation zu Jodat tritt nicht ein, so daß die Reaktion zur Vertreibung von Jodid aus der Analysensubstanz geeignet ist.

Bromide stören nicht, da sie durch Eisen(III)-chlorid nicht oxydiert werden.

e) Mit Kaliumdichromat. Nach Lea versetzt man die zu untersuchende Lösung mit etwas Stärkekleister und so viel Kaliumdichromat, daß die Flüssigkeit schwach gelb gefärbt ist. Dann werden einige Tropfen Salzsäure zugegeben. Bei Anwesenheit von Jodid entsteht eine Blaufärbung.

f) Mit Permanganat und Salzsäure. Jodidhaltige Lösungen scheiden beim Versetzen mit einer Mischung von n/10 Kaliumpermanganat und 5 n Salzsäure Jod aus, das wie üblich nachgewiesen werden kann (Mikó).

Bromide geben eine analoge Reaktion unter Bildung von freiem Brom.

g) Mit Jodsäure. Die Umsetzung von Jodid- mit Jodation in saurer Lösung verläuft quantitativ nach der Gleichung:

$$5\,J^- + JO_3^- + 6\,H^+ \longrightarrow 3\,J_2 + 3\,H_2O.$$

Zur Prüfung auf Jodid unterschichtet man die neutrale Probelösung mit Chloroform oder Schwefelkohlenstoff. Dann wird Kaliumjodatlösung zugegeben und anschließend mit Essigsäure angesäuert. Bei positivem Ausfall der Probe färbt das organische Lösungsmittel sich violett.

Bromide werden unter den gleichen Bedingungen nicht oxydiert [Benedict und Snell; Ditz und Margosches (a)].

h) Mit Wasserstoffperoxyd. Nach Cook gibt man zu der essigsauren Probelösung einige Tropfen Wasserstoffperoxyd. Bei Anwesenheit von Jodid scheidet sich Jod aus, das nach den üblichen Verfahren identifiziert wird.

Bromide und Chloride werden in essigsaurer Lösung nicht oxydiert.

i) Mit Ammoniumpersulfat. Schumacher empfiehlt für Jodide folgendes Nachweisverfahren: 1 Tablette Ammoniumpersulfat legt man auf ein Filtrierpapier und gibt oben auf das Oxydationsmittel 5 bis 7 Tropfen der zu untersuchenden, gelösten Substanz. Bei Anwesenheit von Jodid färbt das Papier sich tiefblau infolge Reaktion der freien Cellulosestoffe des Papiers mit dem Jod. Die Färbung ist unter der Tablette besonders deutlich zu erkennen. Mit kleinen Jodidmengen entsteht ein mehr violetter Farbton.

k) Auf elektrochemischem Wege. Spuren von Jodid lassen sich nach Pelloggio durch elektrochemische Oxydation nachweisen.

Man versetzt die Probelösung mit etwas Salzsäure und Stärkemehl und unterwirft sie der Elektrolyse. Bei Anwesenheit von Jodid entstehen an der Anode blaue Streifen.

Nach Campani soll dieser Nachweis jedoch weniger empfindlich als die gewöhnlichen Reaktionen auf Jodid sein.

2. Oxydation zu Jodat.

Jodidion wird durch einen Überschuß vieler Oxydationsmittel über die Stufe des freien Jods hinaus zu Jodation oxydiert. Während diese Weiteroxydation bei einer

Reihe der unter 1. beschriebenen Reaktionen Störungen verursachen kann, bedient man sich ihrer mit Vorteil zum Nachweis sehr kleiner Jodidmengen. Diese werden zunächst zu Jodat oxydiert, das anschließend mit Kaliumjodid und Säure zu freiem Jod umgesetzt wird:

$$JO_3^- + 5\,J^- + 6\,H^+ \longrightarrow 3\,J_2 + 3\,H_2O.$$

Da bei der Oxydation aus 1 Mol Jodid 1 Mol Jodat entsteht und dieses zufolge obiger Gleichung 6 Atome Jod in Freiheit setzt, erhöht sich durch die angegebene Reaktionsfolge die Empfindlichkeit des Jodidnachweises auf das 6fache. Zur Oxydation von Jodid zu Jodat sind nach FEIGL besonders Bromwasser und Kaliumpermanganatlösung geeignet.

a) Mit Bromwasser. Die Oxydation mit Bromwasser verläuft in neutraler Lösung entsprechend der Gleichung:

$$J^- + 3\,Br_2 + 3\,H_2O \longrightarrow JO_3^- + 6\,H^+ + 6\,Br^-.$$

Zur Durchführung der Probe gibt man nach FEIGL in einen Mikroporzellantiegel 1 Tropfen neutrale Untersuchungslösung (freie H^+-Ionen werden am besten mit sek. Natriumphosphat gepuffert) und einige Tropfen Bromwasser. Dann wird erhitzt und zur Entfernung von überschüssigem Brom mit einigen Kryställchen Phenol oder 1 Tropfen 80%iger Ameisensäure verrührt. Nach dem Erkalten säuert man an (eine Abscheidung oder Trübung durch Tribromphenol schadet nicht) und gibt je 1 Tropfen 5%ige Kaliumjodidlösung und Stärkelösung (Herstellung s. S. 107) zu. Bei Anwesenheit von Jodid tritt die bekannte Blaufärbung auf.

Die Erfassungsgrenze beträgt 0,1 γ Jodid/Tropfen; die Grenzkonzentration ist 1:500000.

b) Mit Kaliumpermanganat. Die Oxydation mit Permanganat verläuft in alkalischer Lösung nach der Gleichung:

$$2\,J^- + 4\,MnO_4^- + 2\,H_2O \longrightarrow 4\,MnO_2 + 4\,OH^- + 2\,JO_3^-.$$

Zur Probe versetzt man nach FEIGL in einem Mikroporzellantiegel 1 Tropfen Untersuchungslösung mit 1 Tropfen einer mit wenig verdünnter Natronlauge vermischten n/10 Kaliumpermanganatlösung. Es wird gelinde erwärmt, wobei sich Braunstein ausscheidet. Die noch warme Lösung säuert man mit 4 n Schwefelsäure an und fügt dann tropfenweise so lange 1 n Natriumacidlösung zu, bis der Niederschlag verschwunden und die Lösung klar geworden ist. Der Überschuß an Stickstoffwasserstoffsäure wird durch Erhitzen (Abzug!) entfernt und nach dem Erkalten das gebildete Jodat wie unter 1. beschrieben nachgewiesen.

Die Erfassungsgrenze ist 0,1 γ Jodid/Tropfen; die Grenzkonzentration liegt bei 1:500000.

3. Oxydation zu Perjodat.

Jodidhaltige Lösungen scheiden beim Kochen mit Natronlauge und Hypochlorit weißes, kristallines Natriumperjodat aus.

Jodidion kann auf diese Weise noch bis zu einer Konzentration von 3 g NaJ/l nachgewiesen werden (FAIRLEY).

Die Anwesenheit von Jodat stört, da dieses unter den Reaktionsbedingungen selbstverständlich ebenfalls zu Perjodat oxydiert wird.

C. Mikro- und Tüpfelreaktionen.

Wichtige Reaktionen.

1. Fällung mit Platin(IV)-sulfat und Kaliumsulfat als Kaliumhexajodoplatinat(IV).

Versetzt man auf einem Objektträger 1 Tropfen sehr verdünnte Jodidlösung mit 1 Tropfen Platin(IV)-sulfatlösung, so entsteht eine weinrote Färbung. Nach einiger Zeit, schneller beim Erwärmen, fällt ein schwarzbauner Niederschlag von Platin(IV)-jodid aus. Enthält die Lösung gleichzeitig Kaliumionen oder werden diese vor dem Versetzen mit der Platinsalzlösung in Form von verdünnter Kaliumsulfatlösung zugegeben, so unterbleibt die Fällung von Platinjodid, und es scheiden sich statt dessen graphitfarbene Oktaeder von Kaliumhexajodoplatinat(IV) aus.

Nach BEHRENS-KLEY können auf diese Weise noch 0,2 γ Jodid/Tropfen nachgewiesen werden.

KRAMER gibt an, daß die charakteristische Kristallform des Jodoplatinats nur in sehr verdünnten Jodidlösungen (verdünnter als 0,01 n) gut beobachtbar ist.

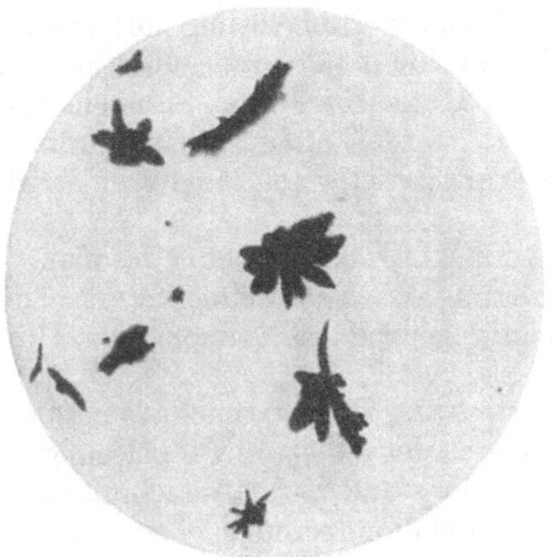

Abb. 2. K_2PtJ_6 ohne Vorbehandlung mit Ammoniak. [Aus KRAMER: Fr. **109**, 23 (1937), Abb. 5.]

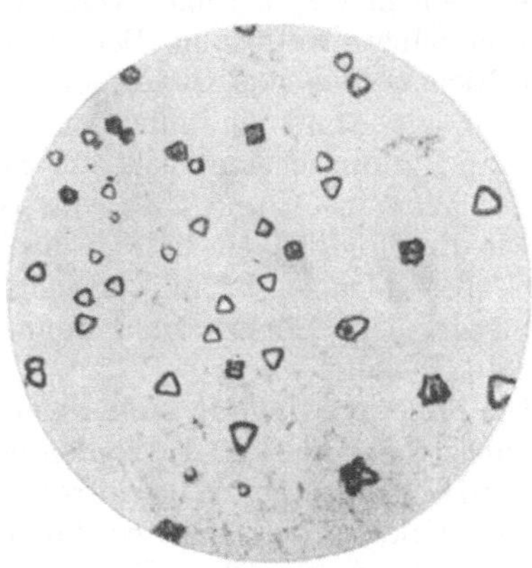

Abb. 3. K_2PtJ_6 aus ammoniakalischer Lösung. [Aus KRAMER: Fr. **109**, 23 (1937), Abb. 4.]

Aus konzentrierteren Lösungen wird durch Zugabe der sauren Platin(IV)-sulfatlösung häufig Jod mit abgeschieden, das den ganzen Probetropfen überzieht und dadurch die Erkennung des Jodoplatinats verhindert. Diese Störung kann nach KRAMER dadurch beseitigt werden, daß der Probetropfen vor dem Versetzen mit Kaliumsulfat- und Platin(IV)-sulfatlösung kurz über einer offenen Ammoniakflasche angeräuchert und dadurch schwach ammoniakalisch gemacht wird. Nach Zugabe der Reagenslösungen scheidet sich das Jodoplatinat dann in charakteristischen blättchenförmigen, braunschwarzen Kristallen ab (s. Abb. 2 u. 3).

Chlorid und Bromid bilden unter den gleichen Bedingungen ebenfalls charakteristische Kristallabscheidungen. Über den Nachweis von Cl^-, Br^- und J^- nebeneinander mit Hilfe dieser Reaktion siehe im Abschnitt „Chlor", S. 47/48.

2. Fällung mit Palladium(II)-chlorid und Ammoniak als Diammin-palladium(II)-jodid.

Auf einem Objektträger bringt man 1 Tropfen Untersuchungslösung mit einem Überschuß von Palladium(II)-chloridlösung zusammen. Bei Anwesenheit von Jodid bildet sich schwarzbraunes, flockiges Palladium(II)-jodid. Behandelt man den Niederschlag mit Ammoniak, so entstehen orangefarbige Nädelchen neben einer farblosen Lösung, aus welcher nach kurzer Zeit hellgelbe, rechtwinklige Dendriten von Diammin-palladium(II)-jodid ($[Pd(NH_3)_2]J_2$) auskristallisieren (s. Abb. 4).

Abb. 4. $[Pd(NH_3)_2]J_2$. Vergr. 130fach. (Aus BEHRENS-KLEY, S. 161, Abb. 104.)

Die Erfassungsgrenze beträgt nach BEHRENS-KLEY 0,1 γ Jodid/Tropfen.

Bei Anwesenheit von Bromid kann eine Täuschung entstehen, da dieses in konzentrierterer Lösung einen rötlich-braunen Niederschlag von Palladium(II)-bromid bildet.

3. Fällung mit Palladium(II)-chlorid als Palladium(II)-jodid.

Auf Filtrierpapier bringt man 1 Tropfen Probelösung mit 1 Tropfen 1%iger wäßriger Palladium(II)-chloridlösung zusammen. Jodidion erzeugt je nach der vorhandenen Menge einen mehr oder weniger braunschwarzen Niederschlag von PdJ_2 (FEIGL).

Die Erfassungsgrenze beträgt 1 γ Jodid/Tropfen; die Grenzkonzentration ist 1:50000.

Über Störungen des Nachweises s. u. 2.

4. Fällung mit Silbernitrat als Silberjodid.

Auf einem Objektträger versetzt man 1 Tropfen Probelösung mit etwas verdünnter Silbernitratlösung. Bei Anwesenheit von Jodid fällt ein gelber, feinkristalliner Niederschlag von Silberjodid aus, der im Unterschied zum Silberchlorid und -bromid aus Ammoniak nicht umkristallisiert werden kann. Beim Umkristallisieren in Pyridin scheidet sich Silberjodid in charakteristischen länglichen Kristallen aus (D. W. WILSON und C. L. WILSON).

Die Empfindlichkeit beträgt nach BEHRENS-KLEY 0,17 γ Jodid/Tropfen.

Größere Mengen Bromid können eine Störung des Nachweises verursachen, da das ausgefallene Silberbromid dann von dem zugegebenen Ammoniak u. U. nicht vollständig gelöst wird.

Die Silberjodidfällung kann nach VELCULESCU und CORNEA auch als Tüpfelreaktion ausgeführt werden: 1 Tropfen neutrale oder schwach saure Probelösung bringt man auf ein mit 0,1 m Silbernitratlösung getränktes und unter Ausschluß stärkerer Lichteinwirkung getrocknetes Filtrierpapier. Jodidion erzeugt einen mehr oder weniger intensiven gelben Fleck oder Ring von Silberjodid.

Die Erfassungsgrenze beträgt 5 γ Jodid/Tropfen; die Grenzkonzentration liegt bei 1:10000.

Chloride und Bromide stören den Tüpfelnachweis nicht, da die entsprechenden Silbersalze unter diesen Bedingungen weiß sind und außerdem in verschiedenen konzentrischen Zonen niedergeschlagen werden, die durch Belichtung des Papiers deutlich sichtbar gemacht werden können. Auch Chromate, Phosphate und Arsenate dürfen zugegen sein, da sich die Silbersalze dieser Anionen jenseits der Halogenidzonen abscheiden.

5. Fällung mit Thallium(I)-sulfat als Thallium(I)-jodid.

Versetzt man auf einem Objektträger 1 Tropfen jodidhaltige Probelösung mit 1 Tropfen Thallium(I)-sulfatlösung, so bilden sich dunkelgelbe, nahezu undurchsichtige Kristalle von Thallium(I)-jodid. Diese haben die Form von Würfeln, Kreuzen oder Sternen und sind denen des Thallium(I)-bromids sehr ähnlich, nur kleiner.

Die Erfassungsgrenze beträgt nach BEHRENS-KLEY 0,17 γ Jodid/Tropfen; die Grenzkonzentration liegt bei 1:60000.

Chlorid und Bromid geben sehr ähnliche Kristallabscheidungen.

Über diese Reaktion findet sich auch bei HAUSHOFER eine Vorschrift.

6. Fällung mit Quecksilber(II)-chlorid als Quecksilber(II)-jodid.

Auf einem Objektträger bringt man den jodidhaltigen Probetropfen mit einem Überschuß von Quecksilber(II)-chloridlösung zusammen. Es fällt rubinrotes Quecksilber(II)-jodid aus, dessen Kristalle die Form von quadratischen Täfelchen und spitzen Pyramiden mit quadratischem Querschnitt besitzen. Aus konzentrierten Lösungen scheiden sich lange gelbe, später rot werdende Nadeln aus. Im durchfallenden Licht erscheinen die Kristalle häufig schwarz. Die Fällung kann dadurch identifiziert werden, daß sie sowohl in heißem Wasser als auch im Überschuß von Kaliumjodid löslich ist.

Es sind noch 0,2 γ Jodid/Tropfen nachweisbar (DONAU).

Weitere Reaktionen.

1. Fällung mit Bleiacetat als Bleijodid.

Versetzt man auf einem Objektträger 1 Tropfen verdünnte Jodidlösung mit 1 Tropfen Bleiacetatlösung, so bilden sich gelbe, scharf begrenzte hexagonale Täfelchen von Bleijodid, die im durchfallenden Licht grünlich erscheinen. Besonders gut ausgeprägt erhält man die Kristalle durch Umkristallisieren aus möglichst wenig kochender Essigsäure (1 Teil Eisessig + 3 Teile Wasser) (HAUSHOFER).

Nach CHAMOT und MASON (a) lassen sich noch 10 bis 20 γ Jodid/Tropfen nachweisen.

2. Fällung mit Anilin und Kaliumdichromat als Anilinperjodid.

Zu dem auf einem Objektträger befindlichen Probetropfen gibt man eine schwefelsaure Anilinlösung [reines Anilin wird mit so viel Schwefelsäure (1:4) versetzt, daß der zunächst ausfallende Niederschlag sich gerade wieder löst] und fügt 2 bis 3 Kristallsplitter Kaliumdichromat zu. Bei Anwesenheit von Jodid entstehen gut ausgebildete Kristalle von Anilinperjodid ($C_6H_5NH_2 \cdot 3\ H_2SO_4 \cdot HJ \cdot J_4$).

Es können auf diese Weise noch 0,22 γ Jodid erfaßt werden.

3. Fällung mit Hexamminkobalt(III)-chlorid.

Das Reagens, das am besten nach BILTZ, HALL und BLANCHARD hergestellt wird, gibt nach HYNES und YANOWSKI mit Jodidion ein charakteristisches Kristallisationsprodukt, über dessen Zusammensetzung keine näheren Angaben vorliegen.

Gibt man auf einem Objektträger 1 Tropfen 0,15 m wäßrige Reagenslösung mit 1 Tropfen 1%iger Jodidlösung zusammen, so erscheinen die betreffenden Kristalle nach etwa 1 Std. (s. Abb. 5).

Über Störungen der Reaktion siehe im Abschnitt „Fluor", S. 15.

Der Nachweis scheint sehr unsicher zu sein.

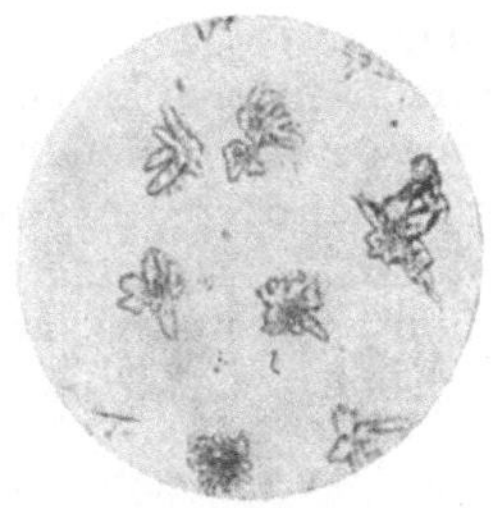

Abb. 5. Kristallisationsprodukt aus einer 0,15 m $[Co(NH_3)_6]Cl_3$-Lösung und einer 1%igen Jodidlösung. [Aus HYNES u. YANOWSKI: Mikrochem. **23**, 1 (1937), Abb. 4.]

4. Fällung mit ammoniakalischer Quecksilber(II)-ammonnitratlösung.

Die dem Nachweis zugrunde liegende Umsetzung wird nach AUGUSTI (b) folgendermaßen formuliert:

$$Hg_2N \cdot NO_3 + J^- \longrightarrow Hg_2N \cdot J + NO_3^-.$$

Nach CIUSA und TERNI bereitet man das Reagens durch Auflösen von 10 g Quecksilber(II)-nitrat in einer Mischung von 45 cm³ Wasser und 5 cm³ verdünnter Salpetersäure unter Zufügen von 60 cm³ konzentriertem Ammoniak. Zur Probe versetzt man auf einem Objektträger 1 Tropfen Untersuchungslösung mit 1 Tropfen der Reagenslösung. Bei Anwesenheit von Jodid entsteht je nach der vorhandenen Menge eine rote bis gelbe Färbung oder Fällung von $Hg_2N \cdot J$.

Es können noch 0,22 γ Jodid/Tropfen nachgewiesen werden; die Grenzkonzentration liegt bei 1:160000.

Chloride stören die Reaktion nicht; Bromide dürfen in größerer Menge nicht zugegen sein.

5. Fällung mit Eisen(II)-dipyridin.

Nach POLUEKTOW und NASARENKO gibt das Reagens [hergestellt durch Auflösen von 0,196 g Eisen(II)-ammonsulfat und 0,234 g α,α'-Dipyridin unter Erwärmen in 5 l Wasser] mit jodidhaltigen Lösungen ein charakteristisch gefärbtes, kristallines Reaktionsprodukt.

Folgende Anionen liefern ebenfalls kristalline Niederschläge: Rhodanid, Vanadat, Permanganat, Cyanoferrat(II), Cyanoferrat(III), Nitroprussid, Chloroplatinat und Fluortantalat. Außerdem stören die Chloride von Wismut, Zinn und Quecksilber.

D. Katalytische Reaktionen.

1. Katalytische Beeinflussung der Reduktion von Cer(IV)-salzen.

Jodidion ist imstande, die sehr langsam verlaufende Reduktion von Cer(IV)-salzen mit Arsenit in saurer Lösung erheblich zu beschleunigen, so daß dadurch kleine Mengen von Jodiden sehr empfindlich nachweisbar sind. Der Verlauf der Reaktion kann am Verschwinden der gelben Farbe der Cer(IV)-salzlösung leicht verfolgt werden (Kolthoff und Sandell).

Die Probe wird nach Feigl folgendermaßen ausgeführt: Auf einer Tüpfelplatte gibt man 1 Tropfen Probelösung mit 1 Tropfen Natriumarsenitlösung (0,1 n, neutral oder schwach sauer) und 1 Tropfen Cer(IV)-salzlösung [0,05 n Lösung von Cer(IV)-ammoniumsulfat in 2 n Schwefelsäure] zusammen. Je nach der vorhandenen Jodidmenge verschwindet die gelbe Farbe rascher oder langsamer. Bei Vorliegen von sehr wenig Jodid empfiehlt es sich, einen Parallelversuch mit jodidfreier Lösung anzustellen, bei dem gewöhnlich nach etwa 30 Min. Entfärbung eintritt.

Die Erfassungsgrenze des Nachweises beträgt 0,05 γ Kaliumjodid/Tropfen; die Grenzkonzentration liegt bei 1:1000000.

Alkalibromide, -chloride, -sulfate und -nitrate stören nur beim Nachweis extrem kleiner Jodidmengen, wobei die Wirkung des Bromidions stärker als die der anderen Anionen ist. Bei bekannter Bromidmenge können jedoch mit Hilfe von Parallelversuchen auch kleine Mengen Jodid neben Bromid nachgewiesen werden. In Gegenwart gefärbter Metallsalze [Fe(III)-, UO_2-, Ni-, Cu-, Co-salze] ist die Reaktion nicht anwendbar. Ferner stören Osmiumsalze, welche die gleiche katalytische Wirkung wie Jodide besitzen, sowie Quecksilber(II)-, Silber-, Mangan-, Barium- und Strontiumverbindungen, außerdem Cyanide und schließlich alle Verbindungen, die für sich allein Cer(IV)-salze reduzieren.

2. Katalytische Beeinflussung der Oxydation von Arsenit durch Nitrit.

Spuren von Jodid katalysieren die Oxydation von Arsenit mit Stickstoffdioxyd zu Arsenat. Die Reaktion kann zum Nachweis von Jodidion nach Hart und Meyrowitz in zwei Ausführungsformen angewendet werden:

Nach dem *Makroverfahren* vermischt man 1 cm³ Probelösung mit je 1 cm³ 1 m Bleinitratlösung, 6 m Salpetersäure und 1 m Natriumarsenitlösung. Dann werden zweimal je 0,5 cm³ 6 m Natriumnitritlösung zugegeben. Bei Anwesenheit von Jodid fällt nach spätestens 3 Min. ein weißer Niederschlag von saurem Bleiarsenat ($PbHAsO_4$) aus. An Stelle von Bleinitrat kann auch Silbernitrat verwendet werden, wodurch statt des Bleiarsenats rotbraunes Silberarsenat gebildet wird.

Die Erfassungsgrenze beträgt 4 γ Jodid/cm³; in Gegenwart von 50 mg Fremdionen sinkt sie auf 0,03 mg Jodid/cm³.

Das Verfahren ist nicht anwendbar in wasserstoffperoxydhaltiger Lösung sowie bei Anwesenheit von Jodat-, Perjodat-, Permanganat- und Persulfation. Ferner stören Silber-, Quecksilber-, Gold-, Iridium- und Rutheniumsalze.

Nach dem *Mikroverfahren* wird folgendermaßen gearbeitet: 1 Tropfen Probelösung versetzt man mit 2 Tropfen 1 m Natriumarsenitlösung, 7 Tropfen 1 m Salpetersäure und 1 Tropfen 1 m Bleinitratlösung. Dann wird zweimal je 1 Tropfen 6 m Natriumnitritlösung zugegeben. Bei Anwesenheit von Jodid erscheint innerhalb von 5 Min. — bei sehr geringen Jodidmengen nach etwa 10 Min. — ein weißer Niederschlag von saurem Bleiarsenat. Beim Nachweis von Spuren Jodid ist es ratsam, einen Parallelversuch mit jodidfreier Lösung anzusetzen.

Die Erfassungsgrenze beträgt 0,08 γ Jodid/Tropfen; die Grenzkonzentration ist 1:500000.

Über Störungen des Nachweises siehe beim Makroverfahren.

3. Katalytische Beeinflussung der Reaktion primärer aromatischer Amine mit Brombenzol.

Primäre aromatische Amine kondensieren sich mit Brombenzol in Gegenwart kleiner Mengen von Jodid zu den entsprechenden Diphenylderivaten, z. B.:

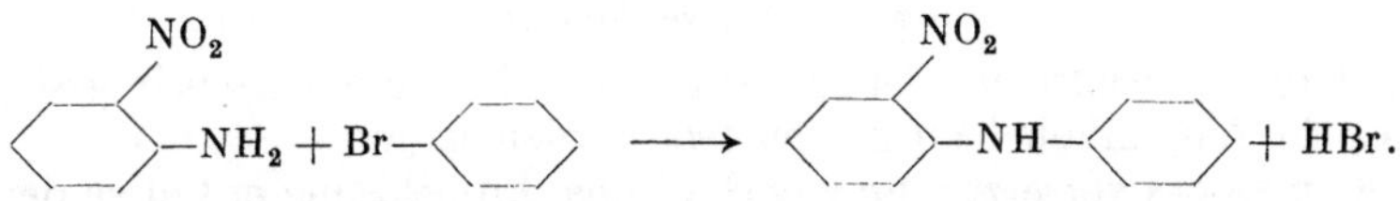

Durch Nachweis des bei der Reaktion gebildeten Bromwasserstoffs kann daher Jodidion sehr empfindlich analytisch erfaßt werden. Da eine geringe Bromwasserstoffentwicklung häufig auch in Abwesenheit von Jodid erfolgt, wird die Probe nach Feigl und Fränkel als Parallelversuch folgendermaßen ausgeführt:

In zwei 50 cm^3 fassende Kölbchen (a und b) gibt man je 1,5 g o-Nitranilin, 0,5 g Kaliumcarbonat und 6 g Brombenzol. Dann wird 1 Tropfen Probelösung auf einem Siedesteinchen zur Trockne eingedampft und dasselbe in Kölbchen a eingeworfen. Beide Kolben läßt man dann 20 Min. am Rückflußkühler kochen. Nach dem Abkühlen werden die Lösungen zur Entfernung der organischen Bestandteile mit absolutem Äther extrahiert. Den Rückstand, der neben Kaliumcarbonat auch etwas Kaliumbromid enthält, löst man in 10 cm^3 Wasser und schüttelt diese Lösung mit dem ätherischen Auszug im Scheidetrichter so lange durch, bis die wäßrige Schicht völlig farblos geworden ist. Von dieser werden dann etwa 8 cm^3 in einem Reagensglas mit 3 cm^3 2 n Salzsäure, 2 cm^3 Chloroform und 5 cm^3 Chlorwasser gut durchgeschüttelt. Bei Anwesenheit von Jodid ist die Chloroformschicht der aus dem Kolben a entnommenen Probe durch ausgeschiedenes Brom stärker braun gefärbt als beim Blindversuch b.

Die Erfassungsgrenze beträgt 0,05 γ Jodid/Tropfen; die Grenzkonzentration liegt bei $1:10^6$ (Feigl und Fränkel).

Bromide und Chloride stören den Nachweis nicht.

4. Katalytische Beeinflussung der Stärkereaktion.

Die Tatsache, daß die Jodstärkereaktion nur in Anwesenheit von Jodiden erfolgt, kann zu einem empfindlichen Nachweis für diese verwendet werden:

Nach Vassiliou (a) versetzt man 1 cm^3 Jodreagens (0,01 g Jod gelöst in 1 cm^3 1 n NaOH und 100 cm^3 Wasser) mit 3 Tropfen verdünnter Salzsäure, 5 cm^3 Probelösung und 2 Tropfen Stärkelösung (1%ig). Bei Anwesenheit von Jodid entsteht die bekannte Blaufärbung.

Jodide können auf diese Weise noch bis zu einer Verdünnung von $1:10^6$ nachgewiesen werden.

Chloride und Bromide stören nicht.

Zum Nachweis von Jodiden neben Bromaten, Chloraten und Jodaten schlägt Vassiliou (b) folgendes Verfahren vor: 10 cm^3 neutrale Probelösung werden in einem 20 cm^3 fassenden Mischzylinder mit 2 cm^3 einer 0,05%igen Lösung von Jod in Chloroform versetzt. Dann schüttelt man die Mischung vorsichtig etwa 20mal durch, wobei eine Zerteilung des Chloroforms in feinste Tröpfchen vermieden werden soll. Nach Zugabe von 3 Tropfen 1%iger Stärkelösung wird noch etwa 4mal umgeschüttelt. Bei Gegenwart von Jodidion färbt die wäßrige Schicht sich blau. Eine etwa auftretende Violettfärbung rührt von anwesenden Fremdsalzen, insbesondere Bromaten, her und ist zu vernachlässigen. Die Empfindlichkeit beträgt unter diesen Bedingungen 1:750000.

E. Farbreaktionen.

1. Mit Quecksilber(I)-chlorid.

Quecksilber(I)-chloridlösung gibt mit stark verdünnten jodidhaltigen Lösungen je nach der Konzentration schwarzgrüne bis hellgelbe Färbungen.

Die Erfassungsgrenze liegt unter 3 γ Jodid.

Störungen werden verursacht durch: NO_3^-, Cl_2, Br_2, J_2, $SnCl_2$, $H_2PO_2^-$, Cu^{++}, Fe^{+++} (Pierson).

2. Mit Schwefeldioxyd.

Jodide bilden in wäßriger Lösung mit Schwefeldioxyd ein intensiv gelb gefärbtes Solvat, das in Amylalkohol ausgeschüttelt werden kann.

Nach Kruisheer versetzt man 2 cm³ wäßrige Probelösung mit etwa der gleichen Menge 25%iger Salzsäure und 2 cm³ konzentrierter Natriumsulfitlösung. Bei Anwesenheit von Jodid tritt eine gelbe Färbung auf, die beim Schütteln mit 1 cm³ Amylalkohol zum größten Teil in diesen übergeht.

Es können noch 0,5 mg Jodid in 2 cm³ Probelösung erkannt werden.

Bromide und Chloride stören nicht, während Jod, Hypojodite und Jodate unter den gleichen Bedingungen ebenfalls eine Gelbfärbung geben. Organische Stoffe, die in Amylalkohol löslich sind, müssen vor der Probe mit diesem ausgeschüttelt werden.

3. Mit N,N-Dichlor-benzol-sulfonamid.

Eine Schwefelkohlenstofflösung des Präparates, das durch Einleiten von Chlor in eine Lösung von Benzolsulfonamid in 10%iger Natronlauge hergestellt wird, reagiert mit Jodidion unter Bildung der entsprechenden Dijodverbindung. Diese ist in Schwefelkohlenstoff und Chloroform mit der gleichen violetten Farbe wie elementares Jod löslich.

Die Reaktion soll ebenso empfindlich sein wie diejenige mit Chlorwasser und besitzt vor dieser den Vorzug, daß das Reagens haltbar ist (Kastle).

Bromide erzeugen unter den gleichen Bedingungen eine Braunfärbung des organischen Lösungsmittels.

§ 4. Nachweis von Hypojodition (JO^-).

Die sehr unbeständigen Hypojoditlösungen enthalten in Analogie zu den Hypochlorit- und Hypobromitlösungen (siehe in den Abschnitten „Chlor“ und „Brom“) neben JO^- meist noch wechselnde Mengen J^-- und JO_3^--Ionen sowie elementares Jod. Angesäuerte Lösungen können allgemein nach den in § 2 (Nachweis von freiem Jod) beschriebenen Verfahren untersucht werden. Die im folgenden in Ergänzung dazu aufgeführten Reaktionen, die vor allem auf der außerordentlich starken Oxydationswirkung von Hypojoditlösungen beruhen, sind nicht sehr spezifisch und können zur eindeutigen Identifizierung nur bei gleichzeitigem Nachweis des aus dem Hypojodit gebildeten Jodids oder freien Jods benützt werden.

1. Durch die bleichende Wirkung auf Pflanzenfarbstoffe.

Pflanzenfarbstoffe, wie Indigo u. a., werden durch neutrale, alkalische oder saure Hypojoditlösungen unter oxydativer Zerstörung gebleicht.

Hypochlorite und Hypobromite geben die gleiche Reaktion. Im Unterschied zu diesen entfärben jedoch Hypojodite Lackmuslösung nicht (Taylor, Gyr, Lunge und Schoch).

2. Durch die Farbe und den charakteristischen Geruch der Lösungen.

Hypojoditlösungen sind gelb bis grünlich-gelb gefärbt, bei Gegenwart von überschüssigem Jod u. U. auch bräunlich. Sie besitzen einen charakteristischen, safranartigen Geruch.

Hypobromit- und Hypochloritlösungen verhalten sich ähnlich.

3. Verhalten gegenüber Metallsalzen.

Alkalische Hypojoditlösungen bilden beim Versetzen mit Mangan(II)-sulfatlösung einen braunen Niederschlag von Mangandioxyd. Mit Kobalt- oder Bleisalzen entstehen dunkle Niederschläge der betreffenden höheren Oxyde.

Hypochlorite und Hypobromite geben die gleichen Reaktionen.

4. Durch die Blaufärbung mit Stärke.

Hypojodithaltige Lösungen scheiden beim Ansäuern mit verdünnter Schwefelsäure Jod aus, das mit Hilfe der Stärkereaktion (s. S. 107) nachgewiesen werden kann.

5. Verhalten gegen Silbernitrat.

Silbernitratlösung fällt aus hypojodithaltigen Lösungen einen gelblichen Niederschlag, der aus einem Gemisch von gelbem Silberjodid und weißem Silberjodat besteht:

$$3\,JO^- + 3\,Ag^+ \longrightarrow 2\,AgJ + AgJO_3.$$

6. Verhalten gegen Ammoniak.

Ammoniak bildet mit hypojodithaltigen Lösungen einen braunen, flockigen Niederschlag von Jodstickstoff.

Hypobromite und Hypochlorite reagieren unter den gleichen Bedingungen unter Bildung von Stickstoff und werden zu Bromiden bzw. Chloriden reduziert.

7. Verhalten gegen arsenige Säure.

Schwach alkalische Hypojoditlösungen reagieren mit Natriumarsenit quantitativ nach der Gleichung:

$$JO^- + AsO_3^{---} \longrightarrow AsO_4^{---} + J^-.$$

Das gebildete Jodid kann nach Ansäuern mit Salpetersäure durch Fällung mit Silbernitrat (s. § 3) nachgewiesen werden.

8. Verhalten gegen Harnstoff.

Hypojoditlösungen werden von Harnstoff unter Stickstoffentwicklung zu Jodid reduziert (SCHWICKER). Dieses kann nach Ansäuern mit Salpetersäure als Silberjodid identifiziert werden.

Hypobromite und Hypochlorite geben die gleiche Reaktion.

9. Durch die Jodoformreaktion.

Alkalische Hypojoditlösungen bilden beim Versetzen mit etwas Aceton einen gelben, kristallinen Niederschlag von Jodoform (CHJ_3), der aus kleinen Täfelchen besteht [DENIGÈS (c)].

Über diese Reaktion siehe auch S. 114.

§ 5. Nachweis von Jodation (JO_3^-).

Vorproben.

1. Verhalten beim Erhitzen auf der Kohle.

Jodate verpuffen beim Erhitzen auf der Kohle weniger lebhaft als Chlorate. Sie hinterlassen basische Jodide oder, wenn die Basen schwach sind, jodfreie Rückstände.

2. Verhalten beim Erhitzen im Glühröhrchen.

Alle Jodate entwickeln beim kräftigen und anhaltenden Erhitzen im Glühröhrchen oder in einem kleinen Glaskölbchen Sauerstoff, der mit einem glimmenden

Span nachgewiesen werden kann. Während die Alkali- und Erdalkalijodate sich nach der einfachen Gleichung

$$2\,KJO_3 \longrightarrow 2\,KJ + 3\,O_2$$

zersetzen, geben die Jodate aller übrigen Metalle gleichzeitig Jod ab und hinterlassen basische Jodide oder jodidfreie Oxyde (KOLBECK).

Auf nassem Wege.

A. Fällungsreaktionen.

1. Mit Silbernitrat.

Silbernitratlösung fällt aus neutralen oder schwach salpetersauren Jodatlösungen einen weißen, käsigen Niederschlag von Silberjodat ($AgJO_3$), der in Wasser und verdünnter Salpetersäure schwer löslich ist (100 g Wasser lösen bei 20° C $4{,}36 \cdot 10^{-3}$ g $AgJO_3$). In Ammoniak und Ammoniumcarbonat löst sich Silberjodat auf.

Unter den gleichen Bedingungen bilden schwerlösliche Silbersalze: Chlorid, Hypochlorit, Bromid, Bromat, Jodid, Cyanid, Rhodanid, Sulfid, Cyanoferrat(II) und Cyanoferrat(III). Über die Entfernung von Cyaniden, Rhodaniden und komplexen Cyaniden siehe im Abschnitt „Chlor", S. 43. Bezüglich der Abtrennung des Silberjodats von den Silbersalzen der anderen Halogenionen siehe den allgemeinen Abschnitt „Trennungen und Analysengänge". Bei Anwesenheit von nur wenigen, störenden Fremdionen wird der erhaltene Silbersalzniederschlag zunächst auf sein Verhalten gegenüber Ammoniak und Ammoniumcarbonat geprüft und anschließend mit Hilfe einer der folgenden Reaktionen identifiziert:

Schweflige Säure fällt aus ammoniakalischer Silberjodatlösung einen gelben Niederschlag von Silberjodid, der wie auf S. 112 angegeben identifiziert werden kann.

Silberjodat entwickelt beim Erhitzen mit konzentrierter Salzsäure Chlor und Jodtrichlorid, während Silberchlorid im Rückstand bleibt:

$$AgJO_3 + 6\,HCl \longrightarrow AgCl + Cl_2 + JCl_3 + 3\,H_2O.$$

2. Mit Bariumchlorid.

Neutrale oder schwach salpetersaure Jodatlösungen geben mit Bariumchloridlösung einen weißen, kristallinen Niederschlag von Bariumjodat [$Ba(JO_3)_2$], der in Wasser und verdünnter Salpetersäure schwer löslich ist [100 g Wasser lösen bei 20° C 0,022 g $Ba(JO_3)_2$]. Von konzentrierter Salpetersäure wird Bariumjodat merklich gelöst; in konzentrierter Salzsäure ist es unter Chlorentwicklung leicht löslich.

Störungen verursachen Anionen, die ebenfalls schwerlösliche Bariumsalze bilden, wie SO_4^{--}, BrO_3^-, CrO_4^{--} usw.

Über eine Identifizierung des im Trennungsgang des Halogenionen ausgefällten Bariumjodats nach Versuch 3, S. 128, siehe TANANAEFF und WOSCHTSCHINSKAJA.

3. Mit Bleiacetat.

Bleiacetatlösung fällt aus neutralen jodathaltigen Lösungen weißes, kristallines Bleijodat [$Pb(JO_3)_2$], das in Wasser schwer löslich ist [1 l Wasser löst bei 18° C $1{,}78 \cdot 10^{-2}$ g $Pb(JO_3)_2$], sich jedoch in verdünnter Salpetersäure merklich löst.

Chloride, Bromide und Jodide bilden unter den gleichen Bedingungen schwerlösliche Bleihalogenide.

4. Mit Thoriumnitrat.

Thoriumnitratlösung gibt mit schwach sauren jodathaltigen Lösungen einen weißen, kristallinen Niederschlag von Thoriumjodat [$Th(JO_3)_4$], der in verdünnter Salpetersäure sehr schwer löslich ist.

Oxalate, Fluoride und Phosphate werden durch Thoriumsalze ebenfalls gefällt.

5. Mit Palladium(II)-nitrat.

Palladium(II)-nitratlösung reagiert mit neutralen Jodatlösungen unter Bildung eines schwach gelblichen Niederschlages von Palladium(II)-jodat [$Pd(JO_3)_2$]. Dieser ist in Salzsäure und Salpetersäure leicht löslich und wird von schwefliger Säure zu schwarzem Palladium(II)-jodid reduziert.

Palladium(II)-chlorid gibt mit Jodat keinen Niederschlag (ROSE und FINKENER).

6. Mit Quecksilber(I)-salz.

Neutrale jodathaltige Lösungen bilden beim Versetzen mit einer neutralen oder schwach sauren Quecksilber(I)-salzlösung perlmutterfarbig glänzendes Quecksilber(I)-jodat ($HgJO_3$).

Bei Zusatz von einigen Tropfen Alkohol können noch $3 \cdot 10^{-5}$ g Jodat/cm³ nachgewiesen werden (G. SPACU und P. SPACU).

B. Reduktionsreaktionen.

Jodation wird durch Reduktionsmittel leicht zu Jod oder Jodidion reduziert, die anschließend mit Hilfe eines der in § 2 bzw. § 3 angegebenen Verfahren nachgewiesen werden können. Folgende Reduktionsreaktionen sind zum analytischen Nachweis von Jodat ausgewertet worden:

1. Mit unterphosphoriger Säure.

Unterphosphorige Säure reduziert Jodate schon bei Zimmertemperatur zu den entsprechenden Jodiden. Die Umsetzung verläuft nach den Gleichungen:

$$\left.\begin{array}{l} JO_3^- + 3\,H_3PO_2 \longrightarrow 3\,H_3PO_3 + J^-, \\ 5\,J^- + JO_3^- + 6\,H^+ \longrightarrow 3\,H_2O + 3\,J_2, \end{array}\right\} \text{Schnell verlaufende Reaktionen,}$$

$$H_3PO_3 + J_2 + H_2O \longrightarrow H_3PO_4 + 2\,HJ. \quad \text{Langsam verlaufende Reaktion.}$$

Das intermediär gebildete freie Jod kann durch Stärke sichtbar gemacht werden und dient zur Identifizierung des Jodats.

Nach FEIGL wird die Probe folgendermaßen ausgeführt: Auf einer Tüpfelplatte bringt man 1 Tropfen neutrale Probelösung mit 1 Tropfen Stärkelösung (Herstellung s. S. 107) zusammen und fügt 1 Tropfen einer verdünnten Lösung von unterphosphoriger Säure zu. Bei Anwesenheit von Jodat entsteht eine vorübergehende Blaufärbung.

Die Erfassungsgrenze beträgt 1 γ Jodsäure/Tropfen; die Grenzkonzentration liegt bei 1:50000.

Chlorate und Bromate stören nicht.

Über diese Reaktion siehe auch BRUKL und BEHR. Die Reduktion mit Natrium- oder Calciumhypophosphit schlägt LOOFF vor.

2. Mit Natriumthiosulfat.

Thiosulfat reagiert mit Jodat in saurer Lösung zunächst unter Bildung von freiem Jod, das dann durch überschüssiges Thiosulfat weiter zu Jodid reduziert wird.

Nach DIMITROFF säuert man 4 bis 5 cm³ Untersuchungslösung mit verdünnter Schwefelsäure schwach an und gibt etwas Stärkelösung zu. Dann wird aus einer Pipette vorsichtig mit 1 bis 2 cm³ Thiosulfatlösung überschichtet. Bei Anwesenheit von Jodat entsteht an der Berührungsfläche beider Schichten ein blauer Ring.

Es lassen sich auf diese Weise noch $5 \cdot 10^{-5}$ g Kaliumjodat neben 0,1 g Kaliumbromat und 0,1 g Kaliumchlorat in 10 cm³ Wasser nachweisen. Die gleiche Menge kann bei Gegenwart von 2 g Kaliumnitrat noch in 7 bis 8 cm³ Wasser erkannt werden.

Chlorid, Hypochlorit, Perchlorat, Phosphat, Dichromat, Permanganat, Kupfer(II)- und Eisen(III)-salze stören den Nachweis nicht (DIMITROFF).

VASSILIOU (c) schlägt folgendes Arbeitsverfahren vor: 10 cm³ Probelösung werden in einem Mischzylinder mit 1 cm³ 1 n Schwefelsäure, 1 cm³ 0,001 n Natriumthiosulfatlösung und 2 cm³ Chloroform zusammengegeben. Nach etwa 1 Min. schüttelt man kräftig durch. Bei Gegenwart von Jodat färbt sich die Chloroformschicht durch ausgeschiedenes Jod rotviolett.

Jodate können nach diesem Verfahren noch bis zu einer Verdünnung von 1:100000 nachgewiesen werden.

3. Mit Kaliumrhodanid.

Rhodanid reduziert in saurer Lösung Jodat zu freiem Jod nach der Gleichung:

$$5\,HCNS + 6\,HJO_3 + 2\,H_2O \longrightarrow 5\,H_2SO_4 + 5\,HCN + 3\,J_2.$$

Ein größerer Überschuß von Rhodanid reagiert mit dem in Freiheit gesetzten Jod weiter zu Jodid, weshalb die angewandte Kaliumrhodanidmenge das 40fache — bei sehr verdünnten Lösungen das 20fache — der vorhandenen Jodatmenge nicht übersteigen darf, damit die Jodabscheidung noch analytisch nachweisbar ist (BICSKEI).

8 bis 10 cm³ Probelösung säuert man mit 1 bis 2 cm³ 20%iger Schwefelsäure an und gibt einige Tropfen Stärkelösung sowie 1 bis 2 Tropfen 1%ige Kaliumrhodanidlösung zu. Bei Anwesenheit von Jodat erscheint eine blaue Färbung, die bei kleinen Jodatmengen evtl. erst nach einigen Sekunden auftritt.

Nach BICSKEI können auf diese Weise in 10 cm³ Lösung noch $5 \cdot 10^{-5}$ g Kaliumjodat neben 0,01 g Kaliumbromat oder 0,6 g Kaliumchlorat bzw. 2,5 g Kaliumnitrat nachgewiesen werden. Bei Anwesenheit von Bromat ist die Probe unempfindlicher, da in diesem Fall die Blaufärbung nach einiger Zeit verschwindet und die Lösung sich statt dessen durch ausgeschiedenes Brom braun färbt.

Über die Identifizierung des im Trennungsgang der Halogenionen ausgefällten Bariumjodats mit Hilfe dieser Reaktion siehe TANANAEFF und WOSCHTSCHINSKAJA.

4. Mit Hydrazin.

Hydrazinsalze reduzieren Jodation in saurer Lösung zu freiem Jod, das durch Stärke wie üblich sichtbar gemacht werden kann. Überschüssiges Hydrazinsalz reduziert weiter zu Jodid.

Die Probe wird nach BÖTTGER folgendermaßen durchgeführt: Auf einem Objektträger zerstäubt man einige Körnchen lösliche Stärke und bringt darauf je 1 Tropfen Untersuchungslösung und 2 n Schwefelsäure. Dann wird ein möglichst kleines Körnchen Hydrazinhydrat zugefügt. Bei Gegenwart von Jodat bildet sich um dieses herum ein Hof von blauen Stärkekörnern. Die entstandene Blaufärbung kann nach einiger Zeit infolge weiterer Reduktion des Jods zu Jodid u. U. wieder verschwinden.

5. Mit Eisen(II)-salzen.

Saure oder neutrale Jodatlösungen werden durch Eisen(II)-salze zu freiem Jod reduziert. Die Umsetzung geht in saurer Lösung wesentlich rascher vonstatten als in Abwesenheit von Säure.

Nach HEMPEL (b) gibt man zu der mit Schwefelsäure angesäuerten Probelösung Eisen(II)-sulfat und etwas Chloroform. Nach dem Umschütteln färbt sich bei Anwesenheit von Jodat die Chloroformschicht violett.

Es können noch 10 γ Jodsäure in 20 cm³ Probelösung erfaßt werden.

Über den Nachweis von Jodsäure in Salpetersäure mit Hilfe dieser Reaktion siehe BRUINING.

6. Mit arseniger Säure.

Arsenit reduziert in saurer Lösung Jodation zu Jodid, das sich mit überschüssigem Jodat zu freiem Jod umsetzt:

$$3\,AsO_3^{---} + JO_3^- \longrightarrow 3\,AsO_4^{---} + J^-,$$
$$5\,J^- + 6\,H^+ + JO_3^- \longrightarrow 3\,J_2 + 3\,H_2O.$$

Nach REICHARD gibt man zu der Untersuchungslösung etwas Natriumarsenitlösung und einige Tropfen konzentrierte Schwefelsäure. Bei Anwesenheit von Jodat färbt sich die Lösung braun durch Abscheidung von freiem Jod, das wie üblich mit Stärkelösung oder Chloroform identifiziert werden kann.

Nach HICKETHIER und JACOBUCCI lassen sich noch $2 \cdot 10^{-4}$ g Jodat/l nachweisen.

7. Mit Phosphor.

Elementarer Phosphor scheidet aus jodathaltigen Lösungen Jod aus.

Man gibt in die zu prüfende Lösung ein Stückchen weißen oder roten Phosphor. Bei Anwesenheit von Jodat färbt sich die Lösung um dieses herum sofort dunkelgelb bzw. braun (SONSTADT, POLLACCI).

8. Mit Kaliumjodid.

Kaliumjodid reagiert mit Jodation in saurer Lösung quantitativ nach der Gleichung:

$$5\,J^- + 6\,H^+ + JO_3^- \longrightarrow 3\,J_2 + 3\,H_2O.$$

Man gibt zu der essigsauren Probelösung etwas Kaliumjodidlösung und Chloroform. Bei positivem Ausfall der Probe färbt sich die Chloroformschicht durch ausgeschiedenes Jod violett.

Chlorat, Bromat, Chromat, Nitrit und andere Oxydationsmittel stören, da sie mit Kaliumjodid ebenfalls unter Jodabscheidung reagieren.

9. Mit Morphin.

Jodathaltige Lösungen werden durch Morphin zu freiem Jod reduziert.

Man versetzt die zu untersuchende Lösung mit einigen Tropfen konzentrierter Schwefelsäure und 10 cm³ Chloroform. Dann wird 1 Tropfen Morphinlösung (1:100) zugefügt. Nach dem Umschütteln färbt sich bei Anwesenheit von Jodat die Chloroformschicht violett (REICHARD, HICKETHIER und JACOBUCCI).

Chlorat, Bromat und Perchlorat stören nicht, während Perjodat eine analoge, wenn auch schwächere Reaktion gibt [CHAMOT und MASON (a)].

10. Weitere Reduktionsreaktionen.

Jodation kann außerdem noch durch Umsetzung mit folgenden Reduktionsmitteln, die sämtlich in saurer Lösung anzuwenden sind, in elementares Jod überführt werden: Hydroxylamin, Hydrochinon, Mangan(II)-sulfat [CHAMOT und MASON (a)], Oxalsäure (CHRÉTIEN, GUYARD), Sulfit bzw. Schwefeldioxyd (PIESZCZECK, DITTRICH und BOLLENBACH), Sulfid bzw. Schwefelwasserstoff (PIESZCZECK), Zinn(II)-chlorid und nascierender Wasserstoff. Ein Überschuß des Reduktionsmittels bewirkt in einigen Fällen eine weitere Reduktion zum Jodid, weshalb die Zugabe zweckmäßig in kleinen Anteilen vorgenommen wird.

C. Farbreaktionen.

1. Mit Benzidin.

Jodathaltige Lösungen, die mit etwas Benzidinsulfatlösung versetzt sind, geben beim Unterschichten mit konzentrierter Schwefelsäure an der Berührungsfläche beider Schichten einen orangegelben Ring.

Chlorat und Nitrat reagieren in gleicher Weise (POZZI-ESCOT).

2. Mit Anilin.

Jodatlösungen, denen etwas Anilinsulfatlösung zugesetzt ist, bilden beim Unterschichten mit konzentrierter Schwefelsäure an der Berührungsfläche beider Schichten einen rotbraunen Ring.

Man versetzt 1 cm^3 saure Probelösung mit 2 Tropfen 10%iger Anilinsulfatlösung und unterschichtet vorsichtig mit 3 bis 4 cm^3 konzentrierter Schwefelsäure.

Nitrate geben die gleiche Reaktion, während Chlorate einen blauen Ring bilden (POZZI-ESCOT). Auch zahlreiche andere Oxydationsmittel geben mit Anilin Färbungen, deren Farbton stark von den jeweiligen Konzentrationsverhältnissen der Lösungen abhängt. Die Reaktion ist daher nicht sehr spezifisch.

Nach LAAR versetzt man die zu prüfende, gelöste Substanz mit einer Lösung aus 99 Teilen konzentrierter Schwefelsäure und 1 Teil Anilin. Bei Anwesenheit von Jodat entsteht eine Violettfärbung.

3. Mit Diphenylamin.

Jodathaltige Lösungen werden durch Zugabe einer Lösung aus 99 Teilen konzentrierter Schwefelsäure und 1 Teil Diphenylamin blau gefärbt (LAAR).

Andere Oxydationsmittel, wie Chlorat, Hypochlorit, Bromat, Nitrit, Nitrat, Chromat, Permanganat, Eisen(III)-salze, Vanadinsäure und Peroxyde geben die gleiche Reaktion.

4. Mit Strychnin.

Strychnin färbt sich beim Befeuchten mit einer Lösung von Jodsäure in Schwefelsäure zuerst gelb, dann ziegelrot und nach einiger Zeit violettrot (SELMI).

5. Mit Pyrogallol.

Jodation gibt mit Pyrogallol in saurer Lösung eine Rotfärbung, die durch Oxydation des Pyrogallols zu Purpurogalin verursacht wird.

Nach GOTTLIEB bringt man 1 Tropfen Probelösung auf Filtrierpapierstreifen, die mit Oxalsäure und einer Lösung von Pyrogallol in Aceton getränkt sind. Bei Anwesenheit von Jodat entsteht ein roter Fleck.

Es ist möglich, auf diese Weise noch Jodat in 0,0005%iger Lösung nachzuweisen.

Jodid, Chromat, Dichromat, Persulfat, Nitrit und Bromat geben mit dem Reagens ebenfalls Färbungen, die jedoch von der durch Jodat hervorgerufenen deutlich unterscheidbar sind.

6. Mit Silberchromat.

Eine Suspension von Silberchromat in Wasser reagiert mit Jodation entsprechend der Gleichung:

$$Ag_2CrO_4 + 2\,JO_3^- \longrightarrow 2\,AgJO_3 + CrO_4^{--}.$$

Das bei der Umsetzung gebildete Chromation färbt die Lösung gelb und dient zur Identifizierung des Jodats.

Man gibt zu der farblosen, neutralen Probelösung etwas kristallines Silberchromat und schüttelt gut durch. Nach dem Absitzenlassen ist die bei Anwesenheit von Jodat vorhandene Gelbfärbung der Lösung deutlich zu erkennen.

Die Reaktion wird von allen Anionen, deren Silbersalze schwerer löslich sind als Silberchromat, in gleicher Weise gegeben (SCONZO).

D. Mikroreaktionen.

1. Fällung mit Silbernitrat als Silberjodat.

Auf einem Objektträger versetzt man 1 Tropfen schwach salpetersaure Probelösung mit 1 Tropfen Silbernitratlösung. Bei Anwesenheit von Jodat bilden sich kleine Stäbchen und Sternchen von Silberjodat. Aus verdünnteren Lösungen werden gut ausgebildete Stäbchen und Nadelbüschel erhalten (s. Abb. 6).

Nach CHAMOT und MASON (a) können noch $5 \cdot 10^{-5}$ g Kaliumjodat/cm³ erkannt werden.

Jodid, Bromid, Chlorid und Bromat stören den Nachweis.

2. Fällung mit Bariumchlorid als Bariumjodat.

1 Tropfen Probelösung gibt man auf einem Objektträger mit 1 Tropfen verdünnter Bariumchloridlösung zusammen. Bei Gegenwart von Jodat entsteht $Ba(JO_3)_2 \cdot H_2O$, dessen Kristalle zu größeren Aggregaten, welche die Form von Kreuzen und Rosetten besitzen, zusammentreten (s. Abb. 7).

Abb. 6. Silberjodat. (Aus GEILMANN, S. 36, Abb. 3.)

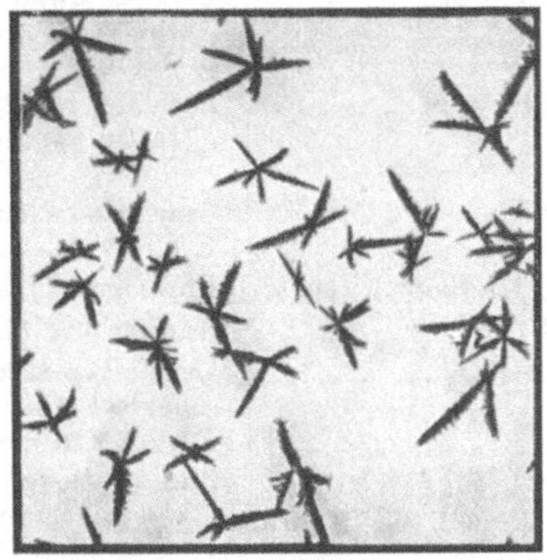

Abb. 7. Bariumjodat. (Aus GEILMANN, S. 12, Abb. 2.)

Es können noch 20 γ Jodat/Tropfen nachgewiesen werden [CHAMOT und MASON (a)].

Störungen verursachen Sulfat, Silicofluorid, Chromat, Phosphat und Carbonat.

3. Fällung mit Hexamminkobalt(III)-chlorid.

Das Reagens, das am besten nach BILTZ, HALL und BLANCHARD hergestellt wird, gibt nach HYNES und YANOWSKI mit Jodation einen charakteristischen, kristallinen Niederschlag, über dessen Zusammensetzung keine Angaben vorliegen.

Bringt man auf einem Objektträger 1 Tropfen 0,15 m wäßrige Reagenslösung mit 1 Tropfen 1%iger Jodatlösung zusammen, so bilden sich feine Nadeln, die allmählich zusammenklumpen und vom Mittelpunkt des Tropfens zum Rand hin wachsen. Mit 0,1 mg Jodat entstehen die Kristalle innerhalb von 3 Min. (s. Abb. 8).

Über Störungen der nicht sehr spezifischen Reaktion siehe im Abschnitt „Fluor", S. 15.

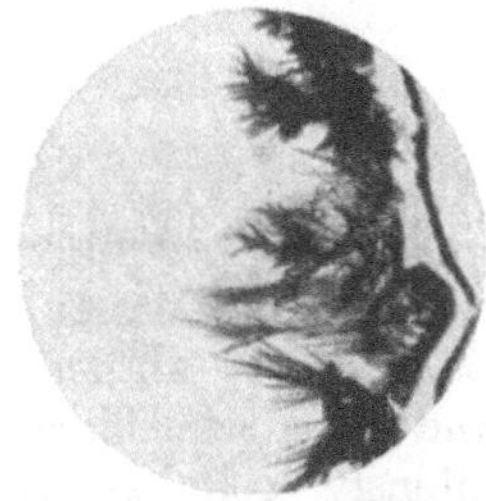

Abb. 8. Kristallisationsprodukt aus einer 0,15 m $[Co(NH_3)_6]Cl_3$ - Lösung und einer 1%igen Jodatlösung. [Aus HYNES u. YANOWSKI: Mikrochem. **23**, 1 (1937).]

4. Fällung mit Quecksilber(II)-sulfat.

Die Reagenslösung wird durch Auflösen von 5 g rotem Quecksilber(II)-oxyd in einer noch warmen Mischung von 100 cm³ Wasser und 20 cm³ konzentrierter Schwefelsäure hergestellt. Zur Ausführung der Probe versetzt man einen kleinen Teil der Lösung mit dem gleichen Volumen Ammoniak und gibt zu 1 Tropfen der so erhaltenen trüben Flüssigkeit einige Stäubchen der festen Analysensubstanz. Bei Anwesenheit von Jodat bildet sich ein kristalliner Niederschlag, der aus kleinen, 6seitigen länglichen Plättchen besteht [DENIGÈS (d)].

Chloride, Bromide, Jodide, Bromate und Perjodate geben unter den gleichen Bedingungen ebenfalls charakteristische Kristallabscheidungen.

5. Weitere Kristallfällungen.

Jodation gibt außerdem mit folgenden Reagenzien charakteristische Kristallabscheidungen (BOLLAND):

Reagens	Kristallform	Empfindlichkeit
$Sr(CH_3CO_2)_2$	Farblose Nadeln bzw. dünne Prismen	$3 \cdot 10^{-2}$ g HJO_3/l
$Ca(CH_3CO_2)_2$	Farblose Oktaeder, sternförmig gruppiert oder isoliert, zeigen unter gekreuzten Nicols Auslöschung	$3 \cdot 10^{-2}$ g HJO_3/l
RbCl	Farblose, rechtwinklige, stark lichtbrechende Tafeln, erscheinen unter gekreuzten Nicols dunkel	$3 \cdot 10^{-2}$ g HJO_3/l
$MnCl_2$	Graugrüne Nadeln, zeigen unter gekreuzten Nicols Auslöschung	$20 \cdot 10^{-2}$ g HJO_3/l
NH_4OH (konz.)	Ungefärbte, rechtwinklige Tafeln	$35 \cdot 10^{-2}$ g HJO_3/l
KCl	Ungefärbte Prismen bzw. sechseckige Tafeln	$60 \cdot 10^{-2}$ g HJO_3/l
$NaCH_3CO_2$	Ungefärbte Oktaeder bzw. Prismen, auch beide Formen zugleich auftretend, erscheinen zwischen gekreuzten Nicols dunkel	$60 \cdot 10^{-2}$ g HJO_3/l
Cs_2SO_4	Ungefärbte, stark lichtbrechende Kristalle verschiedener Form	$80 \cdot 10^{-2}$ g HJO_3/l

§ 6. Nachweis von Perjodation.

Vorproben.

Verhalten beim Erhitzen. Perjodate verlieren beim Erhitzen im Glühröhrchen Sauerstoff und gehen zunächst in Jodat und bei weiterem Erhitzen in Jodid über. Die Reaktionsprodukte können wie üblich nachgewiesen werden. Bei einigen Perjodaten erfolgt die Zersetzung explosionsartig.

Da eine größere Zahl von anderen Salzen beim Erhitzen ebenfalls Sauerstoff abgibt, kann das Verhalten nur zur groben Orientierung dienen.

Auf nassem Wege.

A. Fällungsreaktionen.

1. Mit Silbernitrat.

Silbernitratlösung fällt aus *neutralen* Perjodatlösungen einen orangegelben Niederschlag, dessen Zusammensetzung (Ag_3JO_5 oder Ag_5JO_6) noch umstritten ist. Beim Stehen an der Luft oder schneller beim Erwärmen dunkelt die Fällung nach und wird schließlich schwarz. Mit *schwach sauren* Perjodatlösungen entsteht ein intensiv gelb gefärbter Niederschlag der Zusammensetzung $Ag_2H_3JO_6$ (bzw. $Ag_4J_2O_9 \cdot 3\,H_2O$), während aus *stark sauren* Lösungen gelbes $AgJO_4$ ausfällt. Alle Silberperjodate bilden mit konzentrierter Salpetersäure Lösungen, aus denen beim Eindampfen einheitlich $AgJO_4$ ausgeschieden wird. Ferner sind sie in Ammoniak unter Bildung von Silberdiamminion löslich.

Zum analytischen Nachweis von Perjodation fällt man dasselbe zweckmäßig aus neutraler Lösung, da das hierbei sich bildende Silbersalz das schwerstlösliche ist.

Es können auf diese Weise noch 0,0005 g $NaJO_4/cm^3$ Probelösung erkannt werden [CHAMOT und MASON (b)].

Das aus neutraler Lösung gefällte Silberperjodat ist von den Silbersalzen anderer Halogenionen dadurch unterscheidbar, daß der Niederschlag beim Erwärmen schwarz wird. Thiosulfat kann eine Täuschung verursachen.

2. Mit Quecksilber(II)-sulfat.

Quecksilber(II)-sulfatlösung fällt aus salpetersauren Perjodatlösungen einen rotbraunen Niederschlag von Quecksilber(II)-perjodat. Dieser ändert seine Zusammensetzung beim Kochen nicht und ist in Salpetersäure und Ammoniak unlöslich.

Bromide, Jodide, Bromate und Jodate geben ebenfalls Fällungen.

3. Mit Bleiacetat.

Salpetersaure Perjodatlösungen bilden beim Versetzen mit Bleiacetatlösung einen weißen Niederschlag von Bleiperjodat, der in Salpetersäure unlöslich ist, im Gegensatz zum Bleijodat, welches sich in verdünnter Salpetersäure löst.

4. Mit Wismutnitrat.

Wismutnitratlösung fällt aus salpetersauren perjodathaltigen Lösungen weißes, gut filtrierbares Wismutperjodat $[Bi(JO_4)_3]$ aus.

Die Reaktion ist zum Nachweis von Perjodat neben Jodat geeignet. Man fällt dann zunächst das Jodat als Bariumjodat aus und identifiziert im Filtrat das Perjodat mit Wismutnitrat (WILLARD und THOMPSON).

5. Mit Zinkacetat.

Zinkacetatlösung fällt aus kochender Natriumperjodatlösung in Gegenwart von freier Perjodsäure einen weißen, pulverförmigen Niederschlag der Zusammensetzung $Zn_5(JO_6)_2$. Dieser ist in verdünnten Mineralsäuren leicht löslich.

Als Reagens verwendet man eine Lösung von 2 g Zinkacetat in 100 g Wasser, der 3% Essigsäure zugesetzt sind.

Nach FABRE und TOMESCO kann in der Kälte noch 1 mg, beim Erhitzen dagegen noch bis zu 0,1 mg Perjodation/cm³ nachgewiesen werden.

B. Reduktionsreaktionen.

Im Gegensatz zum Perchlorat ist das Perjodat gegenüber reduzierenden Stoffen wenig beständig und wird durch die gebräuchlichen Reduktionsmittel (nascierender Wasserstoff, schweflige Säure, arsenige Säure, Hydrazin, Eisen(II)-salze usw.) leicht zu Jodat und mit einem Überschuß derselben zu Jod und Jodid reduziert. Da bei diesen Reaktionen mit den Mitteln der qualitativen Analyse nicht entschieden werden kann, ob ursprünglich Jodat oder Perjodat vorgelegen hat, sind zum analytischen Nachweis von Perjodat nur wenige, weitgehend spezifische Reduktionsreaktionen geeignet.

1. Mit Mangan(II)-sulfat und Phosphorsäure.

Stark phosphorsaure Mangan(II)-sulfatlösung wird durch Perjodat zu intensiv violettem, komplexem Mangan(III)-phosphat oxydiert. Die Umsetzung verläuft nach der Gleichung:

$$JO_4^- + 2\,Mn^{++} + 4\,PO_4^{---} + 2\,H^+ \longrightarrow 2\,[Mn(PO_4)_2]^{---} + JO_3^- + H_2O.$$

Nach FEIGL versetzt man auf einem Porzellanschälchen 1 Tropfen Probelösung mit 1 Tropfen gesättigter Mangan(II)-sulfatlösung, die vorher im Verhältnis 1:1 mit sirupöser Phosphorsäure vermischt wurde. Die Reaktionsmischung wird kurz erwärmt und anschließend erkalten gelassen. Das Auftreten einer Violettfärbung zeigt die Anwesenheit von Perjodat an. Sehr schwache Färbungen können durch Zusatz von 1 Tropfen 1%iger Diphenylcarbazidlösung verstärkt werden. Die dabei entstehende deutlichere Violettfärbung beruht auf der Bildung eines Oxydationsproduktes des Diphenylcarbazids.

Die Erfassungsgrenze beträgt 5 γ Perjodat/Tropfen; die Grenzkonzentration ist 1:10000.

Jodat stört nicht, während Chlorat, Perchlorat und Persulfat die gleiche Reaktion geben.

2. Mit Mangan(II)-salz und Tetrabase.

Mangan(II)-salze werden durch Alkaliperjodate in saurer Lösung zu Permanganat oxydiert nach folgender Gleichung:

$$2\,Mn^{++} + 5\,JO_4^- + 3\,H_2O \longrightarrow 2\,MnO_4^- + 5\,JO_3^- + 6\,H^+.$$

Das gebildete Permanganat kann durch ARNOLDsche Base (Tetramethyl-diaminodiphenylmethan) sehr empfindlich nachgewiesen werden, da es mit dieser ein intensiv blau gefärbtes, merichinoides Oxydationsprodukt bildet.

Die Reagenslösung stellt man nach FEIGL durch Vermischen von gleichen Teilen 10%iger Manganchloridlösung und einer kalt gesättigten Lösung von Tetrabase in 2 n Essigsäure her. Zur Probe gibt man 1 Tropfen Probelösung mit 1 Tropfen dieser Reagenslösung zusammen. Bei Anwesenheit von Perjodat entsteht eine Blaufärbung.

Die Erfassungsgrenze beträgt 0,5 γ Perjodat/Tropfen; die Grenzkonzentration liegt bei 1:100000.

Chlorate, Bromate und Jodate stören den Nachweis nicht. Persulfate bilden mit Mangan(II)-salzen höhere Oxyde, die ebenfalls auf ARNOLDsche Base einwirken. Sie müssen daher vor Ausführung der Probe durch Eindampfen der schwefelsauren Analysenlösung bei Gegenwart von etwas Silbernitrat entfernt werden.

3. Mit Jodiden.

Perjodate setzen aus Jodiden schon in schwach alkalischer und neutraler Lösung Jod in Freiheit entsprechend der Gleichung:

$$JO_4^- + 2\,J^- + H_2O \longrightarrow JO_3^- + J_2 + 2\,OH^-.$$

Das gebildete Jod kann wie üblich mit Stärke oder Chloroform nachgewiesen werden.

Die gleiche Reaktion wird außerdem nur noch von Hypochloriten gegeben.

4. Mit Oxalsäure.

Oxalsäure reduziert saure Perjodatlösungen in der Hitze und bei Gegenwart von Mangansulfat als Katalysator leicht zu Jodid, das sich mit überschüssigem Perjodat zu freiem Jod umsetzt:

$$JO_4^- + 4\,(COOH)_2 \longrightarrow J^- + 8\,CO_2 + 4\,H_2O,$$
$$JO_4^- + 7\,J^- + 8\,H^+ \longrightarrow 4\,J_2 + 4\,H_2O.$$

Man gibt zu der mit Schwefelsäure stark angesäuerten Probelösung einige Tropfen Mangan(II)-sulfatlösung und etwas Oxalsäure. Beim Erhitzen erkennt man Perjodat an einer Braunfärbung der Lösung, die bei längerem Kochen violette Joddämpfe abgibt. Die gleichzeitige Bildung von Kohlendioxyd kann mit Hilfe eines Barytwassertropfens wie üblich nachgewiesen werden.

Jodat gibt die gleiche Reaktion.

C. Reaktionen auf mikrochemischem Wege.

1. Fällungsreaktionen.

a) Fällung mit Silbernitrat als Silberperjodat. Auf einem Objektträger versetzt man 1 Tropfen neutrale Probelösung mit 1 Tropfen Silbernitratlösung. Bei Anwesenheit von Perjodat entsteht ein orangegelber Niederschlag von Silberperjodat, der aus sehr feinen Kriställchen von hohem Brechungsvermögen besteht. Bei längerem Stehen wachsen diese und bilden hexagonale oder triangulare Plättchen und Sterne, während die Farbe des Niederschlages gleichzeitig dunkler wird und schließlich in schwarz übergeht.

Es können auf diese Weise noch 20 γ Perjodat/Tropfen erkannt werden [CHAMOT und MASON (b)].

Über die Fällung von Perjodat mit Silbernitrat s. a. S. 132.

b) Fällung mit Kaliumsalzen als Kaliumperjodat. Auf einem Objektträger bringt man 1 Tropfen perjodathaltige Probelösung mit 1 Tropfen Kaliumchloridlösung zusammen. Es bildet sich ein kristalliner Niederschlag von Kaliumperjodat, der aus spitzen tetragonalen Bipyramiden mit starker Doppelbrechung besteht.

Nach CHAMOT und MASON (b) kann Perjodat noch bis zu einer Konzentration von 0,001 g Natriumperjodat/cm³ (= 40 γ Perjodat/Tropfen) nachgewiesen werden.

Perchlorat bildet sehr ähnliche Kristalle.

c) Fällung mit Rubidium- oder Caesiumsalzen als Rubidium- bzw. Caesiumperjodat. Ausführung der Fällung wie unter b. Die erhaltenen Kristalle sind denen des KJO_4 sehr ähnlich, nur wesentlich leichter löslich, weshalb die Probe unempfindlicher ist [CHAMOT und MASON (b)].

Perchlorat bildet ähnliche Kristallabscheidungen.

d) Fällung mit Quecksilber(II)-sulfat. Die Reagenslösung wird durch Auflösen von 5 g rotem Quecksilber(II)-oxyd in einer noch warmen Mischung von 100 cm³ Wasser und 20 cm³ konzentrierter Schwefelsäure hergestellt. Zur Probe versetzt man einen kleinen Teil der Lösung mit dem gleichen Volumen Ammoniak und gibt zu 1 Tropfen der so erhaltenen trüben Flüssigkeit eine kleine Menge der auf Perjodat zu prüfenden, festen Analysensubstanz. Bei positivem Ausfall der Probe bildet sich ein aus kleinen Einzelkriställchen bestehender Niederschlag [DENIGÈS (d)].

Chloride, Bromide, Jodide, Bromate und Jodate geben unter den gleichen Bedingungen ebenfalls charakteristische Kristallabscheidungen.

2. Farbreaktionen.

Mit Kupfersulfat und Persulfat. Alkalische Kupfersalzlösungen bilden mit Perjodat bei Gegenwart von Oxydationsmitteln, wie Persulfat, Komplexverbindungen des 3wertigen Kupfers, die in konzentrierter Lösung dunkelrotbraun, bei größerer Verdünnung intensiv gelb gefärbt sind.

Nach FEIGL und UZEL versetzt man 1 Tropfen alkalische Probelösung mit je 1 Tropfen Kupfersulfatlösung (1:50000) und 2 n Natronlauge. Dann wird etwas festes Natrium- oder Kaliumpersulfat zugegeben und aufgekocht. Bei Anwesenheit von Perjodat färbt sich die Reaktionsmischung gelb.

Die Erfassungsgrenze beträgt 2 γ H_5JO_6/Tropfen; die Grenzkonzentration ist 1:25000.

Tellurat gibt die gleiche Reaktion. Dagegen stören Chlorid, Bromid, Jodid, Chlorat, Bromat, Jodat, Perchlorat, Molybdat, Sulfat, Phosphat und Borat den Nachweis nicht. Peroxyde müssen vor Ausführung der Probe zerstört werden.

3. Katalytische Reaktionen.

Beeinflussung der katalytischen Wirkung von Kupfer(II)-salzen bei der Oxydation von Mangan(II)-salzen mit Hypobromit. Während Mangan(II)-salze mit Hypobromit normalerweise zu Braunstein reagieren, findet in Gegenwart von Kupfer(II)-salzen Oxydation bis zum Permanganat statt. Diese katalytische Wirkung der Kupfer(II)-salze wird durch Perjodat aufgehoben, so daß kleine Mengen desselben mit Hilfe dieser Reaktion sehr empfindlich nachweisbar sind.

Die Probe wird als Parallelversuch in zwei Mikroprobiergläsern (a und b) ausgeführt: In a gibt man 1 Tropfen Probelösung, in b 1 Tropfen Wasser. Dann werden in beide Gläser je 1 Tropfen Kupfer-Mangansalzlösung (100 cm³ 0,04%ige Lösung von $MnCl_2 \cdot 4\,H_2O$ + 1 Tropfen 4%ige Lösung von $CuSO_4 \cdot 5\,H_2O$) und 1 Tropfen einer frisch bereiteten Lösung von Brom in 2 n Natronlauge gebracht. Anschließend hält man einige Minuten in kochendes Wasser oder erhitzt kurz über freier Flamme zum Sieden. Bei Anwesenheit von Perjodat erscheint die Lösung in a farblos oder schwach gelblich, während beim Blindversuch b eine deutliche Violettfärbung zu beobachten ist.

Die Erfassungsgrenze beträgt 0,5 γ Perjodsäure/Tropfen; die Grenzkonzentration liegt bei 1:100000.

Tellursäure gibt die gleiche Reaktion (FEIGL und UZEL).

§ 7. Nachweis in besonderen Fällen.

1. Nachweis von Jod in Trink- und Mineralwässern.

Das zu untersuchende Wasser wird mit Kaliumcarbonat aufgekocht und stark eingeengt. Nachdem von den ausgefallenen Erdalkalicarbonaten abfiltriert ist, dampft man weiter bis zur Trockne ein und glüht zur Zerstörung von organischen Substanzen vorsichtig durch. Der Glührückstand wird mit Alkohol extrahiert und die alkoholische Lösung eingedampft. Den Trockenrückstand des alkoholischen Auszugs prüft man dann mit Hilfe der in § 3 angegebenen Verfahren auf Jodid (CANTU, CHATIN).

2. Nachweis von Jod in künstlichen Düngemitteln.

Nach BERL-LUNGE kocht man die in Wasser gelöste Probe mit Kaliumcarbonat auf, filtriert und säuert das Filtrat mit Schwefelsäure an. Zur Reduktion von jodsauren Salzen wird dann etwas wäßrige schweflige Säure zugefügt. Anschließend versetzt man mit Chloroform und Natriumnitrit, wobei in Anwesenheit von Jod die bekannte Violettfärbung (s. § 3) entsteht.

3. Nachweis von Jod im Boden.

25 g feingepulverter Boden werden in einem größeren Eisentiegel mit so viel Kaliumcarbonatlösung versetzt, daß die Flüssigkeit etwas übersteht. Nach einiger Zeit erwärmt man vorsichtig auf einem Baboblech unter Umrühren, läßt das Wasser verdampfen und erhitzt weiter, bis der Boden des Tiegels zu glühen beginnt. Die erkaltete Masse wird mit heißem Wasser aufgenommen, filtriert und die Lösung nach § 3 und § 5 auf Jodid (und evtl. auf Jodat) geprüft (KÖHLER).

4. Nachweis von Jod in organischen Substanzen.

Über den Nachweis von Jod in organischen Substanzen siehe den allgemeinen Abschnitt „Nachweis von organisch gebundenem Chlor, Brom und Jod".

Das folgende, von SCHUYTEN angegebene Verfahren ist nur für den Nachweis von Jod geeignet und wird daher an dieser Stelle besprochen:

Die organische Substanz füllt man zusammen mit Kaliumdichromat in ein Reagensglas, dessen oberes Ende anschließend zu einer Capillare ausgezogen wird. Jodhaltige Verbindungen geben beim Erhitzen ein deutlich erkennbares Sublimat von elementarem Jod, das sich besonders in der kalten Capillare niederschlägt.

5. Nachweis von Jod im Harn.

Nach JOLLES versetzt man 10 cm³ Harn mit dem gleichen Volumen konzentrierter Salzsäure und 2 bis 3 Tropfen verdünnter Chlorkalklösung, die vorsichtig längs der Wandung des Probierglases herab zugegeben werden. Bei Anwesenheit von Jodid entsteht an der Überschichtungsstelle ein braungelber Ring, der sich bei Zusatz von einigen Tropfen Stärkelösung intensiv blau färbt.

Es können auf diese Weise noch 0,0025% Jod nachgewiesen werden.

An Stelle von Chlorkalklösung kann das Jod auch mit einer 10%igen Lösung von Kupfersulfat in Freiheit gesetzt und anschließend mit Chloroform ausgeschüttelt werden (JOLLES).

Nach SANDLUND versetzt man den zu untersuchenden Harn mit verdünnter Schwefelsäure, Stärkelösung (oder Chloroform) und Natriumnitritlösung. Die entstehenden Färbungen lassen Jodid noch bis zu einer Konzentration von 0,001% erkennen.

Nach SCHUMACHER versetzt man 5 Teile Urin mit 5 Teilen 3%iger Wasserstoffperoxydlösung und 2 Teilen 1%iger alkoholischer Benzidinlösung. Die Mischung wird bis zum Sieden erhitzt. Bei Anwesenheit von Jod färbt sie sich sofort braun bis schwarz.

Für die Praxis hat sich nach SCHUMACHER auch besonders der S. 117 beschriebene Jodnachweis mit Ammoniumpersulfat und Filtrierpapier bewährt.

Literatur.

ABEGG, R., u. W. HERZ: Z. anorg. Ch. **23**, 236 (1900). — AUGUSTI, S.: (a) Ann. Chim. appl. **23**, 348 (1933); durch C. **104**, **II**, 2708 (1933); (b) Mikrochem. **17**, 113 (1935).

BAINES, H.: J. Soc. chem. Ind. **47** T_1, 11 (1928). — BARGER, G.: Soc. **89**, 1210 (1906). — BARGER, G., u. W. W. STARLING: Soc. **107**, 411 (1915). — BARGER, G., u. E. FIELD: Soc. **101**, 1394 (1912). — BEHRENS-KLEY: Mikrochemische Analyse, 2. Aufl. 1921, S. 176, 177. — BENEDICT, ST., u. I. F. SNELL: Am. Soc. **25**, 809 (1903). — BERL-LUNGE: Bd. III, S. 621. — BERZELIUS, J.: Jahresbericht **1846**, S. 274. — BICSKEI, J.: Z. anorg. Ch. **151**, 127 (1926). — BILTZ, W.: B. **37**, 719 (1904). — BILTZ, W., W. T. HALL u. A. A. BLANCHARD: Laboratory Methods of Inorganic Chemistry, 2nd. Ed., S. 172. New York 1928. — BÖTTGER, W.: Qualitative Analyse, S. 382. Leipzig 1925. — BOLLAND, A.: C.r. **171**, 955 (1920). — BRAND, K.: P. C. H. **83**, 85 (1942). — BRUINING, B. J.: Pharm. Weekbl. **40**, 969 (1903). — BRUKL, A., u. M. BEHR: Fr. **64**, 23 (1924). — BUCHNER, L. A.: Fr. **6**, 117 (1867). — BUSCH, M.: B. **38**, 861 (1905).

CAMPANI: B. **5**, 287 (1872). — CANTU, G. L.: Ann. Chim. **28**, 221 (1824). — CHAMOT, E. M., u. C. W. MASON: (a) Mikrochem. **5**, 85 (1927); (b) Mikrochem. **6**, 82 (1928). — CHATIN, A.: C.r. **82**, 128; Fr. **15**, 458 (1876). — CHRÉTIEN, P.: A. Ch. [7] **15**, 358 (1898). — CIUSA, R., u. A. TERNI: G. **43**, **II**, 86 (1913); durch Fr. **107**, 282 (1936). — COOK, E. H.: Chem. N. **51**, 101 (1885); durch C. **56**, 281 (1885). — CURTMAN, L. J., u. B. R. HARRIS: Am. Soc. **39**, 266 (1917).

DEMMERING, W.: Diss. S. 22. Leipzig 1889. — DENIGÈS, G.: (a) Précis de chimie analytique I, 1930, S. 98; (b) Ch. Z. **20**, 70 (1896); (c) J. Pharm. Chim. [5] **28**, 499 (1893); durch C. **65**, I, 104 (1894); (d) Bl. Soc. Pharm. Bordeaux **72**, 5 (1934); durch C. **105**, **II**, 1499 (1934). — DENIGÈS, G., u. SABRAZÈS: Fr. **42**, 181 (1903). — DIMITROFF, M.: Fr. **62**, 452 (1923). — DITTRICH, M., u. H. BOLLENBACH: B. **38**, 747 (1905). — DITZ, H., u. B. M. MARGOSCHES: (a) Ch. Z. **28**, 271 (1904); (b) Ch. Z. **28**, 1191 (1904). — DONAU, J.: Arbeitsmethoden der Mikrochemie, S. 24. Stuttgart 1913.

EDER, J. M., u. H. VALENTA: Atlas typischer Spektren. Wien 1924. — EHRMANN, R.: Ch. Z. Repert. **38**, 87 (1914). — ERNST, Z.: Bio. Z. **232**, 346 (1931).

FABRE, R., u. T. G. TOMESCO: Bl. Soc. România **18**, 59 (1937); durch C. **108**, **I**, 4132 (1937). — FAIRLEY, T.: Rep. 45th Brit. Assoc. **1875**, 42. — FEIGL, F.: Qualitative Analyse mit Hilfe von Tüpfelreaktionen, 2. Aufl. 1935, S. 279ff., 302ff. — FEIGL, F., u. E. FRÄNKEL: Fr. **91**, 12 (1933). — FEIGL, F., u. R. UZEL: Mikrochem. **19**, 132 (1936); durch Fr. **111**, 358 (1937). — v. FELLENBERG, TH.: Mitt. Geb. Lebensmitteluntersuch. Hyg. **14**, 161 (1923); **15**, 234, 251 (1924); Bio. Z. **139**, 371 (1923); **152**, 116, 128 (1924). — FIELD, J.: Pr. Soc. exp. Biol. Med. **23**, 310 (1926); Ber. ges. Physiol. **36**, 583 (1926). — FORMANEK, J.: Die qualitative Spektralanalyse anorganischer und organischer Körper. Berlin 1905. — FRESENIUS, C. R.: (a) Anleitung zur qualitativen chemischen Analyse, 17. Aufl. 1919, S. 405; (b) Fr. **1**, 46 (1862). — FRIEDLÄNDER, S.: Diss. S. 19. Berlin 1900.

GAUTIER, A.: C. r. **128**, 643 (1899); Bl. [III] **21**, 456 (1899). — GEILMANN, W.: Bilder zur qualitativen Mikroanalyse. Leipzig 1934. — GERSTENZANG, E. M.: J. chem. Educat. **9**, 318 (1932); **8**, 1187 (1931). — GOPPELSRÖDER, F.: Fr. **2**, 398 (1863). — GÓRSKI, M.: Z. anorg. Ch. **81**, 328 (1913). — GOTTLIEB, A. L.: Chem. J. Ser. B **11**, 135 (1938); durch C. **109**, **II**, 3125 (1938). — GUTZEIT, G.: Helv. **12**, 713 (1929). — GUYARD, A.: Bl. **31**, 299 (1879). — GYR, K.: Dissertation. Zürich 1902.

HAHN, M., F. SCHÜTZ u. S. PAVLIDÈS: Z. Hyg. Infekt.-Krankh. **108**, 450 (1928). — HART, D., u. R. MEYROWITZ: Ind. eng. Chem. Anal. Edit. **12**, 774 (1940). — HAUSHOFER, K.: Mikroskopische Reaktionen, 1885, S. 28, 112, 126. — HEMPEL, C. W.: (a) A. **105**, 260 (1858); Fr. **6**, 117 (1867); (b) A. **107**, 98 (1858). — HICKETHIER, C. F., u. A. JACOBUCCI: Fr. **67**, 130 (1925/26). — HYNES, W. A., u. L. K. YANOWSKI: Mikrochem. **23**, 1 (1937); durch Fr. **120**, 23 (1940).

JOLLES, A.: Fr. **33**, 543 (1894); Ch. Z. Repert. **38**, 319 (1914).

KASTLE, J. H.: Am. Chem. J. **17**, 706 (1895). — KING, C. V., u. M. B. JACOBS: Am. Soc. **53**, 1707 (1931). — KÖHLER, R.: Angew. Ch. **42**, 192 (1929). — KOLBECK, F.: Plattners Probierkunst mit dem Lötrohr, 8. Aufl., S. 365. — KOLTHOFF, J. M.: (a) Fr. **60**, 338 (1921); (b) Chem. Weekbl. **21**, 2 (1924). — KOLTHOFF, J. M., u. E. B. SANDELL: Am. Soc. **56**, 1426 (1934). — KORENMAN, I. M.: Mikrochem. **14**, 181 (1934). — KRAMER, G.: Fr. **109**, 23 (1937). — KRÜGER, D.: B. **65**, 13 (1932). — KRÜGER, D., u. E. TSCHIRCH: B. **62**, 2776 (1929); Mikrochem. **8**, 337 (1930). — KRUISHEER, C. I.: Fr. **89**, 196 (1932). — KÜSTER, F. W.: A. **283**, 360 (1894). — KUZIRIAN, S. B.: Am. J. Sci. **36**, 301 (1913).

LAAR, C.: B. **15**, 2089 (1882). — LACHMAN, A.: Am. Soc. **25**, 50 (1903). — LANGE, N. A., u. L. A. WARD: Am. Soc. **47**, 1000 (1925). — LEA, C.: Chem. N. **14**, 147 (1866); durch Fr. **6**, 116 (1867). — LOOFF: Apoth.-Z. **8**, 335 (1893); durch C. **64**, **II**, 393 (1893). — LUNGE, G., u. R. SCHOCH: B. **15**, 1883 (1882).

MACOWSKI, E., A. SILBERG, E. RAMONTIANU u. E. CRĂCIUNESCU: J. pr. **139**, 254 (1934). — MARGOSCHES, B. M.: Fr. **44**, 392 (1905). — MEINEKE, C.: Ch. Z. **18**, 157 (1894). — MERK, B.: Pharm. Z. **50**, 1022 (1905); durch C. **77**, **I**, 397 (1906). — MIKÓ, G.: Ber. ungar. pharm. Ges. (ungar.) **3**, 115 (1927); durch C. **99**, **I**, 1555 (1928). — MITSCHERLICH, A.: Fr. **4**, 153 (1865). — MOHR, F.: Fr. **12**, 366 (1873). — MONNIER, A.: (a) Arch. Sci. phys. nat. Genève [4] **42**, 210 (1916); (b) Ann. Chim. anal. **20**, 237 (1916). — MUTNIANSKI, M.: Fr. **36**, 220 (1897). — MYLIUS, F.: B. **20**, 688 (1887).

NASSE, O.: B. **17**, 1166 (1884); durch Fr. **24**, 100 (1885).

PELLOGGIO: B. **3**, 915 (1870). — PFEILSTICKER, K.: Spectrochim. Acta **1**, 424 (1940); durch C. **112**, **I**, 1847 (1941). — PICCARD, J., u. E. HERRMANN: Helv. **5**, 625 (1922). — PIERSON, G. G.: Ind. eng. Chem. Anal. Edit. **6**, 437 (1934). — PIESZCZECK, E.: Apoth.-Z. **8**, 322 (1893); durch C. **64**, **II**, 337 (1893). — POLLACCI, E.: G. **3**, 474 (1873); B. **7**, 81 (1874); J. pr. [N. F.] **9**, 47 (1874). — POLUEKTOW, N. S., u. W. A. NASARENKO: Chem. J. Ser. B **10**, 2105 (1937); durch C. **109**, **II**, 897 (1938). — POZZI-ESCOT, M. E.: Bl. [4] **13**, 499 (1913).

RAIKOW, P. N.: (a) Ch. Z. **18**, 1661 (1894); (b) **19**, 902 (1895). — REICHARD, C.: Ch. Z. **24**, 644 (1900). — REITH, J. F.: Pharm. Weekbl. **66**, 1097 (1929); Bio. Z. **224**, 223 (1930). — ROSE, H., u. R. FINKENER: Handbuch der analytischen Chemie I, S. 744. Leipzig 1867.

SANDLUND, H.: Ar. **232**, 177 (1893). — SCHTSCHUKAREW, A., u. A. SSYSSOJEW: J. Russ. phys.-chem. Ges. **60**, 669 (1928); durch C. **99**, **II**, 1698 (1928). — SCHUMACHER, J.: Dtsch. med. Wschr. **41**, 196, 532 (1915). — SCHUYTEN, M. C.: Ch. Z. **19**, 1143 (1895). — SCHWETZOW, B.: Fr. **44**, 85 (1905). — SCHWICKER, A.: Ch. Z. **15**, 630 (1891). — SCONZO, A.: Ind. chimica **7**, 573 (1932); durch C. **103**, **II**, 1807 (1932). — SEAMON, W. H.: JACH. **3**, 270 (1899). — SELMI, F.: B. **11**, 1692 (1878). — SINNATT, F. S.: Analyst **35**, 309 (1910); **37**, 252 (1912). — SONSTADT, E.: Chem. N. **28**, 248 (1873); durch C. **45**, 280 (1874). — SPACU, G., u. P. SPACU: Bl. Soc. Stiinte Cluj **7**, 398; durch C. **105**, **I**, 2795 (1934).

TANANAEFF, N. A., u. M. S. WOSCHTSCHINSKAJA: Chem. J. Ser. B **10**, 1118 (1937); durch Fr. **118**, 123 (1939/40). — TAYLOR, R. L.: Chem. N. **75**, 97 (1897); durch C. **68**, **I**, 631 (1897); Chem. N. **76**, 17, 28 (1897); durch C. **68**, **II**, 327, 407 (1897). — TREMAIN, H.: Ind. eng. Chem. Anal. Edit. **3**, 225 (1931).

UZEL, R.: Coll. Trav. chim. Tchécosl. **7**, 159 (1935); durch C. **107**, **I**, 732 (1936); Časopis českoslov. Lékárn. **14**, 335 (1934); durch C. **106**, **I**, 1353 (1935).

VASSILIOU, A.: (a) Praktika **7**, 349 (1932); durch C. **104**, **I**, 2982 (1933); (b) Praktika **8**, 324 (1933); (c) **8**, 252 (1933); durch C. **105**, **II**, 287 (1934). — VELCULESCU, A. J., u. I. CORNEA: Fr. **94**, 255 (1933).

WADE, F. B.: Ind. eng. Chem. **17**, 470 (1925). — WEDEKIND, E., u. H. REINBOLDT: B. **47**, 2142 (1914). — WILKS, W. A. R.: Z. Chem. Ind. Kolloide **11**, 12 (1912). — WILLARD, H. H., u. J. J. THOMPSON: Am. Soc. **56**, 1827 (1934). — WILSON, C. L.: Chem. Ind. **59**, 378 (1940). — WILSON, D. W., u. C. L. WILSON: Soc. **1939**, 1956.

Nachweis von organisch gebundenem Chlor, Brom und Jod.

Inhaltsübersicht.

In diesem Kapitel werden die für Chlor, Brom und Jod gemeinsam geltenden Aufschluß- und Nachweismethoden in organischen Substanzen behandelt. Spezielle Nachweisverfahren für die einzelnen Halogene siehe unter „Nachweis in besonderen Fällen" in den entsprechenden Abschnitten „Chlor", „Brom" und „Jod".

1. Durch Glühen mit Kupferoxyd.

Nach Beilstein geben organische Verbindungen, die Chlor, Brom oder Jod enthalten, beim Glühen mit Kupferoxyd flüchtiges Kupferhalogenid, das die entleuchtete Bunsenflamme charakteristisch blau bis grün färbt. Die Reaktion ist sehr empfindlich und wird von allen organischen Verbindungsklassen gegeben (Mitscherlich, Beilstein, Panaotovic, Kunz-Krause, Hahn, Piccard und de Montmollin, Meyer).

Nach Feigl wird die Probe folgendermaßen ausgeführt: In einen Glasstab schmilzt man einen etwa 1 mm starken Kupferdraht ein und klopft dessen Ende zu einem 2 bis 3 mm breiten Spatel aus. Dieser wird in der Oxydationszone der Bunsenflamme erhitzt und dadurch mit einer oberflächlichen Oxydschicht überzogen. Zur Probe bringt man auf den Spatel etwas feste Analysensubstanz oder 1 Tropfen Untersuchungslösung, der durch vorsichtiges Erwärmen eingedampft wird. Dann erhitzt man kräftig einige Zeit in der entleuchteten Bunsenflamme. Bei Anwesenheit von Halogen ist je nach der vorhandenen Menge eine verschieden lang anhaltende Blau- oder Grünfärbung zu beobachten.

Halogen kann auf diese Weise noch erkannt werden in 0,5 γ Chlornitrobenzol, 0,25 γ Eosin oder 0,25 γ Jodeosin (Feigl).

Zur Identifizierung der einzelnen Halogene — auch nebeneinander — wird die Flammenfärbung im Spektroskop beobachtet. Die Kupferhalogenide besitzen deutlich voneinander unterscheidbare Spektren mit charakteristischen Banden; über die Lage derselben siehe unter „Nachweis auf spektralanalytischem Wege" in den Abschnitten „Chlor", „Brom" und „Jod".

Störungen verursachen Cyanid und Rhodanid, deren Kupfersalze die gleichen Flammenfärbungen zeigen. Außerdem können Täuschungen durch Anwesenheit einiger Substanzen entstehen, die unter den Reaktionsbedingungen auch in Abwesenheit von Halogen die Flamme grün färben, wie Oxychinoline (Nölting und Trautmann), Harnstoff, Sulfoharnstoff, in α-Stellung substituierte Pyridinderivate (Milrath), Benzoesäure und Camphersäure (Hahn).

2. Durch Schmelzen mit metallischem Natrium.

Eine kleine Probe der festen Analysensubstanz wird mit metallischem Natrium im Glühröhrchen geschmolzen. Findet dabei zu heftige Reaktion statt, so ist eine noch kleinere Substanzmenge zu verwenden. Anschließend wird das noch heiße Röhrchen in möglichst wenig Wasser hineingeworfen, die Lösung abfiltriert und mit Salpetersäure angesäuert. Nach dem Verkochen von etwa gebildetem HCN oder H_2S prüft man mit Silbernitrat auf Halogenid.

3. Durch Veraschen mit Alkali.

Die organische Substanz wird mit der etwa 10fachen Menge Ätznatron, Ätzkalium oder Soda-Pottasche vermischt und im Nickeltiegel gut durchgeschmolzen. Die erkaltete Schmelze laugt man mit Wasser aus, säuert die filtrierte Lösung mit Salpetersäure an und prüft wie üblich durch Zugabe von Silbernitrat auf Halogenid (v. Fellenberg).

4. Durch Veraschen mit Kalk.

Die feste Substanzprobe wird mit gebranntem Kalk vermischt und kräftig erhitzt. Nach dem Erkalten Weiterbehandlung wie unter 3.

5. Durch Erhitzen mit Zinkpulver.

Die organische Substanz wird mit halogenfreiem Zinkpulver (stets prüfen!) vermischt und anschließend im Glühröhrchen erhitzt. Den wäßrigen Auszug prüft man mit Silbernitrat auf Halogenid (Marsh).

6. Durch Erhitzen mit konzentrierter Schwefelsäure und Silbernitrat.

Zur Herstellung des Reagenses gibt man etwas festes Silbernitrat zu 0,5 cm^3 konzentrierter Schwefelsäure und erwärmt vorsichtig, bis eine lebhafte Reaktion einsetzt. Dann wird das Gemisch sich selbst überlassen, wobei das Silbernitrat sich nach einiger Zeit in der Schwefelsäure vollständig auflöst. Zur Probe gibt man in die abgekühlte Lösung eine kleine Menge der zu untersuchenden Substanz und erwärmt gelinde. Bei Anwesenheit von Halogen schlägt sich das gebildete Silberhalogenid an der Wand des Reagensglases nieder. Jodhaltige Verbindungen können außerdem an dem Auftreten violetter Joddämpfe erkannt werden.

Die Probe gelingt mit allen organischen Verbindungsklassen. Aliphatisch gebundenes Halogen unterscheidet sich von aromatisch gebundenem dadurch, daß es unter den Reaktionsbedingungen vielfach schon in der Kälte in Silberhalogenid überführt wird (Raikow).

7. Durch Erhitzen mit Kupfernitrat und Silbernitrat.

0,1 g der zu untersuchenden, nicht flüchtigen Substanz werden mit 0,5 g eines Gemisches von Kupfernitrat und Silbernitrat vermengt und im Glühröhrchen auf dunkle Rotglut erhitzt. Auf die erkaltete Masse bringt man etwas Wasser, verdünnte Schwefelsäure und einige Zinkgranalien. Nach kurzem Stehen wird die filtrierte Lösung mit Silbernitrat auf Halogenid geprüft (Kastle und Beatty).

8. Durch Kochen mit Persulfat.

Zahlreiche organische halogenhaltige Verbindungen werden durch Kochen mit Persulfat in saurer Lösung zerstört. Nachdem zur Reduktion von etwa gebildeten Halogensauerstoffsäuren Schwefeldioxyd eingeleitet ist, weist man das entstandene Halogenid mit Silbernitrat nach (Dittrich).

9. Durch Kochen mit Permanganat und Salpetersäure.

Eine vollständige Zerstörung halogenhaltiger organischer Substanzen wird nach Seeker und Mathewson durch Kochen mit Permanganat und Salpetersäure erreicht. Chlor und Brom werden dabei zu den Elementen oxydiert, während Jod in Jodsäure überführt wird. Die Reaktionsprodukte können nach den in den Abschnitten „Chlor“, „Brom“ und „Jod“ angegebenen Verfahren identifiziert werden.

10. Durch Behandeln mit Kaliumpermanganat und konzentrierter Schwefelsäure.

Nach ROSENTHALER (a) wird die zu untersuchende Probe in einem Mikrobecher mit etwas gesättigter Kaliumpermanganatlösung und 1 cm³ konzentrierter Schwefelsäure versetzt. Bei Anwesenheit von Chlor und Brom entstehen die elementaren Halogene, während Jod zu Jodsäure oxydiert wird. Die Reaktionsprodukte können nach den in den Abschnitten „Chlor“, „Brom“ und „Jod“ angegebenen Verfahren nachgewiesen werden.

11. Mit metallischem Natrium in alkoholischer Lösung.

Einige Milligramm der organischen Substanz werden in 1 cm³ absolutem Alkohol gelöst. Dann fügt man etwas metallisches Natrium in kleinen Stückchen zu und läßt — gegebenenfalls unter Erwärmen — reagieren. Anschließend wird vorsichtig mit etwas Wasser verdünnt, mit 1 cm³ Salpetersäure angesäuert und schließlich mit Silbernitrat auf Halogenid geprüft (DROGIN und ROSANOFF).

12. Mit flüssigem Ammoniak und metallischem Natrium.

Nach GOVAERT werden 0,1 bis 0,5 g Substanz in 30 bis 50 cm³ flüssiges Ammoniak gegeben. Anschließend fügt man ein Lösungsmittel zu, in dem die Substanz löslich ist. Mischt sich dieses mit Ammoniak in dem gegebenen Verhältnis nicht, so wird es durch Rühren emulgiert. Zu der gebildeten Lösung oder Emulsion wird dann Natrium in Portionen von 0,1 g so lange zugegeben, bis die blaue Farbe der Natrium-Ammoniakverbindung bestehen bleibt. Nach dem Verdampfen des Ammoniaks nimmt man den Rückstand mit Wasser auf und prüft in der filtrierten Lösung mit Silbernitrat auf Halogenid.

13. Mit Quecksilber(II)-oxyd.

Diese Reaktion ist vor allem zum Nachweis von Halogen in Benzoesäure geeignet. Nach WENDE werden 0,1 g Untersuchungssubstanz mit 0,5 g gelbem Quecksilber(II)-oxyd erhitzt. Die gebildete Mischung erwärmt man dann mit 10 cm³ verdünnter Salpetersäure zum Sieden und prüft die filtrierte Lösung mit Silbernitrat auf Halogenid.

14. Durch Verbrennen der alkoholischen Substanzlösung.

Nach einem Vorschlag von ROSENTHALER (b) zündet man die in einem Porzellantiegel befindliche alkoholische Substanzlösung an und leitet die Verbrennungsgase durch ein U-Rohr, das mit Watte gefüllt ist. Diese ist vorher mit einer 1%igen Lösung von p-Dimethyl-amido-benzaldehyd und Diphenylamin getränkt und an der Luft getrocknet worden. Bei Anwesenheit von Halogen färbt sie sich gelb. Die gelbe Farbe wird durch Zusatz von Wasser zerstört.

Mit Hilfe dieser Reaktion kann z. B. Chlor noch in 0,025 mg Tetrachlorkohlenstoff, der in 0,025 g Alkohol gelöst ist, nachgewiesen werden.

15. Mit rauchender Salpetersäure im Einschlußrohr.

Diese zuerst von CARIUS beschriebene Methode wird hauptsächlich zur quantitativen Halogenbestimmung verwendet. Da sie jedoch außerordentlich zuverlässig ist, kann sie gelegentlich auch mit Vorteil für qualitative Untersuchungen benützt werden.

Eine kleine Menge Untersuchungssubstanz gibt man in ein dickwandiges, einseitig geschlossenes Rohr aus schwer schmelzbarem Glas. Dann wird etwa die 4fache

Menge fein gepulvertes Silbernitrat und etwas rauchende Salpetersäure zugegeben. Nach dem Zuschmelzen erhitzt man das Rohr in einem Bombenofen 3 bis 4 Std. lang auf 250 bis 300° C. Dabei wird die organische Substanz zerstört und bei Anwesenheit von Halogen Silberhalogenid gebildet, das nach Erkalten und Öffnen des Rohres abfiltriert und wie üblich identifiziert werden kann.

Literatur.

BEILSTEIN, N. F.: B. **5**, 620 (1872).

CARIUS, L.: A. **116**, 1 (1860); **136**, 138 (1865); B. **3**, 701 (1870).

DITTRICH, M.: B. **36**, 3385 (1903). — DROGIN, I., u. M. A. ROSANOFF: Am. Soc. **38**, 711 (1916).

FEIGL, F.: Qualitative Analyse mit Hilfe von Tüpfelreaktionen, 2. Aufl., S. 355. Leipzig 1935. — v. FELLENBERG, TH.: Mitt. Geb. Lebensmitteluntersuch. Hyg. **14**, 161 (1923); **15**, 234 (1924).

GOVAERT, F.: C. r. **195**, 797 (1932).

HAHN, A.: Dtsch. Parfüm.-Ztg. **2**, 229 (1916); durch C. **88**, **I**, 344 (1917).

KASTLE, H., u. W. A. BEATTY: Fr. **37**, 691 (1898). — KUNZ-KRAUSE, H.: Apoth.-Z. **30**, 141 (1915); durch C. **86**, **II**, 49 (1915).

MARSH, C. W.: Fr. **28**, 714 (1889). — MEYER, H.: Analyse und Konstitutionsermittlung organischer Stoffe, S. 249. Berlin 1922. — MILRATH, H.: Ch. Z. **33**, 1249 (1909). — MITSCHERLICH, A.: Fr. **4**, 153 (1865).

NÖLTING, E., u. E. TRAUTMANN: B. **23**, 3664 (1890).

PANAOTOVIC, J. P.: Bl. Soc. scient. **11**, 390 (1902). — PICCARD, J., u. F. DE MONTMOLLIN: Helv. **6**, 1020 (1923).

RAIKOW, P. N.: Ch. Z. **19**, 902 (1895). — ROSENTHALER, L.: (a) Pharm. A. Helv. **14**, 215 (1939); durch C. **111**, **I**, 1716 (1940); (b) Fr. **108**, 22 (1937).

SEEKER, A. F., u. W. E. MATHEWSON: Chem. N. **103**, 61 (1911); durch Fr. **55**, 201 (1916).

WENDE, E.: Apoth.-Z. **29**, 157 (1914); durch C. **85**, **I**, 1302 (1914).

Mangan.

Mn, Atomgewicht 54,93, Ordnungszahl 25.

Von HORSTMAR HECHT, Berlin.

Mit 6 Abbildungen.

Inhaltsübersicht.

Das Mangan ist ein weitverbreitetes Schwermetall, welches in bezug auf das mengenmäßige Vorkommen gleich hinter dem Eisen einzuordnen ist und wie dieses in geringer Menge sehr häufig angetroffen werden kann. Der geringe Mangangehalt mancher Eisenerze wird zum Teil sogar für die Mangangewinnung ausgenutzt. Die wichtigste Rolle in dieser Hinsicht spielen natürlich die Manganerze, von denen die oxydischen die größte Verbreitung in der Natur aufweisen. Tabelle 1 zeigt eine Zusammenstellung der hauptsächlichsten Erze der verschiedenen Wertigkeitsstufen des Mangans.

Tabelle 1. Übersicht über die wichtigsten Manganmineralien.

Wertigkeit	Oxydische Minerale	Wertigkeit	Sulfidische Minerale
II	MnO Manganosit $Mn(OH)_2$ Pyrochroit	II	MnS Manganblende (Alabandin)
			Carbonatische Minerale
III	Mn_2O_3 Braunit $Mn_2O_3 \cdot H_2O$ Manganit	II	$MnCO_3$ Manganspat (Himbeerspat)
II + III	Mn_3O_4 Hausmannit		
			Silicatische Minerale
IV	MnO_2 Pyrolusit Polianit $MnO_2 \cdot xH_2O$ Wad, Psilomelan, Leptonemanit	II	$MnSiO_3$ Rhodonit

Infolge seiner weiten Verbreitung tritt das Mangan auch in biologischen Materialien, in Wässern usw. oft auf, so daß der Nachweis in solchen Stoffen von Bedeutung ist.

Mangan kann in seinen Verbindungen positiv 1-, 2-, 3-, 4-, 5-, 6- und 7wertig auftreten. Von der 2-, 3-, 4- und 7wertigen Stufe leiten sich Oxyde ab, von denen das MnO basisch, das Mn_2O_3 schwächer basisch, das MnO_2 amphoter und das Manganheptoxyd Mn_2O_7, von dem sich die Permangansäure $HMnO_4$ ableitet, ausgesprochen sauer ist. Das Homologe des Mangans, das Rhenium, bildet Verbindungen, die formal zu den entsprechenden Manganverbindungen in Analogie gesetzt werden können, aber in ihren Eigenschaften oft von diesen abweichen. So sind die Permanganate im Gegensatz zu den farblosen Perrhenaten stark violett gefärbt. Das entsprechende Ion des Technetiums nimmt mit einer schwachen rosa Färbung eine Übergangsstellung ein; das Manganheptoxyd ist äußerst unbeständig, während das Rheniumheptoxyd sogar von allen Oxyden das beständigste ist. Die Rhenate, die den Manganaten analog sind, zersetzen sich jedoch noch leichter als diese mit Wasser unter Disproportionierung, wobei sich Perrhenat und Rheniumdioxydhydrat bildet, ebenso wie bei den Manganaten Permanganat und Mangandioxydhydrat entsteht. Zu den zur VII. Hauptgruppe zu zählenden Halogenen zeigt das Mangan nur wenige verwandtschaftliche Beziehungen, die hauptsächlich nur in der Ähnlichkeit des Manganheptoxyds mit dem Chlorheptoxyd, sowie der Permangansäure mit der Perchlorsäure zum Ausdruck kommt. Viele Ähnlichkeiten des Mangans können jedoch mit den Nachbarn aus der VI. und VIII. Gruppe, dem Chrom und Eisen, festgestellt werden, was sich in der Analogie der Chromate vom Typus $M_2^ICrO_4$ und der Ferrate vom Typus $M_2^IFeO_4$ mit den Manganaten vom Typus M_2MnO_4 zeigt. Das 3wertige Mangan kann auch in Alaunen das $Fe^{\cdots}$ und $Cr^{\cdots}$ isomorph vertreten. Die Verwandtschaft mit dem Eisen ist ja auch an dem weitgehend vergesellschafteten Vorkommen dieser beiden Elemente in der Natur erkennbar. Die maximale Wertigkeit des Mangans ist entsprechend der Stellung in der VII. Gruppe die 7 Wertigkeit. In analytischer Hinsicht ist die 2 wertige, dann auch die 4- und 7 wertige Stufe von besonderer Wichtigkeit. 3-, 5- und 6 wertige Manganverbindungen sind wenig beständig, spielen aber in der qualitativen Analyse auch in gewissen Fällen eine Rolle. Das Auftreten des Mangans in verhältnismäßig vielen Wertigkeitsstufen wirkt sich nun weitgehend auch auf die qualitativen Nachweisreaktionen aus. Die sonst bei vielen Elementen sehr wichtigen Fällungsreaktionen treten hier an Bedeutung weit hinter den Reaktionen zurück, die auf einem Wechsel der Wertigkeitsstufe beruhen. Die Oxydations-Reduktionsreaktionen sind also beim Mangan außerordentlich mannigfaltig. Um eine gewisse Übersicht zu geben, sind die analytisch wichtigen Reaktionen dieser Art im Schema der folgenden Tabelle zusammengefaßt.

Tabelle 2. Oxydations- und Reduktionsreaktionen des Mangans (zum Teil nach STAUDINGER: Tabellen aus der allgemeinen und anorganischen Chemie).

	Mn^{++} ($MnSO_4$)	Mn^{3+}	Mn^{4+} (MnO_2)	Mn^{5+} (MnO_4^{---})	Mn^{6+} (MnO_4^{--})	Mn^{7+} (MnO_4^{-})
	Farblos		Braun	Blau	Grün	Rotviolett
1.	Oxydation in alkalischer Lösung → z. B. mit O_2, Cl_2, H_2O_2	→	→ (mit Katalysatoren, z. B. Cu^{++}, durch Br_2	→	→	→
2.	Oxydation in saurer Lösung →	→	→ z. B. mit $HNO_3 + PbO_2$; $H_2SO_4 + K_2S_2O_8$ bei Katalyse durch Ag^+	→	→	→
3.	Oxydation im Schmelzfluß → z. B. mit $Na_2CO_3 + O_2$ bzw. KNO_3	→	→	→	→	
4.	Autoxydation von $Mn(OH)_2$ in NH_3-Lösung →	→				
5.			Mn^{4+} ←	Disproportionierung in Mn^{4+} und Mn^{6+}	→ Mn^{6+}	
6.	Mn^{++} ←	Disproportionierung in Mn^{++} und Mn^{4+}	→ Mn^{4+}			
7.		←	Einwirkung von HCl auf MnO_2 (teilweise Bildung von $MnCl_3$)			
8.			MnO_2 ←	←	Disproportionierung in MnO_2 und 2 $HMnO_4$	→ 2 $HMnO_4$
9.	←	←	Reduktion in saurer Lösung z. B. mit HCl, H_2SO_3			
10.	←	←	←	Reduktion in saurer Lösung	z. B. mit HCl, HJ, $FeSO_4$, H_2O_2, $H_2C_2O_4$	←
11.					←	Selbstzersetzung in alkalischer Lösung
12.				←	Reduktion in alkalischer Lösung	← z. B. mit $Na_2S_2O_3$ oder Na_2SO_3
13.			←	←	Reduktion in alkalischer Lösung z. B. mit C_2H_5OH	←

Analytisch ist das Mangan der Schwefelammoniumgruppe zuzuordnen, in der es bei Anwendung der üblichen Salzsäure-Wasserstoffperoxyd-Trennung beim Eisen bleibt. Man kann hier so vorgehen, daß man den Niederschlag der Schwefelammoniumgruppe mit kalter 2 n Salzsäure behandelt, wobei das Nickel- und Kobaltsulfid ungelöst bleiben. Das Filtrat wird mit 20%iger Natronlauge und Wasserstoffperoxyd behandelt, wobei Eisen(III)-hydroxyd und Mangandioxydhydrat ausfallen, während Aluminium und Zinn als amphotere Oxydhydrate in Lösung bleiben; das Chrom bleibt ebenfalls als Chromat in Lösung. Beim Lösen des Niederschlages in Salzsäure kann bei Gegenwart von Mangan Chlorentwicklung beobachtet werden. Das Eisen wird nach Entfernung des Chlors durch Kochen und Zugabe von Ammoniumchlorid und Hydroxylaminchlorhydrat mit Ammoniak als Hydroxyd gefällt. Im Filtrat kann dann das Mangan nach den im folgenden beschriebenen Reaktionen nachgewiesen werden. Bezüglich der vielen anderen Trennungsgänge der Schwefelammoniumgruppe sei auf das Kapitel der Trennungen verwiesen.

Im allgemeinen brauchen bei Manganverbindungen nicht besondere Aufschlußoperationen vorgenommen zu werden, wenn nicht andere Bestandteile (wie z. B. Kieselsäure usw.) ein Aufschlußverfahren erforderlich machen. Über den Aufschluß von MnO_2 mit Wasserstoffperoxyd s. FEIGL (d) S. 353.

Über die physikalischen Konstanten des Mangans sollen folgende Angaben Auskunft geben.

Tabelle 3.

	Smp.	Sdp.
Mn	1245—1260°	1900° (VAN ARKEL)

Normalpotential

Mn/1 n $MnCl_2$-Lösung = —1,1 V

Stellung in der Spannungsreihe.

Ca Mg Al *Mn* Zn Fe Ni Pb H_2 Cu.

Nachweismethoden.

§ 1. Nachweis auf spektralanalytischem Wege.

Allgemeines.

Brauchbare Analysenlinien sowie Koinzidenzen nach GERLACH-RIEDL: WA. GERLACH und RIEDL (a) geben für Mangan folgende Analysenlinien an: $\lambda = 4034{,}5$ Å; $\lambda = 4033{,}1$ Å; $\lambda = 4030{,}8$ Å; $\lambda = 2801{,}1$ Å; $\lambda = 2798{,}3$ Å; $\lambda = 2794{,}8$ Å; $\lambda = 2605{,}7$ Å; $\lambda = 2593{,}7$ Å; $\lambda = 2576{,}1$ Å. Bei Verwendung des Quarzspektrographen nimmt die Intensität der Linien in folgender Reihe ab: a) für Bogenentladung: $2794{,}8 > 2798{,}3 > 2801{,}1 > 4030{,}8 > 4033{,}1 > 4034{,}5 > 2576{,}1 > 2593{,}7 > 2605{,}7$. b) für Funkenentladung: $2576{,}1 > 2593{,}7 > 2605{,}7 > 2794{,}8 > 2798{,}3 > 2801{,}1 > 4030{,}8 > 4033{,}1 > 4034{,}5$. (Die Intensitätsverhältnisse hängen von der Art der Entladung ab.) HOLZMÜLLER gibt noch $\lambda = 2933{,}1$ Å und $\lambda = 2939{,}3$ Å als Nachweislinien an.

Koinzidenzen sind zu erwarten:

Bei $\lambda = 4034{,}5$ Å mit Linien von Gallium und Nickel sowie schwachen Linien von Platin, Ruthenium und Titan. Bei kleiner Dispersion der Spektrographen [z. B. Gl. (12)] kommen noch Linien von Kobalt, Iridium, Molybdän, Osmium, Rhodium und Vanadin sowie schwache Linien von Scandium und Wolfram und eine sehr schwache Eisenlinie in Betracht. Auf die Möglichkeit der Verwechslung mit der Analysenlinie des Galliums $\lambda = 4033{,}0$ Å ist zu achten.

Bei $\lambda = 4033{,}1$ Å mit Linien von Gallium, Osmium und Antimon sowie schwachen Linien von Chrom, Molybdän und Vanadin sowie auch einer diffusen Indiumlinie und einer sehr schwachen Kobalt- und Rutheniumlinie. Eine schwache Eisenlinie verbreitert die Analysenlinie. Bei kleiner Dispersion des Spektrographen kommen noch Linien von Iridium, Molybdän, Rhodium, Ruthenium und Strontium sowie eine schwache Wolframlinie in Frage. Auf die Möglichkeit der Verwechslung mit der Nachweislinie des Galliums $\lambda = 4033{,}0$ Å ist zu achten.

Bei $\lambda = 4030{,}8$ Å mit Linien vom Eisen, Gallium, Ruthenium und Titan sowie schwachen Linien von Molybdän, Osmium, Strontium und Vanadin. Es steht nicht mit Sicherheit fest, ob an dieser Stelle eine sehr schwache Chromlinie liegt. Bei geringer Dispersion des Spektrographen können auch Linien von Osmium, Platin, Scandium und Vanadin sowie eine schwache Wolfram- und eine sehr schwache Rhodiumlinie mit der Analysenlinie koinzidieren. Auf die Möglichkeit der Verwechslung mit der Nachweislinie des Galliums $\lambda = 4033{,}0$ Å ist zu achten.

Bei $\lambda = 2801{,}1$ Å unter Verwendung des Quarzspektrographen 18 mit Linien vom Magnesium, Blei, Scandium und Zink sowie mit einer Goldfunkenlinie mit Untergrund. Quecksilber verursacht an dieser Stelle regelmäßig einen starken Untergrund, bei Verwendung von Quarzspektrographen 24 mit Linien vom Chrom, Iridium, Ruthenium und Wolfram sowie einer schwachen Linie vom Vanadin. Starke Störungslinien sind $\lambda = 2802{,}7$ Å vom Magnesium (Funkenlinie) sowie $\lambda = 2802{,}0$ Å vom Blei (Bogenlinie).

Bei $\lambda = 2798{,}3$ Å unter Verwendung von Qu 18 mit Linien vom Wismut und Magnesium sowie Antimon (besonders im Funkenspektrum). Quecksilber und Blei erzeugen an dieser Stelle einen starken Untergrund. Bei Verwendung von Qu 24 stören Iridium, Molybdän, Platin und Ruthenium.

Bei $\lambda = 2794{,}8$ Å unter Verwendung von Qu 18 mit einer Linie vom Magnesium sowie einer schwachen Goldlinie (besonders im Funkenspektrum); bei Verwendung von Qu 24 mit Linien vom Eisen und Ruthenium, einer schwachen Linie des Molybdäns und einer sehr schwachen Linie des Vanadins. Das Spektrum des Platins hat an dieser Stelle regelmäßig einen starken Untergrund, Magnesium erzeugt eine Funkenlinie von $\lambda = 2795{,}5$ Å.

Bei $\lambda = 2605{,}7$ Å unter Verwendung von Qu 18 einer Linie des Silbers sowie eine schwache Linie des Thalliums; unter Verwendung von Qu 24 mit schwachen Linien von Kobalt und Rhodium sowie einer sehr schwachen Chromlinie, einer schwachen Eisenlinie (besonders im Abreißbogen). Durch Eisen wird diese Nachweislinie besonders im Funkenspektrum verbreitert. Vanadin gibt eine sehr schwache Linie besonders im Funkenspektrum.

Bei $\lambda = 2593{,}7$ Å mit Qu 18 mit Linien von Wismut, Natrium und Zinn; bei Verwendung von Qu 24 mit Linien von Eisen, Molybdän, Rhodium, Ruthenium und Titan sowie einer sehr schwachen Funkenlinie von Vanadin. Germanium erzeugt eine starke Störungslinie von $\lambda = 2592{,}6$ Å (Bogen).

Bei $\lambda = 2576{,}1$ Å unter Verwendung von Qu 18 mit Linien von Aluminium und Quecksilber. Das Spektrum des Bleis hat an dieser Stelle einen starken Untergrund; unter Verwendung von Qu 24 mit einer Linie des Rutheniums und einer Wolframlinie (besonders im Funkenspektrum). Eine schwache Rhodiumlinie wird durch die Analysenlinie bei kleiner Dispersion verbreitert. Die Störung durch eine sehr schwache Wolframlinie tritt besonders im Abreißbogen auf.

Nachweisverfahren.

1. Nachweis in Lösungen.

Nach Lundegårdh weist das Flammenspektrum des Mangans für den Nachweis brauchbare Linien auf.

Schleicher trennt die in Lösung vorliegenden Metalle durch nacheinanderfolgende Elektrolyse in saurer und alkalischer Lösung. Mangan scheidet sich anodisch aus saurer Lösung ab; die Kathode weist Mangan nur in Spuren auf. Im Funken kann Mangan dann noch mit einer Erfassungsgrenze von $10\,\gamma$ erkannt werden. (Eine elektrolytische Abscheidung hatten auch schon BAYLE und AMY eingeführt.)

SPÄTH fand, daß Mangan, welches er auf Kupferelektroden zur Untersuchung brachte, im Funken mit höherer Empfindlichkeit wie im Bogen nachgewiesen werden kann, da die letzte Linie $\lambda = 2576$ Å eine Funkenlinie ist und in der ionenreichen Lichtquelle stärker angeregt wird wie im Abreißbogen. Für den Funken fand er die Nachweisgrenze zu $10^{-4}\ \gamma$ Mn, für den Abreißbogen $10^{-2}\ \gamma$ Mn.

2. Nachweis in Metallen.

GERLACH und RIEDL (b) berichten über den Nachweis von Mangan in Aluminium. Die empfindlichsten Linien liegen zwischen 3900 bis 4300 Å. Es wird im Abreißbogen mit dem kleinen STEINHEILschen Glasspektrographen mit zwei Prismen gearbeitet. Über den qualitativen Nachweis vom Mangan in Eisen bei Anwendung des Funken- und Bogenspektrums berichtet HAMMERSCHMID, LINSTRÖM und SCHEIBE sowie FISHER.

Über den Nachweis von Mangan auf der Oberfläche von Duralumin und Aluminium berichtet TRICHÉ.

Über den Nachweis von Mangan in Stahl und Magnesiumlegierungen s. WRIGHT.

3. Nachweis in Pulvern und Salzen.

RUSSANOW bläst den Analysenstaub in die Acetylenluftflamme ein. MEUNIER benutzt die Wasserstoffflamme, in die er durch den strömenden Wasserstoff die gepulverte Substanz einbläst. Der Spalt des Spektrographen ist hierbei 5 cm von der Flamme entfernt. Spaltbreite $^1/_{100}$ bis $^1/_{200}$ mm. Mit dem Spektrographen konnten unmittelbar Spektralaufnahmen von 4 cm Länge erhalten werden, die noch auf das 2- bis 3fache vergrößert werden konnten. Zum Nachweis für Mangan hält er das Triplett von $\lambda = 4034{,}7$ Å, 4033,2 Å und 4030,9 Å wegen seiner außerordentlichen Empfindlichkeit am geeignetsten. Es konnten so noch kleine Mengen Mangan in gereinigten Eisenpräparaten nachgewiesen werden. Über den Nachweis in Erzen s. MORITZ sowie RUBIES und AZCONA.

4. Nachweis in organischer Substanz.

Nach HESS, OWENS und REINHARDT wird der Nachweis des Mangans wie folgt ausgeführt:

Die organische Substanz (0,4 g) wird mit konzentrierter Schwefelsäure (1 cm³) erhitzt und nach der Verkohlung zur Oxydation mit konzentrierter Salpetersäure, gegebenenfalls auch Perchlorsäure versetzt, bis alles klar gelöst ist. Dann läßt man eindunsten, nimmt mit 1 cm³ konzentrierter Salpetersäure und nach nochmaligem Eindampfen mit 2 n Salpetersäure (0,4 cm³) auf. Zu dieser Lösung wird Natriumnitrat (5% Na) und eine bestimmte Menge eines Vergleichselementes gegeben, die Lösung auf Graphitelektroden aufgebracht, getrocknet und das Spektrum aufgenommen. Als Vergleichselement ist für Mangan das Molybdän geeignet. Verunreinigungen in Konzentrationen von 0,0001 bis 0,02% mit einem Fehler bis zu 12% werden bestimmt.

Den Nachweis von Manganspuren in der Zuckerrübe beschreibt BRECKPOT. Über den Nachweis in Harn siehe PROBST.

5. Nachweisgrenzen der verschiedenen Methoden.

Für den Abreißbogen ermittelte SPÄTH eine Nachweisgrenze von $10^{-2}\gamma$ Mn.

Für Funkenentladungen wird $10^{-4}\gamma$ Mn als Grenze angegeben.

Für das Flammenspektrum gibt LUNDEGÅRDH eine Empfindlichkeit von 1 bis $0{,}1\,\gamma$ an.

6. Besondere Nachweisverfahren.

a) Nachweis nach Todd. Todd arbeitet mit dem Tauchelektrodenapparat, bei dem die Platinelektroden in die zu prüfende wäßrige Lösung eintauchen. Es wird mit einer Spannung von 110 V und einem Wechselstrom der Frequenz 60 gearbeitet. Bei diesen Arbeitsbedingungen gerät die mit geringerer Oberfläche in die Flüssigkeit eintauchende Elektrode in Glut. Diese Strahlung, die schwächer als die des Funkens und Bogens ist, wird spektroskopisch beobachtet. 0,5 bis 0,005 g der Substanz werden in ungefähr 3 cm^3 10%iger salpetersaurer Lösung untersucht, nachdem man den Apparat vorher mit den Wasserstofflinien geeicht hat.

Mangan wird an den Linien λ = 4823 Å, 4783 Å und 4763 Å mit einer Erfassungsgrenze von 0,07 mg/cm^3 nachgewiesen.

Alkali- und Erdalkalimetalle überdecken die Linien ziemlich stark und werden bei Anwesenheit großer Mengen vorher durch Fällung des Mangans der zu untersuchenden Substanz mit Ammoniak abgetrennt.

b) Nachweis im Absorptionsspektrum von Alkannatinktur. Die mit Mangan(II)-chloridlösung versetzte Alkannatinktur ändert die Farbe nicht. Das Absorptionsspektrum verschiebt sich etwas nach links; außerdem entsteht im Spektrum noch ein neuer schwacher Streifen bei λ = 6145 Å. Setzt man zu dieser Flüssigkeit noch Ammoniak hinzu, so wird sie blau; im Spektrum bilden sich drei neue Streifen. Der Hauptstreifen liegt auf λ = 6170 Å, die Nebenstreifen auf λ = 5707 Å und 5303 Å. Man setzt nur vorsichtig so viel Ammoniak hinzu, daß sich noch keine Trübung bildet. Der geringste Überschuß von Ammoniak bewirkt die Ausscheidung der Manganverbindung; das Spektrum dieses Niederschlages ist undeutlich und etwas nach rechts verschoben.

Das Absorptionsspektrum der klaren blauen Lösung ändert sich auch nach längerem Stehen der Flüssigkeit nicht.

In Gegenwart von Eisen und Chrom ist diese Reaktion nicht einwandfrei.

§ 2. Nachweis auf trockenem Wege.

Von den Nachweisen auf trockenem Wege hat die Soda-Kaliumnitratschmelze in erster Linie als einer der besten und bekanntesten Mangannachweise Bedeutung. Die Nachweise 2 bis 6 beruhen auf der Oxydation des Mangans zu einer höherwertigen gefärbten Manganverbindung.

1. Nachweis durch Flammenfärbung.

a) Flammenfärbung durch Mangan(II)-chlorid. Bringt man Mangan(II)-chlorid am Platindraht in die nichtleuchtende Flamme, so färbt sich diese sofort grün. Durch Mangansulfat und Braunstein allein tritt keine Färbung ein, wohl aber wenn diese Substanzen mit Salzsäure befeuchtet werden, wie es bei der Prüfung der Flammenfärbung üblich ist.

Die Färbung ist allerdings nicht so charakteristisch wie diejenige, die bei Anwesenheit von Kupfer, Barium oder Borsäure eintritt (Sabalitschka und Schulze).

Yosimura verwendet diese Tatsache zum Nachweis von Mangan in Mineralien. Durch Salzsäure angreifbare, mehr als 10% Mangan enthaltende Mineralien geben, mit Salzsäure befeuchtet, im Bunsenbrenner eine grüne Flammenfärbung, die durch die zwischen 600 und 500 mμ gelegenen Banden des $MnCl_2$-Spektrums hervorgerufen werden. Flammenfärbung ergaben folgende Minerale: Manganoxyde und -oxydhydrate, Alabandin, Rhodochrosit, Mangan-Calcit, Tephroit, Inesit. Keine Flammenfärbung ergaben: manganhaltiger Limonit, Rhodonit, Spessartit, Mangan-Axinit.

b) Flammenreaktion nach Clark. Das folgende Verfahren von Clark ist nur bei Anwesenheit von Mangan allein brauchbar.

Ausführung. Die zu prüfende Lösung wird in ein kleines Becherglas gegossen. Ein Reagensglas wird zu $^3/_4$ mit Wasser gefüllt, um eine Überhitzung des Glases zu verhindern, wodurch eine Natriumflamme auftreten könnte. Der untere Teil des Reagensglases wird schwach erwärmt, um die Außenwand zu trocknen; dann taucht man es in die zu untersuchende Lösung und erwärmt in der entleuchteten Bunsenflamme. Mangan gibt eine schwach grüne Flamme mit einem braunschwarzen Rückstand, der bei Zugabe von Salzsäure vorübergehend eine gelbrote Flamme gibt, die an die Natriumflamme mit einem rötlichen Schein erinnert.

Um sichere Ergebnisse zu erhalten, muß Mangan von den übrigen Metallen getrennt werden.

Empfindlichkeit: $1 \cdot 10^{-3}$ g/cm³ Mn.

2. Nachweis in der Borax- bzw. Phosphorsalzperle.

In der oxydierenden Flamme gehen in der Borax- und Phosphorsalzperle Verbindungen des 2wertigen Mangans in 3wertige Manganverbindungen über, welches in der auftretenden violetten Färbung zum Ausdruck kommt.

In der Oxydationsflamme hat die Boraxperle in heißem Zustand eine violette Farbe, die beim Erkalten in rotviolett übergeht. Bei zu starker Sättigung mit Manganverbindungen kann auch eine braune bis schwarze Färbung auftreten. Die Phosphorsalzperle ist in heißem und kaltem Zustande violett. In der Reduktionsflamme geht die violette Färbung zurück, besonders bei der Phosphorsalzperle (Biltz, C. R. Fresenius, W. Böttger u. a.).

Augusti bestimmte die Empfindlichkeitsgrenze bei Anwendung von Borax zu 18,8 γ. Den Nachweis mit der Phosphorsalzperle hält er für weniger empfindlich. Nach Lutz kann die Empfindlichkeit besonders der Phosphorsalzperle durch Anwendung von Oxydationsmitteln, wie z. B. Kaliumnitrat, Kaliumchlorat und Salpetersäure, gesteigert werden. Dabei ist zu beachten, daß die Färbung bei Anwendung größerer Mengen von Kaliumnitrat oder Kaliumchlorat einen mehr rötlichen Ton annimmt.

Nachweis in der Natriumfluoridperle. Hoffmann (a) gibt einen empfindlichen Nachweis des Mangans in der Natriumfluoridperle an. Geringe Mengen des Mangans rufen in Natriumfluorid eine Färbung hervor, die einem Na–Mn–F-Komplex zugeschrieben wird.

Ausführung. Es werden unter Verwendung einer Platinöse von 3 mm Dmr. Perlen von 25 mg Natriumfluorid hergestellt. Bei einem Mangangehalt von 2,5 γ in der 25 mg-Perle erhält man eine stark bläulich-grünliche Färbung, bei 0,25 γ Mn eine schwach grünstichige Blaufärbung.

Für die Beurteilung anderer Mangankonzentrationen in Gläsern wird mit Vergleichsproben verglichen.

Störungen. Eisen stört und muß daher vorher entfernt werden.

3. Nachweis durch die Oxydationsschmelze mit Soda-Kaliumnitrat.

Der Nachweis des Mangans, welches in den niederen Wertigkeitsstufen vorliegen soll, durch Oxydation zum Manganat in der Oxydationsschmelze ist eine der empfindlichsten, besten und am meisten angewandten Reaktionen. Allerdings gibt Jensen an, daß auch andere Elemente, wenn sie in größeren Mengen vorliegen, der Soda-Salpeterschmelze einen grünen Farbton verleihen können. Der Oxydationsvorgang mit Kaliumnitrat und Natriumcarbonat läßt sich wie folgt formulieren:

$$Mn^{\cdot\cdot} + 2NO_3' + 2CO_3'' = MnO_4'' + 2NO_2' + 2CO_2.$$

Das Manganat ist an der grünen Färbung der Schmelze sehr gut zu erkennen. Beim Lösen in Wasser ist die grüne Farbe ebenfalls zu erkennen und geht nach dem Ansäuern mit Schwefel- oder Essigsäure in die rotviolette Farbe des Permanganats über, welches durch Disproportionierung nach:

$$3\,MnO_4'' + 4\,H^{\cdot} \longrightarrow 2\,MnO_4' + MnO_2 + 2\,H_2O$$

entsteht.

Ausführung. Als Reagens gibt W. Böttger ein Gemisch von 3 Teilen Soda und 2 Teilen Salpeter an. Dennstedt empfiehlt, bei sehr kleinen Manganmengen nur mit Natriumcarbonat in der Spitze der Bunsenflamme zu schmelzen, ebenso C. R. Fresenius, der außerdem auch Natriumperoxyd als Oxydationsmittel angibt. Die zu prüfende Substanz wird mit der ungefähr 6fachen Menge des Schmelzgemisches innig verrieben und auf einem Platinblech, am Platindraht, im Porzellandeckel, in der Magnesiarinne oder am Magnesiastäbchen geschmolzen. Das Schmelzen darf nicht zu früh abgebrochen werden. Die grüne oder blaugrüne Färbung, die bei Anwesenheit von Mangan auftritt, ist auf die Dauer nicht haltbar, besonders wenn die Schmelze auf Platinblech ausgeführt wurde. Auf Platinblech ist die Farbe mehr grün, am Magnesiastäbchen mehr blau. Die Schmelze löst man in möglichst wenig Wasser, wobei eine grüne Lösung entsteht. Man filtriert und säuert mit verdünnter Schwefelsäure oder nach W. Böttger mit Essigsäure an. Die Lösung wird (vorübergehend) rot gefärbt, wobei sich Mangandioxydhydrat abscheidet.

Nach Dennstedt lassen sich noch 0,008 γ Mn nachweisen (s. a. Zänker und Weyrich).

Diese Reaktion ist spezifisch; nur ist die Gelbfärbung bei Anwesenheit von Chromat zu berücksichtigen. Nach Curtman und John tritt durch Eisen keine Störung ein, selbst wenn ein Teil Mn neben 2000 Teilen Fe vorliegen. Chamot und Mason geben allerdings eine Störung des Nachweises durch Eisen an.

Schauer versucht, die verschiedenen Farbtöne, die bei der Sodaschmelze von Manganverbindungen auftreten können, auf verschieden weitgehende Oxydation des Mangans zurückzuführen. Bei Vorliegen von MnO in einem Phonolith erhält er beim kurzen Schmelzen mit Kaliumnatriumcarbonat (ohne Oxydationsmittel) im zugedeckten elektrischen Tiegelofen eine kobaltblaue Färbung, die nach längerem Stehen an der Luft in blaugrün, später in grün und zuletzt in schmutzig braungrün überging. Bei gleicher Arbeitsweise wurden sofort blaugrüne Schmelzen erhalten, wenn das Mangan in Form von Mn_2O_3 oder Mn_3O_4 vorlag.

Durch längeres Schmelzen im offenen Tiegelofen konnten auch bei Mangan(II)-verbindungen blaugrüne Massen erhalten werden, bei kurzem einmaligem Schmelzen bei zugedecktem Tiegelofen jedoch stets rein blaues Mn_2O_3, welches in der Rotglut in Mn_3O_4 übergeht, ergibt auch bei kurzem Schmelzen und geschlossenem Tiegelofen nur blaugrüne Schmelzen, MnO_2 sofort rein grüne Schmelzen. Blaugrüne, also Mn_3O_4haltige Schmelzen können entweder mit Salpeter in MnO_2- und MnO_3haltige grüne Schmelzen oder Reduktionsmittel in MnOhaltige rein blaue Schmelzen übergeführt werden. Als Reduktionsmittel wurden Kohle und Eisenfeilspäne benutzt. Die einzelnen Oxyde und die damit erhaltenen Farbtönungen gehen aus folgender Übersicht hervor:

$$MnO_3 \text{ grün } \xrightarrow[\text{Erhitzen}]{\text{kurzes}} MnO_2 \text{ grün } \xrightarrow[\text{Schmelzen}]{\text{längeres}} Mn_3O_4 \text{ blaugrün.}$$

$$Mn_2O_3 \xrightarrow[\text{Schmelzen}]{\text{kurzes}} Mn_3O_4 \text{ blaugrün } \xrightarrow[\text{Schmelzen}]{\text{längeres}} Mn_3O_4 \text{ blaugrün.}$$

$$MnO \xrightarrow[\text{Schmelzen}]{\text{kurzes}} MnO \text{ blau } \xrightarrow[\text{Schmelzen}]{\text{längeres}} Mn_3O_4 \text{ blaugrün.}$$

Man ist somit in der Lage, durch kurzes Schmelzen in einer Manganverbindung mit Kaliumnatriumcarbonat, ohne Zusatz von Salpeter, im zugedeckten Tiegelofen Mangan(II)- und Mangan(III)-verbindungen einwandfrei festzustellen, mit modernen Vorstellungen ist die Ausdeutung der Farberscheinungen doch wohl nicht mehr vereinbar.

Die Blaufärbung dürfte nach Lux auf Salze des 5wertigen Mangans zurückzuführen sein.

Schoorl kann noch neben 1000 Teilen Zink ein Teil Mangan mit dieser Reaktion nachweisen. Liegt noch weniger Mangan neben Zink vor, so hält er die Fällung des letzteren aus essigsaurer Lösung mit Schwefelwasserstoff für unerläßlich. Im Filtrat wird nach dessen Eindampfen sowie der Entfernung der Ammoniumsalze Mangan nachgewiesen. Mehr zu empfehlen ist zum Nachweis von Manganspuren die Fällung mit Ammoniak und Wasserstoffperoxyd, wobei ein höheres Oxyd entsteht, welches gegebenenfalls durch Zentrifugieren abzutrennen und durch die Sodaschmelze zu identifizieren ist.

4. Nachweis durch Oxydation mit Kaliumchlorat.

Mangan(II)-verbindungen werden durch Kaliumchlorat zur Manganat- bzw. Permanganatstufe oxydiert; so gibt BÖTTGER folgende Arbeitsweise an:

***a) Arbeitsweise nach* R. BÖTTGER.** Im Reagensglas werden einige Gramm Kaliumchlorat geschmolzen und eine kleine Menge der zu prüfenden Substanz dazugegeben. Bei Gegenwart von Mangan ist nach beendeter Reaktion und nach völligem Erkalten der Schmelze eine rötliche Färbung (von Permanganat herrührend) zu erkennen. So konnte Mangan in einem kaum wägbaren Stückchen Holzkohle sowie in einem roten Menschenhaar nachgewiesen werden. TAVERNE beschreibt ebenfalls diese Reaktion, die er mit MnS ausführt.

***b) Arbeitsweise nach* DENIGÈS (c).** DENIGÈS (c) empfiehlt das sogenannte „natrierte Kaliumchlorat" als Reagens. Dieses wird wie folgt dargestellt: 0,2 bis 0,25 g festes Kaliumchlorat werden mit 1 bis 2 Tropfen Natronlauge behandelt, getrocknet und vollständig geschmolzen bis zum Auftreten sehr feiner Gasblasen. Das Reagens kann auch auf Vorrat hergestellt werden (10 g Kaliumchlorat + 2 cm^3 Natronlauge).

Wird die zu untersuchende Substanz in der Öse eines Platindrahtes mit dem Reagens geschmolzen, so tritt schon bei Anwesenheit von Spuren an Mangan eine grüne oder grünblaue Färbung der Perle auf; die Perle ist mit grüner Farbe in Wasser löslich, mit wenig Salpetersäure (Überschuß vermeiden!) geht die Färbung infolge Oxydation zum Permanganat in rosa über.

Nach Angaben der Internationalen Kommission für neue analytische Reaktionen und Reagenzien lassen sich noch 0,1 γ Mn nachweisen.

Auch in Anwesenheit von Kupfer-, Kobalt- und Nickelsalzen kann DENIGÈS die Grünfärbung noch deutlich beobachten. Bei Anwendung von Natriumchlorat mit NaOH-Zusatz muß man über den Schmelzpunkt hinaus erhitzen, um die zur Bildung des grünen Manganats nötige Temperatur zu erreichen.

5. Nachweis durch Oxydation mit Natriumperoxyd.

Da die CRUMsche Reaktion einen hohen Reinheitsgrad der Reagenzien erfordert, die Oxydationsschmelze aber eine verhältnismäßig hohe Temperatur verlangt, schlägt ULJANITSCHEW die Oxydation mit Natriumperoxyd zum Manganat vor. Die Reaktion verläuft nach der Gleichung:

$$MnCl_2 + 2\,Na_2O_2 \longrightarrow Na_2MnO_4 + 2\,NaCl\,.$$

Ausführung. Eine geringe Menge von Natriumperoxyd wird mit der zu prüfenden Lösung befeuchtet und geschmolzen. Die Oxydation zum grünen Manganat erfolgt sogar bei der niedrigen Temperatur einer Spiritusflamme.

6. Nachweis durch Schmelzen mit Kaliumhydroxyd.

DAVY benutzt statt des Salpeter-Sodaschmelzgemisches Kaliumhydroxyd als Schmelzmittel (Natriumhydroxyd ist weniger geeignet).

Ausführung. Auf die fein gepulverte auf Mangan zu prüfende Substanz wird ein Tropfen einer Mischung von gleichen Teilen Wasser und Kaliumhydroxyd auf einem Silberblech gegeben und geglüht. Die grüne Farbe zeigt Mangan an.

7. Nachweis nach MIGLIACCI und CRAPETTA.

MIGLIACCI und CRAPETTA geben ein Verfahren an, womit Mangan durch Verbrennen eines mit der zu prüfenden Lösung und mit Kobaltnitrat getränkten Filtrierpapiers und Beobachtung der auftretenden Färbung nachgewiesen wird.

Ausführung. Die Lösung, die auf Mangan geprüft werden soll, wird mit Kobaltnitrat vermischt, so daß ungefähr ein Verhältnis Kobalt : Mangan = 2:5 zustande kommt. Ein Streifen Filtrierpapier wird mit der Lösung getränkt, getrocknet und verbrannt. Ist Mangan in Mengen von 3 bis 4% vorhanden, so soll eine braungrüne Asche entstehen. Die Farbe ist wenig charakteristisch.

§ 3. Nachweis auf nassem Wege.

A. Nachweis des Mangan(II)-ions Mn˙˙.

Mangan(II)-salze sind in festem Zustande sowie in konzentrierteren Lösungen schwach rosa gefärbt.

I. Fällungs- und Farbreaktionen ohne Oxydation.

Diese Reaktionen sind als spezifische Nachweisreaktionen weniger gut zu verwenden; allein die Fällungsreaktionen mit anorganischen Reagenzien haben bei den üblichen analytischen Trennungsoperationen Bedeutung[1].

a) Fällungsreaktionen mit anorganischen Reagenzien.

1. Fällung mit Ammoniumsulfid.

Aus neutralen oder alkalischen Lösungen wird das Mangan(II)-ion als wasserhaltiges Sulfid $MnS \cdot H_2O$ gefällt. Der Niederschlag hat bei geringen Mengen einen gelblichweißen, bei größeren einen hellfleischroten Farbton, der an der Luft unter Oxydation dunkelbraun wird. In überschüssigem Ammoniumsulfid und Alkalihydroxyd löst er sich nicht, jedoch in Salzsäure, Salpetersäure und Essigsäure leicht. Durch Zusatz von wenig Ammoniumchlorid wird die Ausfällung des zuerst kolloidalen Niederschlages begünstigt. Bei sehr verdünnten Lösungen tritt die Fällung erst bei längerem Stehen in der Wärme ein. Durch Ammoniumoxalat, -tartrat und besonders -citrat wird die Ausfällung verzögert. Das Citrat kann sogar die Vollständigkeit der Fällung beeinträchtigen.

Bei Anwesenheit eines Überschusses an Ammoniak und Ammoniumsulfid geht der fleischfarbene hydratische Niederschlag manchmal schon in der Kälte, meistens aber schnell beim Kochen in grünes, kristallines wasserärmeres Mangan(II)-sulfid der Formel $3\,MnS \cdot 2\,H_2O$ über. Ammoniumchlorid kann diesen Übergang unterbinden (FRESENIUS). Da Ammoniumchlorid jedoch meistens anwesend ist, schlägt CLASSEN folgendes Fällungsverfahren vor: Die Lösung wird mit etwas Kaliumoxalat einige Minuten zum Kochen erhitzt, ammoniakalisch gemacht und zu der heißen Flüssigkeit Ammoniumsulfid zugegeben. Entweder entsteht sofort grünes Sulfid oder ein Gemenge beider Verbindungen; die vollständige Umwandlung erfolgt dann bald beim weiteren Erwärmen im Sandbad. Ammoniumoxalat und Oxalsäure sind nicht so geeignet wie das Kaliumoxalat.

KARAOGLANOV kann in $10\,cm^3$ Lösung noch $23\,\gamma$ Mn nachweisen. TOTOIESCU empfiehlt, nur frisch bereitete Ammoniumsulfidlösung zur Fällung zu verwenden.

2. Fällung mit Kalium- oder Natriumhydroxyd.

Mit Kalium- oder Natriumhydroxyd werden aus Mangan(II)-salzlösungen weißliche Niederschläge erhalten, die in Berührung mit Luftsauerstoff bald bräunlich

[1] Eine bibliographische Übersicht über die ältere Literatur (1785 bis 1900) der analytischen Chemie des Mangans wird von H. P. TALBOT u. J. W. BROWN: Smithsonian Miscellaneous Collections, Washington 1902, gegeben.

und dunkelschwarzbraun werden, was auf Oxydation zum Mangan(II)-manganit und zum Mangandioxydhydrat zurückzuführen ist.

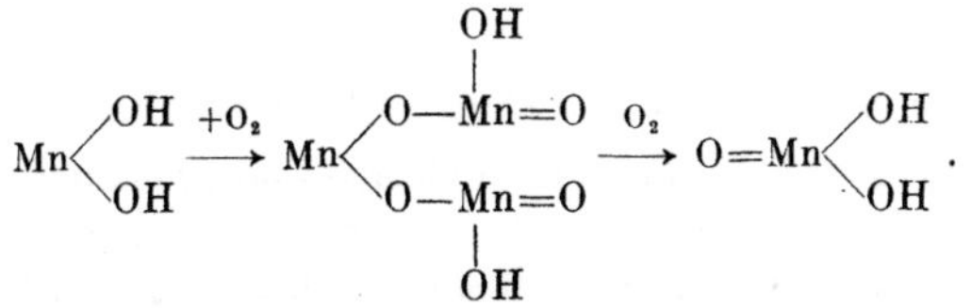

Bei Gegenwart von Ammoniumchlorid wird die Fällung teilweise verhindert. Nichtflüchtige organische Säuren können die Fällung des Mangan(II)-hydroxyds und Mangandioxydhydrates beeinträchtigen oder auch verhindern. Zucker beeinträchtigt oder hindert die Fällung als Mangan(II)-hydroxyd, nicht aber die als Dioxydhydrat.

KARAOGLANOV kann so in 10 cm³ noch 2,3 γ nachweisen.

3. Fällung mit Ammoniumhydroxyd.

Ammoniak fällt aus Mangan(II)-salzlösungen ebenfalls weißes Mangan(II)-hydroxyd $Mn(OH)_2$, jedoch nur teilweise. Bei Anwesenheit von Ammoniumchlorid wird die Fällung vollkommen verhindert. Ammoniak und Ammoniumcarbonat für sich lösen das Mangan(II)-hydroxyd nicht auf. Von schon gebildeten Niederschlägen werden von Ammoniumchloridlösung nur diejenigen Teile aufgelöst, die sich noch nicht höher oxydiert haben. Die ammoniakalischen Lösungen werden an der Luft braun; auch die Ammoniumchlorid enthaltende ammoniakalische Lösung trübt sich beim Stehen an der Luft unter Ausscheidung höherer Manganoxyde. Dies kann durch Zusatz von Hydroxylaminchlorid (oder einem Hydrazinsalz) verhindert werden (EBLER).

Der Grund dieser Erscheinung liegt einerseits darin, daß, wie beim $Fe(OH)_2$, eine Verminderung der Hydroxylionenkonzentration durch Zurückdrängung der Dissoziation des Ammoniumhydroxyds eintritt, andererseits darin, daß die Mangan(II)-ionenkonzentration durch Bildung von Hexamminmangan(II)-komplexen herabgesetzt wird.

4. Fällung mit Ammoniumcarbonat bzw. Kalium- oder Natriumcarbonat.

Mit Ammoniumcarbonat wird weißes Mangan(II)-carbonat $MnCO_3 + H_2O$ gefällt. Die Fällung ist auch bei Gegenwart von Ammoniumchlorid nach längerer Zeit vollständig. Kalium- oder Natriumcarbonat erzeugt einen weißen Niederschlag, welcher je nach den Umständen wasserhaltiges Mangan(II)-carbonat, Mangan(II)-hydroxyd oder ein Gemenge beider ist. In frisch gefälltem Zustand löst sich derselbe in Ammoniumchlorid; im Überschuß des Fällungsmittels ist er unlöslich.

Nichtflüchtige organische Säuren beeinträchtigen oder verhindern die Fällung durch Kalium- oder Natriumcarbonat, die Fällung durch Ammoniumcarbonat wird durch jene verzögert, aber nicht verhindert.

Bei Verwendung von Natriumcarbonat kann KARAOGLANOV in 10 cm³ noch 11,5 γ Mn nachweisen.

5. Fällung mit Kaliumcyanid.

Eine Lösung von Kaliumcyanid fällt aus Mangan(II)-salzlösungen einen bräunlichgelben, an der Luft sich bräunenden Niederschlag von Mangan(II)-cyanid $Mn(CN)_2$, der sich im Überschuß von Kaliumcyanid zu einer gelben Flüssigkeit löst, infolge Bildung von $Mn(CN)_6''''$, welches aber nur bei einem großen Überschuß an Kaliumcyanid beständig ist. Beim Verdünnen entsteht unter Grünfärbung das Ion $Mn(CN)_3'$. Beim Kochen der verdünnten gelben Lösung zerfällt das Mangan(II)-cyanion unter Abscheidung von Mangan(II)-hydroxyd nach der Gleichung:

$$Mn(CN)_6'''' + 2\,H_2O = 6\,CN' + 2\,H^{\cdot} + Mn(OH)_2 .$$

Ammoniumsulfid fällt bei Gegenwart eines großen Kaliumcyanidüberschusses kein Mangan(II)-sulfid. Aus verdünnten Lösungen tritt in der Wärme Abscheidung desselben ein.

6. Nachweis als Manganhexacyanoferrat(II) neben Eisen nach Blum.

L. Blum beschreibt eine Methode zum Mangannachweis neben viel Eisen, die auf folgendem Prinzip beruht: Kaliumhexacyanoferrat(II) bringt in einer ammoniakalischen Lösung, in der das Eisen durch Weinsäure komplex gebunden ist, keinen Niederschlag hervor, während das Mangan aus einer solchen Lösung als Manganhexacyanoferrat(II) gefällt wird.

Ausführung. Die salzsaure, Eisenchlorid und Mangan(II)-chlorid enthaltende Lösung wird mit so viel Weinsäure versetzt, daß auf Zusatz von Ammoniak bis zur stark alkalischen Reaktion kein Niederschlag entsteht. Mit Kaliumhexacyanoferrat(II) kann das Eisen(II)-Mangan nun als weißer Niederschlag ausgefällt werden. (Nickel, Kobalt und Zink fallen ebenfalls mit aus.)

Die Reaktion ist noch deutlich, wenn 0,04 mg Mangan neben 10 mg Eisen im Kubikzentimeter vorliegen. Bei der Fällung tritt eine schwache Trübung ein, und erst nach einigem Stehen setzt sich der Niederschlag zu Boden. Bei Anwesenheit nur geringer Mengen Mangan ist der Niederschlag gewöhnlich etwas bläulich gefärbt.

In 10 cm³ Lösung kann Karaoglanov noch 5,8 γ Mangan als Manganhexacyanoferrat(II) erkennen.

7. Fällung mit Kaliumhexacyanoferrat(III).

Mit Kaliumhexacyanoferrat(III) fällt aus Mangan(II)-salzlösungen ein Manganhexacyanoferrat(III) als Niederschlag von brauner Farbe aus, der in kalter Salzsäure wenig löslich und in Ammoniak unlöslich ist. Beim Kochen mit einem großen Überschuß von konzentrierter Salzsäure löst sich der Niederschlag unter Zersetzung. Zum Mangannachweis ist diese Reaktion nicht geeignet.

b) Reaktionen mit organischen Reagenzien.

1. Nachweis mit Aspirin und Salicylsäure.

Gelöste Mangan(II)-verbindungen bilden mit Aspirin und Salicylsäure unter Zugabe von Wasserstoffperoxyd Färbungen, die nach Fulton zum Nachweis von Mangan in verdünnten Lösungen herangezogen werden können.

***Ausführung.* *α)* mit Aspirin.** 5 cm³ der auf Mangan zu prüfenden Lösung werden mit 0,1 g Aspirin versetzt. Dann gibt man 0,5 cm³ 3%ige Wasserstoffperoxydlösung sowie 0,5 cm³ Ammoniaklösung unter Mischen zu. Bei Anwesenheit von Mangan tritt eine rosa bis rote Färbung auf, die bald braun wird. Die Lösung darf an Mangan nicht konzentrierter als 1:10000 sein.

***β)* mit Salicylsäure.** 0,3 g Salicylsäure, die in 1 cm³ Ammoniaklösung (konzentriertes Ammoniak + 2 Teile Wasser) gelöst sind, werden mit 0,5 cm³ 3%iger Wasserstoffperoxydlösung versetzt, und die auf Mangan zu prüfende Lösung wird zugegeben. Das Auftreten einer lachs- bis hellroten Färbung zeigt die Anwesenheit von Mangan an. Die Lösung darf an Mangan nicht konzentrierter als 1:50000 sein.

Grenzkonzentration: 1:10⁷.

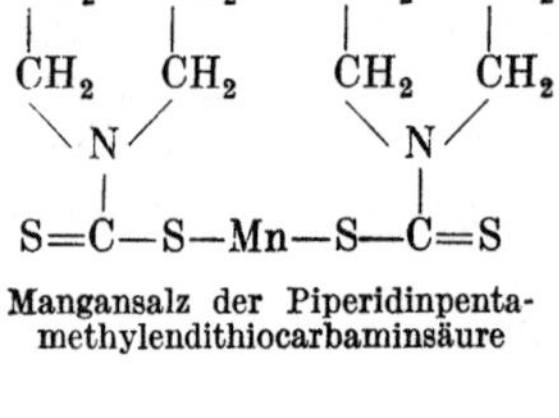

Mangansalz der Piperidinpentamethylendithiocarbaminsäure

2. Nachweis als Piperidinpentamethylendithiocarbamat.

Manganverbindungen geben mit Piperidinpentamethylendithiocarbamat einen braunen oder braunroten Niederschlag von nebenstehender Formel. Shimada empfiehlt diese Reaktion, um Gummifarben auf Abwesenheit von Mangan zu prüfen.

Ausführung. Eine 0,5%ige Lösung des Reagenses in Wasser gibt mit Mangan(II)-salzen eine braune oder braunrote Fällung.

Grenzkonzentration: 1:10000000.

Kupfer gibt dieselbe Reaktion.

3. Nachweis mit Dinaphthylcarbazon.

Nach SSUPRUNOWITSCH fällt eine acetonische Lösung von Dinaphthylcarbazon aus Mangansalzlösungen einen violetten Niederschlag, der in Tetrachlorkohlenstoff, Chloroform und Schwefelkohlenstoff leicht löslich, in Wasser aber unlöslich ist, wodurch die Empfindlichkeit des Nachweises infolge der Extraktion des Komplexsalzes durch organische Lösungsmittel gesteigert wird.

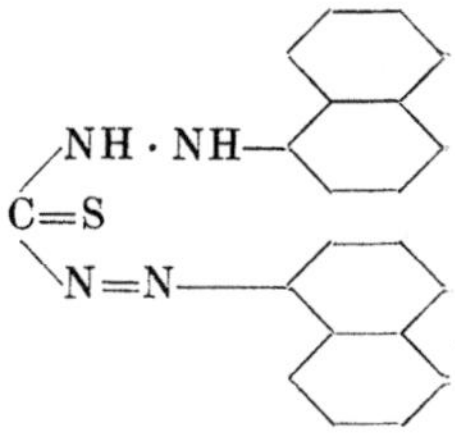

Dinaphthylcarbazon

c) *Weniger gebräuchliche und wenig spezifische Reaktionen.*

1. Fällung mit Ammoniumdithiocarbaminat.

Neben anderen Reagenzien von ähnlicher Konstitution hält PARRI das Ammoniumsalz der Dithiocarbaminsäure zur Fällung von Metallsalzen [u. a. auch Mangan(II)-salzen] für besonders geeignet.

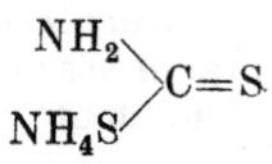

Ammonium-dithio-carbaminat

Ausführung. Eine recht beständige Lösung des Reagenses kann man erhalten, wenn man Schwefelkohlenstoff mit konzentrierter Ammoniaklösung schüttelt. Die Lösung ist dann nach einiger Zeit gelbrot gefärbt. Die Fällung wird in neutraler oder schwach alkalischer (das Reagens ist an und für sich schon alkalisch) Lösung vorgenommen. Mit Mangan(II)-salzen entsteht ein hellgelber Niederschlag, der bald eine kaffeebraune Färbung annimmt und sich in Essigsäure zu einer trübgelben Flüssigkeit löst (s. auch GERMUTH).

2. Fällung mit Triäthanolamin $(CH_2 \cdot CH_2 \cdot OH)_3N$.

JAFFE beschreibt eine Fällung des Mangan(II)-ions mit Triäthanolamin, die er als für Mangan charakteristisch ansieht.

Ausführung. Eine 20%ige Lösung von Triäthanolamin gibt mit $Mn^{\cdot\cdot}$ einen weißen Niederschlag, der sich rasch schmutzig rötlichgelb färbt. Bei Zusatz von Kali- oder Natronlauge tritt Braunfärbung ein; beim Schütteln verstärkt sich die Farbe und geht in dunkelgrün über. Man filtriert und erhält einen braunen Niederschlag und ein smaragdgrünes Filtrat. Wenn man den ursprünglichen Niederschlag in Weinsäure gerade in Lösung bringt, färbt sich die rötlichgelbe Lösung mit Alkali grasgrün, mit Überschuß an Alkali dunkelgelb (nach starkem Verdünnen smaragdgrün). Aus dieser Lösung scheidet sich beim Stehen an der Luft unter Entfärbung ein rotbrauner flockiger Niederschlag aus.

3. Fällung mit Oxin (o-Oxychinolin).

Mangan(II)-verbindungen geben mit o-Oxychinolin eine gelbe Fällung (BERG). Die Färbung ist nicht charakteristisch; auch ist die Reaktion nicht genügend spezifisch, da viele andere Metalle ebenfalls ähnliche Niederschläge ergeben.

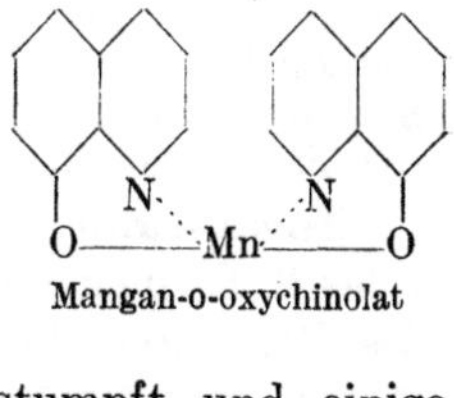

Mangan-o-oxychinolat

Ausführung. Es wird in essigsaurer Lösung gearbeitet, vorhandene Mineralsäuren werden mit Natriumacetat abgestumpft und einige Tropfen einer 1%igen Oxychinolinlösung zugesetzt. Mit Mangan(II)-salzen entsteht ein gelber Niederschlag.

4. Fällung mit Isonitroso-N-phenyl-3-methylpyrazolon.

Nach HOVORKA und SÝKORA kann Mangan mit Isonitroso-N-phenyl-3-methylpyrazolon gefällt werden. Der ausfallende Niederschlag hat nebenstehende Strukturformel.

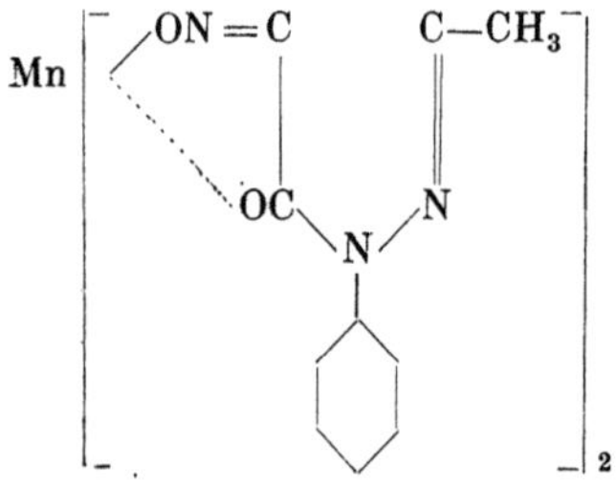

Ausführung. Man gibt zur Mangansulfat- oder Manganchloridlösung, die man mit 10%iger Natriumacetatlösung gepuffert hat, die Reagenslösung (1%ige Lösung in 50%igem Alkohol). Mangan fällt fast quantitativ in Form eines mikrokristallinen, grünen Niederschlags aus, der in heißem Wasser etwas löslich ist.

Niederschläge werden auch mit $Ag^{\cdot}$, $Hg^{\cdot}$, $Hg^{\cdot\cdot}$, $Pb^{\cdot\cdot}$, $Cu^{\cdot}$, $Cu^{\cdot\cdot}$, $Bi^{\cdot\cdot\cdot}$, $Fe^{\cdot\cdot\cdot}$, $Ni^{\cdot\cdot}$, $UO_2^{\cdot\cdot}$ und $Zn^{\cdot\cdot}$ erhalten.

5. Fällung mit Gallocyanin.

DUBSKY gibt an, daß Gallocyanin in $^1/_{200}$ n Lösung mit Mangan(II)-salzen in ammoniakalischer Lösung einen blauen Niederschlag gibt.

6. Ausflockungsreaktion nach STIASNY.

Tannin wirkt in Natriumacetat enthaltender Lösung auf viele Metallsalze ausflockend, so auch u. a. auf Mangan(II)-salze (STIASNY).

Ausführung. 2 bis 5 cm^3 der zu untersuchenden Lösung werden mit 5 cm^3 einer 0,1%igen Tanninlösung und annähernd normaler Natriumacetatlösung versetzt und aufgekocht. Wie beim Aluminium und anderen Metallen, so tritt auch bei Anwesenheit von Mangan eine Ausflockung ein.

II. Reaktionen, bei denen Oxydation zum 3wertigen Mangan stattfindet.

Diese Nachweisreaktionen, die (1. bis 5.) von größerer Bedeutung sind, beruhen auf der Oxydation zu einer 3wertigen Manganverbindung, die eine charakteristische Farbe aufweist. Auch kommt hierbei die Neigung des 3wertigen Mangans zum Ausdruck, in Form von Komplexen aufzutreten oder nur bei Gegenwart eines Säureüberschusses beständig zu sein.

1. Nachweis mit Formaldoxim (= Formoxim) $H_2C = NOH$.

Mit dem Oxim des Formaldehyds gibt unter anderen Metallen auch das Mangan eine Färbung. Ein großer Vorzug dieser Reaktion liegt in der Tatsache, daß die orangerote Färbung, die bei Zugabe der Formaldoximlösung zur alkalischen Lösung der Mn-Verbindung entsteht, unabhängig vom Wertigkeitszustand des Mangans eintritt. Nach KAHANE leitet sich die entstehende gefärbte Verbindung, der die Formel $(CH_2NO)_3Mn \cdot 2\,H_2O$ zugeschrieben wird, vom 3wertigen Mangan ab. Alle anderen Oxydationsstufen werden vom Reagens durch Oxydation oder Reduktion in die 3wertige Stufe verwandelt. Dies ist wegen der sonstigen Unbeständigkeit der Verbindungen des 3wertigen Mangans bemerkenswert. Wegen der großen Empfindlichkeit empfiehlt DENIGÈS den Nachweis für die Untersuchung von Wässern.

Darstellung des Reagenses. *1. Vorschrift von* DENIGÈS: Auflösen von 2 g $NH_2OH \cdot HCl$ und 1 cm^3 40%igem Formalin in 50 cm^3 Wasser. *2. Vorschrift von* DENIGÈS: 7 g $NH_2OH \cdot HCl$ und 3 g Trioxymethylen werden in 15 cm^3 Wasser unter langsamem Erhitzen bis zum Sieden geschüttelt, bis die Lösung klar ist. Da das nach der 2. Methode dargestellte Reagens selbst eine Färbung besitzt, gibt KAHANE der 1. Darstellungsart den Vorzug.

Ausführung. Zu einigen Kubikzentimetern der zu prüfenden Lösung gibt man 1 bis 2 Tropfen konzentrierte Natriumhydroxydlösung (10 n) und 1 bis 2 Tropfen des Reagenses. Bei Anwesenheit von Mangan entsteht dann mehr oder weniger schnell (nach einigen Sekunden) eine intensive orangerote Färbung, die ihr Maximum in einigen Minuten erreicht und auch im siedenden Wasserbad beständig ist. Statt Natriumhydroxyd kann auch Ammoniaklösung verwendet werden.

Empfindlichkeit. Nach DENIGÈS können in 5 cm³ noch 0,25 γ Mangan nachgewiesen werden; KAHANE weist bei der Beobachtung der Färbung in einer Schichtdicke von 10 cm noch 0,001 γ in 5 cm³ nach.

Grenzkonzentration: 1:20000000.

Störungen. $Cu^{\cdot\cdot}$ gibt eine violette, $Ni^{\cdot\cdot}$ eine grüne, braun werdende, $Co^{\cdot\cdot}$ eine gelbe und $Fe^{\cdot\cdot\cdot}$ eine braun-veilchenblaue, in ammoniakalischer Lösung beständige Färbung.

Da der Nachweis von Mangan neben Eisen (z. B. in biologischem Material oder technischen Produkten) von Wichtigkeit ist, trennt KAHANE $Fe^{\cdot\cdot\cdot}$ durch Behandlung mit Zinkhydroxyd ab. Das Zinkhydroxyd, welches man durch Fällen von Zinksulfat (manganfrei!) mit Ammoniak und nachfolgendes Auswaschen durch Dekantieren herstellt, fällt 3wertiges Eisen als Hydroxyd, während 2wertiges Mangan nicht beeinflußt wird. Die zu prüfende Lösung wird mit Natriumcarbonat oder Ammoniak annähernd neutralisiert; dann wird eine genügende Menge der Zinkhydroxydaufschlämmung zugegeben, 2 Min. umgeschüttelt und filtriert. So kann eine vollständige Abtrennung erzielt werden.

2. Nachweis in Äther-Salzsäure (Oxydation zu $MnCl_3$).

Dieser Nachweis des Mangans hat vor dem CRUMschen und MARSHALLschen Nachweis den großen Vorteil, auch in Gegenwart von Chlorid ausgeführt werden zu können. JENSEN fand, daß jede Manganverbindung mit einem Äther-Salzsäuregemisch sowie einem passenden Oxydationsmittel eine schön grün gefärbte, in dem Äther-Salzsäuregemisch lösliche Manganverbindung gibt; wahrscheinlich handelt es sich um Mangan(III)-chlorid (R. J. MEYER und BEST sowie NICKLÈS).

Ausführung. Feste Substanzen, die auf Mangan geprüft werden sollen, werden in einer geeigneten, konzentrierten oder verdünnten Säure gelöst. Bis zu 1 cm³ dieser Lösung wird mit dem doppelten Volumen konzentrierter Salzsäure versetzt, und nun werden wenigstens 4 cm³ Äther-Salzsäure (hergestellt durch Vermischen gleicher Raumteile Äthyläther und konzentrierter Salzsäure) zugegeben. Nach Zusatz einiger Körnchen Kaliumchlorat zeigt das Auftreten einer grünen Farbe im Laufe weniger Sekunden die Anwesenheit von Mangan an. Liegt 4- oder höherwertiges Mangan bereits vor, so tritt die Färbung auch ohne Zusatz von Kaliumchlorat auf. So ist der Nachweis in einer $^1/_2$ Min. ausführbar (Ausführung A).

Liegt Mangan in einer geringeren Konzentration als 50 mg in 10 cm³ vor, so stört die gelbe Farbe des freiwerdenden Chlors. In diesen Fällen kann die Empfindlichkeit folgendermaßen gesteigert werden: Einige Tropfen der zu prüfenden Lösung verdampft man in einem Porzellanschälchen zur Trockene; den noch warmen Rückstand feuchtet man mit ein paar Tropfen konzentrierter Salpetersäure an, läßt abkühlen und übergießt mit einigen Kubikzentimetern Äther-Salzsäure (Ausführung B).

Erfassungsgrenze: 0,005 mg Mn.

0,002 mg können noch an einer vorübergehenden graugrünen Färbung im Augenblick des Vermischens der beiden Flüssigkeiten gerade erkannt werden.

Bei Anwesenheit größerer Manganmengen entwickelt sich die Färbung erst innerhalb einiger Minuten und verschwindet nach einer halben bis ein paar Stunden.

Störend können sich Metalle mit gefärbten Ionen in größerer Konzentration bemerkbar machen, so tritt z. B. beim Nickel auch eine grüne Farbe auf, beim Kobalt ein intensives Blau, welches durch freies Chlor mehr grünlich erscheint, beim Kupfer und Eisen gelbe Farben, beim Chrom ein Grauviolett, das mit Chlor grünlichbraun erscheint. Tabelle 4 zeigt die Empfindlichkeitsabnahme des Nachweises bei Anwesenheit dieser Metalle. Hieraus ist ersichtlich, daß selbst ziemlich kleine Mengen Mangan in intensiv gefärbten Metallsalzlösungen erkannt werden können.

Tabelle 4.

Neben Mangan vorhanden	Ausführung A: Geringste nachweisbare Manganmenge in mg	Ausführung A: Verhältnis von $\frac{\text{Metall}}{\text{Mangan}}$ bei Anwesenheit von 10 mg Metall	Ausführung B: Geringste nachweisbare Manganmenge in mg	Ausführung B: Verhältnis von $\frac{\text{Metall}}{\text{Mangan}}$ bei Anwesenheit von 10 mg Metall
Nickel	0,3	30	0,2	50
Kobalt	2,0	5	1,0	10
Kupfer	1,0	10	0,6	15
Eisen	0,2	50	0,03	300
Chrom	0,3	30	0,5	20

3. Nachweis durch induzierte Reaktion nach LANG.

Bei der Reduktion der Chromsäure können intermediär auftretende Chrom(IV)-verbindungen in stark saurer Lösung Oxydationswirkungen auslösen, die das Chromat von sich aus nicht hervorzubringen vermag. So oxydiert Chromsäure in verdünnter Lösung Diphenylamin nur langsam zum Diphenylaminblau. Bei Anwesenheit von Mangan(II)-salzen und arseniger Säure in saurer Lösung erscheint jedoch die Blaufärbung sogleich. Chromat wird durch die arsenige Säure reduziert:

$$\text{Cr(VI)} + \text{As(III)} = \text{Cr(IV)} + \text{As(V)}.$$

Das Zwischenprodukt des 4wertigen Chroms vermag das Mangan(II)-salz zum Mangan(III)-salz zu oxydieren:

$$\text{Cr(IV)} + \text{Mn(II)} = \text{Cr(III)} + \text{Mn(III)}.$$

Das Mangan(III)-salz seinerseits wirkt auf das Diphenylamin oxydierend unter Bildung von Diphenylaminblau:

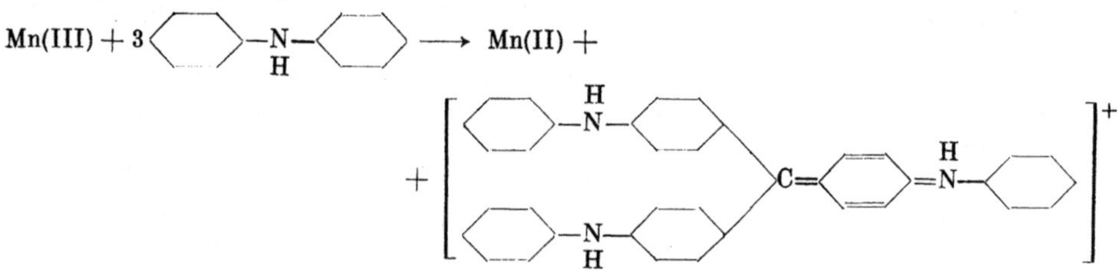

Diphenylaminblau

Ausführung. Die etwa 1 n schwefelsaure Manganlösung von 5 bis 10 cm³ Volumen versetzt man mit 2 cm³ sirupöser Phosphorsäure, 1 cm³ 0,3 n $K_2Cr_2O_7$- und 2 cm³ 0,3 n As_2O_3-Lösung, mischt gut durch und gibt nach 1 Min. einen Tropfen 0,1%ige Diphenylaminlösung zu.

Erfassungsgrenze: 10 γ Mn.

Die Empfindlichkeit wird durch Chloride mehr oder weniger herabgesetzt; ebenso durch stark gefärbte Stoffe, wie z. B. Kupfer- oder Kobaltsalze in hoher Konzentration. Vanadin darf nicht zugegen sein. Eisen(III)-salze werden durch Phosphorsäure komplex gebunden.

4. Nachweis mit Phosphorsäure [Oxydation zum Mangan(III)-salz].

a) Nach J. MEYER und NERLICH wird $Mn^{\cdot\cdot}$ in ammoniakalischer Lösung durch Autoxydation in Mangan(III)-hydroxyd übergeführt; alkalische Lösungen führen zum Mangandioxyd, was in diesem Falle zu vermeiden ist. Außerdem hat die ammoniakalische Lösung den Vorzug, gewisse durch ihre Färbung störende Metallhydroxyde (wie z. B. Kupfer-, Kobalt- und Eisen(II)-hydroxyd usw.) in komplexer Form in Lösung zu halten. Das Mangan(III)-hydroxyd bildet mit Phosphorsäure ein komplexes Mangan(III)-phosphat, welches an seiner violettroten Färbung kenntlich ist.

Ausführung. Die auf Mangan zu prüfende Lösung wird mit Ammoniak versetzt. Der durch Autoxydation entstehende Niederschlag wird abfiltriert, mit dem Filter auf einem Uhrglas ausgebreitet, und nun werden einige Tropfen konzentrierter Orthophosphorsäure zugegeben. Das Fließpapier geht allmählich in eine gelatinöse Masse über, und bei Anwesenheit von Mangan tritt eine sehr charakteristische Rot-Violett-Färbung ein, die auch durch größere Mengen anwesenden Eisenhydroxyds nicht gestört wird. Die Empfindlichkeit soll noch größer als die beim Nachweis mit Oxalsäure sein.

b) Nach C. R. Fresenius.

Ausführung. C. R. Fresenius versetzt die zu prüfende Substanz oder Lösung mit Phosphorsäure und dampft bis zur Sirupkonsistenz ein. Bei Vorliegen einer Mangan(II)-verbindung wird zur Oxydation etwas Kaliumnitrat zugegeben und stärker erhitzt. Bei Anwesenheit von Mangan erhält man in der Hitze eine halbflüssige, beim Erkalten feste Masse, die infolge Bildung von Mangan(III)-phosphat violett gefärbt ist. Die Reaktion ist sehr empfindlich.

5. Nachweis mit Oxalsäure als komplexes Mangan(III)-oxalat.

Sacher beschreibt einen Mangannachweis, der auf folgendem Verfahren beruht: Aus der Mangan(II)-salzlösung wird durch Kali- oder Natronlauge das Mangan(II)-hydroxyd in Freiheit gesetzt. Durch Autoxydation oder, wie in späteren Arbeitsverfahren angegeben wird, durch Zusatz von Oxydationsmitteln, bildet sich nach Sacher Mangan(III)-hydroxyd, wahrscheinlicher aber nach J. Meyer sowie Bardach Mangandioxydhydrat. Bei Zugabe von Oxalsäure tritt dann unter Lösung des Oxydhydrates eine äußerst scharf wahrnehmbare rötliche Färbung auf. Nach Bardach wird wahrscheinlich das Oxydhydrat des 4wertigen Mangans durch die Oxalsäure zum 3wertigen reduziert; dann tritt Bildung einer komplexen Mangan(III)-oxalsäure ein, was durch das Auftreten der roten Farbe zum Ausdruck kommt. Ein Vorteil der Reaktion besteht darin, daß sie auch in Gegenwart von Chlorid ausführbar ist.

Für die Ausführung des Nachweises sollen die verschiedenen Verfahren, die im Grunde genommen nur wenig unterschiedlich sind, angeführt werden (s. a. J. Meyer und Nerlich).

a) Arbeitsweise nach Sacher. Die zu prüfende saure Lösung wird mit Alkali versetzt, zur Beschleunigung der Autoxydation erwärmt, und zu ihr wird nach völligem Erkalten etwa 0,5 n Oxalsäurelösung tropfenweise zugefügt. Bei Gegenwart von Mangan entsteht eine Rotfärbung.

Grenzkonzentration: 1:200000.

Über den Nachweis in Lacken und Sikkativen s. S. 201.

b) Arbeitsweise von Macri. Die zu prüfende Lösung wird schwach alkalisch gemacht, nachdem sie vorteilhafterweise vorher mit 1 bis 2 Tropfen Wasserstoffperoxyd versetzt wurde. Unter Umschütteln gibt man nun einige Tropfen Alkalioxalatlösung hinzu und säuert mit Essigsäure schwach an, wobei die rote oder rötliche beständige Färbung auftritt. Wird die alkalische Lösung aufgekocht und nach dem Erkalten erneut Oxalat zugegeben, so tritt die Reaktion verstärkt ein; freie Mineralsäure verhindert sie.

Bei Anwendung von 1 bis 2 Tropfen einer 1‰igen Lösung tritt die Reaktion ein. Andere Schwermetalle beeinflussen die Reaktion nicht.

c) Arbeitsweise von Prandtl. Zu der neutralen Mangan(II)-salzlösung fügt man bei Zimmertemperatur überschüssige neutrale Alkalinitritlösung; die Flüssigkeit färbt sich gelb. Auf Zusatz von Oxalsäure entsteht unter Entwicklung von Stickoxyd eine intensiv kirschrote Farbe, welche auf die Bildung von Mangan(III)-oxalat zurückzuführen ist. Die Farbe bleibt ziemlich lange bestehen und ist so intensiv, daß man noch sehr kleine Mengen Mangan auch neben viel Eisen auffinden kann.

d) Arbeitsweise von CARON und RAQUET. Zu 10 cm³ der zu prüfenden Lösung gibt man nach und nach 2 cm³ gesättigter Kaliumoxalatlösung und 1 cm³ Essigsäure sowie als Oxydationsmittel einige Tropfen Kaliumhypochlorit. Freie Mineralsäuren werden durch Kaliumoxalat oder -acetat abgeschwächt [s. a. DENIGÈS (d)].

Die rote Färbung ist in Verdünnungen bis zu 1:20000 erkennbar. Beträchtliche Mengen an Eisen verhindern die Reaktion.

e) Arbeitsweise nach HERMANS. Die zu untersuchende Lösung wird mit Essigsäure angesäuert, und zu ihr wird Kaliumoxalat zugegeben. Oxydiert wird zweckmäßigerweise mit Bleidioxyd oder nitrosen Gasen (s. a. WESTER).

Erfassungsgrenze: 70 γ Mn.

6. Nachweis mit Bleidioxyd und Natriumpyrophosphat.

BRAUN gibt einen Nachweis an, bei dem das Mangan(II)-ion durch Bleidioxyd bei Gegenwart von Phosphat zum Mangan(III)-salz oxydiert wird. Das Mangan(II)-pyrophosphat z. B. geht beim Kochen mit Bleidioxyd in ein Mangan(III)-phosphat über.

Ausführung. Zu einer mäßig konzentrierten Lösung von Natriumpyrophosphat (1 : 10) setzt man so lange von der auf Mangan zu prüfenden Lösung, bis der entstehende Niederschlag sich nicht mehr löst, fügt eine Messerspitze PbO_2 zu und erhitzt zum Kochen. Nun wird filtriert; die Flüssigkeit hat dann eine braune bis gelbbraune Färbung, bei Zusatz von etwas Salzsäure und gelindem Erwärmen tritt eine violettrote bis violettrotbraune Färbung auf. Bei stärkerem Erhitzen geht das Mangan(III)-salz wieder in Mangan(II)-salz über, und die rote Farbe verschwindet.

III. Reaktionen, bei denen Oxydation zum 4wertigen Mangan eintritt.

Von den Verbindungen des 4wertigen Mangans hat allein das Mangandioxyd bzw. Mangandioxydhydrat größere Bedeutung. Wegen seiner Stabilität, Unlöslichkeit sowie der dunklen Färbung spielt es auch bei den analytischen Nachweisreaktionen eine wichtige Rolle. Die oxydierende Wirkung wird beim Nachweis mit der Tetrabase analytisch verwertet. Andere Verbindungen des 4wertigen Mangans, wie z. B. das Mangantetrachlorid im Nachweis nach DE KONINCK, sind analytisch weniger wichtig.

1. Nachweis mit Tetrabase (Tetramethyldiaminodiphenylmethan, ARNOLDsche Base).

Tetrabase gibt in essigsaurer Lösung mit gewissen Metalldioxyden, wie PbO_2 und MnO_2, eine in der Hitze beständige, prächtig blaue Färbung. Mangan kann also, sofern es eine höhere Wertigkeitsstufe als die 2wertige einnimmt, hiermit nachgewiesen werden. TRILLAT hat so Mangan in verschiedenen biologischen Materialien nachgewiesen. Der Nachweis hat jedoch auch allgemeine Bedeutung.

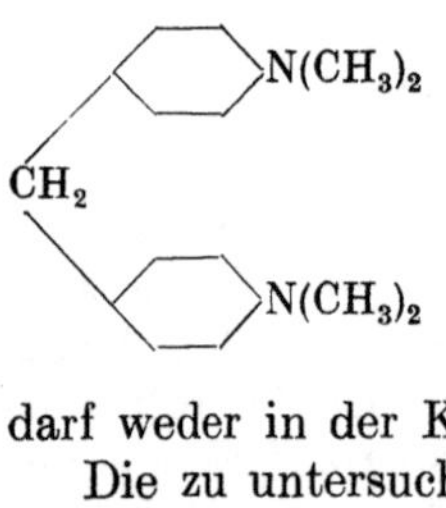

Ausführung. Das Reagens wird wie folgt bereitet: 5 g der Base werden in 100 cm³ 10%iger Essigsäure gelöst (vor Licht geschützt gut verschlossen aufbewahren!). Die Lösung darf weder in der Kälte noch in der Siedehitze eine Blaufärbung erkennen lassen.

Die zu untersuchende Substanz wird alkalisch gemacht, verascht und dann mit Natronlauge erhitzt. Darauf wird das Reagens und etwas mit Essigsäure angesäuertes Wasser zugegeben; beim Erhitzen erscheint eine blaue Färbung, die beim Erkalten verschwindet und beim nochmaligen Erhitzen von neuem auftritt.

HARRY arbeitet mit einer alkoholischen Lösung der Base als Reagens in einer essigsauren Lösung (s. a. TILLMANS und MILDNER). Es gelingt nach seiner Angabe, noch 0,1 mg Mangan nachzuweisen. TRILLAT gibt an, in 0,01 g Asche von biologischem Material, wie Kartoffeln usw., noch Mangan auf diese Art nachweisen zu können.

Störungen sind bei Anwesenheit von Blei und Kupfer zu erwarten, da sie ähnliche Färbungen hervorrufen. Ebenfalls dürfen freie Mineralsäuren sowie besonders freies Chlor nicht zugegen sein.

2. Nachweis durch Oxydation mit Brom in alkalischer Lösung.

KARAOGLANOV hat die Empfindlichkeit dieser Reaktion für besonders groß befunden.

Beim Versetzen der Mangansulfatlösung mit 1 cm³ 2%iger Kalilauge und 1 cm³ gesättigten Bromwassers tritt die Dunkelfärbung infolge der Oxydation des Mangan(II)-hydroxyds zum hydratischen Mangandioxyd $MnO_2 \cdot H_2O$ auf.

Erfassungsgrenze: 1,2 γ in 10 cm³.

Grenzkonzentration: 1:8334000.

Erhitzen begünstigt die Abscheidung.

3. Nachweis durch Oxydation mit Wasserstoffperoxyd in alkalischer Lösung.

Mangan(II)-salze, die durch Ammoniumchlorid in ammoniakalischer Lösung an der Ausfällung gehindert werden, geben mit Wasserstoffperoxyd nach KLEIN eine Dunkelfärbung infolge der Bildung von Mangandioxydhydrat nach der Gleichung:

$$MnSO_4 + H_2O_2 + H_2O + 2\,NH_3 = MnO_2 \cdot H_2O + (NH_4)_2SO_4.$$

Ausführung. Die wäßrige Lösung des Mangansulfates wird mit so viel Ammoniumchlorid versetzt, daß auf Zusatz von Ammoniak kein Niederschlag auftritt. Dann wird etwas Ammoniak und Wasserstoffperoxyd zugegeben. Eine Ausscheidung von Mangandioxydhydrat tritt ein, die noch in einer Verdünnung von 1:200000 erkannt werden kann.

Ein Überschuß an Ammoniumchlorid beeinträchtigt die Empfindlichkeit. Bei Anwendung von Natronlauge an Stelle von Ammoniumchlorid und Ammoniak nimmt die Empfindlichkeit zu.

4. Nachweis durch Oxydation zum Dioxyd in Gegenwart von Kaliumcyanid.

Von TANANAEFF (b) wird ein Nachweis angegeben, bei dem das Mangan als Dioxyd neben vielen anderen Kationen gefällt wird. Mangan wird durch Kaliumcyanid in einen Cyanidkomplex übergeführt, der sehr wenig widerstandsfähig ist und durch Einwirkung von Natriumperoxyd leicht angegriffen wird, wobei das Mangan oxydiert wird und als Dioxyd ausfällt. Die Cyanidkomplexe aller anderen Kationen sind weniger angreifbar, so daß das Auftreten eines dunkelbraunen Niederschlags nur bei Anwesenheit von Mangan erfolgen kann. Ein weiterer Vorteil dieses Nachweises ist der, daß man an der ausgefallenen Menge des Mangandioxyds ungefähr auf die anwesende Manganmenge schließen kann.

Ausführung. Von der zu untersuchenden Lösung (die man durch Auflösen einer Salzmischung oder von Erzen und Legierungen erhalten hat) werden 2 bis 3 cm³ Lauge bis zum Auftreten einer schwachen Trübung neutralisiert und mit Kaliumcyanidlösung in geringem Überschuß versetzt. Von den sich dabei bildenden Niederschlägen gehen einige je nach Zugabe der Cyanidlösung allmählich in Lösung. Die in der Kaliumcyanidlösung unlöslichen Niederschläge (Hydroxyde von Aluminium, Chrom, Blei und Wismut) dienen als Zeichen dafür, daß genügend Kaliumcyanidlösung zugesetzt worden ist. Nun wird Natriumperoxyd in kleinen Anteilen zugesetzt und aufgekocht. $Al(OH)_3$ und $Cr(OH)_3$ gehen schnell in Lösung, Bleihydroxyd bildet zuerst Bleidioxyd, das aber danach auch in Lösung geht. Es verbleibt nur unlösliches Wismuthydroxyd, auf dem sich Mangandioxyd reliefartig absetzt. In Gegenwart von viel Wismut wird der Niederschlag nach Zugabe der Kaliumcyanidlösung erst abfiltriert und der Nachweis im Filtrat geführt. Bei Anwesenheit von nur wenig Mangan ballt sich der zuerst fein ausfallende Niederschlag oft erst nach mehreren Minuten zu Flocken zusammen. Sind sehr viel Ammoniumsalze zugegen, so wird die Fällung des Mangandioxyds verhindert. Bei Zugabe von überschüssigem Formaldehyd fällt jedoch der Niederschlag sofort auch bei sehr geringen Manganmengen.

Die Empfindlichkeit ist nicht groß; 0,1 mg Mangan können in 4 cm^3 nachgewiesen werden. $Al^{\cdots}$, $Cr^{\cdots}$, $Co^{\cdot\cdot}$, $Ni^{\cdot\cdot}$, $Cu^{\cdot\cdot}$, $Ag^{\cdot}$, $Hg^{\cdot}$, $Hg^{\cdot\cdot}$, $Pb^{\cdot\cdot}$ stören nicht. $Bi^{\cdots}$ gibt einen weißen Niederschlag, der bei gleichzeitiger Gegenwart von Mangan schwarzblau wird.

Niederschläge von Zinnsäure und Antimonsäure stören im allgemeinen nicht.

Arbeitsweise bei Gegenwart von Eisen. Bei Gegenwart von $Fe^{\cdots}$ würde ein zu großer Überschuß von Cyanid erforderlich sein, was den Mangannachweis erschweren würde; deshalb wird in diesem Falle das Eisen(III)-ion vorher mit Zinkhydroxydschlamm entfernt. Bei Abwesenheit von Kobalt und Kupfer kann dann im Filtrat direkt ohne Zusatz von Kaliumcyanid auf Mangan geprüft werden.

Ausführung. Das Material (z. B. Stähle und Gußeisen) wird in Säure gelöst, darauf neutralisiert und mit Zinkhydroxyd in geringem Überschuß versetzt. Man schüttelt gut durch, erhitzt schnell bis zum Kochen und filtriert.

Bei Abwesenheit von Kobalt und Kupfer kann man direkt das Mangandioxyd mit Natriumperoxyd fällen, im anderen Falle nach Zusatz von Kaliumcyanidlösung. Der Nachweis ist in 5 bis 10 Min. ausführbar.

5. Fällung mit Natriumperborat.

LEMARCHANDS beschreibt die Reaktion von Mangan(II)-verbindungen mit Natriumperborat, mit der er das Mangan zusammen mit Kobalt und Nickel vom Zink trennt und das Mangan(II)-ion als MnO_2 fällt.

Ausführung. Zur lauwarmen Lösung, die etwa 20%ig an Kali- oder Natronlauge ist, gibt man allmählich festes Perborat. Mangandioxyd scheidet sich aus. Nach Filtrieren kann Zink im Filtrat und Mangan durch Schmelzen des Rückstandes mit Kaliumhydroxyd als Manganat nachgewiesen werden. Der Wert der Reaktion liegt in der Trennungsmöglichkeit vom Zink in stark alkalischer Lösung.

6. Nachweis durch Oxydation mit Kaliumchlorat (z. B. in metallischem Eisen, Nickel oder Kobalt).

Von TREADWELL wird ein Nachweisverfahren nach HAMPE angegeben, bei dem das Mangan durch Oxydation mit Kaliumchlorat als Mangandioxyd abgeschieden wird und anderweitig identifiziert werden kann.

Ausführung. 0,5 bis 1 g des Materials werden mit 70 cm^3 Salpetersäure (D 1,2) behandelt und nach der ersten heftigen Reaktion bis zum Sieden erhitzt, bis sich keine braunen Dämpfe mehr entwickeln. Unter weiterem Sieden setzt man 12 g Kaliumchlorat hinzu und dampft auf 5 bis 10 cm^3 ein. Mangan hat sich nun als Dioxydhydrat nach der Gleichung:

$$Mn^{\cdot\cdot} + 2\,ClO_3' + H_2O = MnO_2 \cdot H_2O + 2\,ClO_2$$

abgeschieden. Der Niederschlag wird nach Zugabe von 200 cm^3 Wasser filtriert und mit kaltem Wasser ausgewaschen. Bei Anwesenheit nur geringer Mengen wird der Niederschlag mit dem Filter verascht, der Rückstand mit einigen Tropfen Schwefelsäure und Wasserstoffperoxyd erwärmt und das Mangan nach der CRUMschen oder MARSHALLschen Reaktion identifiziert.

Nach TREADWELL kann man auch mit Ammoniumpersulfat zum Mangandioxyd oxydieren, jedoch nicht bei Anwesenheit von Kobalt, welches katalytisch die Oxydation zum Permanganat bewirkt.

7. Nachweis als Mangan(IV)-oxyd durch Elektrolyse.

ROLLET beobachtete, daß unter der Einwirkung eines Wechselstromes (50 Phasen in der Sek.) bei Verwendung von Platin- oder Nickelelektroden sich in einer Nickelsalzlösung, die eine geringe Menge Mangan enthielt, nach einiger Zeit eine braune Trübung bildete, die sich am Boden des Gefäßes absetzte. Zuweilen bedeckte der aus MnO_2 bestehende Niederschlag im Beginn seiner Entstehung die Elektroden als dünne braune Schicht.

Bei Mangangehalten von der Größenordnung 10^{-3} (gemeint ist wahrscheinlich 0,1%!) erschien der Niederschlag nach einigen Minuten, bei Gehalten, die über 10^{-2} lagen, erst nach einigen Stunden. Die Temperatur des Bades muß für diese Abscheidung unter 30° liegen. Bei 0° muß die Stromdichte 0,2 Amp., bei 20° 0,7 Amp. pro 1 cm^2 übersteigen. Die Säurekonzentration des Bades kann 0,5 n bis 0,005 n sein. Der Niederschlag entsteht unabhängig vom Anion des Nickelsalzes. Die Gegenwart von Nickelsalzen ist unbedingt notwendig, bei deren Abwesenheit unterbleibt die Fällung des Manganniederschlages, der der Formel $MnO_2 \cdot H_2O$ entspricht. Zur quantitativen Fällung des Mangans ist es auch notwendig, daß es nur in geringer Menge zugegen ist.

Die Reaktion soll den Nachweis geringster Manganspuren in Nickelsalzen erlauben, man erhält den charakteristischen braunen Niederschlag noch bei unter 10^{-4} liegenden Mangangehalten. Auch ermöglicht das Verfahren die Befreiung der Nickelsalze von diesen Verunreinigungen ohne die Einführung fremder Bestandteile. Anscheinend enthalten alle Nickelsalze des Handels geringe Manganmengen.

8. Nachweis durch Oxydation zum Mangantetrachlorid nach DE KONINCK.

Manganverbindungen, die mit rauchender Salzsäure gekocht und etwas Salpetersäure oxydiert werden, rufen in der Lösung eine dunkelgrünschwarze Färbung mit gelblichem Stich hervor, die der Bildung von $MnCl_4$ zuzuschreiben ist. Die Farbe ist wenig charakteristisch.

Ausführung. Die zu prüfende Substanz wird in rauchender Salzsäure gelöst; nach dem Aufkochen gibt man 1 bis 2 Tropfen Salpetersäure (D 1,35 bis 1,40) hinzu. Bei Anwesenheit von Mangan tritt die dunkelgrüne Farbe auf, die sich in konzentrierter salzsaurer Lösung hält, aber bei anhaltendem Kochen verschwindet. Ebenso verschwindet sie sofort beim Verdünnen mit Wasser.

Erfassungsgrenze nach JENSEN etwa 0,05 mg Mn.

9. Nachweis mit Natriumhypobromit und Glycerin.

GUTZEIT gibt an, daß bei Zugabe von Natriumhypobromit zu Mangansalzlösungen, die man vorher mit Glycerin versetzt hat, eine braune Farbe auftritt, die in ein intensives Rot übergeht.

IV. Reaktionen, bei denen Oxydation zum Permanganat eintritt.

Da die Farbe der Permanganationen auch in geringer Konzentration sehr gut zu erkennen ist, beruhen auf der Oxydation von Manganverbindungen zur Permanganatstufe die empfindlichsten Nachweisreaktionen. Neben der altbewährten CRUMschen sowie der MARSCHALLschen Reaktion sind besonders der Nachweis mit Tetrabase, mit p-Phenetidin sowie der durch $Cu^{\cdot\cdot}$-Ionen katalysierte als beste Mangannachweisreaktionen überhaupt hervorzuheben. Die durch Katalyse bewirkten Reaktionen sind daher ganz besonders wichtig.

α) *Oxydation ohne katalytische Vorgänge.*

1. Nachweis mit Blei(IV)-oxyd (CRUMsche Reaktion).

Die Nachweisreaktion mit Bleidioxyd, bei der Mangan zum Permanganat oxydiert wird, ist eine der ältesten, empfindlichsten und besten. CRUM hat sie zuerst

1845 angewandt. Es bestand dann zeitweise Unklarheit darüber, ob die bei der Reaktion entstehende violett-rote Farbe dem Permanganat oder einem Mangan(III)-salz zuzuschreiben wäre. ROSE nimmt letzteres an. Doch wurde von HOPPE-SEYLER nachgewiesen, daß das Absorptionsspektrum der erhaltenen Lösung mit dem des Permanganats übereinstimmt und nicht einem Mangan(III)-salz zukommen kann. Der Nachweis wird in stark salpetersaurer Lösung ausgeführt, allerdings wird von DYRMONT, WALJASCHKO sowie SCHEINKMANN die Anwendung von Schwefelsäure vorgezogen.

Der Oxydationsvorgang verläuft nach folgendem Schema:

$$2\,Mn^{\cdot\cdot} + 5\,PbO_2 + 4\,H^{\cdot} \longrightarrow 2\,MnO_4' + 5\,Pb^{\cdot\cdot} + 2\,H_2O.$$

Chlorid darf nicht zugegen sein, da Reduktion des Permanganations nach

$$2\,MnO_4' + 16\,H^{\cdot} + 10\,Cl' \longrightarrow 2\,Mn^{\cdot\cdot} + 5\,Cl_2 + 8\,H_2O$$

eintreten kann.

a) Übliche Ausführung. Eine kleine Menge der zu prüfenden Lösung wird mit 2 cm³ konzentrierter Salpetersäure und 0,5 bis 1 g Bleidioxyd versetzt. (Das Bleidioxyd muß manganfrei sein, was durch einen Blindversuch zu prüfen ist.) Nun wird einige Minuten zum kräftigen Sieden erhitzt. Nachdem sich das aufgewirbelte überschüssige Bleidioxyd abgesetzt hat, kann bei Anwesenheit von Mangan die rotviolette Permanganatfarbe beobachtet werden. Ein Filtrieren der Lösung ist nicht zu empfehlen, da gebildetes Permanganat möglicherweise durch organische Verunreinigung des Filtrierpapiers reduziert werden könnte. Auch muß darauf geachtet werden, daß sich das Bleidioxyd nach dem Kochen gut sedimentiert hat, da in der Lösung schwebende Teilchen von Bleidioxyd unter Umständen eine violette Tönung hervorrufen können.

Bei Anwesenheit großer Mengen Mangan versagt der Nachweis, da konzentrierte Permanganatlösung durch Salpetersäure nach

$$HMnO_4 + HNO_3 = MnO_2\downarrow + NO_2 + H_2O + O_2$$

zersetzt wird.

Nach den „Tabellen der Reagenzien" lassen sich noch 25 γ in 5 cm³ nachweisen (s. a. CURTMAN und JOHN).

b) Arbeitsweise mit verdünnter Salpetersäure nach **MEERBURG.** MEERBURG kocht die zu prüfende Lösung mit 10 cm³ Wasser und 2 cm³ verdünnter Salpetersäure (D etwa 1,2) im Reagensglas und gibt in die noch heiße Lösung je nach der vorhandenen Menge an Mangan Bleidioxyd bis zu einer Messerspitze voll hinzu. Auf diese Weise konnten noch 3 bis 4 γ Mn nachgewiesen werden (das sind 1,5 γ in 5 cm³).

c) Arbeitsweise mit Schwefelsäure. DYRMONT führt diese Reaktion mit Schwefelsäure aus, wodurch die Tatsache sich vorteilhaft bemerkbar machen soll, daß mit zunehmender Mangankonzentration die Violettfärbung intensiver als bei Anwendung von Salpetersäure auftritt. WALJASCHKO bestätigt diesen Befund und gibt an, daß unter den im folgenden beschriebenen Bedingungen die Farbintensitäten nach 1 Min. 4mal, nach 6 Min. 8mal so intensiv wie bei Anwendung von Salpetersäure (D 1,2) sind. Außerdem tritt bei Salpetersäureanwendung bei längerem Kochen eine Abnahme der Farbintensität ein, während bei der Schwefelsäure im Gegenteil eine Zunahme zu beobachten ist. Dies wird folgendermaßen erklärt: Bei der Reaktion in salpetersaurer Lösung entsteht ein manganhaltiger Niederschlag, der von der Säure schwer angegriffen wird, während in schwefelsaurer Lösung das Mangan des entstehenden Niederschlags mit der Zeit von der Säure in Mangansulfat überführt und so der Reaktion nicht entzogen wird.

Beim 5 Min. langen Kochen von 10 cm³ 10%iger Schwefelsäure, 1 g Bleidioxyd und 0,5 n Mangansulfatlösung tritt eine dunkle Violettfärbung ein. Die Reaktion verläuft nach folgender Gleichung:

$$2\,MnSO_4 + 5\,PbO_2 + 3\,H_2SO_4 = 2\,HMnO_4 + 5\,PbSO_4 + 2\,H_2O.$$

Die Oxydation des Mangans verläuft aber nicht vollständig, höchstens bis 30%. Essigsäure ist nicht anwendbar. Statt Bleidioxyd kann auch Mennige verwandt werden, doch ist dieses vorher mit 10%iger Schwefelsäure aufzukochen und abzudekantieren (s. a. VOLHARD).

ŠTĚRBA-BÖHM und PISARIČEK kochen die chlorid- und nitratfreie Lösung ½ Std. mit 30%iger Schwefelsäure und Bleidioxyd. An der Rotfärbung durch Permanganat können sie noch Mangan in einer Konzentration von $6 \cdot 10^{-7}$ erkennen. SCHEINKMANN arbeitet bei dieser Reaktion ebenfalls mit 2 n Schwefelsäure. (Über die Anwendung der Reaktion bei organischem Material s. PICHARD, S. 200, sowie BABKIN.)

Chlorid darf höchstens in Spuren anwesend sein (s. oben). Metalle mit gefärbten Ionen stören in größerer Konzentration, da dann die Permanganatfärbung nicht mehr einwandfrei zu erkennen ist. So geben CURTMAN und JOHN an, daß bei Vorliegen von 500 Teilen Eisen neben einem Teil Mangan die Reaktion beeinflußt wird. BÖSCHE gibt darum eine Arbeitsweise neben Eisen an.

d) Arbeitsweise neben Eisen. Die störende Färbung des Eisen(III)-ions wird dadurch ausgeschaltet, daß man starke Phosphorsäure zugibt, die mit Eisen farblose Komplexe bildet. Der Autor löst 0,1 g des vorliegenden Metalles in 10 cm³ Salpetersäure (D 1,2 bis 1,3) im Reagensglas und kocht bis zum Aufhören der Gasentwicklung. Dann setzt er 0,5 g PbO_2 und einige Kubikzentimeter konzentrierte Salpetersäure hinzu und läßt weiterhin 2 Min. sieden. Nachdem das Bleidioxyd sich abgesetzt hat, wird das Eisen(III)-ion mit 0,5 cm³ starker Phosphorsäure (D 1,7 = 80%) entfärbt. Die braune Farbe des Eisensalzes fällt wie ein Schleier, und es tritt, falls Mangan vorhanden ist, das Violett des Permanganats deutlich hervor. 40 γ konnten so noch in 4 cm³ neben der 150fachen Eisenmenge nachgewiesen werden.

e) Ausführung bei kleinen Manganmengen. Zum mikrochemischen Nachweis wird wie folgt verfahren: Die zu untersuchende Lösung wird auf ein kleines Volumen, etwa 0,2 cm³, eingeengt. In einem Probierröhrchen von 8 cm Länge und 0,8 cm lichter Weite versetzt man mit einer Spur Bleidioxyd, 5 Tropfen konzentrierter Salpetersäure und 1 Tropfen Phosphorsäure zur Entfärbung. Auf diese Weise konnten noch 0,002 mg Mangan nachgewiesen werden.

2. Nachweis durch Oxydation zum Permanganat durch Perjodat.

Kaliumperjodat wirkt auf eine Mangan(II)-salzlösung oxydierend ein; es entsteht sofort ein tiefroter Niederschlag, bei verdünnten Lösungen tritt nur Rotfärbung ein. Nach BENEDICT löst sich der Niederschlag leicht in Salzsäure unter Chlorentwicklung. Mit Natronlauge entsteht eine schwarze Substanz, wahrscheinlich hydratisiertes Mangandioxyd, mit Ammoniak tritt die gleiche Umwandlung langsamer ein. Nach WILLARD und GREATHOUSE wird durch anwesende freie Säure in genügender Konzentration eine Fällung verhindert und eine vollständige Oxydation nach folgender Gleichung gewährleistet:

$$2\,Mn(NO_3)_2 + 5\,KJO_4 + 3\,H_2O = 2\,HMnO_4 + 5\,KJO_3 + 4\,HNO_3.$$

a) Ausführung. Eine Lösung von Kaliumperjodat (nach WILLARD und GREATHOUSE kann auch Natriumperjodat $NaJO_4$ oder Natriumparaperjodat $Na_3H_2JO_6$ verwendet werden) wird zur prüfenden Lösung gegeben.

Die Violettfärbung tritt noch in 1/10000 n $MnCl_2$-Lösung auf: Grenzkonzentration 1:160000; nach den „Tabellen der Reagenzien" jedoch nur 1:30000. Die Empfindlichkeit ist nach BENEDICT in der Kälte in neutraler Lösung größer als in der ammoniakalischen. Ein Erwärmen der ammoniakalischen Lösung ist nur bei Anwesenheit sehr geringer Mengen an Mangan nötig.

b) Arbeitsweise bei Gegenwart von Zink. Nach BENEDICT eignet sich diese Reaktion ausgezeichnet zum gleichzeitigen Nachweis von Mangan und Zink. Reine Zinksalzlösungen geben mit Perjodat einen weißen Niederschlag. Bei Gegenwart von Ammoniumchlorid und Ammoniak wird in der Kälte die Fällung vollkommen verhindert, wenn nicht allzu große Mengen Zink vorliegen; in diesem Falle fällt das Zink teilweise in der Kälte, beim Erhitzen zum Sieden vollkommen aus.

Ausführungen. Die zu prüfende Lösung wird mit Ammoniumchlorid und Ammoniak versetzt und einem kleinen Teil derselben ein Tropfen einer 0,1 n KJO_4-Lösung zugefügt. Bei Anwesenheit von Mangan tritt eine rosa oder rote Farbe auf.

***c) Arbeitsweise nach* WOOD *und* FLEETWOOD.** WOOD und FLEETWOOD prüfen innerhalb der Ammoniumsulfidgruppe auf Grund dieser Reaktion auf Mangan. Der nach der Abtrennung des Nickel- und Kobaltsulfids im Filtrat durch Natriumhydroxyd und Natriumperoxyd erhaltene Niederschlag von u. a. Mangandioxydhydrat wird ausgewaschen und eine kleine Menge auf einem Glasstab aufgenommen, in ein Reagensglas gebracht und in 2 cm^3 konzentrierter Schwefelsäure gelöst. Diese Lösung gießt man aus und benutzt die im Reagensglas zurückbleibende Menge von etwa $\frac{1}{2}$ cm^3 zum Nachweis. Das Reagensglas wird abgekühlt und 5 bis 10 cm^3 der Natriumparaperjodatlösung zugegeben. (1,2 g Natriumparaperjodat und 60 cm^3 manganfreier konzentrierter Schwefelsäure in Wasser zum Liter gelöst). Man erhitzt fast bis zum Sieden. Die blaßrote Färbung des Permanganats erscheint allmählich und ist vollkommen beständig. Es muß darauf geachtet werden, nicht zu viel vom Mangandioxydhydrat von vornherein zu nehmen, da dies die hauptsächlichste Fehlerquelle ist.

Größere Mengen Kobalt stören und müssen vorher entfernt werden.

Darstellung des Natriumparaperjodats: Das Salz erhält man nach HILL durch Einleiten von Chlor in schnellem Strome in eine Lösung von 1 Äquivalent reinem Natriumjodat und 5 Äquivalenten Natriumhydroxyd, wobei mechanisch gerührt wird. Das sehr schwer lösliche Natriumsalz beginnt in wenigen Minuten auszufallen. Man leitet so lange Chlor ein, bis ein Geruch nach Hypochlorit eintritt und die Lösung fast neutral ist. Nachdem der Chlorstrom unterbrochen wurde, wird noch 1 Äquivalent Natriumhydroxyd hinzugefügt und einige Stunden gut gerührt. Bei Gegenwart überschüssiger Lauge geht die Reaktion nach folgender Gleichung:

$$NaJO_3 + Cl_2 + 4\,NaOH \longrightarrow Na_3H_2JO_6\downarrow + 2\,NaCl + H_2O.$$

Der Niederschlag wird abfiltriert und mehrmals gewaschen. Wegen der Schwerlöslichkeit des Salzes ist der Verlust durch das Waschen gering. Ausbeute 80%.

3. Nachweis durch Oxydation zum Permanganat durch Natriumwismutat oder Wismuttetroxyd.

Verbindungen des 5wertigen Wismuts, wie Natriumwismutat $NaBiO_3$ oder Wismuttetroxyd Bi_2O_4, vermögen Mangan(II)-salze zu Permanganaten zu oxydieren (bei Anwesenheit größerer Mengen Salpetersäure).

Ausführung. SCHNEIDER hat diese Reaktion für quantitative Zwecke ausgenutzt; im Prinzip kann man natürlich auch beim qualitativen Nachweis entsprechend verfahren. Er löst die zu untersuchende Substanz (in diesem Falle Stahl) in Salpetersäure (D 1,2). Die Verdünnung ist so zu wählen, daß sich in etwa 2 cm^3 der salpetersauren Lösung 1 mg Mangan befindet. Unter diesen Verhältnissen soll keine Abscheidung von Mangandioxyd durch Einwirkung von Mangan(II)-ion auf das Permanganation eintreten. Man gibt dann einen Überschuß von fein verteiltem Wismuttetroxyd hinzu, wobei sofort die violette Farbe des Permanganations auftritt. CURTMAN und HECHT oxydieren $Mn^{\cdot\cdot}$ mit Natriumwismutat in salpetersaurer Lösung zum Permanganat, welches sie an seiner Entfärbung mit Wasserstoffperoxyd erkennen.

CHAMOT und MASON führen den Nachweis wie folgt aus: Die Substanz wird in konzentrierter Salpetersäure gelöst, dann wird zur Trockene eingedampft. Der

Rückstand wird nochmals mit konzentrierter Salpetersäure behandelt und erneut eingedampft. Dann wird in konzentrierter Salpetersäure gelöst und Natriumwismutat in kleinen Portionen zugegeben, wobei nach jeder Zugabe umgerührt und einige Zeit gewartet wird. Wenn statt der rosa und der purpurnen Farbe eine braune Fällung eintritt, verfährt man folgendermaßen: Man gibt vorsichtig eine möglichst kleine Menge Natriumthiosulfat hinzu, rührt um, läßt stehen und wiederholt die Operation so lange, bis alles Mangandioxyd gelöst ist. Ein Überschuß an Thiosulfat ist zu vermeiden. Zum farblos milchigen Tropfen gibt man 1 oder 2 kleine Tropfen verdünnter Salpetersäure (1:4) und rührt vorsichtig um. Dann wird wieder langsam und vorsichtig Natriumwismutat zugegeben. Die rosa oder purpurne Farbe zeigt Mangan an.

Darstellung des Natriumwismutats: Nach REDDROP und RAMAGE erhält man wie folgt ein chlorfreies Präparat. Man erhitzt 20 Teile Natriumhydroxyd in einem eisernen Tiegel bis nahe zur Rotglut und trägt in kleinen Mengen nach und nach 10 Teile basisches Wismutnitrat ein, das zuvor im Wassertrockenkasten getrocknet wurde. Hierauf gibt man 2 Teile Natriumperoxyd hinzu und gießt die geschmolzene Masse auf eine Eisenplatte aus. Nach dem Erkalten wird die Masse zerstoßen, mit Wasser ausgezogen und einem Asbestfilter gesammelt. Der ausgewaschene Rückstand wird nun im Wassertrockenkasten getrocknet und durch ein feines Sieb getrieben.

Nach ZINTL und SCHEINER erhält man ein reineres Präparat von der Zusammensetzung Na_3BiO_4 auf folgendem Wege: Man vermischt trockenes Bi_2O_3 mit der halben Gewichtsmenge Natriumperoxyd und erhitzt unter Ausschluß von Feuchtigkeit und Kohlensäure anfänglich rasch auf 350° und dann höher bis etwa 600° bis zum Aufhören der Gasentwicklung. Die völlige Umsetzung des Peroxyds ist auch daran zu erkennen, daß erkaltete Proben beim vorsichtigen Eintragen in Wasser keinen Sauerstoff mehr abgeben. Es empfiehlt sich, zwischendurch zu pulvern und nochmals gut durchzumischen, besonders wenn das Produkt in der Kälte nicht einheitlich gelb gefärbt ist.

4. Nachweis durch Oxydation zum Permanganat durch Nickelperoxyd.

Das Nickelperoxyd besitzt die Fähigkeit ebenso wie das Bleidioxyd, Mangan(II)-salze in schwefelsaurer Lösung zum Permanganat zu oxydieren. TUBANDT und RIEDEL empfehlen diesen Nachweis für Spuren von Mangan neben sehr viel Nickel.

Ausführung. Die manganhaltige Lösung wird mit Nickelperoxyd (das Nickelperoxyd braucht nicht frisch gefälltes zu sein, getrocknetes wirkt noch besser, da es sich langsamer löst) versetzt und dann werden einige Tropfen konzentrierte Schwefelsäure zugegeben. Mangan ist dann an einer augenblicklich auftretenden intensiven Rotfärbung der Lösung zu erkennen. Kleine Mengen von Permanganat werden leicht durch die Nickelfarbe verdeckt, im Absorptionsspektrum können aber die Streifen des Permanganates deutlich erkannt werden. Die Reaktion verläuft in der Kälte langsamer als in der Wärme. In der Kälte kann darum das Mangan durch diese Reaktion auch bei Gegenwart verhältnismäßig großer Mengen Chlorwasserstoffs nachgewiesen werden. Spuren können aber nicht mehr erkannt werden. Bei Gegenwart größerer Mengen Mangan tritt nur Oxydation bis zum Mangan(III)-sulfat ein, welches ja unter diesen Bedingungen ebenfalls violett gefärbt ist.

5. Nachweis des Mangans unter Anwendung von Natriumhypochlorit.

LONGINESCU und PETRESCU beschreiben in einem Analysengang auch den Nachweis von Mangan durch Oxydation mit Natriumhypochlorit zum Permanganat. Vorteilhaft ist die Vermeidung einer Anwendung von Salpetersäure (s. a. CHABORSKI).

Ausführung. Die Sulfide der Schwefelwasserstoffgruppe werden mit 4%iger Salzsäure behandelt und abfiltriert, Schwefelwasserstoff durch Kochen entfernt und ein Teil des Filtrates auf Eisen geprüft. Dann gibt man 2 cm³ konzentrierte Eisen(III)-chloridlösung zu, damit bei der nun folgenden Fällung mit Natronlauge grobkörniges Eisenhydroxyd entsteht, welches die Fällung erleichtern soll. Aluminium und Zink bleiben in der überschüssigen Lauge gelöst. Der Niederschlag wird mit heißer Natronlauge gewaschen. Zum Nachweis des Mangans wird eine Probe des Niederschlages mit 10 cm^3 Natriumhypochloritlösung einige Minuten gekocht. Ist Mangan zugegen, so tritt dann die violette Farbe des Natriumpermanganats auf, die beim Filtrieren der Lösung in grün umschlägt. Ein Überschuß an Hypochlorit ist zu vermeiden, da ebenfalls violett gefärbtes Natriumferrat entstehen kann, dessen Farbe allerdings beim Ansäuern mit Essigsäure[1] verschwindet, während die Permanganatfärbung bestehenbleibt.

6. Nachweis durch Oxydation zu Permanganat durch Kaliumbromat.

VITALI schlägt für die Oxydation des 2wertigen Mangans zum Permanganat Kaliumbromat als Oxydationsmittel vor.

Ausführung. Die Manganoxydul enthaltende Substanz wird in verdünnter Schwefelsäure gelöst; dann werden in der Kälte einige Kriställchen von reinem Kaliumbromat zugegeben. Schon in der Kälte tritt eine rot-violette Farbe auf, die mit der Zeit deutlicher wird. Das Chlorat sowie das Jodat geben diese Reaktion nicht, die der Autor auf Permanganatbildung zurückführt.

Empfindlichkeit und Störungsmöglichkeiten werden nicht angegeben.

7. Nachweis von Mangan in Handelszink durch Elektrolyse.

GUYARD beschreibt einen Nachweis von Mangan in Zink. Durch Elektrolyse wird dabei das Mangan anodisch zum Permanganat oxydiert, welches leicht an der violetten Farbe erkannt werden kann.

Ausführung. Die Zinkasche (wahrscheinlich ist Zinkoxyd gemeint) wird in Schwefelsäure gelöst, so daß man eine etwas konzentriertere Zinksulfatlösung erhält. Die Lösung unterwirft man der Elektrolyse. Die Anode besteht aus einem Platinblech. Nach einigen Sekunden kann die violette Farbe des Permanganats an der Anode beobachtet werden. Mit Kieselzinkerz kann ebenso verfahren werden.

β) *Katalytisch beeinflußte Reaktionen.*

1. Nachweis mit Perjodat und Tetrabase.

Zum Nachweis kleiner Mengen Mangan geben TILLMANS und MILDNER ein Verfahren an, welches eine Kombination vom Nachweis mit Perjodat nach BENEDICT und vom Nachweis mit ARNOLDscher Base (Tetrabase = p-Tetramethyl-diamino-diphenyl-methan)

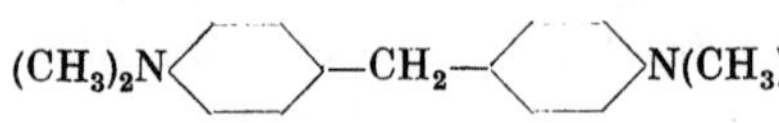

darstellt. Durch Perjodat wird Mangan zum Permanganat oxydiert:

$$2\,Mn^{\cdot\cdot} + 5\,JO_4' + 3\,H_2O = 2\,MnO_4' + 5\,JO_3' + 6\,H^{\cdot}.$$

Bei kleineren Mengen von Mangan ist die Permanganatfärbung schwer zu erkennen. In diesem Falle tritt aber bei Zugabe einer Lösung von Tetrabase in Chloroform eine intensive Blaufärbung auf, die auf ein Oxydationsprodukt der Tetrabase zurückzuführen ist. Das Permanganat wirkt hier oxydierend auf die Base und wird dabei selbst zum Mangan(II)-salz reduziert. Durch überschüssiges Perjodat wird dieses jedoch wieder zum Permanganat oxydiert usw. Das Mangan läßt sich also in diesem Falle durch seine katalytische Wirksamkeit erkennen.

Ausführung. FEIGL gibt die Ausführungsweise dieses Nachweises folgendermaßen an: Man bringt in die Vertiefung einer Tüpfelplatte einen Tropfen der zu untersuchenden Lösung und nacheinander je einen Tropfen einer gesättigten Lösung von Kaliumperjodat, 2 n Essigsäure und 2 Tropfen einer 1%igen Lösung der Tetrabase in Chloroform. Je nach der anwesenden Manganmenge erhält man eine mehr oder

[1] Rein, frei von Ameisensäure.

weniger intensive Blaufärbung. TILLMANS und MILDNER, die Mangan in Wasser nachweisen wollen, schütteln dieses mit festem Perjodat, säuern mit Essigsäure an und geben dazu die Lösung der Tetrabase in Chloroform.

Erfassungsgrenze: 0,001 γ Mn.

Grenzkonzentration: 1:50000000.

Störungen treten durch Chrom auf, welches zum Chromat oxydiert wird und dann ebenfalls eine Blaufärbung der Tetrabase hervorruft. TILLMANS und MILDNER trennen störendes Eisen vorher mit Zinkoxyd ab (s. a. LUCAS und GRASSNER). Ausführung in der Wasseranalyse s. S. 197.

2. Nachweis durch Oxydation zum Permanganat durch Kaliumperjodat mit p-Phenetidin als Katalysator.

Durch Perjodsäure wird das Mangan(II)-ion zum Permanganat oxydiert, und zwar bei höherer Temperatur und in saurer Lösung. Die Reaktion geht jedoch langsam vor sich; selbst größere Mengen von Perjodsäure bewirken nur nach längerer Zeit eine schwache Rosafärbung. Geringe Permanganatmengen färben aber p-Phenetidin unter Oxydation augenblicklich lebhaft violett-rot, während die Perjodsäure nur langsam auf das p-Phenetidin einwirkt, so daß durch diesen katalytischen Vorgang geringe Permanganatmengen noch gut erkannt werden können (SZEBELLÉDY und BÁRTFAY).

p-Phenetidin

Eine Variante dieses Nachweises wird von LÁSZLÓ ERDEY angegeben, der Diäthylanilin und Kaliumperjodat als Oxydationsmittel verwendet und eine Erfassungsgrenze von $10^{-5}\,\gamma$ und Grenzkonzentration $1:5{,}10^{10}$ angibt.

Reagenzien: 1. Eine 0,1%ige Lösung von p-Phenetidinchlorhydrat.

2. Eine bei 20° gesättigte wäßrige Lösung von Kaliumperjodat.

a) Ausführung. In zwei gleichen „weißen" Reagensgläsern wird in das eine 4,5 cm³ der zu prüfenden Lösung, in das andere ebensoviel destilliertes Wasser gegeben und zu beiden 0,5 cm³ der gesättigten Kaliumperjodatlösung zugegeben. Aus einer Bürette mit Feinteilung läßt man 0,1 cm³ der 0,1%igen p-Phenetidinlösung in jedes Reagensglas fließen und schüttelt diese um. Bei Anwesenheit von Mangan entsteht eine immer stärker werdende violett-rote Färbung, die in 2 bis 3 Min. das Maximum ihrer Intensität erreicht hat. Die Vergleichslösung färbt sich erst nach ungefähr 10 Min. schwach rosa, bei Wasserbadtemperatur ist die Färbung stärker. Man arbeitet deshalb bei Zimmertemperatur. Die zu untersuchende manganhaltige Lösung muß vorher sorgfältig neutralisiert werden, da in stark saurer Lösung keine Rotfärbung eintritt und in schwach saurer Lösung die Empfindlichkeit der Reaktion wesentlich verringert ist.

Erfassungsgrenze: 0,001 γ Mn.

Grenzkonzentration: 1:5000000000.

Durch Chlorid wird der Nachweis nicht gestört. Ein Teil Mangan konnte noch neben 100000000 Teilen Natriumchlorid nachgewiesen werden.

b) Arbeitsweise in Gegenwart von Chrom. Salze des 3wertigen Chroms werden von Perjodsäure zu Chromat oxydiert; aber im Gegensatz zum Permanganat wirkt das gebildete Chromat auch nach längerer Zeit nicht oxydierend auf das p-Phenetidin, so daß es nicht zur Bildung des violett-roten Oxydationsproduktes kommt. Darum kann der Nachweis mit p-Phenetidin auch neben Chrom geführt werden; die gelbe Farbe des Chromates verdeckt allerdings die bei Gegenwart von Mangan auftretende violettrote Farbe, wodurch die Empfindlichkeit etwas herabgesetzt wird. Der Mehrverbrauch an Kaliumperjodat durch die Oxydation des 3wertigen Chroms zum Chromat muß berücksichtigt werden und die bei der Reaktion entstehende Säure durch Natriumacetat abgestumpft werden.

Ausführung. 0,5 g Natriumacetat werden in 1 cm^3 der zu prüfenden Lösung gelöst und mit 10 cm^3 der gesättigten Kaliumperjodatlösung versetzt. Nach 1 bis 2 Min. wird aus der Bürette 0,2 cm^3 0,1%ige p-Phenetidinchlorhydratlösung zugegeben. Im Kubikzentimeter darf höchstens 1 mg Cr enthalten sein. Die Reagenzien müssen in der angegebenen Reihenfolge zugegeben werden. Es kann so noch ein Teil Mangan neben 1000 Teilen Chrom nachgewiesen werden.

c) Arbeitsweise in Gegenwart von Eisen. Der Mangannachweis wird sehr häufig in Gegenwart von Eisen zu führen sein. Das Eisen(III)-ion gibt nun aber auch mit p-Phenetidin eine rote Färbung, was sich beim Mangannachweis störend bemerkbar machen würde. Die Störung kann aber dadurch ausgeschaltet werden, daß das Eisen durch Zugabe von Natriumfluorid stark komplex gebunden wird.

Ausführung. Vor Zugabe der Perjodatlösung werden 0,5 g Natriumfluorid zugesetzt, und es wird wie oben gearbeitet. Ein Teil Mangan kann noch neben 1000 Teilen Eisen nachgewiesen werden.

d) Störungen anderer Kationen. Mit je 0,1 g Kaliumnitrat, Calciumchlorid-Hexahydrat und Strontiumnitrat wurde keine Störung beobachtet, mit 0,1 g Ammoniumchlorid auch nicht, wenn Verunreinigungen von $Fe^{\cdots}$ durch Natriumfluorid ausgeschaltet wurden; neben 0,1 g Bariumchlorid-Dihydrat sind nur 1 γ Mn nachweisbar. Größere Mengen wie 0,001 g $Co^{\cdot\cdot}$ stören ebenfalls. Neben 0,01 g Nickelsulfat-Heptahydrat und 0,01 g $Zn^{\cdot\cdot}$ sind noch 1 γ Mn nachweisbar. 0,01 g Alaun stört auch nicht, wenn die Lösung mit 0,5 g Natriumacetat abgestumpft wird; auch durch 0,001 g $Sn^{\cdot\cdot\cdot\cdot}$ bei Gegenwart von 0,5 g Natriumacetat keine Einwirkung.

0,01 g $Cd^{\cdot\cdot}$ geben bei Acetatzusatz mit dem Perjodat einen dichten weißen Niederschlag, während die Manganfärbung ausbleibt. Bei Gegenwart von nur 0,001 g $Cd^{\cdot\cdot}$ tritt in der manganhaltigen Probe eine dunkelrosa Färbung auf.

Bei 0,001 g $Bi^{\cdots}$ tritt auch ein weißer Niederschlag auf, doch kann noch 1 γ Mn gut nachgewiesen werden. 0,01 g $HgCl_2$ stört bei Acetatzusatz nicht. Bei Gegenwart von $Ag^{\cdot}$ tritt Bildung von braunem Silberperoxyd ein; das Silber ist infolgedessen vorher durch 0,5 g Natriumchlorid auszufällen. Die Flüssigkeit über dem Niederschlag ist in Gegenwart von Mn stark violett gefärbt.

Neben 0,001 g Kupfersulfatpentahydrat und Acetatzusatz kann noch 1 γ Mn an der Rosafärbung der überstehenden Lösung erkannt werden. Ebenso tritt diese Rosafärbung in Gegenwart von nicht mehr als 0,001 g Bleinitrat bei Acetatzusatz auf.

3. Nachweis durch Oxydation zum Permanganat durch Ammoniumpersulfat mit Silberionen als Katalysator (MARSHALLsche Reaktion).

Nach MARSHALL wird das Mangan(II)-ion mit Kalium- oder Ammoniumpersulfat in saurer Lösung vollständig als Mangandioxydhydrat abgeschieden. Eine Bildung von Permanganat tritt nur spurenweise ein. Bei Gegenwart geringer Mengen von löslichen Silbersalzen tritt jedoch Oxydation bis zum Permanganat ein. Offenbar handelt es sich hier um eine katalytische Beeinflussung der Reaktion, obgleich auch Angaben in der Literatur vorhanden sind, die dieser Auffassung widersprechen (KROPF, POPOW).

SCHOWALTER nimmt als intermediäres Produkt ein Silberperoxyd Ag_2O_2 an, während TRAVERS eine Molekülverbindung 3 $Ag_2O_2 \cdot AgNO_3$ für den Sauerstoffüberträger hält. Die Reaktion hält er für umkehrbar und formuliert sie folgendermaßen:

$$7\,AgNO_3 + 3(NH_4)_2S_2O_8 + 6\,H_2O \rightleftarrows 3\,Ag_2O_2 \cdot AgNO_3 + 3(NH_4)_2SO_4 + 3\,H_2SO_4 + 6\,HNO_3.$$

Durch Vergrößerung der Säurekonzentration wird das Gleichgewicht nach links verschoben und das gebildete Doppelsalz 3 $Ag_2O_2 \cdot AgNO_3$ wird wieder zersetzt. Bei Gegenwart von Mangan(II)-salz wird dieses jedoch durch das Silberperoxyd oxydiert, und durch Neubildung von Ag_2O_2 verläuft die Reaktion von links nach rechts. Durch Temperaturerhöhung tritt auch eine Verschiebung nach rechts ein.

PINKUS und RAMAKERS nehmen einen Reaktionsverlauf an, der in zwei Stufen vor sich geht:

$$\text{I. } 2\,Ag^{\cdot} + S_2O_8'' + 2\,H_2O \rightleftarrows Ag_2O_2 + 2\,SO_4'' + 4\,H^{\cdot}.$$
$$\text{II. } 2\,Mn^{\cdot\cdot} + 5\,Ag_2O_2 + 4\,H^{\cdot} \longrightarrow 2\,MnO_4' + 10\,Ag^{\cdot} + 2\,H_2O.$$

Der erste Vorgang ist der langsamere und damit der geschwindigkeitsbestimmende.

FEIGL formuliert den Oxydationsvorgang folgendermaßen:

$$2\,Mn^{\cdot\cdot} + 5\,S_2O_8'' + 8\,H_2O \rightleftarrows 2\,MnO_4' + 10\,SO_4'' + 16\,H^{\cdot}$$

und nimmt außerdem intermediäre Bildung von Silber(II)-persulfat an, welches eine Oxydationsfähigkeit besitzt, die dem Alkalipersulfat nicht zukommt. Danach liegt die katalytische Wirksamkeit im reversiblen Übergang der beiden Oxydationsstufen des Silbers.

KROPF hält allerdings den Oxydationsvorgang für keinen katalytischen. Er fand, daß mit steigendem Zusatz von Silbersalz auch die Menge des gebildeten Permanganats zunahm, bis zu einem bestimmten Zusatz quantitativ die Permanganatbildung eingetreten war. POPOW behauptet sogar, die Oxydation unter bestimmten Bedingungen auch bei Abwesenheit von Silbersalzen ausführen zu können.

Nach KOLTHOFF und LIVINGSTONE katalysiert das Silberion diese Reaktion nicht nur in saurem, sondern auch in stark alkalischem Medium.

a) Nachweis in saurem Medium. Ausführung. FEIGL gibt einen Tropfen der zu prüfenden Lösung in einen Mikroporzellantiegel, fügt einen Tropfen konzentrierte Schwefelsäure und einen Tropfen 0,1%ige Silbernitratlösung hinzu, verrührt, trägt eine Messerspitze festes Ammoniumpersulfat ein und erwärmt schwach. Bei Anwesenheit von Mangan tritt Violettfärbung ein.

Nach MARSHALL soll nicht zuviel freie Säure vorhanden sein; statt zum Sieden zu erhitzen, ist es besser, bei mittlerer Temperatur stehenzulassen. Die Anwesenheit von nur geringen Manganmengen sowie von nur wenig Silber ist von Vorteil, da anderenfalls die Ausscheidung von Braunstein oder Silberperoxyd die Violettfärbung verdecken kann.

Nach Erfahrungen des Verfassers ist es notwendig, einen großen Überschuß an $(NH_4)_2S_2O_8$ zu verwenden. Beim schwachen Erwärmen tritt die Violettfärbung erst nach einer gewissen Zeit und häufig auch über eine vorübergehende Braunfärbung auf.

WALTERS machte die Beobachtung, daß feuchtes Ammoniumpersulfat sehr scharf und schnell oxydierend wirkte, während trockenes Salz langsam und unvollkommen wirkte. Ebenso wie STEHMANN gibt er darum zum festen Salz 10 cm^3 Wasser/Pfund in die Vorratsflasche.

MARSHALL gelang es, noch 1 γ Mn in 0,5 cm^3 nachzuweisen.

Grenzkonzentration also 1:500000.

Erfassungsgrenze nach FEIGL: 0,1 γ Mn (s. a. LUCAS und GRASSNER).

Halogenide, die das katalytisch wirksame Silberion ausfällen würden, dürfen ebenso wie andere Ionen, die mit Silberionen schwer lösliche Salze bilden, nicht anwesend sein. Da unter den Bedingungen dieser Reaktion auch Chrom zum Chromat oxydiert werden kann, gibt KARLSLAKE eine Arbeitsweise zum Nachweis der beiden Elemente nebeneinander an.

Arbeitsweise bei Gegenwart von Chrom. Die kalte Lösung mit dem zu suchenden Mangan (salpeter- oder schwefelsauer) versetzt man mit 1 bis 2 cm^3 Silbernitratlösung der gewöhnlichen Konzentration, fügt verhältnismäßig viel (2 bis 5 g) festes Kaliumpersulfat hinzu und erwärmt vorsichtig, bis die Sauerstoffentwicklung vorüber ist. Mangan ist dann in Permangansäure und Chrom in Chromsäure übergeführt. Die Permanganatfärbung tritt zuerst auf und ist meist während der ersten Augenblicke des Erhitzens am besten erkennbar. Das Chrom wird dann als Perchromsäure identifiziert. Halogenide müssen natürlich auch hier abwesend sein, und Mangan darf nur in kleinen Mengen vorliegen, da sonst Mangandioxydhydrat ausfällt und die Oxydation nicht bis zum Permanganat geht.

Nachweis in Zinklegierungen. Die Reaktion wird auch von PASSER und LEOPOLDI zum Nachweis des Mangans in Zinklegierungen ohne Zerstörung des betreffenden Werkstoffes empfohlen.

Ausführung. Die blanke Metalloberfläche wird mit einem Tropfen Salpetersäure 1:1 befeuchtet, die Reaktionslösung nach 2 bis 3 Min. in eine kleine Schale gespült und etwas mit Ammoniak abgestumpft. Zu der noch sauren Lösung fügt man einige Tropfen Silbernitrat und etwas Ammoniumpersulfat. Nach kurzem Erhitzen zeigt eine auftretende Rosafärbung die Anwesenheit von Mangan an.

Die Reaktion ist für Mangan spezifisch.

b) Nachweis in schwach alkalischem Medium. KOLTHOFF und LIVINGSTONE geben folgende Arbeitsvorschrift für diesen Nachweis in schwach alkalischer Lösung: 50 mg Magnesiumoxyd, welches wie nachstehend als manganfrei befunden wurde, ein Tropfen 0,1%ige Silbernitratlösung und 0,2 bis 0,3 g Kaliumpersulfat werden in ein 10 cm³ Probelösung enthaltendes Reagensglas gegeben. Dieses wird 3 bis 4 Min. in ein kochendes Wasserbad gestellt. Man läßt den Niederschlag sich absetzen. Bei Gegenwart von Mangan ist die überstehende Lösung violett gefärbt.

Erfassungsgrenze: 0,3 mg Mn/l.

Es sollen nicht mehr wie 10 mg Mn/l vorhanden sein. Die Reaktion ist spezifisch, jedoch stören Kobalt und Nickel. 0,05 mg Nickel haben keinen Einfluß auf die Empfindlichkeit, die gleiche Menge Kobalt setzt sie jedoch stark herab. Chloride stören ebenfalls.

c) Nachweis in stark alkalischem Medium. Die gleichen Autoren beschreiben auch einen Arbeitsgang in stark alkalischer Lösung: 10 cm³ Probelösung werden mit einem Tropfen 0,1%iger Silbernitratlösung, 0,5 bis 1 cm³ 4 n Natronlauge und 0,2 bis 0,4 g Kaliumpersulfat versetzt. Man läßt $\frac{1}{2}$ Min. sieden und wartet, bis der Niederschlag sich abgesetzt hat. Bei Anwesenheit von Mangan tritt Rosafärbung der überstehenden Lösung ein.

Erfassungsgrenze: $5\,\gamma$ Mn in 10 cm³.

Kobalt stört, kleine Mengen von Nickel und Kupfer sowie Chlorid stören nicht.

Über die Anwendung des Nachweises in biologischem Material s. S. 200. Siehe auch GROSSET.

d) Nachweis in alkalischem Medium mit Cu^{++}-Ionen als Katalysator. Die Oxydation von Mn^{++} zum MnO_4^- durch Persulfat wird nach GROSDENIS auch durch Kobalt-, Nickel- oder besonders gut durch Kupfersalze katalysiert.

Arbeitsweise bei Gegenwart von Cu^{++} als Katalysator. Zu einem Tropfen der zu untersuchenden Lösung gibt man einen Tropfen 0,1 n $CuSO_4$-Lösung, 1 Kristall $Na_2S_2O_8$ und 2 Tropfen 2 n NaOH und erhitzt zum Kochen. Eine Violettfärbung zeigt Mn an.

Erfassungsgrenze: $0{,}11\,\gamma$.

Grenzkonzentration: $2 \cdot 10^{-5}$ g Mn/cm³.

Chromat stört.

4. Nachweis durch Oxydation zum Permanganat durch Hypochlorit oder -bromit mit $Cu^{\cdot\cdot}$ als Katalysator.

Diese Reaktion, die auch auf der Oxydation des Mangans zum Permanganat beruht, hat den großen Vorteil, auch in Anwesenheit der oft vorhandenen Chlorionen ausführbar zu sein und deren langwierige Entfernung zu vermeiden. Gefärbte Metallkationen wirken bei diesem Nachweis ebenfalls nicht störend, da durch die Ausführung im alkalischen Medium diese als Oxydhydrate gefällt werden. Es werden von den Autoren sowohl Arbeitsweisen mit Alkalihypobromit als auch mit Alkalihypochlorit beschrieben. Das Arbeiten mit Hypobromit ist insofern vorteilhafter, als nicht wie beim Hypochlorit Oxydation des Chlorions zum Cl_2 eintritt. Mangan(II)-salze reagieren mit Alkalihypobromit in alkalischer Lösung nach folgender Gleichung:

$$Mn^{\cdot\cdot} + BrO' + 2\,OH' = MnO_2 + H_2O + Br'.$$

Eine Abscheidung von Braunstein bzw. höheren Manganoxyden tritt ein. Bei Ausführung dieser Reaktion in der Wärme und in Gegenwart geringer Kupfersalzmengen geht die Oxydation bis zum Permanganat, dessen violette Färbung dann auftritt. Diese Reaktion ist auch zum Kupfernachweis herangezogen worden. Doch auch Kobalt- und Nickelsalze können den Oxydationsvorgang katalysieren. FEIGL sowie FEIGL und FRÄNKEL nehmen an, daß an der Oberfläche des Kupferoxyds bzw. Oxydhydrats eine Aktivierung des Hypobromits etwa in Form einer Zerlegung nach

$$NaOBr \longrightarrow NaBr + O$$

erfolgt und daß der gebildete atomare Sauerstoff die Oxydation des 2wertigen Mangans zum 7wertigen zustande bringt.

***a) Arbeitsweise nach* FEIGL *und* FRÄNKEL.** Man gibt zu 3 cm^3 1%iger Kupfersulfatlösung in einer Eprouvette einen Tropfen der Probelösung und 8 bis 10 cm^3 0,1 n Natriumhypobromitlösung. Nach kurzem Kochen tritt je nach dem Mangangehalt in der überstehenden Flüssigkeit eine mehr oder weniger intensive rot-violette Färbung auf.

Erfassungsgrenze: 2,5 γ Mn.

Grenzkonzentration: 1:25000.

In größerer Verdünnung arbeiten die Autoren folgendermaßen: Zu 10 cm^3 der angesäuerten Probelösung in einer Eprouvette gibt man einen Tropfen einer gesättigten Kupfersulfatlösung und etwa 0,5 g eines Gemisches von 0,2 g $KBrO_3$ und 0,3 g KBr. Dann gibt man Kalilauge im Überschuß zu. Beim Kochen dieser Lösung tritt dann die rot-violette Farbe des Permanganates auf.

Erfassungsgrenze: 3 γ Mn.

Grenzkonzentration: 1:2000000.

Zu Störungen kann es bei Anwesenheit von Chrom kommen, welches zu Chromat oxydiert wird und die Erkennung kleiner Permanganatmengen erschwert. TANANAEFF (b) empfiehlt, das Chromation durch Fällung mit Bariumchlorid zu entfernen. Bei Anwesenheit von viel Nickel oder Kobalt muß Kupfer in einer Menge zugegeben werden, die die Menge dieser Metalle übersteigt. Erst dann ist mit Hypobromit zu erhitzen (s. a. LUCAS und GRASSNER).

***b) Arbeitsweise nach* HESLINGA.** HESLINGA oxydiert mit Kalium- oder Natriumhypobromit bei Gegenwart einer die Manganmenge übersteigenden Kupfermenge. Er gibt zur zu prüfenden Lösung Kali- oder Natronlauge und Kupfersulfatlösung, erhitzt und fügt dann Bromwasser hinzu. Bei Vorliegen von Legierungen und Erzen erhitzt er erst mit Bromwasser und dann mit Kalilauge und Kupfersulfatlösungen. Die Empfindlichkeit soll nicht geringer als bei der CRUMschen Reaktion sein, der Nachweis wird bis herab zu Mengen von 5 γ Mn geführt.

***c) Arbeitsweise nach* DUYK.** Nach DUYK bringt man eine schwach alkalische Lösung von Kaliumhypochlorit (1:10) mit der zu prüfenden (nur wenig Mangan enthaltenden) Lösung zum Kochen und fügt einen Tropfen Kupfersulfatlösung hinzu. Zuerst fällt ein Niederschlag von Kupferoxydhydrat; bei weiterem Kochen tritt Violettfärbung der überstehenden Lösung ein. Die Färbung verschwindet bei Gegenwart reduzierender Substanzen. Calcium- und Natriumhypochlorit können ebenfalls als Reagens verwandt werden. Bei zu starker Alkalität der Lösung sowie zu starker Verdünnung wird die Reaktion verhindert.

***d) Arbeitsweise nach* DENIGÈS.** Auch in stark chloridhaltigem Meerwasser kann DENIGÈS (c) den Mangannachweis auf folgende Weise führen: 10 cm^3 der auf

Mangan zu prüfenden Lösung werden mit 3 Tropfen einer 1%igen Kupfersulfatlösung versetzt. Dann gibt man 1 bis 5 Tropfen Eau de Javelle (Kaliumhypochlorit) hinzu, wobei ein Überschuß zu vermeiden ist. Nachdem man 1 Min. gekocht hat oder 5 Min. im siedenden Wasserbad hat stehenlassen, gibt man 1 bis 2 Tropfen Schwefelsäure (1:10) hinzu. Nach der Klärung kann die Rosafärbung beobachtet werden, die noch bei 0,2 mg Mn/l auftritt.

Wenn man einige Tropfen Alkohol hinzufügt und die Lösung in zwei Teile teilt, so kann man im ersten Teil durch Zugabe von 1 bis 2 Tropfen Sodalösung den Umschlag der Färbung über violett, bläulich in grün beobachten, der durch die Manganatbildung verursacht wird. Zum zweiten Teil gibt man 5 bis 6 Tropfen 10%ige Schwefelsäure und erhitzt zum Sieden. Die Rosafärbung schlägt erst in gelb, dann in braun um (MnO_2-Bildung). Später tritt Entfärbung ein (wiederum Bildung von Permanganat).

Selbst bei Anwesenheit von 10 g Cl′/l ist der Nachweis durchführbar.

B. Nachweis des Mangan(III)-ions ($Mn^{\cdot\cdot\cdot}$).

Allgemeines. Das Mangan(III)-ion ist wenig beständig und kann als solches in größeren Konzentrationen schwer erhalten werden. Es geht leicht durch Disproportionierung in $Mn^{\cdot\cdot}$ und $Mn^{\cdot\cdot\cdot\cdot}$ über, von denen die Salze des letzteren ebenfalls leicht hydrolysieren. Durch Verhinderung der Dissoziation kann aber die Beständigkeit von Salzen des 3wertigen Mangans erhöht werden; dies kann einerseits durch einen großen Überschuß an Säure, andererseits durch Bindung des 3wertigen Mangans in komplexer Form bewerkstelligt werden. Die Farbe der Salze des 3wertigen Mangans ist verschieden, je nachdem welcher Komplex vorliegt. Hauptsächlich treten braune bis rote und rot-violette Farbtöne auf. Die rot-violette Farbe darf nicht mit der Permanganatfärbung verwechselt werden (verschiedenes Absorptionsspektrum!).

Analytisch spielt das Mangan(III)-ion bzw. die Mangan(III)-stufe nur insofern eine Rolle, als das Mangan(II)-ion durch Oxydation zu gefärbten Mangan(III)-verbindungen nachgewiesen werden kann. Die entsprechenden Nachweise wurden schon erwähnt. Da das Mangan(III)-ion als solches wegen seiner Unbeständigkeit selten in der Analyse vorkommen wird, spielt sein Nachweis keine derartige Rolle wie der des Mangan(II)-ions. Es gibt auch nur wenige Nachweisreaktionen, die meist auch nur Eigenschaftsangaben über die Salze des 3wertigen Mangans darstellen.

a) Reaktionen des Mn_2O_3.

HOFFMANN (b) gibt folgende Reaktionen des Mn_2O_3 an.

1. Reaktion mit Benzidin.

Feinverteiltes Mn_2O_3 ergibt mit essigsaurem Benzidin eine allmählich stärker werdende blaue Färbung, wie sie beim Mangandioxydhydrat sofort eintritt.

2. Reaktion mit Schwefelsäure.

Die beim Erhitzen von Mn_2O_3 in Schwefelsäure erzeugte Lösung erscheint abgekühlt blaulila, wie Veil 42 bis 46 der OSTWALDschen Normen.

3. Reaktion mit Orthophosphorsäure.

Sirupdicke Lösung der Orthophosphorsäure (D 1,7) von Schering löst Mn_2O_3 violett. Nach dem Abkühlen der Lösung entspricht der rot-violette Farbton der Norm Veil 38. Die rot-violette Färbung ist durch den Komplex $H_3[Mn(PO_4)_2]$ bedingt.

4. Reaktion mit Weinsäure.

$Mn_2O_3 \cdot H_2O$ löst sich nach HOPPE in gesättigter Weinsäurelösung mit roter Farbe auf. Die Lösung entfärbt sich unter Bildung von Mangan(II)-tartrat und Ameisensäure.

5. Färbung der Mangan(III)-salze.

Die Färbung einiger Mangan(III)-salze ist der Färbung der Permanganate ähnlich, doch sind die Absorptionsspektra der verdünnten Lösungen verschieden.

b) Reaktionen des Mn_3O_4.

Für Mn_3O_4 werden folgende ähnliche Reaktionen angegeben:

1. Essigsaure Benzidinlösung ergibt sofort tiefblaue Färbung.
2. Erhitzte Schwefelsäure erzeugt braun-violette Färbungen, die abgekühlt rosa bis rot-violett werden und der OSTWALDschen Farbnorm Veil 38 entsprechen.
3. Sirupdicke Orthophosphorsäurelösung löst es unter Violettfärbung, die sich nach dem Abkühlen kaum verändert und der OSTWALDschen Farbnorm Veil 42 entspricht.

c) Nachweis von 3wertigem Mangan in Glas.

SCHOLES untersucht ein tiefviolettes Glas, welches aus 10 Teilen Sand, 5 Teilen Soda, 6 Teilen Rotblei und 1 Teil Mangandioxyd hergestellt wurde, auf seinen Gehalt an 3wertigem Mangan. In gepulvertem Zustande wird das Glas mit Fluorwasserstoffsäure behandelt oder längere Zeit mit 30%iger Schwefelsäure gekocht. Es bildete sich eine rote Lösung, die durch Oxalsäure entfärbt wurde. Ähnlich zusammengesetzte Gläser verhielten sich ebenso. Durch Permanganat kann die rote Farbe nicht hervorgerufen sein, da dann auch Lösung der Manganverbindung bei längerem Kochen mit Wasser hätte eintreten müssen. Durch Erhitzen von Mangansulfat bis zur partiellen Bildung von Mn_3O_4 und Lösung in Schwefelsäure wurde eine analoge Lösung hergestellt. Diese verhielt sich wie die aus dem Glas erhaltene gegen Oxalsäure und schied beim Verdünnen mit Wasser einen braunen flockigen Niederschlag aus, was auf das Vorhandensein von Mangan(III)-salzen hinweist.

C. Nachweis des 4wertigen Mangans.

Allgemeines. Außer dem beständigen und darum auch in der Natur häufig anzutreffenden Mangandioxyd sind Verbindungen des 4wertigen Mangans analytisch von keiner großen Bedeutung, da sie sehr leicht zerfallen oder hydrolysieren, wenn nicht starke Komplexe vorliegen. Von eigentlichen Nachweisreaktionen des Mn(IV)-ions kann darum auch nicht die Rede sein. Die Angaben beziehen sich wiederum wie beim Mangan(III)-ion nur auf einige Eigenschaften des MnO_2.

a) Wichtige Reaktionen.

FEIGL beschreibt in einer Arbeit die Identifikation von in den gewöhnlichen Lösungsmitteln der qualitativen Analyse unlöslichen Rückständen und dabei auch die Reaktionen des Mangandioxyds MnO_2.

1. Nachweis mit Wasserstoffperoxyd.

Der natürlich vorkommende Pyrolusit (MnO_2) zeigt sich auch gegen konzentrierte Säuren in der Wärme ziemlich beständig. Ebenso wie Bleidioxyd läßt sich aber MnO_2 bei Gegenwart von Wasserstoffperoxyd in verdünnter Salpetersäure bei Zimmertemperatur in Lösung bringen.

Ausführung. Gibt man also auf ein Stäubchen des dunklen Rückstandes auf der Tüpfelplatte erst einen Tropfen 2 n Salpetersäure und dann einen Tropfen 3%iges

Wasserstoffperoxyd, so tritt Entfärbung auf, was auf das Vorliegen von MnO_2, aber gegebenenfalls auch auf PbO_2 hinweist.

2. Nachweis mit Chrom(III)-sulfatlösung.

Wird nach FEIGL eine kleine Menge der MnO_2-haltigen Substanz mit einer stark schwefelsauren Lösung von Chrom(III)-sulfat in einem Mikrotiegel erwärmt, so tritt Oxydation des Chroms zum Chromat ein; letzteres kann nach Erkalten durch Zusatz eines Tropfens einer 1%igen alkoholischen Lösung von Diphenylcarbazid an der eintretenden Violettfärbung erkannt werden. Die verwendete Chrom(III)-sulfatlösung muß völlig chromatfrei sein (Blindversuch!), anderenfalls ist vorher mit schwefliger Säure auszukochen.

b) Weitere Reaktionen.

Das Mangandioxyd gibt dann noch folgende Reaktionen, die aber wenig zur Unterscheidung vom 3wertigen Mangan geeignet sind (HOFFMANN).

1. Reaktion mit Benzidin.

Essigsaure Benzidinlösung gibt sofort deutliche Blaufärbung. FEIGL streicht die Stäubchen des MnO_2-Pulvers auf quantitatives Filtrierpapier auf und tüpfelt mit Benzidinacetatlösung an. Bleidioxyd gibt ebenfalls eine Blaufärbung.

2. Reaktion mit Schwefelsäure.

Schwefelsäure greift Mangandioxyd beim Erwärmen an, wobei $Mn_2(SO_4)_3$ in Lösung geht und eine violette Farbe auftritt, die nach dem Abkühlen violett bis blau-lila (Veil 42 bis 46) erscheint.

3. Reaktion mit Orthophosphorsäure.

Sirupdicke Orthophosphorsäure löst Mangandioxyd rot-lila auf. Während des Abkühlens geht die Färbung in violett über (Veil 42).

4. Reaktion mit Salzsäure.

In kalter Salzsäure löst sich das Mangandioxyd zu einer tiefbraunen Flüssigkeit; das neben $MnCl_4$ entstandene $MnCl_3$ löst sich in Äther mit see- bis laubgrüner Farbe. Das Freiwerden von Chlor kann man am Geruch bemerken.

Diese Reaktionen zeigt z. B. auch der natürliche Pyrolusit.

D. Nachweis des Manganat(V)-ions MnO_4''' und des Manganat(VI)-ions MnO_4''.

Allgemeines. Die Möglichkeit, in der 5wertigen Stufe aufzutreten, wurde für das Mangan von LUX in einwandfreier Weise bewiesen. Es konnten Salze der Zusammensetzung $Na_3MnO_4 \cdot xH_2O$ aus stark alkalischer Lösung isoliert worden, die sich durch hellblaue Farbe in charakteristischer Weise von Salzen anderer Wertigkeitsstufen unterscheiden, in schwächer alkalischen Lösungen aber schon unter Disproportionierung sich zersetzen, z. B. nach

$$2\,Na_3Mn^{V}O_4 + 2\,H_2O \rightleftarrows Na_2Mn^{VI}O_4 + Mn^{IV}O_2 + 4\,NaOH.$$

Spezielle analytische Reaktionen sind für die 5wertigen Manganverbindungen noch nicht angegeben worden.

Das Manganation besitzt eine charakteristische grüne Farbe. In wäßriger Lösung ist es nur im alkalischen Gebiet beständig. In neutraler oder saurer Lösung disproportionieren Manganationen zu Mangandioxyd und Permanganat.

Besondere analytische Nachweisreaktionen sind in der Literatur bisher nicht beschrieben.

E. Nachweis des Permanganations MnO_4'.

Allgemeines. Das wesentlichste Merkmal des Permanganations ist die tiefviolette Farbe, der ein charakteristisches Absorptionsspektrum zugrunde liegt. Als höchste Oxydationsstufe des Mangans wirkt das Permanganation auf viele Reduktionsmittel oxydierend, wobei die Reduktion des Permanganats in saurer Lösung bis zur Mangan(II)-stufe geht, was in der Entfärbung zum Ausdruck kommt, während in alkalischer Lösung die Reduktion nur bis zur 4wertigen Stufe läuft, was an der Entstehung des braunen Mangandioxydhydrates erkannt werden kann. Außer diesen Reduktionsreaktionen sollen noch einige mikrochemische Kristallfällungsreaktionen beschrieben werden, die zur Identifizierung des Permanganations dienen können. Das Permanganation weist Ähnlichkeiten mit dem Sulfation auf, nur ist seine Ladung um eine negative Einheit kleiner, da das Mangan eine um eine positive Einheit größere Ladung wie der Schwefel besitzt. Zum Ausdruck kommt die Analogie in der Fähigkeit, z. B. mit Bariumsulfat Mischkristalle bilden zu können, ebenso mit dem Silbersulfat, was zum Nachweis ja auch angewandt wird.

1. Nachweis durch das Absorptionsspektrum.

Nach VOGEL löscht konzentrierte Übermangansäurelösung den Raum von G ($\lambda = 4307{,}7$ Å) bis D ($\lambda = 5895{,}9$ Å) des Spektrums völlig aus; Lösungen der Verdünnung 1:4000 lassen die ersten Spuren von Absorptionsstreifen sichtbar werden, bei der Verdünnung 1:10000 treten die bekannten 5 Absorptionsstreifen (3 Streifen im Gelben und 2 Streifen im Grünen) zwischen F ($\lambda = 4861{,}3$ Å) und D ($\lambda = 5895{,}9$ Å) deutlich hervor (siehe Abb. 1). Der stärkste derselben bei E ($\lambda = 5270$ Å) ist noch in Lösungen der Verdünnung 1:250000 bei 1,5 cm Schichtdicke deutlich zu erkennen. Auch bei Anwesenheit anderer gefärbter Salze kann er gut beobachtet werden.

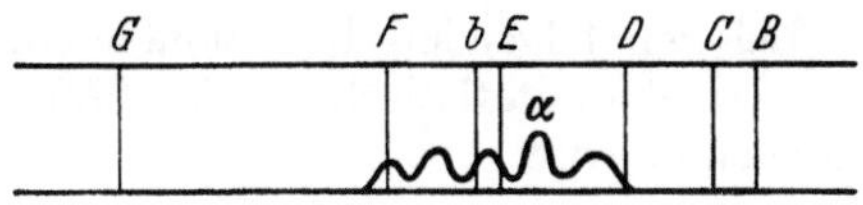

Abb. 1. Absorptionsspektrum einer Permanganatlösung.

2. Nachweis durch Reduktion.

Die Reduzierbarkeit des Permanganations kommt in folgenden Reaktionen zum Ausdruck:

a) Reduktion in saurer Lösung.

Mit H_2S:

$$2\,KMnO_4 + 5\,H_2S + 3\,H_2SO_4 = 2\,MnSO_4 + K_2SO_4 + 5\,S + 8\,H_2O\,.$$

Mit H_2SO_3:

$$2\,MnO_4' + H^{\cdot} + 5\,HSO_3' = 2\,Mn^{\cdot\cdot} + 5\,SO_4'' + 3\,H_2O$$

(je nach den Bedingungen tritt auch Bildung von Dithionsäure ein).

Mit $FeSO_4$:

$$MnO_4' + 8\,H^{\cdot} + 5\,Fe^{\cdot\cdot} \longrightarrow Mn^{\cdot\cdot} + 5\,Fe^{\cdot\cdot\cdot} + 4\,H_2O\,.$$

Mit Oxalsäure:

$$2\,MnO_4' + 5\,C_2O_4'' + 16\,H^{\cdot} \longrightarrow 2\,Mn^{\cdot\cdot} + 10\,CO_2 + 8\,H_2O$$

(in der Kälte reagiert Oxalsäure langsam, in der Wärme, nachdem etwas Mangan(II)-ion entstanden ist, schneller).

Mit HCl (halbkonzentriert):

$$2\,MnO_4' + 16\,H^{\cdot} + 10\,Cl' \longrightarrow 2\,Mn^{\cdot\cdot} + 5\,Cl_2 + 8\,H_2O$$

(reagiert nur in stark saurer Lösung und in der Wärme).

Mit Kaliumjodid:

$$2\,MnO_4' + 16\,H^{\cdot} + 10\,J' \longrightarrow 2\,Mn^{\cdot\cdot} + 5\,J_2 + 8\,H_2O$$

(reagiert schon in der Kälte!).

Mit Wasserstoffperoxyd:

$$2\,MnO_4' + 5\,H_2O_2 + 6\,H^{\cdot} \longrightarrow 2\,Mn^{\cdot\cdot} + 5\,O_2 + 8\,H_2O.$$

Mit Alkohol:

$$2\,MnO_4' + 5\,C_2H_5OH + 6\,H^{\cdot} \longrightarrow 2\,Mn^{\cdot\cdot} + 5\,CH_3CHO + 8\,H_2O$$

(in der Siedehitze tritt Oxydation des Alkohols zum Aldehyd ein, der am Geruch wahrgenommen werden kann).

Bei allen Reaktionen tritt Entfärbung der Lösung auf, da das gebildete Mangan(II)-ion praktisch farblos ist.

b) Reduktion in alkalischer Lösung.

Mit Natriumsulfit (+ Natronlauge):

$$2\,MnO_4' + 3\,SO_3'' + H_2O \longrightarrow 2\,MnO_2\downarrow + 3\,SO_4'' + 2\,OH'.$$

Mit Mangan(II)-chlorid (+ Natronlauge):

$$2\,MnO_4' + 3\,Mn^{\cdot\cdot} + 4\,OH' \longrightarrow 5\,MnO_2\downarrow + 2\,H_2O.$$

c) Nachweis in alkalischer Lösung mit Kaliumjodid. Versetzt man nach TAVERNE eine Permanganatlösung mit wenig Kaliumjodid und verdünnter Lauge, so tritt bereits in der Kälte die grüne Manganatfärbung auf. Nach MASSINK wird diese Reaktion in der Wasseranalyse angewandt.

3. Mikrochemische Kristallfällungsreaktionen.

Bei den folgenden Reaktionen entstehen für das Permanganation mehr oder weniger charakteristische Kristallfällungen, deren Form unter dem Mikroskop beobachtet wird.

a) Nachweis durch Mischkristallbildung mit Rubidiumperchlorat bzw. Silbersulfat. α) mit Rubidiumperchlorat. Das Permanganation kann nach KORENMAN durch die Fähigkeit seiner Salze, mit Salzen anderer Anionen charakteristische Mischkristalle zu bilden, nachgewiesen werden. So sind z. B. Rubidiumperchlorat und Rubidiumpermanganat isomorph.

Ausführung. Versetzt man einen Tropfen der zu prüfenden Flüssigkeit mit Rubidiumnitrat und einer Natrium- oder gesättigten Kaliumperchloratlösung, so fällt ein Mischkristall von $RbMnO_4$ und $RbClO_4$ aus.

Erfassungsgrenze: 0,12 γ.
Grenzkonzentration: 1:25000.
Für Rubidiumpermanganat allein ist die
Erfassungsgrenze: 4,5 γ.
Grenzkonzentration: 1:660.

β) mit Silbersulfat. Noch empfindlicher ist der Nachweis, der auf der Isomorphie des Silbersulfats und Silberpermanganates beruht.

Ausführung. Man gibt zur zu prüfenden Substanz Silbernitrat und Natriumsulfat. Es scheiden sich Mischkristalle von Ag_2SO_4 und $AgMnO_4$ aus.

Erfassungsgrenze: 0,01 γ.
Grenzkonzentration: 1:280000.
Für Silberpermanganat allein ist die
Erfassungsgrenze: 2,7 γ.
Grenzkonzentration: 1:1100.

b) Nachweis mit ZWIKKERschem Reagens. G. H. WAGENAAR erhält mit ZWIKKERschem Reagens aus Permanganatlösungen eine Kristallfällung.

Ausführung. Das Reagens wird wie folgt hergestellt. 4 cm³ 10%iger Kupfersulfatlösung und 1 cm³ Pyridin werden in 5 cm³ Wasser gelöst. Beim Zugeben des Reagenses zu Permanganatlösungen bildet sich je nach Konzentration der letzteren ein Niederschlag eines violetten Komplexsalzes in Form von rauten- oder nadelförmigen Kristallen.

Grenzkonzentration: 1:3000.

Kristalline Niederschläge entstehen auch mit ClO_4', S_2O_8'', S_2O_3'', CrO_4'' und NO_3', amorphe mit J', CN', SCN' und MoO_4''.

c) Nachweis mit Tetraphenylphosphoniumsalzen. Für quantitative Fällungen des Permanganations geben MEDOKSS und KRYLOW Tetraphenylphosphoniumsalze (wahrscheinlich Chlorid) an. Da die Reaktion möglicherweise auch für qualitative Zwecke von Bedeutung sein kann, sei sie hier erwähnt. Beim Versetzen einer Tetraphenylphosphoniumsalzlösung mit einer Permanganat enthaltenden Lösung fällt sofort ein feinkristalliner violetter Niederschlag von Tetraphenylphosphoniumpermanganat nach der Gleichung:

$$[(C_6H_5)_4P] \cdot X' + Me^{\cdot}MnO_4' \longrightarrow [(C_6H_5)_4P]MnO_4\downarrow + Me^{\cdot}X'$$

aus. Der Niederschlag ist in Wasser praktisch unlöslich, in Chloroform mit violetter Farbe wenig löslich.

Oxydierende Substanzen, u. a. auch Chromat, stören nicht.

d) Nachweis mit Methylenblau. Eine mikrochemische Reaktion auf Permanganat beschreibt KORENMAN. Sie beruht darauf, daß das Permanganation analog dem Perchloration mit Methylenblau bei Gegenwart von Natriumacetat eine Kristallfällung gibt (s. a. MONNIER).

Ausführung. Auf dem Objektträger gibt man zu einem Tropfen (2 mm³) der Kaliumpermanganatlösung ein Tröpfchen einer filtrierten Lösung von 0,15% Methylenblau in 3%iger Natriumacetatlösung. Je nach der Konzentration des Permanganations entstehen mehr oder weniger schnell schöne, große, blaue oder blauviolette Nadeln, die in dichten Büscheln angeordnet sind. In schwachen Lösungen treten häufiger feine Nadeln oder aus mehreren Nadeln bestehende Bündel auf. Die Kristalle erreichen eine Länge von 200 μ. Die Kristalle sind den bei Perchlorat entstehenden ähnlich; die Farbe der blau-violetten Nadeln geht bald in grün, gelbgrün und braungelb über, wobei die Kristalle verschwinden und ein Niederschlag von Mangandioxyd ausfällt. Die Empfindlichkeit der Reaktion ist allerdings etwas gering.

Erfassungsgrenze: 0,15 γ MnO_4' in 2 cm³.

Grenzkonzentration: 0,003 n MnO_4'-Lösung.

e) Fällung mit Dichloro-tetrapyridin-kobalt(III)-chlorid Als brauchbares Fällungsreagens auf das Permanganation schlagen HYNES und YANOWSKI (b) das Dichloro-tetrapyridin-kobalt(III)-chlorid $[Co\,py_4Cl_2]Cl \cdot 6\,H_2O$ vor.

Ausführung. Als Reagens wird eine wäßrige Lösung des Komplexsalzes, welches nach WERNER und FEENSTRA dargestellt wurde, benutzt. Eine Lösung, die ungefähr 1%ig an MnO_4' ist (= 13,3 mg $KMnO_4$/cm³), bildet mit dem Reagens sogleich Gruppen feiner Nadeln (Abb. 2). Am besten werden sie unter einem Deckgläschen beobachtet. In einer Verdünnung von 1:80 erscheinen verhältnismäßig wenig Nadeln, die erst nach ungefähr 5 Min. entstehen.

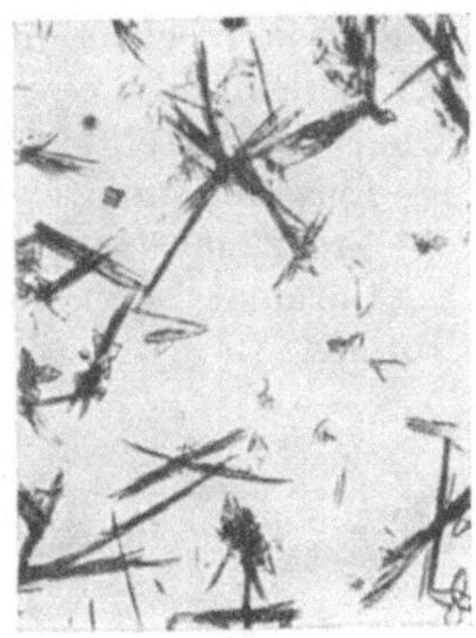

Abb. 2. Fällung des MnO_4^--Ions mit $[Copy_4Cl_2]Cl \cdot 6\,H_2O$.

Erfassungsgrenze: 2,5 γ MnO_4'.

f) Fällung mit Kobalt(III)-hexamminchlorid. HYNES und YANOWSKI (a) benutzen das Kobalt(III)-hexamminchlorid als mikrochemisches Fällungsreagens auf das Permanganation.

Ausführung. Das Kobalt(III)-hexamminchlorid wird nach H. und W. BILTZ, HALL und BLANCHARD dargestellt. Eine 0,15 molare Lösung (= 28 mg/cm³) dient als Reagens. Die Fällung wird nun so ausgeführt, daß man Tropfen der Reagenslösung und der an Permanganat annähernd 1%igen Lösung mit Hilfe einer Glasnadel auf dem Objektträger mischt und mit einem Deckgläschen bedeckt. Bei Anwesenheit von MnO_4^- entstehen sogleich große hexagonale Platten (Abb. 3).

Erfassungsgrenze: 20 γ MnO_4^-.

g) Fällung mit Cocain. GIESEL fällt Cocain mit Kaliumpermanganat. Umgekehrt kann das Permanganation auch mit Cocain identifiziert werden.

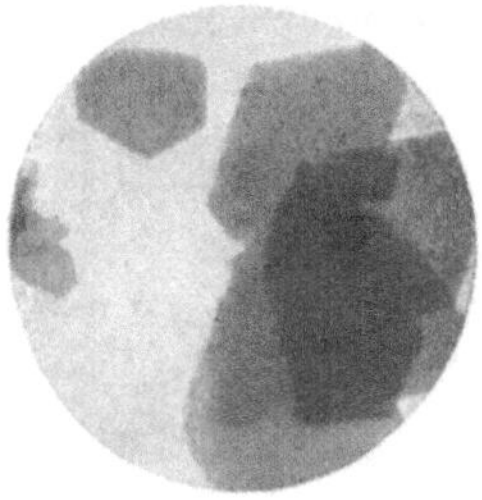

Abb. 3. Fällung des MnO_4^--Ions mit Kobalt(III)-Hexamminchlorid.

Ausführung. 0,1 g Cocainhydrochlorid in 1 bis 2 Tropfen Wasser und 1 cm^3 der etwa 0,3%igen Lösung von Kaliumpermanganat werden zusammengegeben. Es entsteht ein hellvioletter Niederschlag von übermangansaurem Cocain. Beim Arbeiten unter dem Mikroskop geht man so vor, daß man einen Tropfen der Cocainlösung auf den Objektträger bringt und einen Tropfen der Permanganatlösung von der Mitte aus hineinfließen läßt. Man beobachtet bei schwacher Vergrößerung ohne Deckglas. Nach etwa 5 Min. bilden sich am Rande der Flüssigkeit kleine, fingerförmig oder handartig geteilte Figuren neben zahlreichen Kugeln, die sich häufig zu mehreren untereinander verbinden.

Auch mit Narcein, Papaverin und Narkotin werden mit Kaliumpermanganat ähnliche Niederschläge erhalten.

Ähnliche Reaktionen geben CrO_4'', $Fe(CN)_6'''$, $Fe(CN)_6''''$, Platin und Gold.

4. Nachweis durch Tüpfelreaktion mit Benzidin.

Nach FEIGL (d) kann das Permanganat wie folgt auch mit der Benzidinreaktion nachgewiesen werden.

Ausführung. Einen Tropfen der angesäuerten zu prüfenden Lösung bringt man auf Tüpfelpapier und hält den feuchten Fleck etwa 2 Min. über ein Schälchen mit schwefliger Säure, wobei das Permanganat zum Mangan(II)-salz und gleichzeitig anwesendes Chromat zum Chrom(III)-salz reduziert wird. Durch Einlegen in einen geheizten Trockenschrank wird das Filter getrocknet, wodurch etwa aufgenommene schweflige Säure entweicht. Durch Antüpfeln mit Benzidin kann dann das Mangan, wie S. 189 beschrieben, nachgewiesen werden.

Erfassungsgrenze: 0,5 γ Mn.
Grenzkonzentration: 1:100000. } Neben der 250fachen Menge Chrom als Chromat.

Chromat stört nicht, da es als nichtoxydierend wirkendes Chrom(III)-salz vorliegt.

§ 4. Nachweis auf mikrochemischem Wege.

a) Besondere mikrochemische Arbeitsweisen.

1. Nachweis durch Luminescenz in der Wasserstoffflamme.

Nach Beobachtungen DONAUS luminesciert ein Kalkpräparat, welches Mangansalze enthält, in der Wasserstoffflamme mit gelber Farbe, eine Tatsache, die zum Nachweis kleiner Manganmengen ausgenutzt werden kann. DONAU vermutet, daß die Luminescenz durch den Einfluß besonderer Strahlen hervorgerufen wird, gibt aber nichts Näheres über die Ursache an.

Ausführung. Der zur Anwendung gelangende Wasserstoff kann z. B. einem KIPPschen Apparat entnommen werden. Eine besondere Reinigung ist in der Regel unnötig. Zweckmäßigerweise wird eine Waschflasche mit Schwefelsäure oder Wasser eingeschaltet. Die Flamme soll möglichst wenig gefärbt sein. Man läßt sie aus einem Porzellan-, Quarz- oder Platinröhrchen brennen; sie soll nicht länger als ungefähr ½ cm sein. Das zur Reaktion anzuwendende Calciumsulfat erhält man durch Fällung von reiner Calciumnitratlösung mit Schwefelsäure. Der entstehende Niederschlag wird gut ausgewaschen und feucht aufbewahrt. Mit einer Platinöse, einem am Ende platt beschlagenen Platindraht oder einem Magnesiastäbchen nimmt man etwas von diesem Präparat auf und glüht das betreffende Gerät in der Wasserstoffflamme schwach aus. Mittels einer zweiten Öse bringt man die manganhaltige Lösung hinzu und glüht nochmals schwach aus. Legt man nun nach dem Abkühlen das Präparat wiederholt kurze Zeit an den unteren Flammenrand an, so ist im Augenblick des Auftreffens der Flamme die vom Mangan verursachte Luminescenz von sattgelber Farbe zu beobachten. In dem Maße, als der Kalk zu glühen anfängt, verschwindet natürlich die Luminescenz, da sie von der Gelbglut verdeckt wird.

Die geringste noch nachweisbare Menge beträgt 0,001 γ Mn. Fremde Stoffe haben, soweit sie bis jetzt in Betracht gezogen worden sind, keinen Einfluß auf die Luminescenz. So verhalten sich z. B. Blei-, Quecksilber-, Silber-, Cadmium-, Eisen-, Kobalt-, Aluminium- und Kaliumnitrat indifferent. Wismut gibt eine cyanblaue Luminescenz.

2. Nachweis der Permanganatfärbung (Crumsche Reaktion) in der coloriskopischen Capillare.

Emich und Donau beobachten die Färbung verdünnter Permanganatlösung in kleinen Mengen in der coloriskopischen Capillare. Bei einer Konzentration von 0,013 mg $KMnO_4$ je cm^3 genügt 1 cm^3 bei einer Capillare von 2 cm Länge. Die kleinste nachweisbare Menge ist daher 0,01 bis 0,02 γ Permangansäure.

Erwärmt man in einer kleinen Eprouvette etwas Bleidioxyd, konzentrierte Salpetersäure (zusammen etwa $1/4$ bis $1/2$ cm^3) mit einem kleinen Tropfen einer Lösung von Mangansulfat, so können 0,05 bis 0,1 γ Mn nachgewiesen werden, wenn die über dem Bleidioxyd stehende Lösung mit einem Pipettchen in die coloriskopische Capillare gebracht wird.

3. Abscheidung als Mangan(IV)-oxyd.

Nach Behrens-Kley kann Mangan durch Abscheidung als Dioxyd durch Ammoniak und Wasserstoffperoxyd isoliert und anschließend durch einen mikrochemischen Nachweis identifiziert werden. Gleichzeitig wird eine Trennung von $Zn^{\cdot\cdot}$ und $Ni^{\cdot\cdot}$ erzielt. Auch kann man mit einem Überschuß von Ammoniak Zn, Cu, Ni und Co ausziehen, ehe man das als $Mn(OH)_2$ gefällte Mangan in MnO_2 umsetzt. Man bedenke indessen, daß Mangan(II)-hydroxyd durch Ammoniak nur teilweise und sehr langsam gefällt wird und im Fall, daß sehr viel Ammoniumchlorid anwesend ist, gänzlich in Lösung bleibt. Erst durch die Einwirkung des Luftsauerstoffs fällt es als manganige Säure aus. Ist neben viel Kobalt nur wenig Mangan vorhanden, so verfährt man zur Abscheidung des letzteren wie folgt: Liegt eine salzsaure Lösung vor, so dampft man am besten wiederholt mit Salpetersäure ein, wobei man Kaliumchlorat zur Oxydation hinzugibt (nicht zu große Mengen, da die Bildung zu großer Mengen Alkalisalze vermieden werden soll). Durch vorsichtiges Abdampfen kann man ein schwarzbraunes Häutchen von Mangandioxyd erhalten, welches sich gut auswaschen läßt und mit Oxalsäure oder der Sodaschmelze identifiziert werden kann (Behrens, Schoorl, Chamot und Mason).

b) Wichtige mikrochemische Fällungsreaktionen.

1. Nachweis mit Oxalsäure.

Mangan(II)-salze bilden mit Oxalsäure oder auch saurem Kaliumoxalat einen Niederschlag von $Mn(COO)_2 \cdot 3\,H_2O$, der an seiner Kristallform unter dem Mikroskop erkannt werden kann. Die charakteristischen Kristalle entstehen zwar nur in fast reinen Manganlösungen, die neutral sein müssen oder nur sehr wenig Essigsäure enthalten dürfen. Die Reaktion tritt auch manchmal nicht sofort ein und ist darum für kleine Manganmengen ohne vorhergehende Abtrennung unsicher.

Ausführung. SCHOORL, BEHRENS-KLEY sowie EMICH arbeiten folgendermaßen: Auf das auf dem Objektträger zur Trockne gedampfte Mangansalz, welches am besten als Chlorid vorliegt, werden stellenweise einige Körnchen Kaliumbioxalat gegeben. Durch Anhauchen wird verflüssigt oder, wenn nötig, mit dem Platindraht ohne Erwärmung etwas Wasser zugegeben. KRAMER gibt zu einem Tropfen einer 0,1- bis 3%igen Lösung von Mangan(II)-chlorid oder -nitrat festes Kaliumbioxalat. Es entstehen radspeichenartige Gebilde von Kristallstäbchen von der Größenordnung 100 bis 120 μ. Daneben können auch speerspitzenartige Rhomben entstehen (Abb. 4).

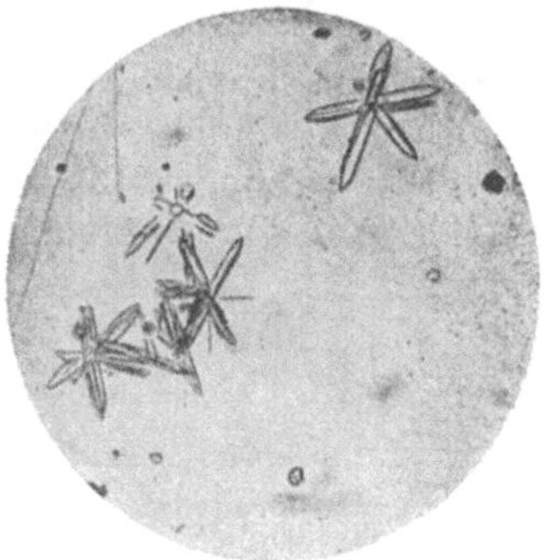

Abb. 4. Mikrochemische Fällung als Mangan-(II)-oxalat.

Die dünnen Stäbchen haben eine unter 60° gegen die Längsachse geneigte Endfläche, sie zeigen lebhafte Polarisationsfarben, gerade Auslöschung und positive Doppelbrechung. Starke Säuren sowie größere Mengen von Zink, Kobalt und Nickel beeinträchtigen die Reaktion, ebenso Alkalisalze. Aus zu konzentrierten Mangansalzlösungen tritt nach SCHOORL manchmal keine Kristallisation ein (s. a. CHAMOT und MASON).

BEHRENS kann mit Oxalsäure noch 1 γ Mn, mit Kaliumoxalat noch 0,5 γ Mn nachweisen.

Die Beeinflussung der Kristallform durch Cadmium-, Zink- und Bleisalze untersuchen WHITMORE und SCHNEIDER. Diese Elemente bilden ebenfalls kristallisierte Oxalate. Bei ihrer Gegenwart wird die Kristallform des Mangan(II)-oxalats ziemlich abgeändert, so daß Mangan nur in Gegenwart von sehr wenig Cadmium, Zink und Blei als Oxalat nachgewiesen werden kann (Abbildung s. im Original).

2. Nachweis als Manganammoniumphosphat.

Ebenso wie Magnesium, Kobalt, Nickel und Eisen vermag das 2wertige Mangan ein Phosphat vom Typus $NH_4Me^{II}PO_4 \cdot 6\,H_2O$ zu bilden. Die Kristalle sind dem Magnesiumsalz isomorph. Die Reaktion ist etwas träge (BEHRENS; BEHRENS-KLEY).

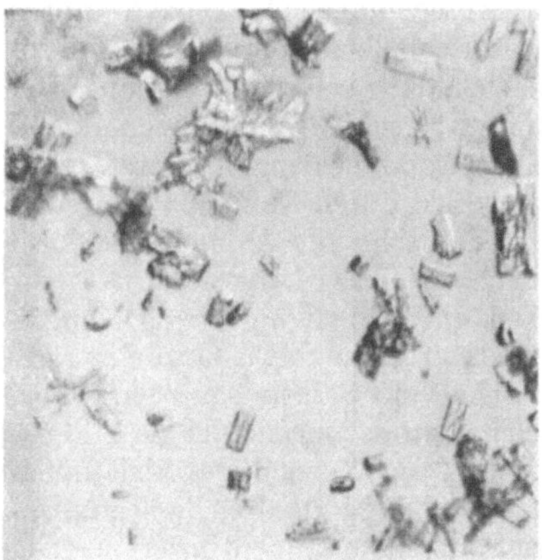

Abb. 5. Fällung als Mangan(II)-ammoniumphosphat.

Ausführung. In einem Tropfen Ammoniak löst man etwas Natriumphosphat und viel Ammoniumchlorid auf und bringt dieses danach in eine Lösung von Manganchlorid. Ein amorpher Niederschlag fällt aus, aus dem nach einiger Zeit das Ammoniummangan(II)-phosphat in hemimorphen Kristallen des rhombischen Systems von einer Länge von 40 μ kristallisieren. Erwärmen ist zu vermeiden (s. Abb. 5).

CHAMOT und MASON beschreiben die Ausführung folgendermaßen: Zum Tropfen der Probelösung gibt man eine Spur Salpetersäure, sehr wenig Ammoniumchlorid und ein Stückchen eines Kristalls von Dinatriumhydrogenphosphat. Es wird gut umgerührt, bis das Phosphat vollkommen gelöst ist. Dann läßt man einen Tropfen konzentriertes Ammoniak in den so vorbereiteten Tropfen fließen.

Erfassungsgrenze: 0,3 γ Mn.

BEHRENS schlägt vor, wegen der schnellen Oxydation ammoniakalischer Manganlösungen den Objektträger mit der sauren Manganlösung zu erwärmen und hierauf eine Mischung von Phosphat und Ammoniak zuzufügen. Wenn man die am Glas haftenden Kristalle abspült und Kali- oder Natronlauge sowie einen Tropfen Wasserstoffperoxyd zufügt, so färben sie sich unter Beibehaltung der Form braun (Oxydation zum MnO_2).

3. Fällung mit Natriumdithionat und Urotropin.

RÂY und P. SARKAR beschreiben eine Kristallfällung, die bei Einwirkung von Natriumdithionat und Urotropin entsteht. Die Zusammensetzung der Fällung wird gemäß der Formel $MnS_2O_6 \cdot 2(CH_2)_6N_4 \cdot 6\,H_2O$ angenommen.

Ausführung. Ein Tropfen Natriumdithionatlösung (1:20) wird auf einen Objektträger gebracht. Eine Platindrahtöse, die man in die Manganlösung getaucht hat, wird in diesen Tropfen eingeführt. Dann bringt man mit dem Ende eines Platindrahtes ein winziges Kriställchen von Urotropin an den Rand des Tropfens. Es entstehen durchscheinende Prismen mit schräger Auslöschung.

Empfindlichkeitsgrenze: 0,02 γ Mn (unter dem Mikroskop).

4. Nachweis mit Natrium-diäthyl-dithiocarbamat.

GRANT und MEGGY beschreiben eine Mikroreaktion, deren Arbeitsmethodik bemerkenswert ist, die aber für Mangan nicht besonders charakteristisch ist.

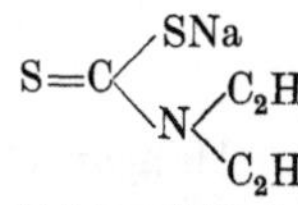

Natrium-diäthyl-dithiocarbamat

Ausführung. Das Reagens erhält man durch Schütteln des festen Salzes mit Wasser in einem Reagensglas. Nach kurzer Zeit wird filtriert. Die Lösung darf nicht älter als zwei Wochen sein. Ungefähr 0,3 cm³ werden in ein Reagensglas von 6 cm Länge und 6 mm Querschnitt gegeben, welches durch einen gutsitzenden Glasstopfen verschließbar ist. Dann gibt man 0,3 cm³ der zu prüfenden neutralen Lösung und darauf 0,2 cm³ eines geeigneten organischen Lösungsmittels (meistens Benzin) hinzu. Nach Schütteln der Mischung wird die Schicht des organischen Lösungsmittels mit einer Capillarpipette in eine Vertiefung des Objektträgers gebracht, wobei man darauf achten muß, daß kein Wasser mit herübergebracht wird. Das Lösungsmittel läßt man dann bei Zimmertemperatur verdunsten und beobachtet den Rückstand bei schwacher Vergrößerung. Manchmal ist es vorteilhaft, erst einen Tropfen Alkohol zum Rückstand zu geben und ihn vor der Beobachtung ebenfalls verdunsten zu lassen. Bei Gegenwart von Mangansalzen treten langgestreckte hexagonale Kristalle auf.

Erfassungsgrenze: 10 γ Mn in 0,2 cm³.

Grenzkonzentration: 1:20000.

Eisen- und Kupfersalze bilden isomorphe Kristalle und stören also; ebenso Antimon und Wismut. Cadmium, Blei, Zink, Strontium und Kobalt geben ähnliche Reaktionen. Nickel stört nicht.

5. Nachweis mit Cyanursäure.

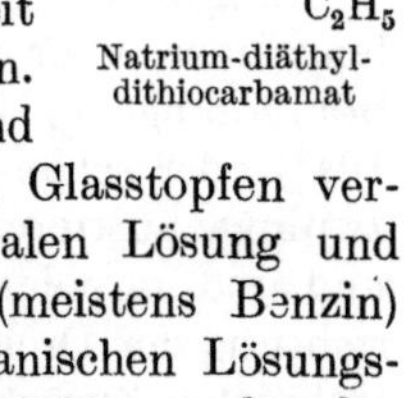

Cyanursäure

Eine Kristallfällung, die sich bei Zugabe von Cyanursäure zur Mangansalzlösung bildet, schlägt MENKE als mikrochemischen Mangannachweis vor.

Ausführung. Wird eine Lösung von Cyanursäure in einem Tropfen Ammoniaklösung mit einer Spur von Mangansalz versetzt, so entsteht sofort ein flockiger weißer Niederschlag von Mangan(II)-hydroxyd. Nach kurzem Aufkochen bilden sich farblose, zu Bündeln vereinigte, stark polarisierende Nadeln von der Größe 40 bis 90 μ. Der Niederschlag ist eine Mangan(II)-verbindung. Nach Oxydation zur Mangan(III)-stufe entsteht kein Niederschlag mit Cyanursäure. Will man möglichst wenig Mangan(II)-hydroxyd im Niederschlag haben, so gibt man zuerst Ammoniumchlorid zu; die sich dann bildenden Kristalle sind allerdings von ganz anderer Form, die man auch erhält, wenn man von $MnCl_2$ ausgegangen ist.

Erfassungsgrenze: 0,3 γ Mn (unter dem Mikroskop nach den Tabellen).

$Zn^{\cdot\cdot}$, $Co^{\cdot\cdot}$, $Ni^{\cdot\cdot}$, $Al^{\cdot\cdot\cdot}$ und $Cr^{\cdot\cdot\cdot}$ stören nicht; doch können Störungen durch überschüssiges Alkalichlorid auftreten.

6. Nachweis mit Natriumsalicylat.

VAN ZIJP beschreibt folgende Reaktion:

Ausführung. Wenig Mangansulfat gibt zunächst mit nicht zu wenig Natriumsalicylat keine Reaktion; bei Berührung mit Ammoniakdämpfen kann man jedoch fast sofort vom Tropfenrande her lange, an beiden Enden zugespitzte, hellgrüne Nadeln entstehen sehen, die etwas gebogen sind und an verschiedenen Stellen sternförmig ausschießen. Zink gibt keine Reaktion.

Im Analysengang werden die Chloride in Wasser gelöst und mit ziemlich viel Natriumsalicylat versetzt. Man läßt Ammoniak einwirken, bis der entstehende Niederschlag sich wieder löst. Hierauf beobachtet man unter dem Mikroskop bald die Bildung von grünbraunen Nadeln.

c) *Wenig gebräuchliche Reaktionen.*

1. Fällung mit Ammoniummolybdat.

Mangan(II)-salze reagieren auch neben Zn und Al mit Ammoniummolybdat in langsamer, aber spezifischer Weise. Beim Verdampfen entstehen am Tropfenrand braunorange gefärbte, prismatische Platten, die in einer Pyramide (Scheitelwinkel 104°) oder schief enden (spitzer Winkel 54°). Daneben können Schwalbenschwanzzwillinge auftreten. Die Kristalle haben oft Wachstumsstreifen in der Längsrichtung und sind im polarisierten Licht stark dichroitisch: 1. braunorange, wenn ihre Längsrichtung der Drehebene des Polarisators parallel läuft, 2. farblos bis gelbstichig, mit lachsroter Zwischenfarbe bei 45°. Zwischen gekreuzten Nicols tritt gerade Auslöschung und starke Anisotropie auf (γ in der Längsrichtung).

Natriummolybdat erzeugt in Mangansulfatlösung einen weißen, käsigen Niederschlag, aus dem langsam sehr kurze Nädelchen entstehen.

Nach STAPLES wird Mangan in neutraler Lösung mit Ammoniummolybdat in Form von pleochroitischen Kristallen, welche in Richtung des schnelleren Strahles farblos, in Richtung des langsameren Strahles je nach der Dicke der Kristalle gelb bis rotorange aufleuchten. Die Zusammensetzung der Kristalle ist $(NH_4)_3H_7Mn(MoO_4)_6 \cdot 3\,H_2O$.

2. Fällung mit Kaliumchromat.

Nach M. WAGENAAR erhält man eine Kristallfällung, wenn man eine manganhaltige, neutrale oder schwach saure Lösung mit Kaliumchromat versetzt. Es entstehen dunkelbraune, rosettenförmig gruppierte doppelbrechende Kristalle von wechselnder Zusammensetzung (s. a. CHAMOT und MASON).

3. Fällung mit Kaliumtriazintricarboxylat.

PASCAL und LECUIR untersuchen Fällungen, die sie mit Metallsalzen und

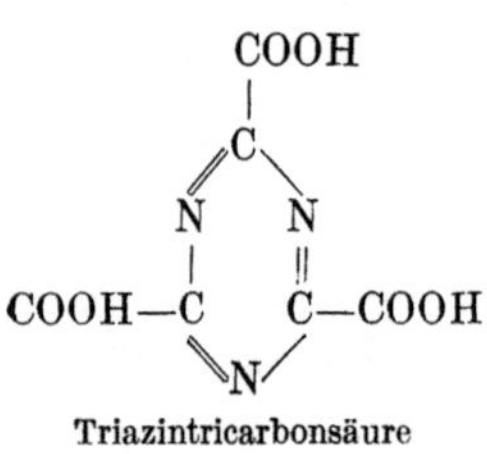

Triazintricarbonsäure

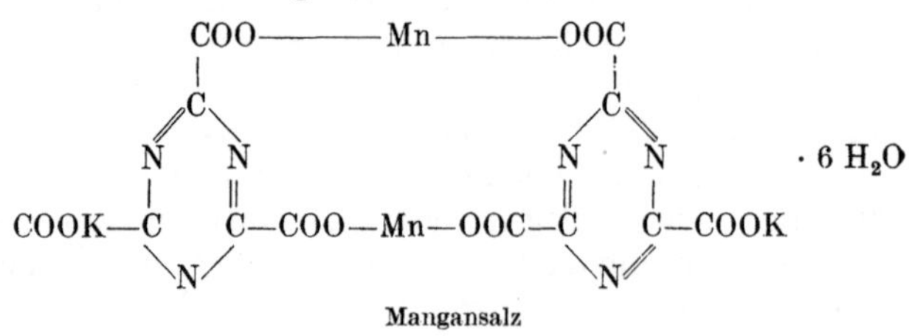

Mangansalz

Kaliumtriazintricarboxylat erhalten. Mit Mangan(II)-salzen erhalten sie goldgelbe Kristalle der oben angegebenen Zusammensetzung.

Ausführung. Man gibt zur Lösung des Kaliumtriazintricarboxylates das Mangansalz, bis der zuerst entstehende Niederschlag aufhört, sich in der überschüssigen Lösung wieder aufzulösen. Nach einigen Minuten oder auch nach Stunden entstehen goldgelbe, schwerlösliche Kristalle.

4. Fällung mit Caesiumchlorid (oder Rubidiumchlorid).

Nach J. VERMANDE erhält man typische Kristalle, wenn das feste Mangansalz in Form des Chlorids oder Nitrats (kein Sulfat) mit einer gesättigten Lösung von Caesiumchlorid (oder weniger gut Rubidiumchlorid) zusammengebracht wird. Mit Caesiumchlorid entstehen trikline, stark anisotrope Prismen von $2\,CsCl \cdot MnCl_2 \cdot 2\,H_2O$ (s. Abb. 6).

Erfassungsgrenze: $5\,\gamma$ Mn (s. a. DUCLOUX).

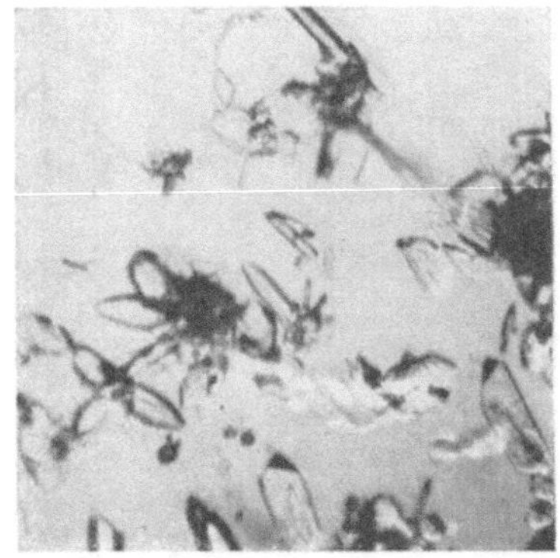

Abb. 6. Fällung mit Caesiumchlorid.

5. Fällung mit Pikrolonsäure.

Aus konzentrierten Mangan(II)-salzlösungen fällt mit Pikrolonsäure ein Manganpikrolonat in Form mikroskopisch kleiner dichter Stachelkugeln, aus verdünnteren in Form von mehr oder weniger dichten Nadelbüscheln oder als Einzelnädelchen aus.

Verschiedene andere Metalle geben ebenfalls Kristallfällungen, so besonders Calcium (KISSER).

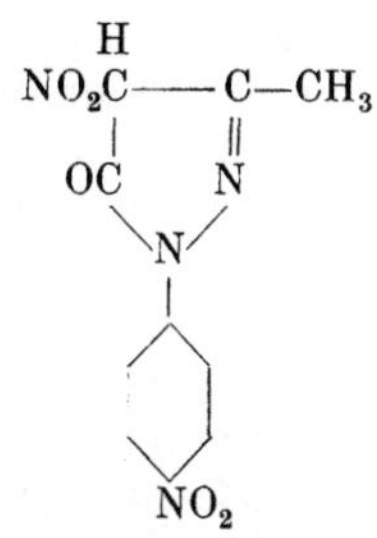

Pikrolonsäure = 1-p-nitrophenyl-3-methyl-4-isonitro-5-pyrazolon

6. Fällung mit β-Naphthylaminhydrochlorid.

DETWILER und WILLARD beschreiben eine Kristallfällung von Mangan(II)-chlorid und β-Naphthylaminhydrochlorid. Beim Zusammengeben sollen sich in saurer Lösung braune Nadeln und Blättchen bilden.

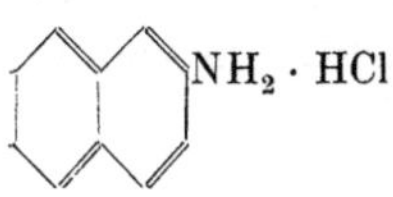

Über die Störungsmöglichkeiten mit anderen Metallen, die auch Niederschläge ergeben, wird nichts Näheres gesagt.

7. Fällung mit Kalium-Mercuriselenocyanat.

In neutraler Lösung gibt festes Kalium-Quecksilber(II)-selenocyanat in ziemlich konzentrierten Lösungen von Mangan(II)-salzen Bündel farbloser Nadeln. Aus verdünnteren Lösungen wird keine Fällung erhalten (BENEDETTI-PICHLER, CHAMOT und MASON).

8. Fällung mit Pikrinsäure.

Mit Pikrinsäurelösung erhält man u. a. Metallen auch mit Mangansalzen eine kristallinische Fällung (FRANGOPOL).

Ausführung. Auf den Objektträger bringt man einen Tropfen einer 1%igen Lösung von Pikrinsäure und fügt das wasserlösliche Mangansalz in fester Form hinzu.

§ 5. Nachweis durch Tüpfelreaktionen.

1. Nachweis mit Benzidin.

FEIGL (a) gibt einen äußerst empfindlichen Tüpfelnachweis für Mangan an, welcher darauf beruht, daß das labile Mangan(II)-hydroxyd $Mn(OH)_2$ unter Autoxydation in $MnO_2 \cdot H_2O$ übergeht und dieses auf Benzidin oxydierend einwirkt. Die blaue Verbindung, die bei dieser Oxydation entsteht, kann nach den Arbeiten von SCHLENK als sogenannte teilchinoide Verbindungen, d. h. einer molekularen Verbindung von 1 Mol Amin und 1 Mol Imin mit 2 Molen Säure, aufgefaßt werden:

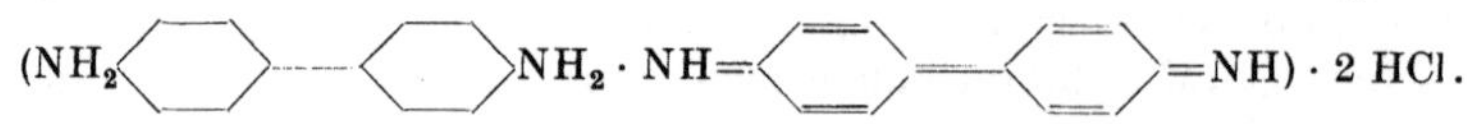

Das mit Alkalien gefällte Mangan(II)-hydroxyd, welches farblos ist, wandelt sich an der Luft unter Autoxydation in hydratisches Mangandioxyd um, und zwar nach folgendem Schema:

$$\begin{matrix} OH \\ OH \end{matrix}\!\!>\!Mn + \begin{matrix} OH\ H \\ OH\ H \end{matrix} + \begin{matrix} -O \\ | \\ -O \end{matrix} = \begin{matrix} OH \\ OH \end{matrix}\!\!>\!Mn\!<\!\begin{matrix} OH \\ OH \end{matrix} + H_2O_2$$

$$\downarrow$$

$$\begin{matrix} OH \\ OH \end{matrix}\!\!>\!Mn = O + H_2O = \underline{\underline{MnO_2 \cdot H_2O}}.$$

Da Wasserstoffsuperoxyd sich nicht genügend sicher nachweisen ließ, wurde die Einwirkung des $MnO_2 \cdot H_2O$ auf Benzidin unter Bildung der oben erwähnten Verbindung zum Nachweis benutzt. Da die blaue Färbung beim Arbeiten im Reagensglas bald verschwindet (bei erneutem Benzidinzusatz erscheint sie wieder), wird auf Tüpfelpapier gearbeitet, wo die Blaufärbung bedeutend länger andauert, welches wohl dadurch bedingt ist, daß der Autoxydationsprozeß wegen der größeren freien Oberfläche auf dem Filtrierpapier schneller verläuft, wie auch HELLER und KRUMHOLZ angeben.

a) Ausführung. Ein Tropfen der zu prüfenden Lösung wird auf Filtrierpapier aufgetragen und mit einem Tropfen verdünnter Lauge (0,05 n) sowie mit einem Tropfen einer Benzidinlösung angetüpfelt. An den Stellen, an denen sich Mangandioxyd befindet, entsteht die blaue Färbung, deren Intensität vom Mangangehalt abhängt und die beim Trocknen verschwindet, aber auf erneutem Zusatz von Benzidin wieder erscheint (FEIGL).

Die Benzidinlösung wird folgendermaßen hergestellt: 0,05 g Benzidinbase oder Chlorhydrat werden in 10 cm³ Essigsäure (nach SENSI und TESTORI in 50%iger Essigsäure) aufgelöst, mit Wasser auf 100 cm³ aufgefüllt und filtriert.

Erfassungsgrenze: 0,15 γ Mn.

Grenzkonzentration: 1:330000.

THOMSON gibt eine mikrochemische Arbeitsweise an, mit der noch bedeutend geringere Mengen Mangan erfaßt werden können. Er arbeitet mit den von EMICH beschriebenen coloriskopischen Capillaren. Diese werden mit Natriumhydroxyd ausgespült und die zu prüfende Lösung hineingebracht. Nach einer Minute wird das Benzidinreagens zugegeben und die Blaufärbung unter dem Mikroskop beobachtet.

Es konnten so noch 0,0007 γ Mn in einer Auflösung von 1:1000000 gefunden werden, was für Nachweise in der Mikrobiologie und Mikrogeologie von Bedeutung ist.

Die Reaktion wird allerdings bei Gegenwart verschiedener anderer Stoffe gestört, so z. B. natürlich durch andere Oxydationsmittel und auch verschiedene autoxydable Substanzen, die unter den Nachweisbedingungen Benzidin gleichfalls bläuen, wie z. B. Chromate, Hexacyanoferrate(III), Kobalt-, Thallium-, Silber- und Cersalze. In diesen Fällen müssen die betreffenden störenden Stoffe durch Komplexbildung, Fällungen oder ähnliche Operationen ausgeschaltet werden. Auch durch große Mengen indifferenter Metallhydroxyde kann die Empfindlichkeit des Nachweises herabgesetzt werden.

b) Nachweis in Gegenwart von Eisen. Da 3wertiges Eisen sehr häufig in der auf Mangan zu prüfenden Lösung gleichzeitig vorliegen wird, ist die Anwendbarkeit des Benzidinnachweises neben diesem Element von großer Wichtigkeit. FEIGL machte nun die Beobachtung, daß vollständig gefälltes Eisen(III)-hydroxyd, also bei schwachem Überschuß an Lauge, Benzidin nicht bläut. Blaufärbung tritt nur ein, wenn unvollständig gefälltes Eisen(III)-hydroxyd vorliegt, was auf das Vorkommen kolloidalen Eisen(III)-hydroxyds, welches ja bei unvollständiger Fällung mit Hydroxylionen und auch sonst schon durch Hydrolyse in jeder Eisen(III)-salzlösung auftritt, zurückgeführt wird. Die Benzidinbläuung ist vermutlich dem kolloidalen Eisen(III)-hydroxyd zuzuschreiben. Der Nachweis ist also bei Anwendung eines Überschusses an Lauge auch neben $Fe^{\cdots}$ brauchbar. Allerdings wird die Empfindlichkeit besonders durch einen oft sehr großen Überschuß an gleichzeitig vorhandenem Eisen bedeutend herabgedrückt. Aus diesem Grunde wird die Fällung des Eisen(III)-hydroxyds durch Komplexbildung mit Seignettesalz überhaupt verhindert.

Ausführung. Ein Tropfen der Probelösung wird mit Seignettesalzlösung und dann mit Lauge auf dem Filtrierpapier angetüpfelt. Mit dem Benzidinreagens kann Mangan so noch neben größeren Eisenmengen nachgewiesen werden.

Erfassungsgrenze: 1 γ Mn.
Grenzkonzentration: 1:50000. } Neben der 1000fachen Eisenmenge.

LEITMEIER verwendet Weinsäure zur Komplexbildung.

c) Nachweis neben Kobalt. Da das Kobalt unter diesen Nachweisbedingungen ebenfalls autoxydables Kobalthydroxyd zu bilden vermag, tritt bei seiner Anwesenheit auch eine Blaufärbung des Benzidins auf, allerdings mit weniger großer Empfindlichkeit als beim Mangan.

α) Nach FEIGL und STERN. FEIGL und STERN erwägen die Möglichkeit, die störende Wirkung des Kobaltions durch Verdünnen auszuschalten, ohne dabei die Empfindlichkeitsgrenze des Mangannachweises zu unterschreiten. Als sicherer wird dann aber vorgeschlagen, statt mit Kalilauge mit tartrathaltiger Kalilauge, ebenso wie beim Eisen, anzutüpfeln, wobei die entstehende Kobaltverbindung vorteilhafterweise keinen Niederschlag, sondern nur eine blaßrosa Färbung bildet, so daß die Blaufärbung durch Mangan besser hervortreten kann. Auch mit α-Nitroso-β-naphthol läßt sich das Kobalt ausfällen und neben dem dadurch gebildeten Fleck Mangan nachweisen.

β) Nach FEIGL. Von FEIGL wird dann weiterhin folgender Arbeitsgang angegeben: Durch Zusatz von Kaliumcyanid und Erwärmen wird das Kobalt in das äußerst beständige Komplexsalz $K_3[Co(CN)_6]$ übergeführt. Überschüssiges Kaliumcyanid wird, da es durch Bildung komplexer Manganverbindungen die Manganreaktion verhindern würde, durch einige Tropfen starker Salzsäure (Abzug!) entfernt. Mangancyanid wird hierdurch zerstört, während das komplexe Kobaltion nicht angegriffen wird. Die zur Maskierung des Kobalts erforderlichen Maßnahmen können mit einem Tropfen der Probelösung im Spitzröhrchen ausgeführt werden. Es sei darauf hingewiesen, daß die cyankalische Lösung des komplexen Kobaltsalzes mit Benzidin allmählich eine rotviolette Färbung gibt.

Erfassungsgrenze: 0,5 γ Mn.
Grenzkonzentration: 1:100000. } Neben der 1200fachen Kobaltmenge.

γ) Nach TANANAEFF. Nach TANANAEFF reagiert Benzidin mit Kobalt in Anwesenheit von Ammoniumchlorid nicht, auch nach späterem Zusatz von Wasserstoffperoxyd tritt nur schwache Grünfärbung auf. Es ist darauf zu achten, daß die Ammoniumchloridlösung den Fleck der zu prüfenden Lösung auf dem Filtrierpapier vollkommen bedeckt. Auch in Gegenwart von Ammoniumchlorid gibt das Mangan mit Benzidin einen tiefblauen Kreis, die innere Seite färbt sich aber nur nach dauernder Versetzung mit Ammoniakdämpfen. Die Empfindlichkeit der Reaktion ist also etwas herabgesetzt, was aber bei diesem Nachweis von keiner allzu großen Bedeutung ist. Die Reaktion kann in Gegenwart von Kobalt (und auch aller Kationen der ersten bis dritten Gruppe) wie folgt ausgeführt werden:

Ein Tropfen der Probelösung wird auf Filtrierpapier mit gesättigter Ammoniumchloridlösung versetzt. Feuchtet man jetzt den erschienenen Fleck mit essigsaurem Benzidin an, so entsteht ein blauer Kreis.

d) Nachweis neben Cer. Da auch Cer autoxydables $Ce(OH)_3$ bildet, muß die Störung des Nachweises durch dieses Element beseitigt werden. Zu diesem Zwecke erwärmt man die zu prüfende Lösung mit einer kleinen Menge Calciumfluorid 2 bis 3 Min. Dadurch wird das Cer als unlösliches Fluorid gefällt und bleibt beim unveränderten Calciumfluorid. Im Filtrat kann dann das Mangan wie oben nachgewiesen werden.

Erfassungsgrenze: 5 γ Mn.
Grenzkonzentration: 1:10000. } Neben der 1000fachen Cermenge (FEIGL).

e) Nachweis neben Silber und Thallium. Auch Silber und Thallium müssen vor Ausführung dieses Mangannachweises entfernt werden, da 1. das entstehende Ag_2O bzw. $Tl(OH)_3$ als Oxydationsmittel und 2. Tl(OH) als autoxydable Verbindung ebenfalls mit Benzidin unter Blaufärbung reagieren. FEIGL empfiehlt, die beiden Elemente als Chloride mit Natriumchlorid zu fällen, zu zentrifugieren oder abzufiltrieren und im Filtrat den Nachweis auf Mangan zu führen. Bei Gegenwart von Thallium(III)-salzen müssen diese zur Fällung mit Chlorid mit Schwefeldioxyd zu Thallium(I)-salzen reduziert werden.

Die Fällung auf dem Filtrierpapier direkt vorzunehmen, ist nicht angebracht, da auch AgCl und TlCl langsam mit Benzidin reagieren. Durch photochemische Zersetzung der Halogenide wird mit der Zeit eine geringe Menge Chlor in Freiheit gesetzt, die aber schon genügt, mit Benzidin eine Blaufärbung hervorzurufen.

Die Empfindlichkeit wird durch diese Maßnahme nicht beeinträchtigt.

f) Nachweis neben Kupfer. Viel Kupfer kann bei Anwesenheit nur kleiner Manganmengen durch die Bildung von Kupferhydroxyd bzw. basischer Kupferacetate die Benzidinbläuung verdecken. FEIGL empfiehlt, in diesem Fall wie beim Kobalt durch Zugabe von Kaliumcyanid das Kupfer in $K_3[Cu(CN)_4]$ bzw. $Cu_2(CN)_2$ überzuführen.

Erfassungsgrenze: 1,6 γ Mn.
Grenzkonzentration: 1:30000. } Neben der 500fachen Kupfermenge.

g) Nachweis in Gegenwart von Phosphationen. TANANAEFF und SCHULEPOWA führen den Nachweis bei Anwesenheit von Phosphat so aus, daß sie einen Tropfen Bleinitratlösung mit der zu untersuchenden Lösung sowie Ammoniak und Benzidin antüpfeln. Bei Anwesenheit von Mangan tritt die Blaufärbung auf.

Bezüglich dieses Nachweises sei weiterhin auf die Arbeiten von DITZ, HELLER, FEIGL (b) und TANANAEFF und ROMANJUK verwiesen.

Über die Anwendung des Nachweises in der Wasseranalyse s. OLSZEWSKI. Über die Verwendung von o-Toluidin anstatt Benzidin s. KUHLBERG.

2. Nachweis mit Silbernitrat.

Schon WÖHLER sowie ROSE hatten beobachtet, daß bei der Einwirkung von Silbernitrat auf Mangansalze in alkalischer oder ammoniakalischer Lösung ein schwarzer Niederschlag gebildet wird. Nach FEIGL verläuft die Umsetzung nach der Gleichung:

$$Mn^{\cdot\cdot} + 2\,Ag(NH_3)_2 + 4\,OH' = MnO_2\downarrow + 2\,Ag\downarrow + 4\,NH_3 + 2\,H_2O.$$

Die Bildung von Mangandioxyd und fein verteiltem Silber kann zu einem empfindlichen Nachweis von Mangan verwendet werden. Aus historischen Gründen sei zuerst die Ausführungsform nach BALAREW genannt, obgleich sie an sich kein Tüpfelnachweis ist.

a) Arbeitsweise nach **Balarew.** Balarew stellte fest, daß bei Anwesenheit von Ammoniumsalzen die Reaktion versagte, also keine Schwarzfärbung eintrat.

Ausführung. Im Gange der qualitativen Analyse der Ammoniumsulfidgruppe wird wie folgt verfahren: Einen Teil des gut ausgewaschenen Niederschlages, der $Mn(OH)_2$, $Fe(OH)_2$ und $Fe(OH)_3$ enthält, löst man in Salpetersäure, kocht einige Zeit zur vollständigen Überführung des $Fe^{\cdot\cdot}$ in $Fe^{\cdot\cdot\cdot}$ ($Fe^{\cdot\cdot}$ würde störend wirken) und neutralisiert mit Natronlauge, die aber in nicht zu großem Überschusse angewendet werden darf, weil sonst die ammoniakalische Silbernitratlösung selbst eine dunkelbraune Fällung gibt. Nun wird Silbernitratlösung zugegeben und danach Ammoniak oder Essigsäure. Beim Auflösen des zuerst gebildeten Silberoxyds in Ammoniak ist der noch verbleibende Niederschlag schwarz, bei der Auflösung in Essigsäure hat derselbe Niederschlag gelbe bzw. hellbraune Farbe.

Falls der zu untersuchende Niederschlag von Manganoxydhydrat zu klein ist, tropft man zu der salpetersauren Lösung desselben ein wenig Alkalilauge, teilt die Flüssigkeit in zwei Reagensgläschen und fügt nun zu einer der Proben einen Tropfen Silbernitratlösung und dann Ammoniak hinzu. Bei der Anwesenheit von Mangan erscheint die Flüssigkeit in dem zweiten Reagensgläschen dunkler als in dem ersten (ohne Silbernitrat).

In Lösungen, die 0,2 mg Mn/l enthielten, konnte so noch Mangan erkannt werden.

Kobalt(II)- und Eisen(II)-ionen geben dieselbe Reaktion. Ammoniumsalze dürfen, wie oben erwähnt, nicht zugegen sein.

b) Arbeitsweise nach **N. A. Tananaeff** ***und*** **Iw. Tananaeff.** Nach diesen Autoren wird der Nachweis in Form einer Tüpfelreaktion ausgeführt (s. a. Feigl).

Ausführung. Man gibt auf das Tüpfelpapier einen Tropfen der Probelösung und hierauf einen Tropfen der ammoniakalischen Silbernitratlösung. (Diese wird erhalten durch Zugeben von konzentriertem Ammoniak zu einer konzentrierten Lösung von Silbernitrat, bis der zunächst gebildete Niederschlag wieder gelöst ist, und nochmaliges Zugeben der gleichen Menge Ammoniak.) Bei Anwesenheit von Mangan entsteht ein schwarzer Fleck, der beim Erwärmen schneller und deutlicher hervortritt. Ammoniakalische Silbersalzlösungen können jedoch auch durch Papier zu einem geringen Teil reduziert werden. Man muß die Reaktion daher durch einen Parallelversuch kontrollieren, den man mit der reinen Reagenslösung anstellt.

Erfassungsgrenze: 0,7 γ Mn (Tropfengröße 0,025 cm^3).

Grenzkonzentration: 1:35700.

Feigl führt an, daß nach Kapulitzas beim Tüpfeln mit einem Makrotropfen (0,05 cm^3) noch 0,05 γ Mn (1:1000000) nachweisbar sind, wenn auf Tüpfelpapier zunächst ein Tropfen der ammoniakalischen Silberlösung und danach erst ein Tropfen der Manganlösung aufgebracht wird. Es kann dann auch eine etwa 1,5%ige Silbernitratlösung Verwendung finden.

Der Nachweis kann neben $Al^{\cdot\cdot\cdot}$-, $Cr^{\cdot\cdot\cdot}$-, $Fe^{\cdot\cdot\cdot}$-, $Co^{\cdot\cdot}$-, $Ni^{\cdot\cdot}$-, $Zn^{\cdot\cdot}$-, $Hg^{\cdot\cdot}$-, $Pb^{\cdot\cdot}$- und $Bi^{\cdot\cdot\cdot}$-Ionen ausgeführt werden und ist besonders zur schnellen Erkennung von Mangan in Legierungen und Stählen brauchbar. Zur Ausführung des Nachweises in Gegenwart der genannten Ionen überträgt man einen Tropfen der zu untersuchenden Lösung auf Filtrierpapier und berührt dann die Mitte des feuchten Fleckes mit der Spitze einer Capillare, die mit Silbernitratlösung gefüllt ist. Man läßt die Silbernitratlösung langsam ausfließen, wobei ein entstehender schwarzer Fleck Mangan anzeigt. Allerdings wird die Empfindlichkeit durch die gleichzeitige Bildung von farbigen Metallhydroxyden herabgesetzt.

Neben viel $Co^{\cdot\cdot}$ und $Ni^{\cdot\cdot}$ kann die Reaktion ausbleiben, falls sie in alkalischer Lösung erfolgt. Der Ersatz von Ammoniumhydroxyd durch starke Alkalien macht die Reaktion etwas empfindlicher, doch beeinflußt die Anwesenheit fremder Kationen auch in diesem Fall stark die Empfindlichkeit.

3. Nachweis mit Zinksulfid.

Einen eigenartigen Nachweis des Mangans beschreibt KORENMAN. Er schlägt auf Photopapier oder auf Filtrierpapier Zinksulfid nieder und trägt auf dieses Reagenspapier die zu untersuchende Lösung auf, wobei bei alleiniger Anwesenheit von Mangan eine bräunlichgelbe Färbung auftritt.

Anfertigung des Reagenspapiers. Glanz- oder Halbmatt-Bromsilberphotopapier wird mit 10%iger Thiosulfatlösung zwecks Entfernung der darin enthaltenen Silbersalze behandelt und wiederholt mit Wasser gewaschen. Das feuchte Papier bringt man 10 bis 15 Min. in 10%ige Zinksulfatlösung, dann ebenfalls 10 bis 15 Min. in 10%ige Natriumsulfidlösung und schließlich abermals in Zinksulfatlösung. Dann spült man das Papier einige Male ab und trocknet es. Es ist nun von rein weißer Farbe. Man kann auch aschefreies Filtrierpapier ebenso wie oben behandeln und verwenden. Mit photographischem Papier wurde aber eine größere Empfindlichkeit erreicht.

Ausführung. Mit einem feinen Capillarröhrchen wird ein Tröpfchen der sauren Lösung auf das Reagenspapier aufgetragen. Mit Manganverbindungen entsteht ein bräunlichgelber Fleck.

Erfassungsgrenze: 0,1 γ Mn.

Grenzkonzentration: 1:300000.

Alle Metalle der Schwefelwasserstoffgruppe sowie $Ag^{\cdot}$ und $Fe^{\cdot\cdot}$ geben eine ähnliche Reaktion, wodurch der Wert des Nachweises sehr herabgemindert wird.

4. Nachweis mit Strychnin.

Mangandioxyd bildet mit Schwefelsäure und Strychnin eine blau-violette, in rot übergehende Farbe. Hierauf gründet AUGUSTI einen Tüpfelnachweis, der den Benzidinnachweis an Empfindlichkeit sogar noch übertrifft.

Ausführung. Einen Tropfen der Mangan(II)-salzlösung gibt man auf ein Uhrglas und fügt einen Tropfen Natron- oder Kalilauge hinzu. Ein Überschuß an Lauge ist sorgfältig zu vermeiden. Nach kurzem Stehenlassen dampft man an der Luft bei schwacher Wärme zur Trockne ein. Zum Rückstand fügt man nach dem Abkühlen 1 bis 2 Tropfen einer 1%igen schwefelsauren Strychninlösung zu. Eine blau-violette Färbung, die bald nach rot umschlägt, zeigt Mangan an.

Erfassungsgrenze: 0,18 γ Mn.

Folgende Ionen stören die Reaktion nicht: $Ag^{\cdot}$, $Al^{\cdot\cdot\cdot}$, $Fe^{\cdot\cdot}$, $Cr^{\cdot\cdot\cdot}$, $Zn^{\cdot\cdot}$, $Ni^{\cdot\cdot}$, $Ca^{\cdot\cdot}$, $Sr^{\cdot\cdot}$, $Ba^{\cdot\cdot}$, $Mg^{\cdot\cdot}$, $K^{\cdot}$, $Na^{\cdot}$ und $Li^{\cdot}$ und NO_2', NO_3' und ClO_3'. Eine ähnliche Reaktion liefert $Co^{\cdot\cdot}$; dieses kann durch Zusatz einiger Tropfen 10%iger Kaliumcyanidlösung, Erhitzen und Zugabe einiger Tropfen konzentrierter Salzsäure komplex in Lösung gehalten werden. Die störende Wirkung des Kobalts kann auch mit α-Nitroso-β-naphthol beseitigt werden. Ähnliche Reaktionen geben auch CrO_4'', Cr_2O_7'', $Fe(CN)_6''''$ und $Fe(CN)_6'''$.

5. Nachweis mit Phosphormolybdänsäure.

Das erhöhte Oxydationsvermögen der Molybdänsäure im Phosphormolybdänsäurekomplex zeigt sich auch bei der Einwirkung auf Mangan(II)-salze in alkalischer Lösung, wobei Reduktion der Molybdänsäure zum Molybdänblau eintritt (KOMAROWSKY und KORENMAN).

Ausführung. Auf der Tüpfelplatte oder auch im Probierglas gibt man zur Probelösung einen Tropfen einer gesättigten Phosphormolybdänsäurelösung und dann einen Tropfen einer 40%igen Natriumhydroxydlösung. Bei Anwesenheit von Mangan(II)-salzen tritt Blaufärbung ein.

Grenzkonzentration: 1: 377000.

Andere oxydable Kationen stören, so z. B. $Ce^{\cdot\cdot\cdot}$, $Fe^{\cdot\cdot}$ und $Co^{\cdot\cdot}$.

6. Fluorescenznachweise nach GOTÔ.

Wird eine Lösung von Rhodamin B in Gegenwart von Mangan(II)-ionen alkalisch gemacht und nach einiger Zeit angesäuert, so kann man im ultravioletten Licht eine grüne Fluorescenz beobachten (GOTÔ).

Erfassungsgrenze: 0,1 γ Mn.

Grenzkonzentration: 1:500000.

$Co^{\cdot\cdot}$ und größere Mengen Eisen geben die gleiche Reaktion. Beim Schmelzen der Manganverbindungen in der Phosphorsalzperle erhält man eine rubinrote Fluorescenz.

Erfassungsgrenze: 5 γ Mn.

Grenzkonzentration: 1:4000.

§ 6. Chromatographischer Nachweis.

a) Nachweis des Mangans innerhalb der Ammoniumsulfidgruppe. Da bei Anwesenheit vieler Kationen die chromatographische Trennung der einzelnen Metalle unscharf wird, schlagen SCHWAB und GOSH eine vorherige Trennung in die Gruppen der klassischen qualitativen Analyse vor. Die Ammoniumsulfidgruppe gibt ein Chromatogramm, in dem Mangan als tiefbraune Zone hinter der blaugrünen Zone des Nickelions am tiefsten liegt. Die Metalle liegen in Form von Nitraten, Chloriden oder Sulfaten vor. Adsorbiert wird an Aluminiumoxyd nach BROCKMANN und gewaschen mit Wasser. Entwickelt wird mit Ammoniak und folgendem Durchsaugen von Luft.

Die Manganzone ist nämlich zuerst nicht sichtbar, da Mangan die unterste Zone bildet und das mit Ammoniak gebildete Hydroxyd fast weiß ist. Durch den Sauerstoff der Luft tritt jedoch im ammoniakalischen Medium Oxydation zu Mangandioxyd ein, was sich am Entstehen der dunkelbraunen Zone bemerkbar macht.

b) Trennung Thallium-Mangan. Das Mangan(II)-ion wird in der Reihe der üblichen Ionen zuletzt, also noch unter dem Thallium adsorbiert. Da sich das Thallium bei Anwendung von Wasser als Waschflüssigkeit vom Mangan schlecht trennen läßt, arbeitet man in diesem Falle nach SCHWAB und JOCKERS mit Natriumnitratlösung. Bei Entwicklung mit Ammoniumsulfid rückt die Thalliumsulfidzone noch unter die Mangansulfidzone.

Ausführung. In ein HESSEsches Mikrorohr von 4 bis 7 mm Durchmesser wird die Suspension des Aluminiumoxyds (BROCKMANNsches Standardpräparat von Merck) als Adsorptionsmittel möglichst dicht eingefüllt. Die nicht zu saure Analysenlösung, in diesem Falle Mangannitrat und Thalliumsulfat, läßt man am besten, ohne zu saugen und ohne das Adsorptionsmittel aufzuwirbeln, einlaufen. Gewaschen (nicht nur angefeuchtet!) wird mit Natriumnitratlösung, entwickelt mit Ammoniumsulfidlösung. Bei dieser Arbeitsweise entsteht oben eine reine Mangansulfidzone, auf die unten in scharfer Trennung die schwarze Thallium(I)-sulfidzone folgt.

c) Trennung von $Pb^{\cdot\cdot}$, $Ag^{\cdot}$, $Zn^{\cdot\cdot}$, $Cd^{\cdot\cdot}$ und $Mn^{\cdot\cdot}$. Bei Vorliegen der Metalle als Nitrate adsorbiert das Aluminiumoxyd die Ionen in 5 scharf getrennten Zonen, von denen die unterste die fleischfarbene des Mangansulfids ist. Waschflüssigkeit: Wasser; Entwickler: Ammoniumsulfid (SCHWAB und JOCKERS).

§ 7. Nachweise des Mangans in speziellen Fällen.

I. Nachweis in Wasser (Trinkwasser, Gebrauchswasser usw.).

1. Nachweis mit Benzidin.

OLSZEWSKI wendet die Benzidinreaktion auf Mangan auch in der Wasseranalyse an.

Ausführung. Das Benzidinreagens wird folgendermaßen hergestellt: 20 g Benzidin (purissimum) werden mit 20 cm³ Wasser gut verrieben, der Brei mit etwa 750 cm³

Wasser in einen 1 l Meßkolben gebracht, 50 cm³ Eisessig zugefügt und mit Wasser bis zur Marke aufgefüllt und umgeschüttelt. Nach eintägigem Stehen wird filtriert und die Lösung in dunkler Flasche aufbewahrt.

300 cm³ des zu untersuchenden Wassers werden, wie bei der Trinkwasseranalyse üblich, in einem mit Glasstöpseln verschließbaren Zylinder mit 3 cm³ einer Sodanatronlauge versetzt und der entstehende Niederschlag durch Schütteln des Zylinders und mehrstündiges Stehenlassen zum Absetzen gebracht. Von der überstehenden Flüssigkeit werden 200 cm³ zur Ammoniakbestimmung abgegossen. Bei hartem Wasser ist dies Abgießen der klaren Flüssigkeit schlecht durchführbar. In diesem Falle wendet man von vornherein 400 cm³ Wasser an. Nach dem Abgießen wird besonders bei sauerstoffarmem Wasser zur besseren Oxydation des Rückstandes der verbleibende Rest in der Flasche kräftig durchgeschüttelt und abfiltriert. Das Filter wird vorsichtig tropfenweise mit der Benzidinacetatlösung betupft.

Spuren von Mangan (0,03 mg/l) machen sich bei Verwendung von 300 cm³ Wasser durch deutliche Blaufärbung bemerkbar. Eisen stört nicht.

2. Nachweis mit Dimethyl-p-phenylendiamin.

Das Dimethyl-p-phenylendiamin bildet mit Oxydationsmitteln wie Wasserstoffperoxyd oder Chlor intensiv rot-violett gefärbte Verbindungen. Schmidt fand, daß diese Eigenschaft auch zum Nachweis solcher Metalle dienen kann, die in saurer Lösung in derjenigen Wertigkeitsstufe als Oxydationsmittel wirken, in welcher sie als Hydroxyde in Berührung mit Luftsauerstoff stabil sind, wie z. B. Eisen und Mangan (ersteres im 3wertigen, letzteres im 4wertigen Zustande). Enthält ein mit Alkali versetztes Wasser auch nur so geringe Mengen von $Fe(OH)_3$ oder $Mn(OH)_4$, daß eine Fällung in der Trübung nicht sichtbar ist, so wird das Dimethyl-p-phenylendiamin nach dem Ansäuern mehr oder weniger stark rot-violett gefärbt.

Um die Reaktion für das Mangan spezifisch zu gestalten, muß die störende Wirkung des Eisens und der anderen Oxydationsmittel ausgeschaltet werden. Das Eisen wird durch Zugabe von organischen Oxysäuren, z. B. Weinsäure oder Citronensäure, komplex gebunden. Nach Baril, der dieses Verfahren für die stufenphotometrische Bestimmung ausgearbeitet hat, ist es zweckmäßig, die Citronensäure vor Zusatz des Dimethyl-p-phenylendiamins zuzugeben. Noch besser ist es, eine neutrale Natriumcitratlösung zur alkalischen Lösung zuzugeben, damit das bereits in 4wertiger Form vorliegende Mangan nicht die Möglichkeit hat, im sauren Medium in die 2wertige Stufe zurückzugehen.

Auch Nitrite wirken störend, da sie schon in sehr geringen Mengen bei schwachem Ansäuern eine intensive Rotfärbung mit dem Reagens hervorrufen, vermutlich infolge Bildung einer Diazoverbindung, die bei Gegenwart von Mangan längere Zeit beständig ist und einen viel zu hohen Mangangehalt vortäuscht. Durch Zusatz von 2 Tropfen einer 5%igen Natriumazidlösung wird die störende Wirkung ausgeschaltet, da sich nun das Nitrit nach folgender Gleichung umsetzt:

$$2\,N_3H + N_2O_3 = 2\,N_2O + H_2O + 2\,N_2\,.$$

Ausführung. Folgende Reagenzien werden verwandt:

1. 3 n Salzsäure, } brauchen nicht genau 3 n zu sein, müssen aber genau
2. 3 n Natronlauge } aufeinander eingestellt sein.
3. 0,1%ige Natriumcitratlösung (neutral).
4. 10%ige Citronensäurelösung.
5. 2%iges Dimethyl-p-phenylendiaminsulfat oder -chlorhydrat. Es darf nur ein vollkommen reines, nicht oxydiertes Präparat verwendet werden. Ein solches Präparat liefert farblose Lösungen, welche aber mit der Zeit infolge Oxydation immer tiefer rot gefärbt werden. Es darf zur Manganbestimmung nur eine farblose oder ganz schwach rosa gefärbte Reagenslösung verwendet werden.

Man säuert 100 cm³ Wasser mit 3 cm³ Salzsäure an, macht es durch einen geringen Überschuß von Alkali (im ganzen 3 bis 4 cm³) alkalisch und leitet zur Oxydation des 2wertigen Mangans Luft hindurch. Nach BARIL werden jetzt 2 cm³ der Natriumcitratlösung zur Komplexbildung des Eisens zugegeben. Darauf gibt man 2 Tropfen der Reagenslösung zu und schließlich unter Umrühren mit der Pipette so lange tropfenweise Citronensäurelösung, bis eben eine Färbung auftritt. Dann fügt man noch drei weitere Tropfen Citronensäure zu und kann nun den Unterschied zu Vergleichslösungen beobachten.

Bei Anwendung von 100 cm³ kann ein Mangangehalt von 0,04 mg/l (entsprechend einer Konzentration von 1:25000000) deutlich nachgewiesen werden.

Störend wirken auch Magnesiumsalze in größerer Menge als 50 mg MgO/l (= 7 deutschen Härtegraden). Sie setzen dann die Intensität der mit Mangan entstehenden Färbung bedeutend herab und verursachen ein zu schnelles Verblassen der Flüssigkeit.

Da auch Kohlensäure ein schnelleres Verblassen der Färbung verursachen kann, entfernt man diese zweckmäßigerweise nach dem Ansäuern durch einen CO_2freien Luftstrom.

Störungen können auch durch freie Halogene auftreten.

3. Nachweis nach KLUT (Anwendung der CRUMschen Reaktion).

KLUT schlägt ein Verfahren vor, welches die CRUMsche Reaktion mit Bleidioxyd zur Grundlage hat, und welches er dem auf der MARSHALLschen Reaktion beruhenden Verfahren nach WESTON sowie LÜHRIG und BECKER vorzieht, da dieses in Anwesenheit organischer Substanzen versagt.

Ausführung. 25 cm³ des frisch geschöpften Wassers werden mit etwa 10 cm³ reiner, etwa 25%iger Salpetersäure zum Kochen erhitzt. Nach Entfernen der Flamme setzt man nach etwa 2 Min. etwa 0,5 g reines Bleidioxyd unter Umschütteln hinzu und erhitzt weitere 2 bis 5 Min. zum Sieden. Man läßt nun absitzen und beobachtet die über dem Bodensatz stehende klare Flüssigkeit gegen einen weißen Hintergrund. Auf diese Weise lassen sich bis zu 50 γ Mn/l Wasser an der Permanganatfärbung erkennen.

Die im Wasser enthaltenen organischen Substanzen, ferner Eisen(II)-verbindungen, Nitrite, Schwefelwasserstoff usw. beeinträchtigen die Reaktion nicht, zumal sie größtenteils vorher durch die Salpetersäure oxydiert werden. Auch die Chloride wirken im allgemeinen nicht störend, falls nicht sehr viel davon zugegen ist. In solchen Fällen kann man das Chlorion durch längeres Kochen des mit Salpetersäure angesäuerten Wassers vor dem Zusatz des Bleidioxyds vollständig als Chlor austreiben.

4. Nachweis mit Kaliumperjodat und Tetrabase.

TILLMANS und MILDNER führen den schon als Tüpfelreaktion auf S. 172 erwähnten Nachweis in der Wasseranalyse nach der folgenden streng einzuhaltenden Vorschrift aus.

Ausführung. 10 cm³ Wasser werden in einem verschließbaren Reagensglas oder Glaszylinder mit einer geringen Menge (etwa 0,1 g) kristallisiertem festem Perjodat kräftig während 1 Min. durchgeschüttelt. Nach dem Ansäuern der Reaktionsflüssigkeit mit 3 Tropfen Eisessig gießt man langsam einige Kubikzentimeter einer frisch bereiteten Lösung der Tetrabase in Chloroform (0,5%ig) zu. Die Gegenwart von Mangan läßt sich an der sofort auftretenden Blaufärbung der wäßrigen, über dem Chloroform stehenden Flüssigkeit erkennen.

Die Reaktion tritt bei einem Mangangehalt von 0,05 mg Mn/l und bei Verwendung von nur 10 cm³ Wasser deutlich auf. Bei einem Mangangehalt von 0,03 mg/l wurde keine deutliche Reaktion mehr beobachtet.

Die Färbung verblaßt bald und schlägt in eine grünbraune Färbung um (besonders bei Gegenwart größerer Manganmengen).

Mit Eisenverbindungen gibt Kaliumperjodat einen gelbbraunen Niederschlag, der die bei der Reaktion auftretende Blaufärbung in eine gelbgrüne Mischfarbe verwandelt, so daß die Reaktion nicht immer deutlich und scharf auftritt. Immerhin kann man das Mangan mit Sicherheit nachweisen, wenn neben verhältnismäßig großen Manganmengen kleinere Mengen von Eisen vorliegen. Neben 3 mg Fe/l konnten noch 0,05 mg Mn/l nachgewiesen werden. Bei Gegenwart großer Mengen Eisen kann dieses durch Behandeln mit Zinkoxyd entfernt werden. Im Filtrat kann dann das Mangan noch gut in einer Konzentration von 0,05 mg/l nachgewiesen werden.

5. Nachweis nach Croner.

Croner modifiziert zum Nachweis von Mangan im Grundwasser die Methode von Blum (s. S. 158) in folgender Weise.

Ausführung. 100 cm³ des zu untersuchenden Wassers werden mit Salzsäure angesäuert, wobei eine klare Lösung entstehen soll. Diese filtriert man in einen Colorimeterzylinder von 40 cm Höhe und setzt 2 cm³ konzentrierter Weinsäurelösung und so viel Ammoniak zu, bis das Wasser deutlich danach riecht. Gibt man nun 2 cm³ gesättigter Kaliumhexacyanoferrat(II)-lösung hinzu, so bildet sich je nach der Menge des anwesenden Mangans sofort oder erst nach einigem Stehen ein weißer Niederschlag oder eine Trübung. Es konnten noch 0,5 mg Mn/l Wasser nachgewiesen werden. Andere in Wasser vorkommende Bestandteile stören nicht.

Lode schlägt vor, da ein Überschuß an Ammoniak die Ausfällung des Mangans als Hexacyanoferrat(II) verhindert, die Säure sowie das Ammoniak und die Einzelreagenzien vorher zu mischen und dann zuzugeben, wobei die Weinsäure durch Citronensäure zu ersetzen ist. Unter diesen Bedingungen soll ein sicherer Nachweis des Mangans in Wasser bis zu 0,5 mg/l möglich sein. Durch Beobachtung des Tyndall-Effektes wird das Gebiet des Mangannachweises bis auf 1 γ/l erweitert.

Karaoglanov gibt für die Reaktion eine Erfassungsgrenze von 5,8 γ in 10 cm³ und eine Grenzkonzentration 1:1724000 an, was mit den vorigen Daten befriedigend übereinstimmt.

6. Nachweis mit der Marshallschen Reaktion.

a) Nach Berl-Lunge. Im Berl-Lunge wird folgende Vorschrift zur Prüfung auf Mangan im Wasser angegeben: 10 cm³ des zu untersuchenden Wassers füllt man in ein Reagensrohr und säuert mit einigen Tropfen verdünnter Schwefelsäure (1:3) an: dann werden noch einige Tropfen 5%iger Silbernitratlösung zugegeben. Durch die fast stets vorhandenen Chlorionen tritt dabei eine Trübung des Wassers auf. Silberion muß im Überschuß vorhanden sein, was jedoch, von ganz hohen Chloridgehalten abgesehen, beim Zusatz einiger Tropfen der Silbernitratlösung immer der Fall ist. Nun fügt man eine Messerspitze festes Kaliumpersulfat zu und stellt das Röhrchen mit aufgesetzter Glasbirne in kochendes Wasser. Es genügt auch, 60 bis 70° warmes Wasser zu nehmen und das Röhrchen einige Minuten darin zu belassen. Bei Vorhandensein von Mangan tritt Rosafärbung auf, die noch bei 0,1 mg Mn/l eben wahrnehmbar ist.

Ein Eisengehalt des Wassers stört die Reaktion nicht.

b) Nach Lührig und Becker. Diese Autoren sowie auch Weston geben ein Nachweisverfahren an, welches auf der Marshallschen Reaktion beruht.

Ausführung. 100 cm³ des zu prüfenden Wassers werden mit 3 cm³ konzentrierter Salpetersäure (D 1,40) und mit so viel Silbernitratlösung versetzt, daß die anwesenden Chloride gerade ausgefällt werden. Dann wird Ammoniumpersulfat in konzentrierter Lösung oder in fester Form zugesetzt, die Mischung zum Sieden erhitzt und nach etwa 5 Min. abgekühlt. Noch Bruchteile von 0,1 mg Mn/l können gut an der Permanganatfärbung erkannt werden.

7. Nachweis in Trinkwasser nach Winkler.

Von Winkler wird ein Verfahren angegeben, durch das aktives Chlor in Trinkwasser durch seine entfärbende Wirkung auf Methylorange oder Methylrot nachgewiesen wird. Das Verfahren ist in abgeänderter Form auch zum Mangannachweis brauchbar. Es kann die anderen spezifischeren Nachweise nicht ersetzen, ist aber dafür bequem und einfach auszuführen.

Ausführung. Es werden 2mal 250 cm³ des zu untersuchenden Wassers genommen und je mit 1 Tropfen Methylorangelösung (1:5000) versetzt. Zur ersten Wasserprobe werden 1 bis 2 cm³ 10%ige Natronlauge hinzugefügt. Nach einigen Minuten werden beide Flüssigkeiten mit je 5 cm³ 10%iger Salzsäure angesäuert. Bei Gegenwart von Mangan wird die erste Flüssigkeit sofort oder in 1 bis 2 Min. entfärbt.

0,1 mg/l können noch sicher nachgewiesen werden.

Grenzkonzentration also: 1:10000000.

Eisen stört nicht. Bei Gegenwart von Nitriten oder reichlichen Mengen organischer Stoffe wird die Empfindlichkeit stark herabgesetzt. In solchen Fällen kann die Empfindlichkeit dadurch gesteigert werden, daß man die schon angesäuerte Flüssigkeit wieder alkalisch macht und sie dann nach 1 bis 2 Min. langem Warten zum zweitenmal ansäuert. Schwefelwasserstoff darf nicht zugegen sein.

In einer neueren Arbeit des Autors wird die Anwendung von Methylrot statt Methylorange angegeben. Man gibt dann bei gleicher Arbeitsweise statt Methylorangelösung 1 Tropfen Methylrotlösung zu, die man durch Auflösen von 0,1 g Methylrot in 10 cm³ 1n Natronlauge und Verdünnen mit ausgekochtem destilliertem Wasser auf 1 Liter erhält.

8. Nachweis durch die Jodstärkereaktion.

Das durch Alkali gefällte Mangan(II)-hydroxyd wird an der Luft zu höheren Manganoxyden oxydiert, die befähigt sind, aus Kaliumjodidlösung Jod in Freiheit zu setzen, das seinerseits sehr gut mit der Jodstärkereaktion erkannt werden kann. Auf diesem Prinzip bauen Baumert und Holdefleiss einen Mangannachweis in der Wasseranalyse auf.

Ausführung. Das Wasser wird durch Zusatz von Lauge alkalisch gemacht, kräftig mit Luft durchgeschüttelt und Kaliumjodid und frisch bereitete Stärkelösung hinzugefügt. Nun säuert man mit reiner, chlorfreier Salzsäure an. Tritt sofort eine Blaufärbung auf, die man bei geringen Mengen beim Durchblicken gegen einen weißen Hintergrund wahrnehmen kann, so ist Mangan anwesend. 0,1 mg Mn/l kann noch erkannt werden; nach Tillmans und Mildner kann nur noch 0,25 mg Mn/l eben nachgewiesen werden.

Die Schärfe der Reaktion wird besonders durch Magnesiasalze beeinflußt. Salpetrige Säure, die ebenfalls Jod in Freiheit setzen würde, muß vorher durch Kochen mit Salzsäure entfernt werden. Eisenverbindungen werden nach Baumert und Holdefleiss durch Schütteln mit Zinkoxyd und Bariumcarbonat entfernt. Neben Eisen kann man nach Tillmans und Mildner das Mangan nachweisen, wenn man ersteres durch Phosphat komplex bindet.

Ausführung des Nachweises neben Eisen.

10 cm³ Wasser werden mit einigen Tropfen Alkali versetzt und kräftig durchgeschüttelt. Dann gibt man 0,8 bis 1 g kristallisiertes Dinatriumphosphat zu. Nach eingetretener Lösung wird dann die Reaktion in der beschriebenen Weise ausgeführt. Ein Eisengehalt bis zu 50 mg/l beeinflußt die Reaktion nicht. Es sei darauf hingewiesen, daß Blaufärbungen, die erst nach 3 Min. einsetzen, nicht als positive Manganreaktion gedeutet werden können, da aus angesäuerter Kaliumjodidlösung nach längerer Zeit Jod auch bei Abwesenheit von Oxydationsmitteln schon durch den Sauerstoff der Luft frei wird.

II. Nachweis in Wein.

a) Nach DUMITRESCU und NICOLAI. Die Autoren wenden die MARSHALLsche Reaktion an, wobei sie das katalytisch wirkende Silbernitrat hier anscheinend durch Kobaltnitrat ersetzen.

Ausführung. Die flüssige Substanz wird eingedampft, der Rückstand in wenig verdünnter Salpetersäure gelöst, die Lösung erneut eingedampft und der Rückstand mit Wasser aufgenommen. Einen Teil der filtrierten Lösung versetzt man mit dem gleichen Volumen einer 40%igen Ammoniumpersulfatlösung und 1 Tropfen einer 2%igen Kobaltnitratlösung und erhitzt zum Kochen. Bei Gegenwart von Mangan tritt die Permanganatfärbung auf. Sämtliche untersuchte Weine zeigten die Manganreaktion mit mehr oder weniger starker Intensität.

b) Nach PRANDI und CIVETTA. Die CRUMsche Reaktion wird bei dieser Methode colorimetrisch ausgenutzt.

Ausführung. Die Asche von 250 cm^3 Wein wird mit konzentrierter Schwefelsäure bis zur Vertreibung der Salzsäure erhitzt, nach und nach etwa 0,5 g Bleidioxyd eingetragen und kurze Zeit aufgekocht. Man filtriert noch heiß durch Asbest und füllt nach Erkalten auf 25 cm^3 auf. Als Vergleichsflüssigkeit dient eine Lösung von Kaliumpermanganat bekannter Konzentration. Der Mangangehalt der untersuchten Lösungen schwankte zwischen 0,53 und 1,65 mg/l.

III. Nachweis in Pflanzenteilen und ähnlichem Material.

Um die verschiedenen Aufschlußverfahren zu zeigen, sollen hier einige Methoden Erwähnung finden, die sonst hauptsächlich schon zur quantitativen Bestimmung kleiner Manganmengen dienen.

1. Verfahren nach JONES und BULLIS.

5 g Pflanzenmaterial werden unter Zusatz von Salpetersäure oder Ammoniumnitrat verascht, die Asche wird mehrmals mit Schwefelsäure abgeraucht und auf einem Filter mit heißem Wasser auf ungefähr 20 cm^3 ausgewaschen. Das Mangan wird durch Zusatz von 3 g Ammoniumpersulfat und 3 cm^3 0,5 n Silbernitratlösung oxydiert, wobei man ¼ Std. auf 90 bis 95° erhitzt (s. a. DUMITRESCU und NICOLAI, BERTRAND).

2. Verfahren nach VARADARAJA IYENGAR.

10 g der absolut trockenen, fein gemahlenen Pflanzenteile werden mit konzentrierter Schwefelsäure durchgemischt und bis zur Verkohlung stehengelassen. Dann wird auf kleiner Flamme verbrannt und schließlich auf starker Flamme verascht. Die Asche wird mit wasserverdünnter Schwefelsäure ($^1/_{25}$) durchfeuchtet, fast zur Trockne verdampft und mit verdünnter Salpetersäure ausgezogen. Im Filtrat wird Mangan mit Bleidioxyd oxydiert und das gebildete Permanganat bestimmt.

3. Verfahren nach PICHARD.

Der Autor weist Mangan in Pflanzen und Ackererde nach. Enthält die Erde beträchtliche Mengen Mangan, so entsteht beim Schmelzen mit Alkalicarbonat eine grünliche Färbung, welche auf Zusatz von Salpetersäure rosarot wird.

0,5 oder 1 g getrockneter und gepulverter Erde wird in einer Platinschale bei dunkler Rotglut verascht, mit 2 Teilen Alkalicarbonat oder Kaliumhydroxyd calciniert und die entstehende glasartige Masse in salpetersäurehaltigem Wasser gelöst, mit 0,5 g Bleidioxyd, 4 cm^3 Wasser und 2 cm^3 Salpetersäure gekocht. Dann wird die Lösung auf die Hälfte konzentriert und filtriert. Die rosenrote Permanganatfärbung entsteht bei Anwesenheit von Mangan.

4. Verfahren nach BRAUN.

Will man in Pflanzenteilen Mangan nachweisen, so bringt man eine innige Mischung von 5 Teilen Salpeter und 1 Teil kristallinem Natriumpyrophosphat in einem Glühschälchen zum Schmelzen und trägt die trockenen Pflanzenteile in kleinen Portionen allmählich ein. Durch Bildung von Alkalimanganat erscheint die Schmelze nach dem Erkalten schön blaugrün.

Nun setzt man tropfenweise Salpetersäure hinzu, bis alles kohlensaure und salpetrigsaure Alkali zersetzt ist. Man erhitzt bis zum Schmelzen. Nach dem Erkalten entsteht eine schön lila gefärbte Masse.

So konnte in einem Spänchen Buchenholz innerhalb 15 Min. Mangan nachgewiesen werden.

5. Verfahren nach BERTRAND.

BERTRAND hält für den Mangannachweis in der Asche von Pflanzenteilen folgendes für erforderlich: 1. Der gesamte Mangangehalt muß in einer in verdünnter Salpetersäure löslichen Form vorliegen. 2. Auch Spuren von Kohle müssen abwesend sein, da sie später auf das Permanganat reduzierend wirken könnten. 3. Chloride müssen abwesend sein.

Die Veraschung wird folgendermaßen ausgeführt: Die organische Substanz wird bei dunkler Rotglut verascht, bis der Kohlenstoff verbrannt ist. Nach dem Erkalten gibt man etwas konzentrierte Salzsäure hinzu und erwärmt auf dem Wasserbad, wobei das Manganoxyd gelöst wird. Die Chloride werden durch Zusatz von etwas verdünnter Schwefelsäure zersetzt. Dann wird eingedampft und wieder wie vorher geglüht. Dabei verbrennen die letzten Spuren Kohlenstoff vollkommen und Mangan bleibt als lösliches Mangansulfat, falls nicht zu stark erhitzt wurde, zurück. Es empfiehlt sich, den Rückstand nochmals mit konzentrierter Salzsäure anzufeuchten, 1 bis 2 Min. zu erhitzen, einige Tropfen verdünnter Schwefelsäure zuzusetzen und die Flüssigkeit auf dem Wasserbad einzudampfen. Den Rückstand erhitzt man bis zum Auftreten weißer Dämpfe auf der freien Flamme. Das Mangan wird nun durch Oxydation zum Permanganat (MARSHALLsche Reaktion) nachgewiesen (s. S. 174).

IV. Nachweis in Firnissen, Öllacken, Sikkativen usw.

Da Manganoxydpräparate als Sikkative in technischen Produkten weitgehende Anwendung finden, ist der Mangannachweis in Anstrichfarben, Firnissen, Öllacken usw. von Wichtigkeit. Eine Übersicht über für diesen Zweck zurechtgeschnittene Nachweismethoden gibt VOLLMANN.

Kobalt kann häufig zugleich in derartigen Produkten zugegen sein, worauf bei der Ausführung zu achten ist. Die Anwesenheit von Mangan oder Kobalt in einem Lack, Firnis oder Sikkativ ist mühelos in einem Vorversuch feststellbar (mit Hilfe einer essigsauren Benzidinlösung). Die Benzidinreaktion ist bekanntlich zum Nachweis solcher Metalle verwendbar, die in verschiedenen Wertigkeitsstufen relativ beständige, hydroxylhaltige Verbindungen liefern, die in die sauerstoffreichste durch Autoxydation übergehen. Man verdünnt den Lack mit dem gleichen Volumen Benzin, gibt etwas Wasser und einige Tropfen Kalilauge hinzu und schüttelt gut durch. Die mit einer Pipette vorgezogene wäßrige Schicht gibt mit einer Lösung von Benzidin in Essigsäure eine intensive Blaufärbung. Freilich gibt Kobalt bei ähnlicher Arbeitsweise die nämliche Reaktion; immerhin stellt diese Vorprüfung, wenn sie exakt durchgeführt wird, allenfalls die Abwesenheit beider Metalle fest. Bei positivem Ausfall muß eingehend auf Mangan und Kobalt geprüft werden. Der Mangannachweis in der Asche des Lackes ist in normalen Fällen nicht schwierig.

1. Nachweis mit der CRUMschen Reaktion.

Man vermischt einen Teil der Asche mit etwas manganfreiem Bleidioxyd und kocht nach Zugabe einiger Kubikzentimeter mäßig verdünnter Salpetersäure einige Minuten. Nach Absetzen des Unlöslichen zeigt die eintretende Purpurrotfärbung Mangan als Permanganat an. Dieses Verfahren ist empfehlenswert und entschieden der Sodaschmelze vorzuziehen, die viel zu empfindlich ist und schon bei geringsten Spuren von Mangan positiv ausfällt. Bei Anwesenheit von Kobalt ist der Nachweis schwierig. Schon die Anwesenheit kleiner Mengen Kobalt in der Asche verursacht in der Salpetersäurelösung eine Rotfärbung, die leicht mit der von Permanganat verwechselt wird.

2. Nachweis mit der Reaktion von SACHER (b).

Folgende Prüfungsweise gründet sich auf die Rotfärbung, die die Bildung eines komplexen Alkalimangan(III)-oxalates hervorruft, wahrscheinlich des $K_3Mn(C_2O_4)_3 \cdot 3H_2O$, das z. B. leicht als tiefrote Lösung aus einer Mischung von gefälltem Mangandioxyd und Eis mit berechneter Menge Kaliumoxalat und Oxalsäure erhalten werden kann. SACHER gibt folgende Vorschrift:

Ausführung. Man behandelt den Rückstand des veraschten Lackes mit heißer Salzsäure, filtriert, neutralisiert mit Natronlauge oder Soda. Zur Vermeidung eines größeren Überschusses an Alkali wird das Tüpfeln der Lösung auf Lackmus empfohlen. Ist die Lösung gerade alkalisch, so gießt man einen Teil in ein Reagensglas und fügt unter Umschütteln vorsichtig tropfenweise etwa 3%ige Oxalsäurelösung hinzu. Zur schnelleren Überführung des Mangan(II)-hydroxyds in höherwertige Manganverbindungen empfiehlt es sich, das Gemisch auf Zusatz von Alkali schwach zu erwärmen, doch darf die Oxalsäure stets nur nach völligem Erkalten hinzugesetzt werden. Diese Methode ist in der Tat äußerst empfindlich und tritt auch in Anwesenheit von Kobalt oder Blei ein. Nach SACHER (b) läßt sie noch 12 γ Mn in 10 cm^3 erkennen.

3. Nachweis nach HERMANS.

Die Methode von HERMANS wird für diesen Fall folgendermaßen ausgeführt: Die Asche wird in Salzsäure gelöst und 1 bis 2 Min. gekocht, um das Chlor zu vertreiben. Dann setzt man konzentrierte Kaliumoxalatlösung zu, bis man sicher ist, daß die freie Salzsäure neutralisiert ist. Um ganz sicher zu gehen, kann man auch die salzsaure Lösung der Asche mit wenig Kalilauge versetzen, bis eine entstehende Trübung den Eintritt der alkalischen Reaktion anzeigt, und darauf so viel einer Oxalsäurelösung zugeben, bis die Trübung oder der Niederschlag wieder in Lösung geht. Nunmehr fügt man etwas Natriumnitritlösung hinzu, welche sofort die Rosafärbung auslöst, die durch Zusatz einiger Tropfen Wasserstoffperoxyd in ein kräftiges Johannisbeerenrot übergeht.

4. Nachweis bei Abwesenheit von Kobalt (CRUMsche Reaktion).

Bei Abwesenheit von Kobalt ist der Mangannachweis auch direkt in dem Lack ohne Veraschung schnell und glatt möglich. In diesem Falle genügt es, ungefähr 2 bis 3 cm^3 des Untersuchungsobjektes nach der Verdünnung mit 3 bis 4 cm^3 Benzin 3 Min. mit 6 bis 8 cm^3 einer mäßig verdünnten Salpetersäure durchzuschütteln. Nach einiger Zeit zieht man mit einer Pipette den Salpetersäureanteil unter der Benzinlösung hervor und kocht einige Minuten mit manganfreiem Bleidioxyd.

5. Nachweis nach LAUFFS mit Tetralin.

In Weißlackanstrichen ruft Tetralin bei Gegenwart von Mangansikkativen eine Rosafärbung hervor. So lassen sich nach LAUFFS noch geringe Manganmengen von 0,005% erkennen. Man versetzt die Farbe mit Tetralin und läßt dieses auf dem Wasserbad verdunsten. Bei Anwesenheit von Mangan tritt Rosafärbung auf. Die

Erscheinung wird auf den reduzierenden und zugleich sauerstoffübertragenden, also katalytischen Charakter des Tetralins und der Bildung einer Kolloidfarbe zurückgeführt.

V. Nachweis in Gläsern.

Über den Nachweis von Mangan in Gläsern in Konzentration von 0,001% neben anderen Metallen berichten NIESSNER und HECHT. Näheres s. im Original.

Literatur.

AUGUSTI, SELEM: Ann. Chim. appl. **24**, 535 (1934); durch C. **106, I**, 3573 (1935) u. Fr. **107**, 280 (1936). — AUGUSTI, S., u. V. PASCOLINO: Mikrochem. **22**, 163 (1937).

BABKIN, M. P.: Ukrain. chem. J. **8**, 179 (1934); durch C. **106, I**, 2567 (1935). — BALAREW, D.: Fr. **60**, 392 (1921). — BARDACH, F.: Ch. Z. **39**, 457 (1915). — BARIL, R.: Mikrochem. **18**, 250 (1935). — BAYLE, E., u. L. AMY: C. r. **185**, 269 (1927); Bl. **43**, 604 (1928). — BAUMERT u. HOLDEFLEISS: Z. Lebensm. **8**, 179 (1904); s. a. J. TILLMANS u. H. MILDNER. — BEHRENS, H.: Fr. **30**, 140 (1891); Chem. N. **54**, 289 (1886). — BEHRENS-KLEY: Mikrochemische Analyse, S. 89. Leipzig u. Hamburg 1915. — BENEDETTI-PICHLER, A. A., u. W. F. SPIKES: Mikrochem. **15**, 271 (1934). — BENEDICT, S. R.: Am. Chem. J. **34**, 581 (1905); durch C. **77, I**, 500 (1906). — BERG, R.: J. pr. [2] **115**, 178 (1927). — BERL-LUNGE: Bd. II, Teil 1, S. 306. Berlin 1932. — BERTRAND, G.: Bl. [4] **9**, 362 (1911). — BILTZ, H. u. W.: Laboratory methods of inorganic chemistry. Trans. by W. T. HALL and A. S. BLANCHARD. 2nd. ed. London 1928. — BILTZ, W.: Ausführung qualitativer Analysen, 4. Aufl., S. 36. Leipzig 1930. — BLUM, L.: Fr. **25**, 519 (1886). — BÖSCHE, H.: Ch. Z. **49**, 378 (1925). — BÖTTGER, R.: Vjschr. prakt. Pharm. **21**, 418 (1872); durch Fr. **11**, 433 (1872). — BÖTTGER, W.: Qualitative Analyse, 3. Aufl., S. 232. Leipzig 1913. — BRAUN, C. D.: Fr. **6**, 73 (1867). — BRECKPOT, R.: Agricultura, Mai 1935.

CARON, H., u. D. RAQUET: Ann. Chim. anal. [2] **1**, 174 (1919); Repert. pharm. **30**, 97 (1919); durch C. **90, IV**, 560 (1919). — CHABORSKI, G.: Bl. Chim. pure et appliquée **26**, 3 (1924); durch C. **95, I**, 577 (1924). — CHAMOT, E. M., u. C. W. MASON: Handbook of Chemical Microscopy. London 1931. — CLARK, A. R.: J. chem. Educat. **12**, 242 (1935). — CLASSEN, A.: Fr. **16**, 319 (1877). — CRONER, F.: Gesundh.-Ing. **28**, 197 (1905); durch C. **76, II**, 74 (1905) u. Fr. **48**, 128 (1909). — CRUM, W.: A. **55**, 219 (1845). — CURTMAN, L. J., u. A. D. ST. JOHN: Am. Soc. **34**, 1675 (1912).

DAVY, E.: Phil. Mag. [4] **7**, 221 (1854); durch J. pr. **61**, 448 (1854). — DENIGÈS, G.: (a) C. r. **194**, 91 (1932); durch C. **103, I**, 1507 (1932); Bl. Soc. Pharm. Bordeaux **74**, 185 (1936); durch C. **108, I**, 4838 (1937); (b) C. r. **194**, 895 (1932); durch C. **103, I**, 2870 (1932); Bl. Soc. Pharm. Bordeaux **70**, 101 (1932); durch C. **104, I**, 2145 (1933); (c) Bl. Soc. Pharm. Bordeaux **74**, 148, 185 (1936); durch C. **108, I**, 1985 (1937); (d) Ann. Chim. anal. [2] **2**, 215 (1920); durch C. **92, II**, 56 (1921); (e) Bl. Soc. Pharm. Bordeaux **41**, 161 (1901); durch Fr. **42**, 180 (1903) u. J. Chim. Pharm. [6] **14**, 530 (1901). — DENNSTEDT, M.: B. **44**, 15 (1911). — DETWILER, E. B., u. MARY L. WILLARD: Mikrochem. **12**, 261 (1932). — DITZ, H.: Ch. Z. **60**, 24 (1921). — DOMINIKIEWICZ, M.: Przemysl Chem. **13**, 233 (1929); durch C. **101, II**, 590 (1930). — DONAU, J.: M. **34**, 949 (1913). — DUBSKY, J. V.: Chem. Listy **34**, 1 (1940); durch C. **111, II**, 1331 (1940). — DUCLOUX, H.: Mikrochem. **2**, 118 (1924). — DUMITRESCU u. E. NICOLAI: Ann. Falsific. **3**, 370, 407 (1910); durch C. **81, II**, 1563 u. 1835 (1910). — DUYK: Ann. Chim. anal. **12**, 465 (1907); durch C. **79, I**, 297 (1908). — DYRMONT, E. J.: J. Russ. phys.-chem. Ges. **48**, 1807 (1917); durch C. **94, I**, 1483 (1923).

EBLER, E.: Fr. **47**, 671 (1908). — EMICH, F., u. J. DONAU: M. **28**, 825 (1907).

FEIGL, F.: Qualitative Analyse mit Hilfe von Tüpfelreaktionen, 2. Aufl., S. 226. Leipzig 1935; (a) Öst. Ch. Z. **16**, 124 (1919); Ch. Z. **44**, 689 (1920); (b) Mikrochem. **1**, 74 (1923); Kolloid-Z. **35**, 344 (1924); (c) Mikrochem. **20**, 205 (1936); (d) Qualitative Analyse mit Hilfe von Tüpfelreaktionen, S. 334. Leipzig 1935. — FEIGL, F., u. E. FRÄNKEL: B. **65, I**, 541 (1932). — FEIGL, F., u. R. STERN: Fr. **60**, 24 (1921). — FISHER, A.: Foundry Trade J. **63**, 112 (1940); durch C. **112, I**, 1849 (1941). — FRANGOPOL, C.: Bul. Chim. Soc. Româna Stiinte **37**, 259 (1934); durch C. **106, II**, 2250 (1935). — FRESENIUS, C. R.: Anleitung zur qualitativen chemischen Analyse, 7. Aufl., 1919, S. 209. — FORMÁNEK, J.: Fr. **39**, 415 (1900). — FULTON, C. C.: Am. J. Pharm. **105**, 59 (1933); durch C. **104, I**, 2984 (1933).

GERLACH, WA., u. E. RIEDL: (a) Die chemische Emissionsspektralanalyse, Bd. 3. Leipzig 1936; (b) S.-B. Akad. Wiss. München **1933**, 227. — GERMUTH, F. G.: Chemist-Analyst **18**, 22 (1929); durch C. **100, I**, 2559 (1929). — GIESEL, F.: Arch. Pharm. **224**, 305, 672 (1886); Fr. **47**, 447 (1908). — GOTÔ, H.: Sci. Rep. Tôhoku **29**, 204 (1940); durch C. **112, I**, 1068 (1941). — GRANT, J., u. F. A. MAGGY: Analyst **61**, 401 (1936). — GROSDENIS, O.: Anal. chim. Acta **3**, 632 (1949); durch Fr. **132**, 138 (1951). — GROSSET, TH.: Ann. Soc. Sci. Bruxelles Ser. B **53**, 16; durch C. **104, II**, 94 (1933). — GUTZEIT, G.: Helv. **16**, 713 (1929).

HAMMERSCHMID, H., C. F. LINSTRÖM u. G. SCHEIBE: Mitt. Forsch.-Anst. G. H. Hütte 3, 223 (1935). — HARRY, R. G.: J. Soc. chem. Ind. **50**, 796 (1931); durch C. **103**, **I**, 422 (1932). — HELLER, K.: Mikrochem. **8**, 33 (1930). — HERMANS, P. H.: Pharm. Weekbl. **56**, 1344 (1919); durch C. **90**, **IV**, 893 (1919). — HESLINGA, J.: Chem. Weekbl. **19**, 274 (1922); durch C. **93**, **IV**, 527 (1922). — HESS, T. M., J. S. OWENS u. L. G. REINHARDT: Ind. eng. Chem. Anal. Edit. **11**, 646 (1939); durch C. **111**, **I**, 2208 (1940). — HILL, A. E.: Am. Soc. **50**, 2679 (1928). — HOFFMANN, J.: (a) Sprechsaal **74**, 155 (1941); durch C. **112**, **II**, 642 (1941); (b) Z. anorg. Ch. **238**, 385 (1938). — HOPPE-SEYLER: J. pr. **90**, 303 (1863). — HOVORKA, V., u. V. SÝKORA: Coll. Trav. chim. Tchécosl. **11**, 70 (1939); durch C. **110**, **II**, 2122 (1939). — HYNES, W. A., u. L. K. YANOWSKI: (a) Mikrochem. **23**, 5 (1938); (b) Mikrochem. **28**, 280 (1940).

IYENGAR, VARADARAJA, A. V.: Indian, J. agric. Sci. **8**, 919 (1939); durch C. **110**, **II**, 1727 (1939).

JAFFE, E.: Ann. Chim. appl. **22**, 737 (1932); durch C. **104**, **I**, 3221 (1933). — JENSEN, E.: Fr. **109**, 178 (1937). — JONES, J. S., u. D. E. BULLIS: J. ind. eng. Chem. **13**, 524 (1921); durch C. **92**, **IV**, 754 (1921).

KAHANE, E.: Ann. Chim. anal. **17**, 175 (1935). — KARAOGLANOV, Z.: Fr. **114**, 100 (1938). — KARSLAKE, W. J.: Am. Soc. **30**, 905 (1908). — KISSER, J.: Mikrochem. **1**, 26 (1923). — KLEIN, J.: Arch. Pharm. **227**, 77 (1889). — KLUT, H.: Mitt. Kgl. Prüfungsanstalt Wasserversorg. Abwässerbeseit. H. 12, 183. — KOLTHOFF, I. M., u. R. LIVINGSTONE: Ind. eng. Chem. Anal. Edit. **7**, 209 (1935); durch Fr. **106**, 104 (1935). — KOMAROWSKY, A. S., u. S. M. KORENMAN: Mikrochem. **12**, 211 (1933). — DE KONINCK, L. B.: Bl. Soc. chim. Belg. **16**, 94 (1902); durch C. **73**, **II**, 14 (1902). — KORENMAN, J. M.: (a) Fr. **97**, 418, 420 (1934); (b) Chem. J. Ser. B (russ.) **10**, 938 (1937); durch C. **109**, **I**, 4696 (1938) u. Fr. **118**, 118 (1940). — KRAMER, G.: Mikroanalytische Nachweise anorganischer Ionen, S. 15. Leipzig 1937. — KROPF, A.: Ch. Z. **49**, 517 (1925). — KUHLBERG, L. M.: Betriebslab. (russ.) **7**, 905 (1938); durch C. **111**, **II**, 1477 (1940).

LANG, R.: Mikrochim. A. **3**, 116 (1938). — LÁSZLÓ ERDEY: Kém. Lapja **3**, 45 (1942) (ung.). — LAUFFS, A.: Ch. Z. **47**, 315 (1923). — LEITMEIER, H.: Z. Kristallogr. Mineral. Petrogr. Abt. B **41**, 87 (1931). — LEMARCHANDS, M.: Bl. [4] **35**, 1666 (1924). — LODE, G.: Arch. Hyg. **97**, 227 (1926); durch C. **98**, **I**, 1879 (1927). — LONGINESCU, G. G., u. E. PETRESCU: Bl. Chim. pure et appliquée **27** (1924); durch C. **96**, **II**, 487 (1925). — LUCAS, R., u. F. GRASSNER: Mikrochem. **17**, 237 (1935). — LÜHRIG, H., u. W. BECKER: Fr. **47**, 329 (1908). — LUTZ, O.: Fr. **47**, 1 (1908). — LUX, H.: Z. Naturforschg. **1**, 281 (1945).

MACRI, V.: Boll. chim. farm. **56**, 377 (1917); durch C. **90**, **II**, 545 (1919); Ann. Chim. anal. [2] **3**, 55 (1921); durch C. **92**, **II**, 690 (1921). — MARSHALL, H.: Chem. N. **83**, 76 (1901); durch C. **72**, **I**, 705 (1901). — MASSINK, A.: Chem. Weekbl. **13**, 383 (1916); durch C. **87**, **II**, 280 (1916). — MEDOKSS, G. W., u. A. W. KRYLOW: J. Chim. appl. (russ.) **13**, 1529 (1940). — MEERBURG, P. A.: Chem. Weekbl. **2**, 639 (1905); durch C. **76**, **II**, 1466 (1905). — MENKE, J. B.: Chem. Weekbl. **15**, 868 (1918). — MEUNIER, J.: C. r. **172**, 681 (1921). — MEYER, J., u. R. NERLICH: Z. anorg. Ch. **116**, 135 (1921). — MEYER, R. J., u. H. BEST: Z. anorg. Ch. **22**, 179 (1900). — MONNIER, A.: Ann. Chim. anal. **20**, 237 (1916); durch C. **88**, **I**, 691 (1917). — MORITZ, H.: Neues Jahrb. Mineral. Geol. [1] **66**, 191 (1933).

NICKLÈS, J.: Chem. N. **12**, 254 (1865). — NIESSNER, M., u. F. HECHT: Glastechn. Ber. **21**, 228 (1943).

PARRI, W.: Giorn. Farm. Chim. **73**, 177 (1924); durch C. **95**, **II**, 2190 (1924). — PASCAL, P., u. R. LECUIR: C. r. **189**, 49 (1929). — PASSER, M., u. G. LEOPOLDI: Metallwirtschaft **19**, 650 (1940). — PICHARD, P.: C. r. **126**, 550 (1898); durch C. **69**, **I**, 753 (1898). — PINKUS, A., u. L. RAMAKERS: Bl. Soc. chim. Belg. **41**, 529 (1933); durch C. **104**, **I**, 1658 (1933). — POPOW, P. G.: C. **111**, **I**, 2833 (1940). — PRANDI, O., u. A. CIVETTA: Staz. sperim. agrar. ital. **44**, 58 (1911); durch C. **82**, **I**, 1380 (1911). — PRANDTL, W.: B. **49**, 1614 (1916). — PROBST, R.: Naunyn-Schmiedebergs Arch. exp. Pathol. Pharmakol. **169**, 119 (1933); durch C. **104**, **II**, 2712 (1933).

RÂY, P., u. P. B. SARKAR: Mikrochemie, EMICH-Festschrift, S. 243 (1930). — REDDROP, J., u. H. RAMAGE: Soc. **67**, 268 (1895). — RÖSSLER, C.: B. **12**, 925 (1879). — ROLLET, A. P.: C. r. **189**, 34 (1929); durch Fr. **84**, 356 (1931). — ROSE, H.: (a) Pogg. Ann. **105**, 289 (1858); (b) Pogg. Ann. **101**, 229 (1857). — RUBIES, S. P. DE, u. I. M. L. DE AZCONA: An. Españ. **34**, 307 (1936); durch C. **107**, **II**, 1585 (1936). — RUSSANOW, A. K.: (a) Mineral. Rohstoffe (russ.) **8**, Nr 4, 21 (1933); durch C. **105**, **II**, 2107 (1934); (b) Z. anorg. Ch. **214**, 77 (1933).

SABALITSCHKA, TH., u. K. SCHULZE: Arch. Pharm. **261**, 218 (1923). — SACHER, J. F.: (a) Ch. Z. **39**, 319, 458 (1915); (b) Farben-Ztg. **20**, 1309 (1915); durch C. **87**, **I**, 439 (1916). — SCHAUER, TH.: Sprechsaal **56**, 475 (1923). — SCHLEICHER, A.: Z. El. Ch. **39**, 2 (1933). — SCHLEICHER, A., u. L. LAURS: Fr. **108**, 214 (1937). — SCHEINKMANN, A.: Fr. **83**, 184 (1931). — SCHMIDT, R.: Ch. Z. **51**, 1015 (1927). — SCHNEIDER, L.: M. **9**, 242 (1889). — SCHOLES, S. R.: J. ind. eng. Chem. **7**, 1037 (1915); durch C. **87**, **I**, 489 (1916). — SCHOORL, N.: Fr. **48**, 227 (1909). — SCHOWALTER, E.: Z. Nahr. Genußm. **27**, 553 (1914); durch C. **85**, **I**, 2204 (1914). — SCHWAB, G.-M., u. A. N. GOSH: Angew. Ch. **52**, 666 (1939). — SCHWAB, G.-M., u. K. JOCKERS: Angew. Ch. **50**, 547 (1937). — SENSI, G., u. R. TESTORI: Ann. Chim. appl. **19**, 383 (1929); durch C. **101**, **I**, 1334 (1930). — SHIMADA, K.: J. Soc. chem. Ind. Japan (Suppl.) **36**, 263 B (1933). — SPÄTH, W.:

M. **61**, 107 (1932). — SSUPRUNOWITSCH, J. B.: Chem. J. Ser. A **8**, 839 (1938); durch C. **110, II**, 3075 (1939). — STAPLES, LLOYD W.: Am. Mineralogist **21**, 613 (1936); durch C. **108, I**, 1210 (1937). — STEHMANN, J. V. R.: Am. Soc. **24**, 1204 (1902). — ŠTĚRBA-BÖHM, J., u. A. PISAŘIČEK: Coll. Trav. chim. Tchécosl. **1936, II**, 251. — STIASNY, E.: Collegium **1908**, 348, 357; durch C. **79, II**, 1296 (1908). — SZEBELLÉDY, L., u. M. BÁRTFAY: Fr. **106**, 408 (1936); Pharmacia **17**, 186 (1937); durch C. **109, I**, 3242 (1938).

Tabellen der Reagenzien für anorganische Analyse. (Herausgegeben von der Internationalen Kommission für neue analytische Reaktionen und Reagenzien. Leipzig 1938.) — TANANAEFF, N. A.: (a) Z. anorg. Ch. **140**, 320 (1924); (b) Fr. **107**, 343 (1936). — TANANAEFF, N. A., u. Iw. TANANAEFF: Z. anorg. Ch. **170**, 118 (1928). — TANANAEFF, N. A., u. ROMANJUK: Chem. J. Ser. B **10**, 1624 (1937); durch C. **109, II**, 1643 (1938). — TANANAEFF, N. A., u. W. A. SCHULEPOWA: Fr. **101**, 180 (1935). — TAVERNE, M. J. A.: Chem. Weekbl. **13**, 269 (1916); durch C. **87, I**, 1269 (1916). — THOMSON, TH. A.: Mikrochem. **21**, 209 (1936/37). — TILLMANS, J., u. H. MILDNER: J. Gasbeleucht. **57**, 496, 523 u. 544 (1914). — TODD, F.: J. chem. Educat. **15**, 241 (1938). — TOTOIESCU, D.: Z. anorg. Ch. **221**, 182 (1934). — TRAVERS, A.: C. r. **182**, 972 (1926); durch C. **97, II**, 176 (1926). — TRICHÉ, H.: C. r. Acad. Sci. Paris **202**, 745 (1936). — TRILLAT, A.: C. r. **136**, 1205 (1903); durch C. **74, II**, 68 (1903). — TUBANDT, C., u. W. RIEDEL: Z. anorg. Ch. **72**, 226 (1911).

ULJANITSCHEW, M.: Chem. J. Ser. B (russ.) **10**, 195 (1937); durch C. **108, II**, 822 (1937).

VERMANDE, J.: Pharm. Weekbl. **55**, 1131 (1918). — VOGEL, H. W.: B. **8**, 1535 (1875); **11**, 913 (1878). — VOLHARD, J.: A. **198**, 318 (1879). — VOLLMANN, H.: Farben-Ztg. **27**, 1943 (1922).

WAGENAAR, G. H.: Pharm. Weekbl. **77**, 465 (1940); durch C. **111, II**, 377 (1940). — WAGENAAR, M.: Pharm. Weekbl. **49**, 14 (1912); durch C. **83, I**, 684 (1912). — WALJASCHKO, N. A.: J. Russ. phys.-chem. Ges. **48**, 1815 (1917); durch C. **94, I**, 1484 (1923). — WALTERS, H. E.: Chem. N. **84**, 239 (1901); durch C. **73, I**, 68 (1902). — WERNER, A., u. R. FEENSTRA: B. **39**, 1538 (1906). — WESTER, D. H.: Pharm. Weekbl. **56**, 1289 (1919); durch C. **90, IV**, 989 (1919). — WESTON, R. S.: Am. Soc. **29**, 1074 (1907). — WHITMORE, W. F., u. F. SCHNEIDER: Mikrochem. **8**, 295 (1930). — WILLARD, H. H., u. L. H. GREATHOUSE: Am. Soc. **39**, 2366 (1917). — WINKLER, L. W.: Angew. Ch. **28**, 22 (1915); P.C.H. **74**, 148 (1933). — WOOD, L. J., u. C. W. FLEETWOOD: J. chem. Educat. **13**, 443 (1936). — WÖHLER, F.: Pogg. Ann. **41**, 344 (1837). — WRIGHT, T. A.: Metals and Alloys **6**, 229, 289 (1935); durch C. **107, I**, 2778 (1936).

YOSIMURA, T.: J. Fac. Sci., Hokkaido Imp. Univ., Ser. IV, **4**, 113 (1938); durch C. **112, I**, 2288 (1941).

ZÄNKER, W., u. P. WEYRICH: Färber-Ztg. **23**, 346 (1912); durch C. **83, II**, 1242 (1912). — VAN ZIJP, C.: (a) Pharm. Weekbl. **58**, 694 (1921); durch C. **92, IV**, 227 (1921); (b) Pharm. Weekbl. **72**, 414 (1935); durch C. **106, II**, 1066 (1935). — ZINTL, E., u. K. SCHEINER: Z. anorg. Ch. **245**, 32 (1940).

Technetium.

Tc, Atomgewicht $^{99}_{43}Tc = 98{,}913$, Ordnungszahl 43.

Weitere 22 Isotope bisher bekannt.

Von **Wilfrid Herr**, Mainz.

Inhaltsübersicht.

Geschichtliches und Allgemeines. Im Röntgenspektrum gefundene schwache Linien veranlaßten 1925 Noddack, Tacke und Berg zu der Annahme, das fehlende Element 43 aufgefunden zu haben. Das Element konnte nicht angereichert werden und wurde auch trotz eifrigen Suchens bisher nicht in der Natur als stabiles Element aufgefunden. Nach unseren gegenwärtigen Kenntnissen vom Bau der Atomkerne ist das natürliche Vorkommen eines stabilen Elements 43 sehr unwahrscheinlich; dies würde auch der Mattauchschen Isobarenregel widersprechen.

Technetium-Isotope wurden zuerst von Perrier und Segrè in ihrem Laboratorium in Italien aus einer Molybdänprobe von Berkeley (Kalifornien) im Jahre 1937 isoliert. Die Forscher hatten es mit langlebigen K-Einfang-Aktivitäten zu tun, die nach einer (d, n)-Reaktion im 37 inch Cyclotron entstanden waren.

Perrier und Segrè stand daher das Recht der Namensgebung zu. Nach einem Vorschlag von Paneth im Jahre 1947 benannten sie es Technetium nach dem griechischen Wort „technetos“ = künstlich, Symbol Tc.

Isotope des Elements 43 entstehen aus β^--strahlenden künstlich radioaktiven Isotopen des Elements 42, aus dem Molybdän. Auch bei der Uranspaltung entstehen diese Molybdän-Isotope und können aus dem neutronenbestrahlten Uran u. U. durch Zugabe einiger mg Träger Molybdänsalz auf einfache Weise schnell abgetrennt werden.

Alle β^--strahlenden Molybdän-Isotope wandeln sich in Isotope des Elements 43 um. Die β^--strahlenden Isotope des Elements 43 gehen in stabile oder instabile Ruthen-Isotope (Element 44) über. Durch weitere β^--Umwandlung sind noch instabile Rhodium-Isotope nachgewiesen (HAHN, STRASSMANN und SEELMANN-EGGEBERT).

Das erste von PERRIER und SEGRÈ aus einem 67 h-Molybdän abgeschiedene Technetium-Isotop war ein 6,6 h-Körper. Weitere Isotope aus der Uranspaltung wurden dann von HAHN, STRASSMANN und SEELMANN-EGGEBERT nachgewiesen bzw. ihre Existenz sehr wahrscheinlich gemacht. Obwohl diese Untersuchungen mit absolut unwägbaren Mengen des Elements 43 durchgeführt wurden, konnten doch die Massenzahlen bis auf einige Ausnahmen sicher bestimmt werden. Auf die analytische Arbeitsmethode, diese Massenzahlen zu bestimmen, kann hier nicht ausführlich eingegangen werden und es wird auf die diesbezügliche Literatur verwiesen. Man geht etwa so vor, daß man durch Bestrahlen eines Elementes mit verschiedenen Teilchen, wie Neutronen, Protonen, Deuteronen, und ebenso durch Bestrahlung benachbarter Elemente mit diesen selben Teilchen die entstehenden Radioaktivitäten untersucht und feststellt, welche Reaktionen gleiche Produkte ergeben. Aus der Art der Entstehung läßt sich sehr oft der Schluß auf die Massenzahl ziehen. Eine Zusammenstellung der jetzt bekannten Tc-Isotope und ihrer physikalischen Daten ist in dem Tabellenwerk von MATTAUCH-FLAMMERSFELD zu finden.

Die Tabelle 1 zeigt einen kleinen Ausschnitt der Reaktionsfolge, wie Tc bei der Uranspaltung entsteht.

Tabelle 1.

Massenzahl	Mo 42	Tc 43	Ru 44	Rh 45	Pd 46
99	67 h ↘	β^- 5,9 h ↓			
		$2{,}12 \cdot 10^5$ a ⟶	stabil		
101	14,6 min ⟶	16,5 min ⟶	stabil		
(102)	12 min ⟶	< 1 min ⟶	stabil		
105	5 min ⟶	15 min ⟶	4,4 h ⟶	36,5 h ⟶	stabil

1940 gelang es SEGRÈ und WU, aus Uranspaltprodukten eine Quelle von relativ großen Mengen des Elementes zu erschließen. Das langlebigste Isotop ^{99}Tc mit einer Halbwertszeit von $9{,}4 \cdot 10^5$ Jahren (neuerdings zu $2{,}12 \cdot 10^5$ a bestimmt, FRIED, JOFFEY, HALL, GLENDENIN) wurde aufgefunden. Dieses wichtige Isotop konnte bald in wägbaren Mengen im Pile (Oak Ridge) hergestellt werden. Wie spätere Untersuchungen gezeigt haben, ist das 5,9 h-Isotop ein sog. Isomeres zu dem sehr viel stabileren Vertreter ^{99}Tc. Das aus dem ^{99}Mo durch β-Zerfall gebildete Element 43 entsteht zu etwa 10% als „Isomeres", also zunächst in einem „angeregten" Zustand, der mit der Halbwertszeit von 5,9 h in das stabilere, langlebige Isotop übergeht. ~ 90% des langlebigen Isotops entsteht unmittelbar. Die Reaktionsfolge ist in dem Schema aufgezeigt.

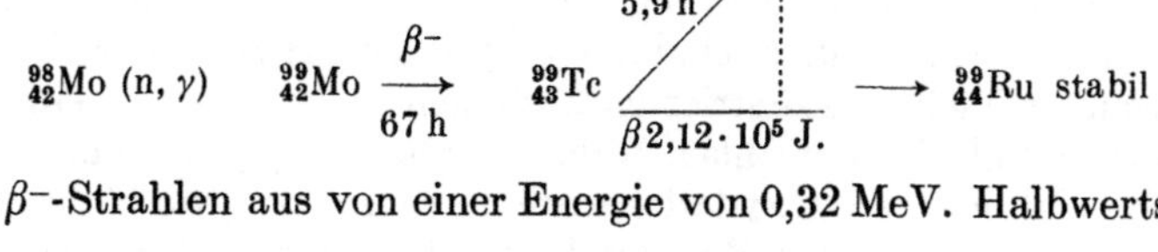

^{99}Tc sendet β^--Strahlen aus von einer Energie von 0,32 MeV. Halbwertszeit $2{,}12 \cdot 10^5$ Jahre.

γ-Strahlung konnte nicht nachgewiesen werden.

Bei einer Halbwertszeit von rund 200000 Jahren ist das stabilste Tc-Isotop etwa 130mal beständiger als Radium. Es verhält sich also praktisch wie ein gewöhnliches chemisches Element. Da die Spaltungsausbeute an langlebigem ^{99}Tc etwa 6,2% beträgt, so werden heute in einem Pile, der mit 100 MW arbeitet, je Tag etwa 2,5 g ^{99}Tc gebildet. Das erste metallische Technetium wurde, ausgehend von etwa 100 γ NH_4TcO_4, durch Reduktion des Sulfids mit Wasserstoff bei 1000° C gewonnen (FRIED). Das silberglänzende Metall löst sich nicht wie Rhenium in H_2O_2–NH_4OH-Lösung oder in H_2O_2-Lösung. Aus Röntgeninterferenzmessungen folgt nach MOONEY, daß es isomorph mit Rhenium, Osmium und Ruthen in hexagonal dichtester Packung kristallisiert. Die Dichte ist 11,487 g/cm³. Das Metall wird bei höherer Temperatur durch O_2 in ein rotes Oxyd übergeführt, das bei $\sim$ 200° C bereits flüchtig ist.

Schon bald nach der Entdeckung des Tc konnte die $K\alpha$-Linie beobachtet und identifiziert werden (SEABORG und SEGRÈ, ABELSON). Diese charakteristische Röntgenstrahlung wird durch „innere Umwandlung" beim kernisomeren Übergang des 5,9 h ^{99}Tc-Isotops abgestrahlt. 1948 konnten BURKHART, PEED und SAUNDERS das Röntgenspektrum photographieren. Die Spektren zeigten gute Übereinstimmung mit den nach der MOSLEYschen Formel interpolierten Werten.

Da das Technetium lange nur in absolut unwägbarer Menge isoliert werden konnte, war man genötigt, die chemischen und analytischen Eigenschaften des neuen Elementes mit Tracer-Mengen zu erforschen (SEGRÈ und PERRIER, FLAGG und BLEIDNER u. a. m.). Die durchgeführten Untersuchungen ergaben ein beinahe vollständiges Bild der Chemie des Tc, und die erst später mit Makromengen des Elementes wiederholten Versuche (insbesondere von FRIED sowie BOYD, LARSON und MOTTA) bestätigten alle Ergebnisse der Tracer-Experimente.

A. Allgemeine chemische Eigenschaften.

I. Stellung im Periodischen System. Nach der Stellung des Elements 43 im Periodischen System der Elemente sagten PERRIER und SEGRÈ voraus, daß das Technetium in seinen chemischen Eigenschaften dem Re ähnlicher als dem Mn sein würde. Die Forscher fanden, daß das Tc Anionen- und Kationencharakter zeigt. Die Stabilität in der 7wertigen Oxydationsstufe ist größer als beim Mn, erreicht aber nicht die Stabilität des 7wertigen Re. Experimentelle Befunde, insbesondere polarographische Untersuchungen, deuten darauf hin, daß auch die +6-, +5-, +4-, +2- und evtl. —1-Wertigkeitsstufe vorliegen kann. Die 4. Wertigkeitsstufe ist durch Fällung des Tc mit Pt-IV-Salzen sichergestellt. (Makromengen des TcO_2 wurden durch elektrolytische Abscheidung hergestellt.) Auch gewichtsloses Tc kann nicht mit Mn als MnO_2 gefällt werden, dagegen quantitativ mit Nitronperrhenat- und Phenylarsoniumperrhenatniederschlägen. $KReO_4$- und $CsReO_4$-Kristallniederschläge fällen Tracer-Mengen Tc mit aus, die Löslichkeit des Tc in den Salzen ist beim $KReO_4$ größer. Der Verteilungskoeffizient von Tc zwischen Lösung und Salz $KReO_4$ lag bei 2,2 bis 3,7, während er mit $CsReO_4$ um 0,76 gefunden wurde. Im 7wertigen Zustand scheint das TcO_4'-Anion schwach rötlich gefärbt zu sein (jedoch nur bei Konzentrationen über 10^{-3} M). Das Metall wird durch Sauerstoff bei erhöhter Temperatur in leicht flüchtiges rotes Oxyd umgewandelt.

II. Sulfide. Im Gegensatz zum Mn ist Tc befähigt, in Säuren unlösliche Sulfide zu bilden, und es kann mit Re, Cu und Cd quantitativ als Sulfid gefällt werden. Bei μg-Beträgen an Tc wurde zuerst ein brauner, flockiger H_2S-Niederschlag beobachtet, bei Fällungen aus mehr konzentrierten Lösungen entstand sofort ein sehr schwer löslicher, schwarzer Sulfidniederschlag, wahrscheinlich Tc_2S_7 (FRIED). Das legt die Vermutung nahe, daß mehrere Oxydationsstufen existieren. Wird Tracer-Tc in salzsaurer Lösung (0,4 bis 0,5 n) mit Re oder Pt als Träger mit H_2S ausgefällt, so ist die Fällung erst nach 24 Std. vollständig. In 10 n HCl wird dagegen nur ein kleiner

Teil des Elements 43 gefällt, obwohl Re praktisch quantitativ ausgefallen ist. Die Bedingungen der Fällung von Tracer-Mengen Tc mit Re und Cu als Sulfid wurden neuerdings von JACOBI eingehend studiert. Leider ist hier die Oxydationsstufe, in der das Tc vorliegt, nicht genau definiert.

III. Reduktion. Metallisches Zn fällt aus leicht saurer Lösung Tracer-Tc quantitativ aus. In alkalischer Lösung wird nach PERRIER und SEGRÈ nur 25% des kurzlebigen Tc ausgefällt. Wird Kaliumruthenat und gewichtsloses Tc mit Ameisensäure reduziert, so bleibt Tc in Lösung. Versucht man Tc mit Bi und $KReO_4$ als Träger mit $SnCl_2$ in alkalischer Lösung zu reduzieren, so hat der Bi-Niederschlag bei sofortiger Abtrennung keine Aktivität. Bei längerem Stehen wird dagegen, wahrscheinlich durch Adsorption, Tc mitgefällt. ROGER zeigte, daß es möglich ist, Tc-VII-Salze in 2 bis 4 n NaOH-Lösung an Pt-Kathoden zu niederen Oxyden zu reduzieren und weitgehend von Re und Mo zu trennen (s. auch PARKER).

IV. Verdampfbarkeit, Oxydation. Trägerfreies Tc verdampft vollständig an der Luft bei etwa 300° C, wahrscheinlich als Oxyd. Tc-Chlorid, das man aus Tc_2S_7 durch Überleiten von Chlor erhält, verdampft um 100° C. Darauf begründet sich eine Abtrennungsmethode vom Ruthen und vom Re (siehe weiter unten). Im Sauerstoffstrom mit Re als Träger erhitzt, verdampft letzteres bei 550° C. Die Aktivität läßt sich mit dem Re zusammen in alkalischer Lösung auffangen. Dieses Verfahren kann mit Vorteil zur Anreicherung des Tc verwendet werden.

Die Gegenwart eines leicht flüchtigen Tc'-Oxydes wurde auch durch die Beobachtung gestützt, daß das Tc aus heißer konzentrierter $HClO_4$-Lösung sehr leicht destilliert werden konnte (GLENDENIN u. a. m.). Das Re kommt erst in den letzten Fraktionen. Im Gegensatz dazu wird Tc aus heißer konzentrierter H_2SO_4 langsam destilliert, während Re schnell abdampft. In Gegenwart von $K_2Cr_2O_7$ wird Tc schneller abgetrieben.

Die Bildung eines leicht flüchtigen Tc-Chlorides aus wäßriger Lösung wird anscheinend nicht begünstigt, da Tc aus HCl- und HCl/H_2SO_4-Gemischen durch Destillation kaum entfernt werden kann. SUGARMAN und RICHTER fanden jedoch, daß das Tc vom Re durch abwechselndes Abdampfen mit HCl und HNO_3 vertrieben werden kann. Wahrscheinlich wird die höchste Oxydstufe gebildet.

V. Elektrochemisches Verhalten. Nach FLAGG und BLEIDNER läßt sich Tc elektrolytisch an der Kathode als Metall niederschlagen. Untersucht wurde die Abscheidung des Elements aus schwach sauren Lösungen an Pt-Elektroden. Das Abscheidungspotential für das Metall aus einer Lösung vom p_H 2,36 wurde zu —0,146 Volt bestimmt. Dies entspricht einem E_0-Potential von —0,61 Volt gegen die H_2-Normalelektrode. In saurer Lösung wird das Anion durch $SnCl_2$ zum Kation reduziert.

VI. Das ***Funkenspektrum*** wurde eingehend von D. L. TIMMA und von MEGGERS untersucht. Als durch seine Strahlung leicht nachzuweisendem Radioelement kommt dem Spektrum als analytischem Hilfsmittel geringere Bedeutung zu.

VII. Das ***Atomgewicht*** von langlebigem ^{99}Tc wurde von INGHRAM, HESS und HAYDEN durch ***massenspektrometrische*** Messungen bestimmt und gezeigt, daß andere mögliche, langlebige Tc-Isotope aus der Uranspaltung mit großer Wahrscheinlichkeit auszuschließen sind.

VIII. Bestimmung durch Radioaktivität. Zur Identifizierung der einzelnen Tc-Isotope ist die Eigenart ihrer radioaktiven Strahlung von besonderer Bedeutung. Da es sich bei kurzlebigen Tc-Isotopen nur um absolut gewichtslose Substanzmengen handelt, sind die Strahlungseigenschaften, d. h. Art und Energie der Strahlung, das Mittel zur Analyse. Die endgültige Charakterisierung eines Radioelementes gelingt aber oft nur durch die Koordination seiner chemischen und seiner physikalischen Eigenschaften. Von den physikalischen Größen sind die Halbwertszeit, die Art der Strahlung und die sog. „Halbwertsdicke", der Absorption, aus der sich die Energie der Strahlung ableiten läßt, zu bestimmen. — Nur für das wichtige, langlebige Isotop ^{99}Tc sollen diese Daten hier angeführt werden: β-Energie $= 0{,}32$ MeV, Halbwertsdicke 7,3 mg Al/cm^2, Reichweite $= 85$ mg Al/cm^2.

γ-Strahlung von über 0,1 MeV Energie ist nicht vorhanden. Die radiometrische Messung bedient sich der üblichen Geräte, des GEIGER-MÜLLER-Zählrohres, der Ionisationskammer usw.

B. Abtrennung des Tc von seinen Nachbarelementen.

Die Aufgabe, Tc von anderen Elementen abzutrennen, bleibt im allgemeinen auf die Nachbarelemente Mo, Ru und beigegebene Trägerelemente beschränkt. Da Tc aus Mo entsteht, kommt dieser Abtrennung besondere Bedeutung zu.

I. Abtrennung des Tc vom Mo durch Fällung des Mo mit 8-Oxychinolin. PERRIER und SEGRÈ trennen Tc von etwa 1 bis 2 g Mo durch Ausfällung des letzteren mit 8-Oxychinolin aus leicht ammoniakalischer Lösung. 2 mg Re werden als Träger zugegeben. Aus dem Filtrat wird mit Nitron Tc zusammen mit Re als Nitronperrhenat ausgefällt. Wie JACOBI zeigen konnte, geht bei der Oxychinolinfällung ohne Re-Träger stets 13 bis 25% der Aktivität verloren. Der Oxychinolinniederschlag nimmt durch Adsorption, wie er nachweisen konnte, je nach den Fällungsbedingungen in wechselnden Mengen Tc auf. Die schnelle Abtrennung des Tc, wie sie JACOBI angibt, sei hier wiedergegeben.

1. Schnelle Trennung des Elements 43 vom Molybdän mit 0,3 bis 2 mg Trägersubstanz.

Das mit Protonen bestrahlte Mo-Blech wird etwa 5 Min. lang in wenig Königswasser getaucht, bis die Aktivität weitgehend abgelöst ist (es werden so etwa 0,5 g Mo abgelöst). Dann wird am Wasserbad zur Trockne gedampft und der Rückstand in Wasser und einigen Tropfen Ammoniak aufgenommen. Die Lösung der Alkalimolybdate wird gegen Methylrot neutralisiert und mit einigen Tropfen 2 n Schwefelsäure angesäuert. Nach Zusatz von 5 cm^3 2 n Ammoniumacetatlösung wird auf 50 cm^3 verdünnt, zum Sieden erhitzt und das Molybdat mit einer 5%igen Lösung von Oxychinolin in 5 n Essigsäure in geringem Überschuß ausgefällt. Es wird 2 bis 3 Min. unter starkem Rühren zum Sieden erhitzt, der Niederschlag sofort abfiltriert und mit kochendem Wasser nachgewaschen. (Etwa 15% der Aktivität wird im Oxinniederschlag adsorbiert und geht verloren.)

Nun wird das Filtrat mit HCl versetzt (auf 50 cm^3 Flüssigkeit etwa 2,5 cm^3 HCl konzentriert), $CuCl_2$ als Träger zugesetzt (entsprechend 0,3 bis 2 mg Cu), zum Sieden erhitzt und 15 Min. lang unter oftmaligem Schütteln H_2S eingeleitet. Es wird filtriert, mit H_2S-haltigem Wasser gewaschen und getrocknet. Der CuS-Niederschlag darf nicht verascht und geglüht werden, da sich sonst das Element 43, das als Adsorptionsverbindung an CuS vorliegt, leicht verflüchtigt. Die Ausbeute beträgt etwa 70%, die Trennung nimmt 40 Min. in Anspruch.

Will man das Element 43 noch trägerlos gewinnen, so wird der CuS-Niederschlag mit NaOH und H_2O_2 am Wasserbad erwärmt, die Lösung filtriert, eingeengt und elektrolysiert.

II. Trennung des Tc durch Ätherextraktion des Mo. Die Möglichkeit, Tc und Mo durch Ätherextraktion des Mo-Rhodanids zu trennen, untersuchten PERRIER und SEGRÈ. Bei ihrer Arbeitsmethode ging nur ein sehr kleiner Teil der Tc-Aktivität mit in die Ätherphase hinein. (Tc läßt sich auch wie das Re aus 3 n HCl-Lösung nach einer $SnCl_2$-Reduktion als Rhodanid mit Äther extrahieren.) (MAUN und DAVIDSON.)

III. Trennung des Tc durch H_2S-Fällung. (PERRIER und SEGRÈ; HAHN und STRASSMANN; JACOBI.) Die Trennung vom Mo durch H_2S-Fällung zeitigt ein gutes Ergebnis. Die in Königswasser gelöste Metallprobe wird mit HCl abgedampft und dann mit NH_4OH aufgenommen und H_2S eingeleitet. Einige mg Re und Mn wurden als Träger zugegeben. Nach 12stündigem Stehen wird filtriert, die Aktivität ist quantitativ im Niederschlag. Vom Mn läßt sich Tc + Re durch einfaches Ansäuern mit HCl ohne Aktivitätsverlust abtrennen. Der TcRe-Sulfidniederschlag löst sich leicht in kaltem H_2O_2.

IV. Trennung des Tc vom Mo durch Fällung des Silbermolybdats. Eine elegante Methode zur trägerfreien Isolierung von Tc führen FLAGG und BLEIDNER mit 0,5 bis 2 g Mo-Metallproben durch. Das Metall wird in 30 cm^3 Königswasser gelöst, ein Überschuß an HNO_3 zugefügt und eingedampft. Das Nitrat wird in 15 mol NH_4OH aufgenommen und auf 150 cm^3 verdünnt, wenig angesäuert und mit 1 g NH_4-Acetat aufgekocht, mit 1 n $AgNO_3$ wird langsam Ag_2MoO_4 gefällt und dieses mit 0,5%iger $AgNO_3$-Lösung gewaschen. Die Fällung wird wiederholt. Das Waschwasser wird vereinigt und mit wenig konzentrierter H_2SO_4 eingeengt, bis SO_3-Dämpfe auftreten. Nach sorgfältiger Verdünnung mit destilliertem H_2O wird die Tc-Lösung elektrolysiert.

V. Trennung des Tc durch Elektrolyse vom Re und Mo. ^{99}Tc (HZ. $1{,}21 \cdot 10^{-5}$ a) wird in 2 n NaOH von Re und Mo nach PARKER elektrochemisch getrennt, bei $-1{,}1$ Volt gegen die gesättigte Kalomelelektrode. TcO_4-Ionen werden zu einem niederen Oxydationszustand reduziert und an der Kathode niedergeschlagen. Eine Messung zeigt, daß die Ausbeute 95% beträgt. Die spektrographische Analyse des Kathodenniederschlages zeigt, daß die Trennung vom Mo sehr befriedigend ist (s. a. ROGER).

VI. Trennung des Tc vom Mo durch Fällung mit Nitronperrhenat. Diese Methode führt, wie PERRIER und SEGRÈ und auch HAHN, STRASSMANN, SEELMANN-EGGEBERT bei der Gewinnung des Tc aus der U-Spaltung fanden, zu quantitativen Fällungen. Nach der Vorschrift für Re von GEILMANN und WEIBKE wird in schwach schwefelsaurer Lösung mit 10%iger Nitronacetatlösung gefällt. Nach dem Abkühlen wird noch 2 Std. unter Rühren in Eiswasser gekühlt, filtriert und mit 0,3%iger Nitronlösung gewaschen. Das Nitronperrhenat enthält die gesamte Aktivität.

Zu Tc-Präparaten frei von anorganischem Träger gelangt JACOBI, wenn er Tc mit CuS niederschlägt. Er behandelt den Niederschlag mit NaOH und H_2O_2, so daß nur das Tc in Lösung geht und vom praktisch unveränderten CuS (bzw. CuO) abfiltriert werden kann. Setzt man nun Nitrationen zu der Lösung zu und fällt unter den gleichen Bedingungen wie beim Nitronperrhenat, so befinden sich nur etwa 20% der Aktivität im Niederschlag. Im Gegensatz zum Nitronperrhenat, welches mit der entsprechenden Tc-Verbindung Mischkristalle bildet und Tc quantitativ fällt, wird Tc im Nironnitrat wohl nur adsorptiv angelagert und mitgerissen.

VII. Trennung des Tc und Re vom Pt. Die Trennung gelingt nach PERRIER und SEGRÈ, wenn die Sulfide im Cl_2-Strom im Rohr auf 100° C erhitzt werden. Die Aktivität wird zusammen mit Re im kälteren Teil des Rohres wiedergefunden.

VIII. Trennung des Tc vom Nachbarelement Ruthen. Zur Entscheidung, ob die im Mo entstandene Aktivität allein vom Tc herrührt, führte JACOBI eine Trennung vom Ru durch. Der Tc–Re_2S_7-Niederschlag wird in 5%iger NaOH gelöst und mit etwa der gleichen Menge Perhydrol erwärmt. Der H_2O_2-Überschuß wird auf dem Wasserbad zerstört. Nach Zugabe von Ammoniumchlororuthenat wird die Lösung verdünnt und auf 80° erwärmt, vorsichtig mit verdünnter H_2SO_4 angesäuert und mit 10%iger Nitronacetatlösung Tc + Re gefällt. Die Gegenwart aktiver Ruthen-Isotope wurde ausgeschlossen.

GLENDENIN trennte Tc von im Pile bestrahltem Ru-Chlorid (2g) durch Destillation aus 10 cm^3 konzentriertem H_2SO_4. Ru blieb vollständig in der H_2SO_4. Nachdem 3 bis 4 cm^3 H_2SO_4 in 20 cm^3 H_2O abdestilliert waren, wurde 5 mg $KReO_4$ zum Destillat zugegeben und mit einem Überschuß an Tetraphenylarsoniumchlorid das

Tc + Re gefällt. Der Niederschlag wurde mit Alkohol gewaschen und dann getrocknet. BOYD, LARSON und MOTTA bestätigten auch den Befund, daß Tc durch reduziertes, metallisches Ruthen nicht mitgefällt wird.

IX. Trennung des Tc vom Uran und den übrigen Spaltprodukten. Nach der Entfernung der Edelgase durch Lufteinblasen in die Uranlösung wird die Hauptmenge des Urans durch Fällung als Natriumuranylacetat in der Siedehitze in 2- bis 3%iger Essigsäure vorgenommen (SEELMANN-EGGEBERT). Das Filtrat wird mit einem oder mehreren Trägern, etwa In, Cd, Bi oder Cu, für die H_2S-Fällung vorbereitet. Durch H_2S werden Cu, As, Se, Mo, *Tc*, Ru, Rh, Pd, Ag, Cd, In, Sn, Sb, Te gefällt. Zugabe von Ag-Träger ist nicht empfehlenswert, da sonst die Halogene mit in den Sulfidniederschlag gehen können. Die H_2S-Fällung wird in der Kälte durchgeführt. Der Sulfidniederschlag wird in HCl und Brom gelöst und nach Zugabe von 10 mg Fe^{3+}-Ionen mit Ammoniak in der Hitze gefällt. Es fallen mit dem Eisen Ru, In (Sb, Sn), As, Se, Te. Im Filtrat befinden sich Cu, Rh, Pd, Mo, *Tc*, Cd, Ag. Ag wird in der mit HCl angesäuerten Lösung durch $AgNO_3$ gefällt. Pd fällt nach Zugabe von Dimethylglyoxim. Cu wird durch $NH_4SCN + H_2SO_3$ ausgeschieden. Die noch verbleibenden Elemente Mo, Rh, Tc, Cd werden erneut aus schwach saurer Lösung mit H_2S gefällt. Zur Fällung des Mo löst man den Niederschlag in HNO_3, stumpft mit Na-Acetat ab und fällt mit Bleiacetat Mo als Bleimolybdat aus. Rh wird im Filtrat mit viel KNO_2 als K-hexanitrorhodinat abgesaugt. Nach der Zerstörung der HNO_2 mit Harnstoff wird aus dem schwach mit HCl angesäuerten Filtrat Cd und Tc mit H_2S gefällt (zusammen mit etwas Pb). Der Niederschlag wird in HCl und Brom gelöst, und es werden Na-Acetat und Re zugefügt. Das Element 43 fällt nach Zugabe von Nitron mit Nitronperrhenat aus. Es empfiehlt sich, die Konzentration an Fremdionen möglichst klein zu halten, da sonst der Niederschlag leicht als schlecht zu filtrierendes Gel ausfällt.

Zur *schnellen* Abtrennung des Tc von den Uranspaltprodukten wird Mo mit Cu als Träger aus schwach saurer Uranlösung mit H_2S abgetrennt, der Niederschlag in HCl und Brom gelöst. Nach Zugabe von Fe, Mo und H_2O_2 wird Fe mit NH_4OH gefällt. Im Filtrat kristallisiert nach dem Ansäuern mit Essigsäure und Zugabe von Pb-Acetat Bleimolybdat aus. Tc wird jetzt mit $KReO_4$ und Nitron ausgefällt. Ein Ausrühren des Niederschlages beschleunigt die Abscheidung.

Verschiedene amerikanische Autoren (GLENDENIN, LINCOLN und SULLIVAN, SHUMANN) isolieren das Tc aus den Uran-Spaltprodukten meist durch Fällung der Sulfide (mit Bi oder Cu als Träger) und anschließender Destillation aus konzentrierter $HClO_4$. Die flüchtigen Oxyde vom Ru und Tc werden in verdünnter NaOH aufgefangen. Ru wird nach Zugabe von Träger durch Alkohol reduziert und niedergeschlagen, es fällt ein Gemisch von Ru_2O_3 und RuO_2. Das Tc wird durch den Alkohol nicht reduziert und bleibt in Lösung. Mit Re als Träger kann es gefällt werden. Bei der Abtrennung des 5,9 h ^{99}Tc aus den Uran-Spaltprodukten wurde beobachtet, daß die Isotope, 67 h ^{99}Mo, 42 d ^{103}Ru und das 1,0 a ^{106}Ru noch eine geringe radioaktive Verseuchung hereinschleppten. Ein wiederholter Abtrennungszyklus und zusätzliche Fällung von Mo mit α-Benzoinoxim ergab radiochemisch reines Tc.

GLENDENIN führt weiter ein ähnliches Verfahren an, das Tc vom U und dessen Spaltprodukten durch Destillation aus konzentrierter H_2SO_4 abzutrennen. Ein wiederholtes Abdampfen der aktiven Lösung mit HBr verhindert die Störung durch anwesende Radiohalogene. Tc wird schließlich mit Re zusammen als Tetraphenylarsoniumpertechnetiat gefällt.

In einer vorläufigen Mitteilung geben TRIBALAT und BEYDON ein Verfahren an, Tc vom Mo und auch von U und den Spaltprodukten durch Chloroform-Extraktion des Tetraphenylarsoniumtechnetiats zu trennen. Die Extraktion wird in Sodalösung vorgenommen, ist quantitativ und scheint einen großen Zeitgewinn zu bringen.

Literatur.

ABELSON, P.: Phys. Rev. **56**, 1 (1939).

BOYD, G. E., Q. V. LARSON u. E. E. MOTTA: Syracuse Chemist, Fortieth Issue, **1948**, 32. — BURKHART, L.: W. PEED u. B. SAUNDERS: Phys. Rev. **73**, 347 (1948).

CACCIAPUOTI, B., u. E. SEGRÈ: Phys. Rev. **52**, 1252 (1937). — CORYELL, CH. D., u. N. SUGARMAN: „Radiochemical Studies". McGraw-Hill Book Company, INC. New York 1951.

FLAGG, J. F., u. W. E. BLEIDNER: J. chem. Phys. **13**, 269 (1945). — FRIED, SH.: J. Am. chem. Soc. **70**, 442. — FRIED, SH., A. H. JOFFEY, N. F. HALL u. L. E. GLENDENIN: Phys. Rev. **81**, 741 (1951). March 1.

GEILMANN, W., u. F. WEIBKE: Z. anorg. Ch. **199**, 347 (1931); **193**, 311 (1930). — GLENDENIN: Paper 258 u. 329, in CORYELL u. SUGARMAN: Radiochemical Studies.

HAHN, O., u. F. STRASSMANN: Z. Phys. **117**, 789 (1941). — HAHN, O., F. STRASSMANN u. W. SEELMANN-EGGEBERT: Z. Naturforschg. **1**, 545 (1946).

INGHRAM, M. G., Dr. C. HESS u. R. J. HAYDEN: Phys. Rev. **72**, 1269 (1947).

JACOBI, E.: Helv. **31**, 2118 (1948).

LINCOLN u. SULLIVAN: Paper 99, in CORYELL u. SUGARMAN: Radiochemical Studies.

MATTAUCH, J.: Z. Phys. **91**, 361 (1934); Phys. Z. **35**, 567 (1934). — MATTAUCH, J., u. A. FLAMMERSFELD: Isotopenbericht. Z. Naturforschg. Sonderheft (1949) und in LANDOLT-BÖRNSTEIN, 6. Aufl., Bd. I, 5. Teil (1952). — MAUN, E., u. N. DAVIDSON: J. Am. chem. Soc. **72**, 2254 (1950). — MEGGERS, W. F., u. K. G. KESSLER: Physica **17**, 484 (1951). Mar-Apr. — MEGGERS, W. F., u. B. F. SCRIBNER: J. Res. Nat. Bureau of Standards **45**, 476 (1950). — MOONEY, C. L.: Phys. Rev. **72**, 1269. — MOTTA, E. E., G. E. BOYD u. Q. V. LARSON: Phys. Rev. **72**, 1270.

NODDACK, W., I. TACKE u. O. BERG: Naturwiss. **13**, 567 (1925).

PARKER, G. W.: Atomic Energy Commission. AECD-1995. Abstracts of declassified Docum. — PERRIER, G., u. E. SEGRÈ: Rend. Accad. Sci. fisiche mat. Napoli **25**, 723 (1937); J. chem. Phys. **5**, 712 (1937); J. chem. Phys. **7**, 155 (1939); Nature **159**, 24 (1947). — PERRIER, G., u. E. SEGRÈ: Nature **140**, 193 (1937). — *Plutonium Project Fission Product Survey:* J. Am. chem. Soc. **68**, 2411 (1946); Rev. Modern Phys. **18**, 513 (1946).

ROGERS, L. B.: J. Am. chem. Soc. **71**, 1507 (1949).

SEABORG, G. T., u. E. SEGRÈ: Nature **143**, 460 (1939); Phys. Rev. **55**, 808 (1939); **55**, 813 (1939). — SEELMANN-EGGEBERT, W., u. F. STRASSMANN: Z. Naturforschg. **29a**, 80 (1947). — SEELMANN-EGGEBERT, W.: Z. Naturforschg. **2a**, 569 (1947). — SEELMANN, W., u. H. GÖTTE: Fiat Review, Naturforschg. u. Medizin in Deutschland 1939—1946, Anorg. Chemie, Teil I, S. 91. Chem. Untersuchung zur Kernspaltung. — SEGRÈ, E., u. WU: Phys. Rev. **57**, 552 (1940). — SHUMANN: Paper 100, in CORYELL u. SUGARMAN: Radiochemical Studies. — SIEGEL: J. Am. chem. Soc. **68**, 2411 (1946). — SUGARMAN, N., u. H. RICHTER: Phys. Rev. **73**, 1411 (1948).

TIMMA, D. J.: Opt. Soc. Am. **39**, 898 (1949). — TRIBALAT, S., u. J. BEYDON: Anal. chim. Acta **6**, 96 (1952).

Rhenium.

Re, Atomgewicht 186,31, Ordnungszahl 75.

Von ARMIN SCHNEIDER, Göttingen.

Mit 11 Abbildungen.

Inhaltsübersicht.

Das von MENDELEJEFF vorausgesagte Ekamangan wurde von W. NODDACK und J. NODDACK 1924 in oxydischen Erzen (wie den Columbiten und Tantaliten) einerseits und in Platinerzen andererseits (z. B. Osmiridium) entdeckt und erstmalig isoliert. Später wurden als wesentliches Vorkommen die Molybdänmineralien aufgefunden, in denen Rhenium in größeren Mengen angereichert ist. Rhenium ist ein außerordentlich seltenes Element und nach den Angaben seiner Entdecker wahrscheinlich kaum viel häufiger als Radium. — Die heutige technische Darstellung des Metalls geht von den Mo-haltigen Eisensauen aus, die bei der Verhüttung der Mansfelder Kupferschiefer als Nebenprodukt entstehen. Die Anreicherung und Isolierung ist durch die leichte Flüchtigkeit des höchsten Oxydes Re_2O_7 relativ leicht möglich, so daß seit 1928 Rhenium in Form des Perrhenats $KReO_4$ in jährlichen Mengen von heute etwa 200 kg hergestellt werden kann.

Wie schon von V. M. GOLDSCHMIDT 1924 vorausgesagt, konnte das Rhenium niemals in Manganmineralien oder Erzen aufgefunden werden. Eigentliche Re-Mineralien sind nicht bekannt. Das Rhenium tritt nur als Begleitelement angereichert in Mo und Ru sowie W und Os enthaltenden oxydischen und sulfidischen bzw. in Platinerzen auf. Das Verhältnis des Mangans zu der Triade Fe, Co, Ni wiederholt sich in dem Verhältnis des Rheniums zu der Triade Os, Ir, Pt. In seinen chemischen Eigenschaften steht das Rhenium zwischen seinen Nachbarn Wolfram und Osmium.

Charakteristisch ist für das Rhenium die außerordentliche Beständigkeit und leichte Bildung der höchsten Oxydationsstufe Re_2O_7 (gelb) und deren Salze, den Perrhenaten. Diese sind im Gegensatz zu den Permanganaten farblos. Weiterhin sind noch die Oxyde ReO_2 (schwarz) und ReO_3 (rot oder blau) bekannt. Darüber hinaus existiert wahrscheinlich noch ein Peroxyd Re_2O_8 (weiß). Von diesen Oxyden leiten sich die entsprechenden Säuren ab, die sämtlich nur in Lösung oder in Form ihrer Salze bekannt sind. Gegen Chlor ist Rhenium 3- und 5wertig, gegen Fluor maximal 6wertig. Abweichend vom Mangan bildet Rhenium ein sehr beständiges Heptasulfid Re_2S_7 (schwarz), neben dem noch das ebenfalls schwarze ReS_2 besteht. —

Analytisch bedeutungsvoll ist die Schwerlöslichkeit der Salze der Perrheniumsäure $HReO_4$ mit voluminösen Kationen wie K^+, Rb^+, Cs^+, Nitron und anderen organischen Stickstoffbasen.

Im Gegensatz zum Mangan gehört Rhenium zur H_2S-Gruppe, analog zu dem analytischen Verhalten der ihm nahestehenden Triade Os, Ir, Pt. Rhenium fällt aus stark saurer Lösung als schwarzes Sulfid Re_2S_7, das in Ammonpolysulfid oder Alkalisulfid nicht löslich ist, aber sehr leicht kolloidale Lösungen bildet.

Die für das analytische Verhalten des Rheniums wichtigen physikalischen und thermochemischen Eigenschaften sind im folgenden zusammengestellt:

Re Schmelzpunkt $\sim$ 3200° C.
Re_2O_7 Schmelzpunkt + 297° C. Siedepunkt + 363° C.

Bildungswärmen der Oxyde:
ReO_2 + 70 kcal/Mol bei 20° C.
ReO_3 + 82,5 kcal/Mol bei 20° C.
Re_2O_7 + 297,5 kcal/Mol bei 20° C.

EMK der Kette Re/2 n H_2SO_4/ges. Kalomelelektrode + 0,60 Volt.

I. Anreicherung und Nachweis des Rheniums im Gang der qualitativen Analyse.

Um den analytischen Nachweis des Rheniums führen zu können, muß wegen der geringen Häufigkeit des Elements in den meisten Fällen zunächst eine Anreicherung durchgeführt werden. Diese wird im wesentlichen gegründet auf die leichte Flüchtigkeit der höheren Oxyde und Chloride, die auch bei der Entdeckung und ersten Isolierung des Elements ausgenutzt wurde. Die präparativen Methoden der Anreicherung sind außerordentlich vielfältig, da sie — je nach der Art der zu untersuchenden Mineralien oder sonstigen Proben — eine große Anzahl der verschiedensten Elemente zu berücksichtigen haben. Eine zusammenfassende Darstellung der präparativen Methoden ist von J. und W. NODDACK (1933) gegeben worden. Vgl. auch GEILMANN und BODE.

Zur Trennung und Anreicherung des Rheniums von Molybdän und anderen Elementen ist vor allem ein von GEILMANN und WEIBKE ausgearbeitetes *Destillationsverfahren* geeignet, nach dem das Rhenium in schwefelsaurer Lösung mit HCl-Gas überdestilliert wird. Durch Wiederholung mit CO_2 und H_2O-Dampf kann die Destillation auch quantitativ gestaltet werden. Die Destillationsmethode ermöglicht eine Trennung des Rheniums von Mo, Ge, As, Sb, Te, V, Ru und Cd (J. und W. NODDACK, WADA und ISHII, ALIMARIN).

Auch auf dem Weg der *Sublimation* kann das Rhenium als Re_2O_7 abgetrennt werden. Nach J. und W. NODDACK werden alle mit H_2S fällbaren Elemente gemeinsam aus schwefelsaurer Lösung gefällt, evtl. unter Zugabe von Natriummolybdatlösung, sofern die Elemente der H_2S-Gruppe nur in geringen Mengen vorhanden sind: Durch das ausfallende MoS_3 wird Re_2S_7 quantitativ mitgerissen. Se, Te, Ge, As werden im H_2-Strom in der Hitze entfernt, Os aus salpetersaurer Lösung als OsO_4 abdestilliert und Rhenium von V und Mo durch Sublimation im O_2-Strom getrennt.

Der Nachweis des Rheniums im Gang der qualitativen Analyse gründet sich im wesentlichen auf die Zugehörigkeit des Elementes zur H_2S-Gruppe. Das mit H_2S aus saurer Lösung ausfallende schwarze Re_2S_7 ist schwer löslich und kann auch zur quantitativen Bestimmung benützt werden. Wichtig ist die genaue Einhaltung der Fällungsbedingungen (GEILMANN und WEIBKE), damit vor allem die Fällung schnell genug eintritt und keine kolloidalen Lösungen entstehen.

1. Nach KAO und CHANG befindet sich nach der Trennung von Rh und Ir als Oxydhydrat das Rhenium im Filtrat. Dieses wird mit 12 n HCl-Lösung versetzt und zur Trockene eingedampft, anschließend mit 30 cm³ H_2O und 12 cm³ 12 n HCl-Lösung wieder aufgenommen und erhitzt. Verunreinigungen werden mit 5 cm³ 15%iger

Hydrazoniumchloridlösung und 5 cm³ $NaHSO_3$-Lösung ausgefällt. Im Filtrat wird mit H_2S das Rhenium als Re_2S_7 gefällt, nach etwa 20 Min. abfiltriert und mit 0,1 n Na_2S-Lösung ausgewaschen. — Nach HURD können bei Nichteinhaltung der Fällungsbedingungen Rheniumverluste dadurch entstehen, daß bei der Reduktion mit Hydrazinhydrochlorid aus sauren Perrhenatlösungen Re(4)-Oxydhydrat ausfällt.

2. Von GEILMANN und WEIBKE ist ein sehr allgemein anwendbarer Analysengang beschrieben worden, der auf der Isolierung des Rheniums durch Destillation des Chlorids im HCl-Strom beruht.

Ausführung. Die Substanz wird in HNO_3 gelöst, die nötigenfalls etwas HF enthält, und eingedampft, wobei Os als OsO_4 sich verflüchtigt. Durch einstündiges Erhitzen des Rückstandes in einem kleinen Destillierkolben bei etwa 120 bis 130° C werden verschiedene Verbindungen, z. B. des Wolframs, Niobs und Titans, säureunlöslich gemacht. Um Rheniumverluste zu vermeiden, kann das teilweise hierbei entstehende Re_2O_7 in einer Vorlage mit H_2O aufgefangen werden. Anschließend wird der Rückstand mit 6 n HNO_3 aufgenommen und mit bromfreier konzentrierter wäßriger HBr-Lösung versetzt, um As, Ge und Se als Bromide abzudestillieren. Ag wird in der Lösung als AgBr durch Verdünnen und gleichzeitiges Einleiten von Br_2 gefällt. Durch Ausäthern können weiter Au, Tl, Zn und Ga entfernt werden. Die HBr-saure Lösung wird nun in eine 0,3 n HCl-Lösung überführt und mit H_2S gesättigt. Bei dieser Säurekonzentration enthält der Niederschlag nur wenig Rhenium. Die Fällung wird nach Lösen des Niederschlags in 0,3 n HNO_3 wiederholt und in 2 n HNO_3 wiederum gelöst. Aus dieser Lösung wird Pb als Sulfat, Bi durch Hydrolyse, Pt und Pd durch Reduktion mit Ameisensäure, Te durch Reduktion mit SO_2, Cu und Cd durch Fällung mit NaOH und Sb durch Fällen mit Na_2O_2 entfernt. Die so erhaltenen Filtrate werden mit den Filtraten aller vorhergehenden Fällungen der ersten Re-Anteile als Re_2S_7 aus der salzsauren bzw. salpetersauren Lösung vereinigt und hieraus die Sulfide mit H_2S gefällt. Nach Lösen des Niederschlags in Königswasser und Versetzen mit NaOH bis zur alkalischen Reaktion kann Ru als RuO_4 im Cl_2-Strom entfernt werden. Nach Beseitigung des Chlors aus der Lösung werden die Sulfide neuerdings gefällt und in H_2SO_4 gelöst. Aus der schwefelsauren Lösung kann nunmehr das Re als Chlorid im feuchten HCl-Strom bei 190 bis 195° C abdestilliert und in KOH aufgefangen werden. Im Destillat noch vorhandenes Mo kann durch wiederholte Destillation abgetrennt werden. (Apparative Anordnung vgl. auch KRONMANN.)

Ist Rhenium nur in geringen Mengen (etwa unter 200 γ) vorhanden, so versagt die Destillation im HCl-Strom und wird nach HURD und HISKEY zweckmäßig in einem Strom von CO_2 und H_2O-Dampf vorgenommen.

Vgl. auch die unter quantitativen Gesichtspunkten durchgeführten kritischen Untersuchungen über die Brauchbarkeit der Destillationsmethoden von GEILMANN und BODE sowie die dort mitgeteilten Einzelheiten geeigneter Destillationsanordnungen.

3. Die Trennung und Anreicherung des Rheniums kann jedoch auch nach einer grundsätzlich anderen, von HOFFMAN und LUNDELL ausgearbeiteten Methode vorgenommen werden, die recht allgemeiner Anwendung zugänglich und vor allem für eine Trennung des Re von Mo von Wichtigkeit ist. Sie beruht auf der Tatsache, daß in molybdat- und perrhenathaltigen Lösungen durch Hg lediglich das Molybdat reduziert wird und mit KCNS eine in Äther ausschüttelbare, gelb bis rot gefärbte Verbindung erzeugbar ist, die colorimetrisch und quantitativ erfaßbar ist. Die Extraktion der Mo-Verbindung durch Ausschütteln mit Äther erfolgt am besten in Gegenwart von $Fe^{\cdots}$.

Ausführung. a) Die Molybdat- und Perrhenationen enthaltende Lösung wird mit HCl-Lösung (1:1) angesäuert und zur vollständigen Oxydation mit wenig $KMnO_4$ versetzt. Nach Zusatz von wenig $FeCl_3$ wird 3mal mit gleichen Mengen

Äther ausgeschüttelt. Die vereinigten Ätherauszüge werden nochmals mit HCl (1:1) geschüttelt. In den salzsauren Lösungen befindet sich die Hauptmenge des Rheniums, in den Ätherauszügen die Hauptmenge des Molybdäns. b) Die salzsauren Lösungen werden eingedampft, mit wenig $FeCl_3$-Lösung, wenigen Tropfen gesättigter $KMnO_4$-Lösung und einem geringen Überschuß von NH_3 versetzt. Die Mischung wird mit kalter HCl-Lösung (3:200) aufgenommen und mit etwa dem 10. Teil 20%iger KCNS-Lösung versetzt. Die Lösung wird im Scheidetrichter in Gegenwart von Hg sofort bis zur Entfärbung mit Äther geschüttelt, das Ausschütteln 2mal wiederholt. Die wäßrige Schicht ist nunmehr frei von Molybdän, das sich vollständig im Ätherauszug befindet. c) Die Ätherauszüge der ersten Trennung (a) werden wie unter b) beschrieben behandelt, nur wird der Rückstand mit einer HCl-Lösung 1:4 aufgenommen. Die vereinigten salzsauren und Ätherschichten können nunmehr colorimetrisch weiter untersucht werden.

Nach Hoffman und Lundell stören die folgenden Elemente die Trennung und Bestimmung nicht: Ga, In, Tl, Ce, Ge, Pb, Ni, Co, Ru, Os, Ir. Störend sind dagegen W, Pt und Rh, da diese Metalle ebenfalls gefärbte Verbindungen geben, ebenso größere Mengen Cr und V. Durch Cu, Au, Pd, Se und Te können bei Vorliegen größerer Mengen insofern Störungen auftreten, als die Elemente in Berührung mit Hg metallisch ausfallen, das Hg verunreinigen und zur Reduktion unbrauchbar machen.

4. Von Geilmann und Bode sind die Methoden zur Abtrennung des Molybdäns bzw. zur Anreicherung des Rheniums besonders unter dem Gesichtspunkt der quantitativen colorimetrischen Re-Bestimmung kritisch überprüft worden. Für die betriebstechnische Untersuchung von technischen Produkten wird die Destillationsmethode als zu langwierig bezeichnet. Dafür werden folgende Arbeitsverfahren als brauchbar nachgewiesen:

a) *Abtrennung mit Alkalihydroxyd.* Re muß als ReO_4' vorliegen. Beschränkt auf den Sonderfall, daß kein Mo vorliegt. Von Cu, Ni, Co, Mn, Hg ist quantitative Trennung möglich.

b) *Trennung mit Bariumhydroxyd.* Die Trennung beruht darauf, daß Bariummolybdat bei großem *Überschuß* an Ba^{++} gefällt werden kann, während $Ba(ReO_4)_2$ gelöst bleibt. Die Methode ist nach Geilmann und Bode allgemein anwendbar, sofern nicht hohe Mo-Gehalte ($>10\%$) vorliegen. Die Abtrennung geringster Re-Mengen aus Mo-reichen Proben erfordert jedoch die Verarbeitung größerer Mengen nach dem Destillationsverfahren.

Technische Mo-Konzentrate mit Re-Gehalten der Größenordnung $10^{-2}\%$ sowie technische Roh- und Zwischenprodukte, die neben kleinen Re-Gehalten so große Mengen Mo enthalten, daß Fällung mit $Ba(OH)_2$ nicht anwendbar ist, können nach Geilmann und Bode nach den folgenden Methoden verarbeitet werden:

c) *Xanthogenatverfahren* zur Abtrennung kleiner Mo-Mengen vor dem colorimetrischen Nachweis (wichtig für quantitative Re-Bestimmung!). Bei einem Verhältnis Mo:Re $>$ 10:1 treten merkliche Re-Verluste auf.

d) *Abtrennung des Molybdäns mit 8-Oxychinolin.* Geeignet zur Abtrennung größerer Mo-Mengen und am besten angeschlossen an Vortrennung mit NaOH, um die ebenfalls mit Oxychinolin fällbaren und die Niederschlagsmenge stark vergrößernden Schwermetalle zu beseitigen.

Die Verfahren müssen — je nach Zusammensetzung der Proben — sinngemäß kombiniert werden. Eine allgemeine Arbeitsvorschrift kann daher nicht gegeben werden.

Die Trennung von Molybdän gelingt nach Hurd auch mit Hilfe von Äthylxanthat, das eine chloroformlösliche violette Verbindung liefert, während Rhenium sich mit dem Reagens nicht umsetzt. *Störungen* durch Kupfer und Eisen, oxydierende und reduzierende Substanzen. — Störend wirken auch hohe Salzkonzentrationen.

5. Zur Trennung von Mo schlägt TRIBALAT folgenden Weg ein: Ausfällen des Rheniums als schwer lösliches Tetraphenylarsoniumperrhenat $(C_6H_5)_4 AsReO_4$ nach dem Vorschlag von WILLARD und SMITH. — Nach TRIBALAT löst sich der Niederschlag leicht in Chloroform und ist mit diesem Lösungsmittel quantitativ zu extrahieren. Selbst in geringsten Mengen — die in H_2O keine Fällung mehr geben — ist Rhenium noch mit Tetraphenylarsoniumchlorid und Chloroform vollständig zu extrahieren. — Mo wird in 6wertiger Form weder durch die organische Base bei $p_H = 7$ bis 13 gefällt noch durch Chloroform extrahiert, so daß sich auf diese Weise eine sehr glatte Trennung kleiner Mengen Rhenium von größeren Mengen Mo durchführen läßt: 1 bis 2 γ Re in 1 g Mo-Mineral.

Nach der Extraktion wird Rhenium nach TRIBALAT am einfachsten colorimetrisch bestimmt: Ausschütteln mit konzentrierter HCl und Überführen in den roten Thiocyanatkomplex (vgl. § 3, 2, a), der auch mit Amylalkohol ausgeschüttelt werden kann.

II. Nachweismethoden.

§ 1. Nachweis auf spektralanalytischem Weg.

Allgemeines.

Im oxydierenden Teil der Bunsenflamme wird durch Rhenium eine fahlgrüne Farbe erzeugt. Die Farbe ist verschieden von der des Bors und Molybdäns. Die Flammenfärbung tritt im Gegensatz zu der des Bariums sofort auf und verschwindet schnell wieder. Im Spektroskop lassen sich charakteristische Banden im Grün erkennen, die jedoch ähnlich auch durch Molybdän erzeugt werden. Bei Gehalten von weniger als 10% Re kann neben Wolfram und Molybdän nach GEILMANN und WRIGGE das Rhenium nicht nachgewiesen werden. Nach denselben Autoren verdecken auch Na, Ca, Sr, Ba und Tl die charakteristische Flammenfärbung des Rheniums.

Das Re I-Spektrum ist vor allem von MEGGERS bzw. MEIDINGER und SCHOBER vermessen worden. Es ist sehr linienreich und recht gleichmäßig über den gesamten Wellenlängenbereich verteilt. Die Verwendung von Kohleelektroden ist wegen der starken Banden des Kohlebogens nicht vorteilhaft (SCHOBER). Von MEGGERS ist deshalb das Re I-Spektrum unter Benutzung von Silberelektroden und $KReO_4$ ausgemessen worden. Ebenso können Silberelektroden mit Re-Pulver benutzt werden.

Der Nachweis des Rheniums im Bogen- und Funkenspektrum kann mit Hilfe der Linien folgender Wellenlängen geführt werden: 3464,85; 3460,55; 3451,85 Å (MEIDINGER, MEGGERS, SCHOBER; SCHOBER und BIRKE). Nach J. und W. NODDACK bzw. MEIDINGER bzw. MEGGERS kann bei Gehalten über 0,1% Re auch die blaue Linie 4889,15 Å benutzt werden, die eine größere Intensität als alle anderen Re-Linien besitzt. Unterhalb 0,1% Re verschwindet jedoch die Linie. Bei geringeren Konzentrationen überwiegt die Intensität der ultravioletten Linie 3460,67 Å (MEGGERS).

Nach den wohl sichersten Bestimmungen von MEGGERS folgt auf die stärkste Linie 4889,15 Å mit gleicher Intensität die grüne Linie 5275,57 und die ultraviolette 3460,46 Å, darauf mit abnehmender Intensität 3464,72; 3451,88; 5270,98 Å. Diese Linien sind in die Tabellen von TWYMAN und SMYTH übernommen worden, in den Wellenlängentabellen von SCHEIBE sind diesen Linien noch hinzugefügt: 4257,7 und 4513 Å. — Als letzte Linien des ultravioletten Spektrums werden außerdem von A. S. PIÑA DE RUBIES und DORRONSORO folgende angegeben: 2428,58; 2419,83; 2365,92 Å.

Nach GERLACH und RIEDL sind folgende Linien zum Nachweis des Rheniums geeignet: 3464,7; 3460,5; 3451,9 und 3424,6 Å. Bei Verwendung des Glasspektrographen ergibt sich für die Linien 4889,2 und 4513,3 Å annähernd gleiche Intensität. Beim Quarzspektrographen ist die weitaus stärkste Linie: 3460,5 Å, ihr folgen mit abnehmender Intensität 3464,7; 3461,9; 3424,6; 3399,3 und 4889,2 Å. Die letztere hat ebenso wie bei Verwendung des Glasspektrographen fast die gleiche Intensität wie 4513,3 Å.

Koinzidenzen sind nach GERLACH und RIEDL zu erwarten: Bei 3464,7 Å mit Linien von Barium, Cadmium, Kupfer und Strontium. Die Re-Linie wird verbreitert durch die Cr-Linie 3465,2 Å.

Bei 3460,5 Å Koinzidenz mit einer Linie von Cadmium; ferner mit Linien von Kobalt, Chrom, Eisen, Mangan, Molybdän und Palladium. Das Nickelspektrum hat bei dieser Linie eine Bande.

Bei 3451,9 Å Koinzidenz mit einer Linie des Bors, außerdem liegen hier im Funkenspektrum eine schwache Bleilinie sowie Linien des Eisens und Molybdäns. Rhodium ruft eine starke Untergrundschwärzung hervor, eine sehr schwache Bande kann von Kobalt herrühren. Eine sehr schwache Linie erzeugt weiter Palladium, etwas stärkere Linien können dem Osmium und Wolfram zugeordnet werden.

Bei 3424,6 Å mögliche Koinzidenz mit einer Linie des Phosphors, außerdem mit Linien von Kobalt, Eisen Iridium, Molybdän, Nickel, Rhodium und Vanadin. Im Funkenspektrum muß eine schwache Wolframlinie beachtet werden, die im Bogenspektrum nur sehr schwach auftritt.

Nachweisverfahren.

1. Nachweis in Lösungen.

Ein gleichmäßiges Abbrennen des Funkens kann nach BOROWIK und GUDRISS dadurch erzielt werden, daß mit der zu untersuchenden Lösung Calcit getränkt und die Mischung auf die Kathode gebracht wird. — Im kondensierten Funken zwischen Kohleelektroden, die mit wäßriger Chlorid- oder Nitratlösung getränkt sind, wird ein Spektrum erzeugt, in dem nach LÖWE als geeignete Analysenlinien 3424,6; 3451,9; 3460,5; 3464,7 Å gelten können.

2. Nachweis in Mineralien und Erzen.

Bei der Untersuchung von Re-haltigen Mineralien (Columbit, Pyrolusit, Mo-Glanze u. ä.) werden zweckmäßig Konzentrate verwendet. Dabei muß beachtet werden, daß die Linien des Fe, Mn und Mo mit den letzten Linien des Rheniums praktisch zusammenfallen, so daß bei geringen Gehalten in solchen Proben das Re leicht übersehen werden kann (HURD). Nach BOROWIK und GUDRISS können bei Mo-Konzentrationen von 16, 26 und 30% Mo im Bogenspektrum noch 0,1% Re mit Hilfe der Linien $3464{,}7_2$; $3460{,}4_7$ und $3451{,}8_8$ Å nachgewiesen werden. 0,01% Re können noch durch die Linien $3464{,}7_2$ und $3460{,}4_7$ erfaßt werden. Bei 0,002% Re verschwindet auch $3460{,}4_7$. Die letzte Linie ist $3464{,}7_2$ Å.

Bei Anwesenheit von Mangan versagt der Nachweis.

3. Nachweis sehr kleiner Mengen Rhenium.

Sehr kleine Mengen Rhenium lassen sich nach der elektrolytischen Abscheidung des Rheniums gut nachweisen. Das Rhenium wird zu diesem Zweck an einem Kupferdraht von 0,5 bis 1,2 mm ⌀ oder an einem Stäbchen aus spektralreiner Kohle aus 2 n HCl-Lösung abgeschieden (40 mAmp; 2 Volt). Das Verfahren ist mit kleinsten Substanzmengen durchführbar (0,1 cm^3) und erlaubt noch den Nachweis von 1 γ Re mit Hilfe des Abreißbogens (SCHLEICHER und KAISER).

4. Nachweisbare Grenzkonzentration.

Nach W. NODDACK beträgt die Grenzkonzentration, bestimmt an der Linie 3460 Å, 10^{-7} g/cm^3. Nach HEYNE und MOERS liegt sie nur bei etwa 10^{-5} g. SCHLEICHER und KAISER wiesen nach, daß sich mit Hilfe des Abreißbogens durch die im

Ultraviolett liegenden Linien noch 1 γ Re nach der elektrolytischen Anreicherung des Rheniums nachweisen lassen (vgl. unter: Nachweis sehr kleiner Mengen Rhenium, II, § 1, 3).

Nach HEYNE und MOERS ist die Empfindlichkeit des spektroskopischen Re-Nachweises von mittlerer Stärke. Mit Hilfe des Funkenspektrums wurden bei Verwendung von Perrhenatlösung auf Spektralkohle (5 mm ∅) folgende letzte Linien festgestellt:

Wellenlänge in Å	Bei γ Re noch zu erkennen
2215	2,5
2276,5	1,0
2880	1,0
3000	0,5
3400	1,0
3425	0,5
3452	0,5
3462	0,5
3465	Verschwindet in einer C-Linie
Im sichtbaren Licht:	
4900	1,0
5290	1,0

5. Beeinflussung der Nachweisgrenzen.

Beeinflussung durch Mangan nicht vorhanden (MEGGERS), vgl. jedoch unter: Nachweis in Mineralien (II, § 1, 2). Nach MEGGERS kann durch die Linie 3460,46 Å noch 1 γ Re neben 10^6 γ Mn nachgewiesen werden. Auch Molybdän wird von W. und J. NODDACK als nicht störend angegeben, da noch 0,0003% Re im Molybdänglanz nachgewiesen werden konnte.

§ 2. Nachweis auf trockenem Weg.

1. Nachweis durch Flammenfärbung.

Der Nachweis des Rheniums durch die fahlgrüne Färbung der Bunsenflamme wurde in § 1 bereits beschrieben.

2. Nachweis im Glührohr.

Beim Erhitzen von Perrhenaten mit $K_2S_2O_7$ im Glührohr tritt ein weißer Rauch auf. In Gegenwart organischer Substanzen (Zucker u. ä.) oder elementarem Schwefel entsteht ein blaues Sublimat oder ein blauer Ring (GEILMANN und WRIGGE).

3. Verhalten in Sauerstoffatmosphäre.

Das Verhalten des Rheniums in Sauerstoffatmosphäre bei höherer Temperatur (Rotglut) ist außerordentlich charakteristisch und kann zum empfindlichen Nachweis dienen, da hierbei entweder Re_2O_7 oder Re_2O_8 entsteht. Der Nachweis gelingt am besten, wenn man vom metallischen Rhenium oder vom Sulfid ausgeht und im Röstrohr erhitzt. Es bildet sich ein bläulicher Ring, anschließend ein gelber Beschlag von Re_2O_7 und am kältesten Teil des Röhrchens farblose Tröpfchen von Re_2O_8. Bei höheren Re-Konzentrationen bildet sich ein weißer Rauch, der mit grüner Flamme verbrennt. Die Wachstumsformen des Re_2O_7 sind je nach der Sublimationsgeschwindigkeit kennzeichnend (GEILMANN und WRIGGE). Über die mikrochemische Identifikation des Re_2O_7 vgl. unter II, § 4.

Durch Überleiten von SO_2 über das Re_2O_7-Sublimat wird der Nachweis sehr empfindlich. Es entsteht dabei ein blaues Sublimat. Zur Identifizierung kann auch nach den Angaben unter II, § 3 verfahren werden.

Erfassungsgrenze. Bei Beobachtung des blauen Ringes und mikrochemischer Identifizierung: 5 γ Re (GEILMANN).

Grenzkonzentration. Wird nur der gelbe Beschlag beobachtet, so wird dessen Beobachtung schon bei einer Re-Konzentration von 2% unsicher. Der gleichzeitig entstehende blaue Ring tritt noch bei Konzentrationen von 0,25 bis 0,5% Re auf.

Störungen. W stört nicht. Mo und MoS_2 bilden unter denselben Bedingungen auch Beschläge. Sie sind jedoch weniger flüchtig, befinden sich deshalb an den heißeren Teilen des Röstrohres und werden durch SO_2 nicht blau gefärbt. Nach GEILMANN und WRIGGE können in 10 mg Substanz neben Mo noch 7,5 γ Re nachgewiesen werden.

4. Beschlagproben.

a) In der Bunsenflamme. Werden Re-Verbindungen im oxydierenden Teil der Bunsenflamme erhitzt, so kann an einer mit H_2O gefüllten Porzellanschale ein schwach bräunlich, bläulich oder blau gefärbter Beschlag erzeugt werden. Bei Einwirkung von SO_2 vertieft sich die Farbe. Der Beschlag kann in ammoniakalischer H_2O_2-Lösung gelöst und durch Versetzen mit KCl oder RbCl identifiziert werden (vgl. II, § 4, A, 1 bis 3).

Grenzkonzentration. 0,25% Re in Gegenwart von Mo, 0,1% Re neben W (GEILMANN und WRIGGE). Die Probe muß im Reduktionsraum der Bunsenflamme stark erhitzt und der gebildete Beschlag in der Oxydationszone sofort anschließend geprüft werden.

Durch mikrochemische Flammenanalyse kann bei Verwendung einer Oxydationsflamme ein gelber Oxydbeschlag (mit bläulichem Saum und bläulichen Flecken) erzielt werden. Grenze des Nachweises als $RbReO_4$: 3 bis 5 γ Re.

In der Hitze beständige Perrhenate ergeben den Beschlag aus der Boraxperle. — Alkaliperrhenate lassen sich als weiße Anflüge verflüchtigen und mikrochemisch identifizieren. — Halogenidbeschläge bilden sich nicht (GEILMANN und ISERMEYER).

Zur mikrochemischen Identifizierung der Beschläge wird der Nachweis als $KReO_4$ (nach Lösen in $H_2O + H_2O_2$) empfohlen. $RbReO_4$ ist weniger geeignet, ebenso Fällung mit organischen Reagenzien (GEILMANN und ISERMEYER).

b) Vor dem Lötrohr. Bei Einwirkung der oxydierenden Flamme auf Re-haltige Proben entsteht auf der Kohle (unter Rauchentwicklung und Grünfärbung der Flamme) ein bronzefarbiger Beschlag mit zinnoberrotem Saum. Bei Zusatz von Na_2CO_3 kann der Beschlag mit Hilfe des reduzierenden Teils der Flamme zum Metall reduziert werden. Nach dem Abschlämmen des Metalls kann die Identifizierung wie unter II, § 2, 3 vorgenommen werden (GEILMANN und WRIGGE).

5. Verhalten in der Borax- und Phosphorsalzperle.

Im Reduktionsraum der Bunsenflamme entsteht metallisches Re, das sich im Oxydationsraum unter Grünfärbung der Flamme verflüchtigt. Die farblos gewordene Perle wird durch erneutes reduzierendes Erhitzen nicht wieder dunkel. — Wenig charakteristisch (GEILMANN und WRIGGE).

6. Verhalten in der Alkalischmelze.

In der Sodaperle ist Re sowohl in der oxydierenden wie in der reduzierenden Flamme an einer vorübergehenden Gelbfärbung zu erkennen (YAGODA).

Erfassungsgrenze: 15 γ (YAGODA).

Grenzkonzentration: in Metallgemischen 0,5% (J. und W. NODDACK).

Bestimmung kleiner Mengen Re neben Mo nach Ausfällung des Molybdäns mit α-Benzoinoximlösung (4 bis 7 n H_2SO_4, 0°, 25%ige Lösung). — Im Filtrat bildet sich mit 20%iger Kaliumrhodanidlösung und 20%iger $SnCl_2$-Lösung der tiefrot gefärbte Komplex, dessen Farbe zur colorimetrischen Re-Bestimmung geeignet ist. — 0,1 bis 0,9 mg Re neben 1 mg Mo/100 cm^3 bestimmbar. Bei größeren Re-Mengen stärkere Abweichungen vom BEERschen Gesetz. Größere Mo-Mengen absorbieren Re im Benzoinoximniederschlag in störenden Mengen. — Die Mo-Abtrennung muß genau durchgeführt werden, da Mo ähnlich gefärbte Komplexe bildet (MELAREW und WHETSEL).

Störungen. W und Mo stören nicht. Dagegen ist die Färbung bei Anwesenheit von Cr, Ru, Os nicht erkennbar. Bei Anwesenheit von Mn ist die Prüfung nur in der reduzierenden Flamme möglich.

7. Verhalten am Kohle-Soda-Stäbchen.

Beim reduzierenden Schmelzen am Kohle-Soda-Stäbchen oder beim Schmelzen mit $Na_2CO_3 + Na_2C_2O_4$ oder $Na_2CO_3 + KCN$ tritt Reduktion zum metallischen Re ein. Identifizierung nach dem Abschlämmen z. B. nach II, § 2, 3. Beim Schmelzen mit $Na_2S_2O_3$ oder $Na_2CO_3 + S$ entsteht ReS_2, das ebenso identifiziert wird (GEILMANN und WRIGGE).

§ 3. Nachweis auf nassem Weg.

1. Nachweis durch Fällungsreaktionen.

Nachweis durch Aktivierung der Reduktion von Natriumtelluratlösung. Ein von POLUEKTOV ausgearbeiteter Nachweis großer Empfindlichkeit beruht auf der durch Perrhenat aktivierten Reduktion von Na-Telluratlösung. Diese wird in Gegenwart von ReO_4' durch $SnCl_2$ unter Bildung eines schwarzen Niederschlags bzw. einer schwarzen Trübung reduziert. Die Reaktion wird am besten als Tüpfelreaktion durchgeführt und ist deshalb in ihrer Ausführungsform in II, § 5, 1 beschrieben.

2. Nachweis durch Farbreaktionen.

a) Nachweis mit Kaliumrhodanid und Zinn(II)-chlorid. 5 cm^3 der neutralen farblosen ReO_4^--haltigen Lösung werden mit 1 bis 2 cm^3 einer 20%igen wäßrigen HCl-Lösung, 0,5 cm^3 10%iger wäßriger KCNS-Lösung und höchstens 0,5 cm^3 einer schwach salzsauren 2%igen $SnCl_2$-Lösung versetzt. Bei Anwesenheit von wenig Re entsteht eine Gelbfärbung, die durch größere Mengen Re in Rot übergeht. Die gefärbte Verbindung kann in Äther oder Essigester (1 bis 2 cm^3) ausgeschüttelt werden (GEILMANN, WRIGGE und WEIBKE).

Nach HOFFMAN und LUNDELL kann Mo in folgender Weise abgetrennt werden: Die perrhenat- und molybdathaltige Lösung wird mit Hg, KCNS und Äther geschüttelt. Dabei wird das Mo vom Äther aufgenommen. Nach Abtrennung des Äthers wird nun erst $SnCl_2$ zugesetzt und die gefärbte Re-Verbindung ausgeäthert (vgl. auch I, 3).

Für Re-Konzentrationen unter 500 γ geben HURD und BABLER von GEILMANN abweichende Konzentrationen der Reagenzien an: HCl 2%, KCNS 0,4% und $SnCl_2$ 0,2%.

Erfassungsgrenze: Etwa 1 γ Re in 10 cm^3 Lösung.

Empfindlichkeit: Neben 0,25 g $CrCl_3$, 0,5 g $MnCl_2$ oder 0,5 g $NiCl_2$ können noch 2 γ Re in 10 cm^3 Lösung nachgewiesen werden. Bei Anwesenheit von Fe^{+++}-Ionen kann nach Reduktion zu Fe^{++} durch $SnCl_2$ das Re noch in einer 2 n $FeCl_3$-Lösung nachgewiesen werden. Neben 0,5 bis 0,75 g $CuCl_2$ lassen sich noch 2 γ Re nachweisen, wenn das mit CNS′ ausfallende Kupfer(I)-rhodanid abfiltriert und die gefärbte Re-Verbindung ausgeäthert wird. Au und Pt stören den Nachweis nicht, da die mit den Reagenzien entstehenden gefärbten Au- und Pt-Verbindungen ätherunlöslich sind. 2 γ Re sind neben diesen Metallen noch erfaßbar (GEILMANN, WRIGGE und WEIBKE). Der Nachweis gelingt auch neben der 10fachen Menge Mo, wenn das Mo vorher durch Xanthogenat und anschließendes Ausschütteln mit Chloroform entfernt wird (HURD).

Zur Trennung des Mo von Re kann man nach BIBIKOWA folgendermaßen vorgehen: Re wird aus HCl-saurer Lösung mit HCl abdestilliert und im Destillat mit H_2S gefällt. Der Niederschlag wird in 5%iger NaOH, der etwas H_2O_2 zugesetzt wird, gelöst und das Mo mit Oxychinolin gefällt (in neutraler Na-acetathaltiger und mit wenig H_2SO_4 angesäuerter Lösung). Das Filtrat wird zur Entfernung der letzten Reste von Mo mit wenig festem Xanthogenat versetzt und im Scheidetrichter 3mal mit je 15 cm³ Chloroform ausgeschüttelt. Die Mo-freie Lösung wird mit HCl angesäuert, mit 5 bis 6 mg Pb-acetat versetzt und mit H_2S gesättigt. Der Sulfidniederschlag wird mit 2%iger NaOH + H_2O_2 gelöst, eingedampft und mit HCl angesäuert. Die salzsaure Lösung wird mit 5%iger KCNS-Lösung und 20%iger $SnCl_2$-Lösung versetzt.

Störungen. In Übereinstimmung mit den Angaben von GEILMANN geben HOFFMAN und LUNDELL an, daß 1 γ Re noch neben 10 mg Mo nachweisbar ist. Als nichtstörende Elemente werden angegeben: Ce, Co, Ga, Ge, In, Sr, Pb, Ni, Os, Ru, Tl. Cr gibt erst in Mengen über 40 mg eine störende Grünfärbung. Auch Pt und Rh geben gefärbte Verbindungen, die Metalle werden deshalb vorher abgeschieden (vgl. das Verfahren von GEILMANN und WEIBKE, I, 2).

b) Nachweis mit Methylenweiß. ReO_4' ist leicht (etwa durch $SnCl_2$) zu Re^V zu reduzieren, das seinerseits wieder leicht durch Luftsauerstoff, ClO_4', AsO_4''' oxydiert wird. Insofern katalysiert ReO_4' die Reduktion dieser Stoffe erheblich (z. B. auch die Reduktion $AsO_4''' \rightarrow AsO_3'''$, TRIBALAT). Auf dieser Wirkung baut TRIBALAT ein Nachweisverfahren für Rhenium auf, das auf der katalytisch beeinflußten Oxydation von Methylenweiß in Verbindung mit der katalytisch durch Re^V beeinflußten Reduktion von Perchlorat beruht.

Zur Durchführung des Verfahrens wird etwas NH_4ClO_4 im Reagensrohr mit der gleichen Menge Weinsäure, 0,5 bis 1,0 cm³ $HClO_4$ und 1 bis 2 Tropfen Methylenblaulösung zusammengegeben. Nach Erwärmen wird mit $SnCl_2$-Lösung entfärbt. — In einem zweiten Reagensrohr gibt man zu 1 bis 2 Tropfen der auf Re zu prüfenden Lösung 0,5 cm³ 1 n H_2SO_4, 1 Tropfen Methylenblaulösung und entfärbt ebenfalls mit $SnCl_2$. — Mischt man den Inhalt beider Probegläser, so entsteht bei Gegenwart von Rhenium wieder die Methylenblaufärbung.

Erfassungsgrenze: ~ 0,1 mg Re.

Störungen. Mo stört nicht bis zu einem Verhältnis Mo:Re $\simeq$ 1:250.

Cu und Fe verzögern das Auftreten der Blaufärbung teilweise erheblich bei größerem Verhältnis Cu:Re.

c) Nachweis mit Kaliumeisen(II)-cyanid. Wird eine ReO_4'-Ionen enthaltende, saure, neutrale oder schwach alkalische Lösung mit $SnCl_2$-Lösung reduziert und mit 5%iger $K_4[Fe(CN)_6]$-Lösung versetzt, so entsteht eine blaßbraune bis rotbraune Färbung (TONGARINOFF).

Erfassungsgrenze: 10 γ Re in 1 cm³ Lösung.

Störungen. Bei Anwesenheit von V, Nb, Cr, Mo, W, Ni, Co versagt der Nachweis.

d) Nachweis mit Diacetyldioxim und $SnCl_2$. Versetzt man eine saure, neutrale oder alkalische Perrhenatlösung mit einigen Tropfen einer alkoholischen Diacetyldioximlösung und reduziert anschließend mit 2 bis 5 cm³ saurer $SnCl_2$-Lösung, so tritt eine gelbe bis dunkelrote Färbung auf, die beim Erhitzen in Grün umschlägt (TONGARINOFF). Nach YOUNG tritt die Färbung auch ohne Zusatz von $SnCl_2$ auf.

Erfassungsgrenze: 10 γ Re in 1 cm³ Lösung.

Störungen. Auf Abwesenheit von Ni achten!

e) Nachweis mit Kakothelin (Brucinderivat). Reduzierte Perrhenatlösungen ergeben mit Kakothelin eine tiefviolette Färbung (BECK). Der Nachweis ist *unspezifisch*, vor allem bei Gegenwart von Sn- oder Mo-Salzen (ROSENTHALER).

Erfassungsgrenze: 1 γ Re.

f) Nachweis des $ReCl_6^{--}$-Ions mit $K_4[Fe(CN)_6]$. Wird eine wäßrige Lösung von $K_2[ReCl_6]$ mit Kaliumeisen(II)-cyanid versetzt, so entsteht eine rote Färbung. Der Nachweis wird von ENK als sehr empfindlich bezeichnet.

§ 4. Mikrochemische Nachweisreaktionen.

Nachweis des ReO_4'-Ions.

Allgemeines. Der Nachweis des Re wird am empfindlichsten in Form des Perrhenat-Ions durchgeführt. Besonders spezifisch ist die Fällung als $CsReO_4$ und $RbReO_4$, die in alkalischer, neutraler oder saurer Lösung durchführbar ist. $RbReO_4$ besitzt die bessere Kristallisationsfähigkeit. Sind größere Mengen anderer Alkali-Ionen zugegen, empfiehlt es sich, die Fällung in Gegenwart von MnO_4'-Ionen durchzuführen.

Andere Fällungen (mit $AgNO_3$ und $TlNO_3$ oder Hg^I-Salzlösung) sind weniger empfindlich, vor allem wegen der Kleinheit der entstehenden Kristalle, die schwer zu identifizieren sind (GEILMANN und BRÜNGER) *(Internationale Kommission)*.

A. Besonders empfindliche Reaktionen mit anorganischen Reagenzien[1].

1. Nachweis mit RbCl. Der Niederschlag entsteht beim Versetzen der heißen, wäßrigen, perrhenathaltigen Lösung mit RbCl, die evtl. eingedampft werden muß. Die Kristalle haben oktaederähnliche Form, sind optisch aktiv und bilden tetragonale Bipyramiden mit abgestumpften Ecken, auf denen andere Pyramiden gleicher Stellung aufwachsen. Sie können durch $KMnO_4$ angefärbt werden, wobei die MnO_4'-Ionenkonzentration der Lösung 0,02 n nicht übersteigen soll, da sonst ähnliche Kristalle von $RbMnO_4$ entstehen können (GEILMANN und BRÜNGER) (Abb. 1).

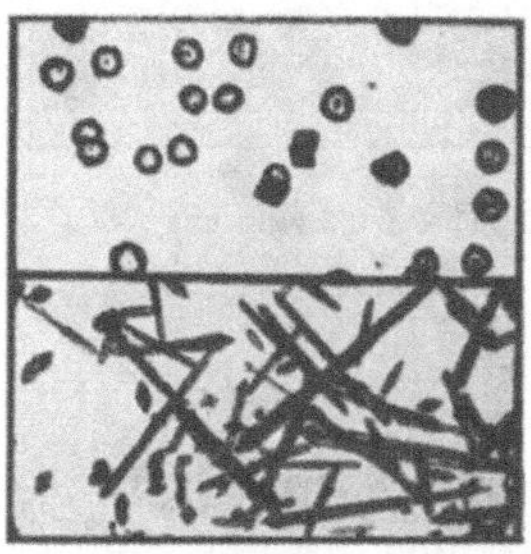

Abb. 1. Fällung mit RbCl (GEILMANN).

Erfassungsgrenze: 0,1 γ Re (in 0,35 mm^3).

Grenzkonzentration: 0,00075 bis 0,0005 % Re.

Nachweis neben Alkalisalzen. Wird am besten neben $KMnO_4$ vorgenommen. In 50 mm^3 Na_2SO_4-Lösung sind 3,75 γ ReO_4^- noch sicher zu erkennen. 2,5 γ ReO_4' sind nur sehr schwierig zu identifizieren. In NaCl-haltigen Lösungen lassen sich noch 0,02 bis 0,03% ReO_4' nachweisen (GEILMANN und BRÜNGER).

Nachweis neben Molybdän. Neben der 100- bis 150fachen Menge MoO_3 ist ReO_4' noch nachzuweisen (GEILMANN und BRÜNGER)[2].

Erfassungsgrenze: 1,9 γ ReO_4' (in 50 mm^3 Lösung neben 150 γ MoO_3), 1,9 γ ReO_4' (in 75 mm^3 Lösung neben 300 γ MoO_3).

2. Nachweis mit CsCl. Der Nachweis wird in derselben Weise wie mit RbCl durchgeführt: oktaederähnliche Kristalle in verdünnten Lösungen, die in größeren Konzentrationen zu Nadeln oder Dendriten auswachsen (HEYNE und MOERS). Die Kristalle sind optisch aktiv und stellen tetragonale Bipyramiden dar, deren Wachstumsformen in Lösungen bis zu 0,01% Re herab charakteristisch verschieden von denen des $RbReO_4$ sind. Die Kristalle sind auch durch $KMnO_4$ anfärbbar. Die Fällung darf jedoch — wenn sie eindeutig sein soll — nicht erst beim völligen Eindunsten entstehen (GEILMANN und BRÜNGER) *(Internationale Kommission)* (Abb. 2).

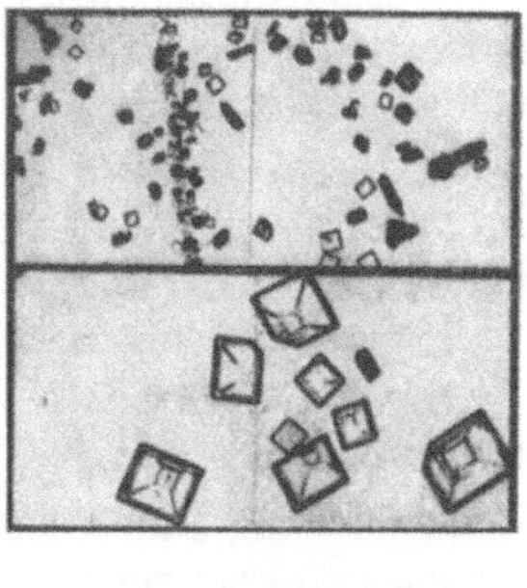

Abb. 2. Fällung mit CsCl (GEILMANN).

Erfassungsgrenze: 0,08 bis 0,1 γ ReO_4' (in 0,35 mm^3).

---

[1] Von der *Internationalen Kommission* (Tabellen der Reagenzien, S. 195) empfohlene Reaktionen.

[2] Anfärben mit $KMnO_4$ macht den Nachweis nicht empfindlicher.

Grenzkonzentration: 0,0005% ReO_4'.

Der *Nachweis neben Alkalisalzen* kann unter denselben Bedingungen wie mit RbCl bis zu Konzentrationen von 0,04 bis 0,06% ReO_4' herab mit Sicherheit geführt werden (GEILMANN und BRÜNGER).

Nachweis neben Mo:

Erfassungsgrenze: 1,25 γ ReO_4' (in 50 mm³ neben 150 γ MoO_3), 1,9 γ ReO_4' (in 75 mm³ neben 300 γ MoO_3).

3. Nachweis mit KCl oder KOH. Aus heißen verdünnten Perrhenatlösungen scheiden sich bei Zusatz von KCl oktaederähnliche, tetragonale farblose Bipyramiden aus. Gut ausgebildete Kristalle entstehen nur aus verdünnten Lösungen, während in konzentrierten Wachstumsformen auftreten, die weniger charakteristisch sind (GEILMANN und BRÜNGER). Die Fällung kann auch mit KOH erfolgen, wobei rautenförmige $KReO_4$-Kristalle auftreten (W. und J. NODDACK) (Abb. 3).

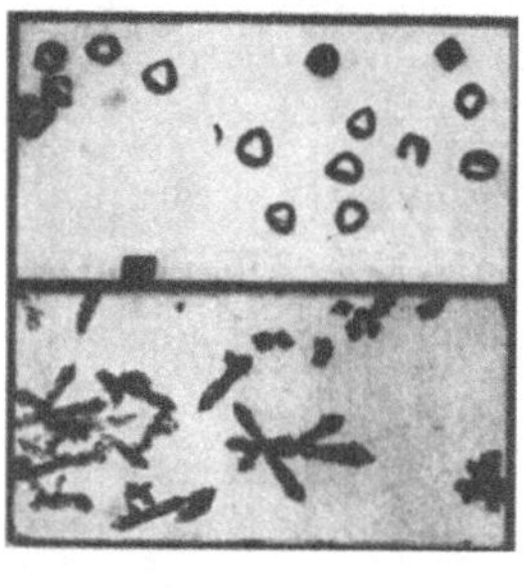

Abb. 3. Fällung mit KCl (GEILMANN).

Erfassungsgrenze: 0,25 γ Re (in 0,35 mm³).

Grenzkonzentration: ~ 0,025% Re *(Internationale Kommission)*.

Der *Nachweis neben Mo* ist recht sicher neben der 100- bis 150fachen Menge MoO_3 möglich. Geringe Mengen Os und As stören nicht (J. und W. NODDACK, GEILMANN und BRÜNGER).

B. Weitere Mikroreaktionen mit anorganischen Reagenzien.

1. Nachweis mit $TlNO_3$. Zusatz von Thallium(I)-Ionen zu heißer ReO_4'-haltiger Lösung erzeugt beim Abkühlen spitze Bipyramiden mit abgestumpften Ecken, die gewöhnlich in Wachstumsfiguren auftreten. In konzentrierten Lösungen bilden sich lange Nadeln, die z. T. rechtwinklig verzweigt sind oder auch 4- bzw. 6strahlige Sternchen bilden. Im auffallenden Licht weiß, im durchfallenden Licht schwach grün (GEILMANN und BRÜNGER).

Erfassungsgrenze: 0,04 γ ReO_4' (in 0,35 mm³).

Grenzkonzentration: 0,0020 bis 0,0025% ReO_4'.

Nachweis neben Mo. Sehr schwer bzw. unmöglich, da die kleinen $TlReO_4$-Kristalle neben dem wesentlich besser kristallisierenden Tl-Molybdat nur äußerst schwer identifizierbar sind.

2. Nachweis mit $AgNO_3$. In heißer Perrhenatlösung entstehen mit $AgNO_3$ Kristalle, die den $RbReO_4$-Kristallen sehr ähnlich sind, jedoch keine Wachstumsformen bilden. Die Kristalle sind optisch aktiv.

Erfassungsgrenze: 0,05 γ ReO_4' (in 0,5 mm³).

Grenzkonzentration: 0,001 bis 0,0025% ReO_4^-.

3. Nachweis mit $[Co(NH_3)_5H_2O]Cl_3$. In neutraler, saurer oder ammoniakalischer Lösung bilden sich beim Zusetzen einer 0,1%igen Lösung des Reagenses nach schwachem Erwärmen allmählich klare, rosa gefärbte, rhombische Kristalle (E. NEUSSER).

Erfassungsgrenze: 1,4 γ Re/cm³.

Störungen. Mo, W und NO_3' stören den Nachweis. Cl' und SO_4'' sind unschädlich.

C. Mikroreaktionen mit organischen Reagenzien.

Allgemeines. Die im folgenden beschriebenen Mikroreaktionen mit organischer Fällungsmitteln sind zwar teilweise von großer Empfindlichkeit, besitzen aber nur geringere Bedeutung, da vor allem mit molybdänsauren Salzen dieselben Fällungen entstehen wie mit Perrhenaten. Auch die Kristallformen sind weitgehend ähnlich. Andere Alkaloide bilden relativ leicht lösliche Verbindungen und sind deshalb ungeeignet. Eine schwerlösliche Veratrinverbindung kristallisiert nur schlecht und bildet für die Identifikation zu kleine Kristalle.

Abb. 4. Fällung mit Nitronacetat (GEILMANN).

1. Nachweis mit Nitronacetat. Wird 5%ige wäßrige Nitronacetatlösung zu der heißen essigsauren oder schwach salzsauren Probelösung gegeben, so bilden sich beim Abkühlen in verdünnten Lösungen farblose Stäbchen von Nitronperrhenat mit gerader Auslöschung. In Lösungen mit mehr als etwa 0,01% Re bilden sich Nadelbüschel. Entstehen gallertartige Fällungen, so können diese aus einem heißen Tropfen H_2O kristallisiert werden (GEILMANN und BRÜNGER) (Abb. 4).

Zur Unterscheidung des Nitronperrhenates von den Nitronsalzen anderer Säuren (HNO_3, HNO_2, $HClO_4$, $HClO_3$, HJ, HBr) ist von KRONMANN und BIBIKOWA ein besonderes Verfahren angegeben worden.

Ausführung. Nach Reduktion mit $TiCl_3$ wird durch Zusatz von Na_2S Rhenium(IV)-sulfid gebildet.

Dieses ist neben den unveränderten Nitronkristallen der anderen Säuren an seiner braungelben Färbung gut erkennbar.

Erfassungsgrenze: 0,05 γ Re.
Grenzkonzentration: 0,005 bis 0,0025% ReO_4'.

Abb. 5. Fällung mit Methylenblau (GEILMANN).

2. Nachweis mit Methylenblau. In heißer neutraler Perrhenatlösung entstehen mit Methylenblau tiefblaue Nadeln. In schwach ammoniakalischer Lösung bilden sich die Kristalle langsamer, wachsen aber zu größeren Individuen (HEYNE und MOERS). Im auffallenden Licht erscheinen die Nadeln bronzefarbig. Besonders empfindlich kann der Nachweis unter Benutzung des Dunkelfeldkondensors gestaltet werden (GEILMANN und BRÜNGER) (Abb. 5).

Erfassungsgrenze: 0,05 γ ReO_4'.
Grenzkonzentration: 0,00075% ReO_4'.

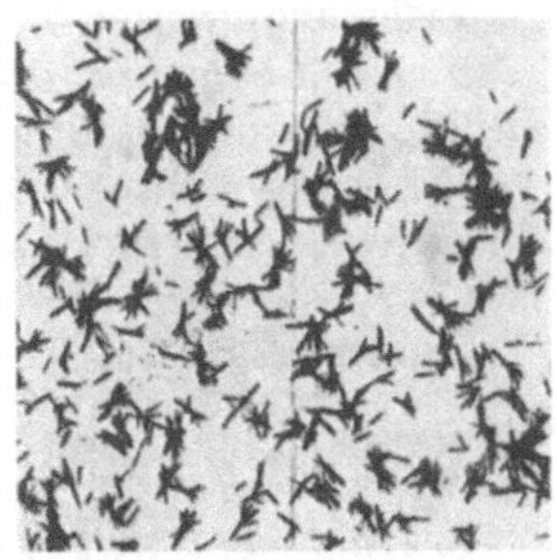
Abb. 6. Fällung mit Trypaflavin (GEILMANN u. BRÜNGER).

3. Nachweis mit Trypaflavin. Wäßrige Lösungen von Trypaflaviniumchlorid bilden in heißer Perrhenatlösung gelblichrote Nadeln und Büschel mit starkem Dichroismus von Rot nach Grün (GEILMANN und BRÜNGER) (Abb. 6).

Erfassungsgrenze: 0,05 bis 0,08 γ ReO_4'.
Grenzkonzentration: 0,00075% ReO_4'.

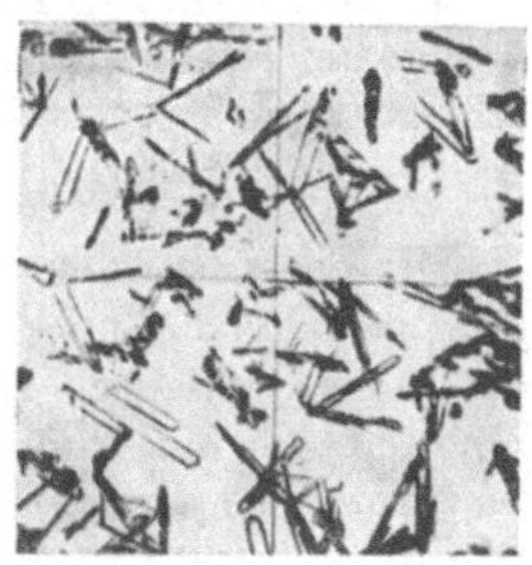
Abb. 7. Fällung mit Brucinacetat (GEILMANN u. BRÜNGER).

4. Nachweis mit Brucinacetat. Beim Versetzen der heißen Perrhenatlösung mit festem Brucinacetat werden farblose prismatische Kristalle gebildet. In konzentrierten Lösungen Wachstumsformen (Durchkreuzungen, Nadeln, Büschel) (GEILMANN und BRÜNGER) (Abb. 7).

Erfassungsgrenze: 0,3 γ ReO_4'.
Grenzkonzentration: 0,01% ReO_4'.

5. Nachweis mit Strychninnitrat. Das Reagens bildet, zu heißer Probelösung gegeben, beim Abkühlen farblose Bipyramiden oder Prismen. In konzentrierten Lösungen bilden sich Wachstumsformen (Kreuze, Sternchen, H-förmige Kristalle (GEILMANN und BRÜNGER) (Abb. 8).

Erfassungsgrenze: 3 bis 5 γ ReO_4'.

Grenzkonzentration: 0,025 % ReO_4'.

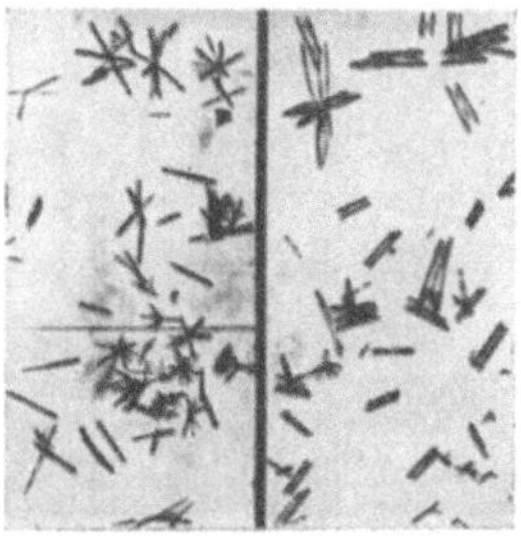

Abb. 8. Fällung mit Strychninnitrat (GEILMANN u. BRÜNGER).

Nachweis des 4wertigen Rheniums.

Allgemeines. KRONMANN und BERKMANN haben ein mikrochemisches Verfahren angegeben, das auf der Reduktion von Perrhenatlösungen mit HJ beruht. Bei Zusatz einwertiger Metalle bilden sich dabei in teilweise empfindlicher Weise dunkelgefärbte Salze vom Typ $Me^I_2[ReJ_6]$. Die Salze des K, Rb und Cs geben recht empfindliche Fällungen, die durch folgende Ionen nicht gestört werden: NO_3^-, SO_4^{--}, Cl^-, Na^+, Mg^{++}, Ca^{++}, Ba^{++}, Al^{+++}, Mn^{++}, Co^{++}, Fe^{+++}. Die Nachweismethode tritt jedoch hinter den unter § 4, A geschilderten Reaktionen an Bedeutung zurück, da der Nachweis neben Pt, Os, Mo und W nicht geführt werden kann.

A. Als Mikroreaktion brauchbare Nachweismethoden.

1. Nachweis mit KJ. Nach Reduktion des Perrhenats mit HJ werden zu einem Tropfen Probelösung 3 bis 5 mm^3 konzentrierte wäßrige HJ-Lösung (D = 1,5) und anschließend ein Körnchen KJ gegeben. Beim Erwärmen bilden sich dunkelbraune oktaederähnliche Einzelkristalle, die im durchscheinenden Licht schwarz erscheinen. Bei höheren Konzentrationen auch Wachstumsformen (KRONMANN und BERKMANN).

Erfassungsgrenze: 0,03 γ Re (in 1 mm^3).

2. Nachweis mit RbJ. Ausführung wie unter A, 1 Kristallform: Kreuze oder Drillingsfiguren aus drei regelmäßigen Sechsecken.

Erfassungsgrenze: 0,009 γ Re (in 3 mm^3).

3. Nachweis mit CsJ. Ausführung wie unter A, 1 Kristallform: vorwiegend Wachstumsformen, drei- oder sechsstrahlige, selten vierstrahlige Sternchen.

Erfassungsgrenze: 0,03 γ Re (in 1 mm^3).

B. Weniger empfindliche Mikroreaktionen (KRONMANN und BERKMANN).

1. Nachweis mit $TlNO_3$. Ausführung wie unter A, 1 Einzelkristalle oder kreuzförmige Gebilde. Wenig empfindliche Reaktion.

2. Nachweis mit $AgNO_3$. Empfindlichkeit und Kristallform entsprechen der mit $TlNO_3$ erzeugten Fällung.

3. Nachweis mit $HgNO_3$. Wegen der gleichzeitigen Bildung schwerlöslichen HgJ wenig zur Re-Identifizierung geeigneter, aus Einzelkristallen bestehender Niederschlag.

C. Mikrochemischer Nachweis des Re in $H_2[ReCl_6]$.

Mit den Chloriden vieler organischer N-Basen bildet H_2ReCl_6 schwer lösliche, grün gefärbte Fällungen, die meist in Nadeln oder Blättchen kristallisieren. Besonders charakteristisch sind die blaßgrünen, tafelförmigen Kristalle der Pyridinverbindung, die mit Pyridinhydrochlorid in salzsaurer Lösung entstehen (GEILMANN; SCHMID; GEILMANN und WRIGGE; GEILMANN und HURD; MORGAN und DAVIES; HURD).

Nach SCHMID sind die Re-Salze von organischen Basen niedrigen Mol-Gewichts (z. B. Methylammonium) in Säuren leicht löslich, dagegen bilden Stickstoffbasen höheren Mol-Gewichts (z. B. Chinolin) schwerlösliche Salze. Mit noch höherem Mol-Gewicht der Basen werden die Salze wieder weniger schwer löslich. Von GEILMANN und WRIGGE (1937) sind eine Reihe von Reagenzien auf ihre Verwendbarkeit für den mikrochemischen Nachweis der Rheniumchlorwasserstoffsäure H_2ReCl_6 geprüft worden, wobei auch hier wieder die Alkalisalze gut brauchbar sind. Zu bevorzugen ist der Nachweis mit RbCl, da gut erkennbare und große Kristalle ausfallen. Unter den organischen Basen sind Tetron, Brucin und Acridin am besten brauchbar. In den folgenden Tabellen sind die Empfindlichkeiten der verschiedenen Reaktionen zusammengestellt.

Tabelle 1. Die Empfindlichkeit einiger Mikroreaktionen der H_2ReCl_6.
(Nach GEILMANN und WRIGGE, 1937.)

Konzentration der Lösung			Reagens								
% H_2ReCl_6	entsprechend		K_2ReCl_6	Rb_2ReCl_6	Cs_2ReCl_6	Tetron	Acridin	Trypa-flavin	Brucin	8-Oxy-chinolin	Pyridin
	$ReCl_6$ in γ	Re in γ									
1,00	168,0	78	2	5	5	5	5	5	5	·5	5
0,50	84,0	39	2	5	5	5	5	5	4	4—5	3
0,20	33,60	15,6	2	4—5	4	5	5	4	4	3	3
0,10	16,80	7,8	2	4	4	5	4—5	3	3	3	2
0,05	8,40	3,9	1	4	3	4—5	4	2—3	3	2	1
0,02	3,36	1,56	1	3	3	4	3	2	2	2	—
0,01	1,68	0,78	1	3	2	2—3	2	—	2	1	—
0,005	0,84	0,39	1	1—2	2	2	1—2	—	1	1	—
0,002	0,34	0,16	—	1	1	1—2	1	—	1	—	—
0,001	0,17	0,08	—	?	?	1	—	—	?	—	—
0,0005	0,08	0,04	—	—	—	?	—	—	—	—	—

Neben $HReCl_4$ kann H_2ReCl_6 sicher mit Hilfe der Alkalichloride (vor allem RbCl) nachgewiesen werden, da beide Kristallformen deutlich nebeneinander zu identifizieren sind.

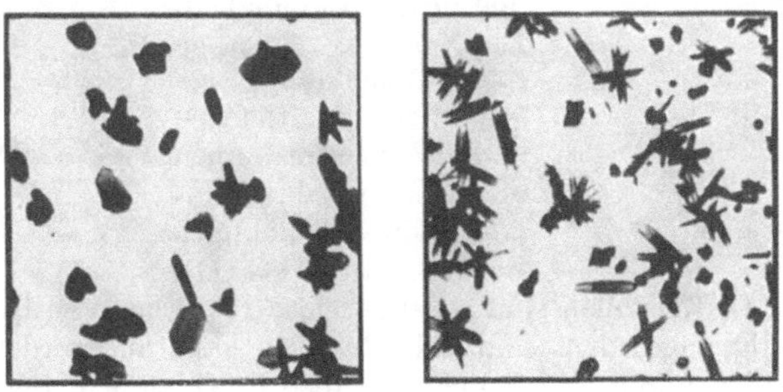

a b

Abb. 9. Nachweis als $RbReCl_4$ (GEILMANN). a aus verdünnter Lösung, b aus konz. Lösung.

Nachweis des 3wertigen Rheniums.

Die Rhenium(III)-chlorosäure entsteht beim Lösen von Rheniumtrichlorid in Salzsäure. Sie bildet mit Alkalichloriden und einigen organischen Basen hinreichend schwerlösliche Salze, die einen mikrochemischen Nachweis erlauben. Zur Unterscheidung von der Rhenium(IV)-chlorosäure ist das Rb-Salz geeignet (vgl. § 4, vorstehender Abschnitt C).

Die von GEILMANN und WRIGGE (1937) geprüften Reaktionen sind unter Angabe ihrer Empfindlichkeit in der folgenden Tabelle zusammengestellt.

Tabelle 2. Die Empfindlichkeit einiger Mikroreaktionen der $HReCl_4$. (Nach GEILMANN und WRIGGE.)

Konzentration der Lösung				Reagens						
Volumen mm^3	% $ReCl_3$	entsprechend γ $ReCl_3$	entsprechend γ Re	RbCl	CsCl	Acridin-hydro-chlorid	Brucin-hydro-chlorid	Pyridin-hydro-chlorid	Anilin-hydro-chlorid	Chinolin-hydro-chlorid
20	0,10	20	12	3—4	4—5	5	4	4—5	2	2
10	0,10	10	6	2—3	3—4	4	4	3	2	1
10	0,05	5	3	2	3	3	3—4	1—2	1	1
20	0,02	4	2,5	1—2	2	2—3	3	1	1	—
10	0,02	2	1,2	1	1—2	2	2	(1)	—	—
20	0,005	1	0,6	—	1	1—2	1—2	—	—	—
10	0,005	0,5	0,3	—	1	1	1	—	—	—
10	0,0025	0,25	0,15	—	—	(1)	(1)	—	—	—

Nachweis des Rheniums als Re_2O_7.

Der bereits in II, § 2, 3 beschriebene Nachweis des Rheniums auf trockenem Weg gehört mit zu den empfindlichsten Re-Reaktionen und besitzt darüber hinaus den Vorteil der schnellen und sicheren Durchführbarkeit.

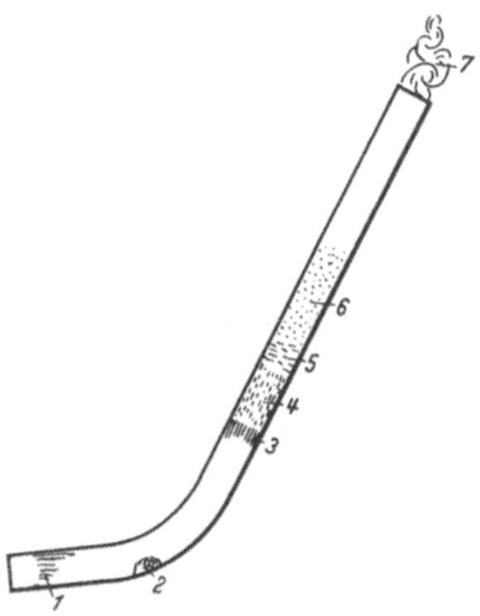

Abb. 10. Röstrohr.

Die *Ausführung* geschieht in einem Röstrohr (Abb. 10) bei schwacher Rotglut. Am oberen Teil des Röstrohres entweicht ein die Bunsenflamme fahlgrün färbender, geruchloser Rauch. An den inneren Teilen bilden sich verschieden gefärbte Beschläge, von denen der gelbe Re_2O_7-Beschlag (4) besonders charakteristisch ist. Er ist sehr hygroskopisch und seine Form abhängig von der vorliegenden Menge Substanz und der Sublimationsgeschwindigkeit. Die Kristalle zeigen gerade Ausbildung, gelegentlich Spaltflächen und Wachstumsformen und gehören wahrscheinlich dem monoklinen System an (Abb. 11).

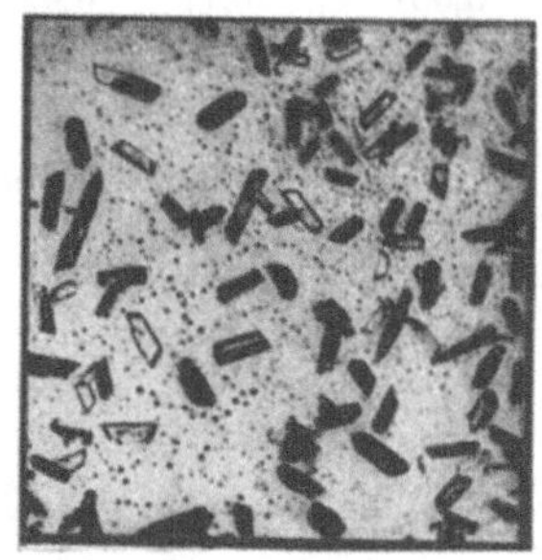

Abb. 11. ReO_3 neben Re_2O_7-Kristallen (GEILMANN).

Zwischen den Re_2O_7-Kristallen sind meist farblose Tröpfchen von Re_2O_8 vorhanden, die oft schnurartig angeordnet sind. Die Reaktion kann außerordentlich empfindlich gestaltet werden durch Reduktion des gelben Re_2O_7 zu dem tiefblauen niederen Oxyd. Die Reduktion wird am leichtesten mit trockenem SO_2 durchgeführt, das durch Zugabe von wenig festem Schwefel in das Röstrohr erzeugt wird. — Außerdem ist nach Lösen des Beschlags in schwach ammoniakalischem Wasser und Oxydation zu $HReO_4$ mit H_2O_2 eine mikrochemische Identifizierung, z. B. als $RbReO_4$, möglich (GEILMANN und WRIGGE).

Über die *Empfindlichkeit* des Nachweises vgl. II, § 2, 3.

Störungen. Ein besonderes Verhalten bei der vorstehenden Probe zeigt Nitronperrhenat, das beim Erhitzen sofort den dunkelblauen Beschlag liefert. — Bei Verwendung von NH_4ReO_4 bildet sich durch Einwirkung von NH_3 auf gasförmige Oxyde ein braunschwarzer glühbeständiger Beschlag. Er entsteht ebenso in jedem Fall bei Anwesenheit von Ammonsalzen und ist nicht durch SO_2 in den tiefblauen Beschlag zu überführen.

§ 5. Nachweis durch Tüpfelreaktion.

1. Nachweis durch Aktivierung der Reduktion von Na-Telluratlösung.

Der von N. S. POLUEKTOV angegebene Nachweis ist überaus empfindlich und charakteristisch und wird am besten als Tüpfelreaktion ausgeführt.

Die Reaktion wird in folgender Weise durchgeführt: Auf einer Porzellanplatte wird ein Tropfen der zu prüfenden Lösung mit einem Tropfen $SnCl_2$-Lösung und anschließend mit einem Tropfen 1%iger wäßriger Natriumtelluratlösung versetzt. Die $SnCl_2$-Lösung wird durch Auflösen von 10 g $SnCl_2 \cdot 2\,H_2O$ in 20 cm^3 konzentrierter HCl hergestellt. Die schwarze Trübung kann nach 1 bis 2 Min. beobachtet werden.

Erfassungsgrenze: 0,025 γ Re.

In Os-haltigen Lösungen sind neben der etwa 1000fachen Menge Os noch 0,2 γ Re nachweisbar. Für die Nachweisbarkeit neben Mo wird von N. S. POLUEKTOV ein Grenzverhältnis Re:Mo von 1:500 angegeben. Enthält die zu untersuchende Lösung nicht mehr als 0,5% Mo, sind noch 0,4 γ Re nachweisbar.

Grenzkonzentration: 1:2000000.

Störungen. Bei Anwesenheit von Mo werden vor dem Hinzugeben der Telluratlösung 4 Tropfen wäßriger 2 n Weinsäurelösung zugefügt. — Bei Anwesenheit anderer störender Metalle wird das Re durch Destillation mit Br-haltiger HBr-Lösung abgetrennt. Sind im Destillat As, Se, Ge vorhanden, so können diese Elemente durch vorsichtiges Eindampfen zur Trockene verflüchtigt werden, ohne daß Re gleichzeitig flüchtig geht. Im Rückstand wird das Re mit einem Tropfen H_2O_2 zum ReO_4^- oxydiert. Wird beim Zusetzen von $SnCl_2$ Hg oder Tl ausgeschieden, so wird der Niederschlag vor dem Versetzen mit Telluratlösung abfiltriert.

2. Nachweis mit Kaliumrhodanid und Zinn(II)-chlorid.

Die in II, § 3, 2, a beschriebene spezifische Farbreaktion kann durch Ausführung als Tüpfelreaktion noch wesentlich empfindlicher gestaltet werden. Ein Probetropfen wird auf einer Porzellanplatte oder auf Filtrierpapier eingetrocknet und mit einem Tropfen des Gemisches von KCNS- und $SnCl_2$-Lösung befeuchtet.

Erfassungsgrenze: 0,07 γ Re: stark gelbroter Fleck, 0,035 γ Re: deutliche Gelbfärbung, 0,007 γ Re: eben sichtbare Gelbfärbung (GEILMANN, WRIGGE und WEIBKE).

§ 6. Polarographischer Nachweis des Rheniums.

Die polarographische Methode ist sehr empfindlich für den Nachweis des Rheniums, da das ReO_4'-Ion an der Hg-Tropfelektrode um 7 Valenzen reduziert wird. Die Reduktion in neutraler oder alkalischer Lösung erfolgt bei einer EMK von — 1,20 Volt gegenüber der Normalkalomelelektrode. In alkalischer Lösung wird der Nachweis nicht gestört durch die Anwesenheit von Molybdaten, Wolframaten, Vanadaten, Niobaten, Tantalaten und Chromaten, selbst wenn diese im Überschuß vorliegen. Ebenso kann der Nachweis in neutraler Lösung neben Manganat geführt werden (HEYROVSKÝ).

Noch empfindlicher kann das Rhenium polarographisch auf Grund folgender Beobachtung bestimmt werden: Die Stufen des Polarogramms sind im allgemeinen bestimmt allein durch die Art und die Menge der direkt abgeschiedenen Ionen. Bei der Wasserstoffabscheidung kann der Reduktionsvorgang jedoch auch durch geringe Mengen katalytisch wirkender Substanzen erleichtert werden, so daß er bei kleineren Spannungen verläuft. Die Höhe der Stufe kann als Maß für die Menge der katalysierenden Substanz dienen. Eine solche katalysierende Wirkung ist z. B. auch bei Perrhenaten beobachtet worden, wenn eine mit Natriumacetat gepufferte essigsaure

Perrhenatlösung mit H_2S behandelt wird. Auf dem Polarogramm wird eine Stufe vor dem Potential der H_2-Entwicklung beobachtet, deren Höhe ein Maß für die ReO_4^--Konzentration ist. Diese Stufe ist 10mal größer als diejenige, die der Elektroreduktion des Perrhenates (bei —1,20 Volt) zuzuordnen ist, wenn diese bei Abwesenheit von H_2S durchgeführt wird. Der Vorgang erscheint deshalb deutbar als eine durch eine Schwefelverbindung des Rheniums katalysierte H_2-Abscheidung. Da noch nicht sichergestellt ist, ob diese Wirkung des Rheniums spezifisch ist, kann das Verfahren strenggenommen nur in dem Sinne ausgewertet werden, daß bei negativem Befund sicher auf Abwesenheit von Rhenium geschlossen werden kann.

Ausführung. In stark verdünnte ReO_4^--Lösung werden gleiche Volumina 1 n Natriumacetat- und 1 n Essigsäurelösung gegeben und die Lösung mit H_2S gesättigt. Nach dem Eindampfen auf ein Drittel der Lösungsmenge und Vertreiben des überschüssigen H_2S wird die Lösung rasch heiß filtriert und unter Durchleiten von H_2 polarographiert. Bei Anwesenheit von Perrhenat in der Ausgangslösung wird bei —0,90 bis —1,00 Volt eine zweiteilige Stufe gefunden, deren Höhe proportional der Menge Perrhenat ist.

Erfassungsgrenze: 0,02 γ Re.

Störungen sind nicht beobachtet worden bei Anwesenheit von Ca, Pb, Fe, Co, Ni und Zn. Vor allem ist der Nachweis durchführbar bei Anwesenheit von Mo und W (HEYROVSKÝ).

Literatur.

AGTE, C., H. ALTERTHUM, K. BAKER, G. HEYNE u. K. MOERS: Z. anorg. Ch. **196**, 129 (1931). — ALIMARIN, I. P., u. B. N. IVANOV-EMIN: Žurnal prikladnoj Chim. (russ.) **9**, 1124 (1936).

BECK, G.: Mikrochim. A. **2**, 289 (1937) nach GM. Syst. Nr 70, S. 68. — BIBIKOWA, W. J.: Seltene Metalle (russ.: Redkie Metalleg) **4**, 24 (1935) Nr 6 nach C. **1937**, **I**, 941. — BOROWIK, S. A., u. N. M. GUDRISS: Akademika N. I. Wernadskomu K Pjatidessjatiletiju nautschnoi Dejatelnossti **1**, 279 (1936); Žurnal prikladnoj Chim. (russ.) **9**, 94 (1936) nach GM. Syst. Nr 70, S. 74.

ENK, E.: B. **64**, 794 (1931).

GEILMANN, W.: Bilder zur qualitativen Mikroanalyse anorganischer Stoffe, Tafel 33—35. Leipzig 1934. — GEILMANN, W., u. F. WEIBKE: Z. anorg. Ch. **195**, 289 (1931); **199**, 120 (1931). — GEILMANN, W., u. F. W. WRIGGE: Z. anorg. Ch. **199**, 65 (1931). — GEILMANN, W., u. K. BRÜNGER: Z. anorg. Ch. **199**, 77 (1931). — GEILMANN, W., F. W. WRIGGE u. F. WEIBKE: Z. anorg. Ch. **208**, 217 (1932). — GEILMANN, W., u. L. C. HURD: Z. anorg. Ch. **213**, 338 (1933). — GEILMANN, W., u. F. W. WRIGGE: Z. anorg. Ch. **231**, 66 (1937). — GEILMANN, W., u. H. ISERMEYER: Z. anal. Ch. **131**, 254 (1950). — GEILMANN, W., u. H. BODE: Z. anal. Ch. **130**, 323 (1949); **128**, 495 (1948). — GERLACH, WA., u. E. RIEDL: Die chemische Emissions-Spektralanalyse, Teil III. Leipzig 1936.

HEYNE, G., u. K. MOERS: vgl. C. AGTE u. Mitarbeiter. — HEYROVSKÝ, J.: Nature **135**, 870 (1935). — HEYROVSKÝ, J.: Polarographie, in W. BÖTTGER, Physikalisch-chemische Methoden der analytischen Chemie, Bd. II, S. 273, 301. Leipzig 1936. — HOFFMAN, J. I., u. G. E. F. LUNDELL: J. Res. Nat. Bureau of Standards **23**, 497 (1939) nach GM. Syst. Nr 70, S. 77—79 und C. **1940**, **I**, 1538. — HURD, L. C.: Ind. eng. Chem. Anal. Edit. **8**, 13 (1936). — HURD, L. C., u. C. F. HISKEY: Ind. eng. Chem. Anal. Edit. **10**, 625 (1938).

Internationale Kommission für neue analytische Reaktionen und Reagenzien der Union internationale de Chimie, C. J. VAN NIEUWENBURG, W. BÖTTGER, F. FEIGL, A. S. KOMAROVSKY, N. STRAFFORD, Erster Bericht, *Tabellen der Reagenzien für anorganische Analyse.* Leipzig 1938.

KAO, C. H., u. T. L. CHANG: J. Chin. chem. Soc. **2**, 7 (1934) nach GM. Syst. Nr 70, S. 68. — KRONMANN, E.: Z. anal. Ch. **90**, 31 (1932). — KRONMANN, E., u. V. BIBIKOWA: Mikrochem. **12**, 187 (1932/33). — KRONMANN, E., u. N. BERKMANN: Z. anorg. Ch. **211**, 277 (1933).

LÖWE, F.: Atlas der Analysenlinien der wichtigsten Elemente, 2. Aufl., S. 21. Dresden u. Leipzig 1936.

MEGGERS, W. F.: J. Res. Nat. Bureau of Standards **6**, 1046 (1931); J. Franklin Inst. **211**, 373 (1931). — MEGGERS, W. F., A. S. KING u. R. F. BACHER: Phys. Rev. [2] **37**, 220, 1258, 1702 (1931). — MEIDINGER, W.: Z. Phys. **68**, 333 (1931). — MELAREW, A. D., u. K. B. WHETSEL: Anal. Chem. **20**, 1209 (1948). — MORGAN, G., u. G. R. DAVIES: J. chem. Soc. **1938**, 1860

NEUSSER, E.: Z. anorg. Ch. **230**, 254 (1937). — NODDACK, W., I. TACKE u. O. BERG: Ber. Berl. Akad. **1925**, S. 400. — NODDACK, J. u. W.: Z. El. Ch. **34**, 629 (1928); Z. anorg. Ch. **183**, 356 (1929); Z. angew. Ch. **44**, 216—218 (1931); Z. anorg. Ch. **215**, 165 (1933). — NODDACK, J. u. W.: Das Rhenium. Leipzig 1933.

PIÑA DE RUBIES, A. S., u. J. DORRONSORO: An. Españ. **30**, 918 (1932); **31**, 412 (1933) nach GM. Syst. Nr 70, S. 51/74. — POLUEKTOV, N. S.: Žurnal prikladnoj Chim. (russ.) **9**, 2313 (1936); **11**, 534 (1938) nach GM. Syst. Nr 70, S. 64.

ROSENTHALER, L.: Mikrochim. A. **3**, 190 (1938).

SCHEIBE, G.: Chemische Spektralanalyse, in W. BÖTTGER, Physikalische Methoden der analytischen Chemie, Bd. I, S. 67. Leipzig 1933. — SCHLEICHER, A., u. N. KAISER: Z. anal. Ch. **101**, 243 (1935). — SCHMID, H.: Z. anorg. Ch. **212**, 192 (1933). — SCHOBER, H., u. J. BIRKE: Naturwiss. **19**, 211 (1931). — SCHOBER, H.: Ber. Wien. Akad. **140**, **IIa**, 81 (1931); 141, **IIa**, 602 (1932); **142**, **IIa**, 46 (1933).

TOUGARINOFF, B.: Bl. Soc. chim. Belg. **43**, 111 (1934) nach GM. Syst. Nr 70, S. 68. — TRIBALAT, S.: Anal. chim. Acta **1**, 149 (1947); Ann. Chim. **4**, 289 (1949); Anal. chim. Acta **3**, 113 (1949). — TWYMAN, F., u. D. M. SMYTH: Wavelength Tables for spektrum analysis, 2. Aufl., S. 158. London 1931.

WADA, I., u. R. ISHII: Sci. Pap. Inst. Tôkyô **31**, 59 (1937). — WILLARD, H. H., u. G. SMITH: Ind. eng. Chem. Anal. Edit. **11**, 186, 305 (1939).

YAGODA, H.: Ind. eng. Chem. Anal. Edit. **8**, 133 (1936) nach GM. Syst. Nr 70, S. 63/64. — YOUNG, C. B. F.: Metal Ind. (New York) **34**, 176 (1936) nach GM. Syst. Nr 70, S. 68.

<u>GPSR Compliance</u>

The European Union's (EU) General Product Safety Regulation (GPSR) is a set of rules that requires consumer products to be safe and our obligations to ensure this.

If you have any concerns about our products, you can contact us on ProductSafety@springernature.com

In case Publisher is established outside the EU, the EU authorized representative is:

Springer Nature Customer Service Center GmbH
Europaplatz 3
69115 Heidelberg, Germany

Batch number: 10684222

Printed by Printforce, the Netherlands